面向"十五五"职业教育精品规划教材

锅炉设备及运行

主　编　崔艳华　黄儒斌
副主编　潘俊斌　朱鸿鹏　郭吉鸿
　　　　张　凯　俞　玲

中国建设科技出版社有限责任公司
China Construction Science and Technology Press Co., Ltd.
北　京

图书在版编目（CIP）数据

锅炉设备及运行 / 崔艳华，黄儒斌主编. -- 北京：中国建设科技出版社有限责任公司，2025.7. -- ISBN 978-7-5160-4542-8

Ⅰ. TM621.2

中国国家版本馆 CIP 数据核字第 2025QR6474 号

锅炉设备及运行
GUOLU SHEBEI JI YUNXING
主　编　崔艳华　黄儒斌
副主编　潘俊斌　朱鸿鹏　郭吉鸿　张　凯　俞　玲

出版发行：中国建设科技出版社有限责任公司
地　　址：北京市西城区白纸坊东街 2 号院 6 号楼
邮　　编：100054
经　　销：全国各地新华书店
印　　刷：北京雁林吉兆印刷有限公司
开　　本：787mm×1092mm　　1/16
印　　张：16.25
字　　数：380 千字
版　　次：2025 年 7 月第 1 版
印　　次：2025 年 7 月第 1 次
定　　价：56.00 元

本社网址：www.jskjcbs.com，微信公众号：zgjskjcbs
请选用正版图书，采购、销售盗版图书属违法行为
版权专有，盗版必究。本社法律顾问：北京天驰君泰律师事务所，张杰律师
举报信箱：zhangjie@tiantailaw.com　举报电话：(010) 63567684
本书如有印装质量问题，由我社事业发展中心负责调换，联系电话：(010) 63567692

前　言

在能源领域的发展进程中，锅炉设备作为重要的热能转换装置，广泛应用于电力、化工、冶金、供暖等众多行业，对推动工业生产和保障社会生活起着不可或缺的作用。随着科技的飞速进步，锅炉技术不断革新，新设备、新工艺、新技术层出不穷，深入学习和掌握锅炉设备相关知识显得尤为重要。为满足行业对专业人才的需求，助力学习者全面了解和掌握锅炉设备及其运行相关知识，我们精心编写了本书。

本书以培养学生的创新精神和实践能力为重点，以培养在生产、服务、技术和管理第一线工作的高素质劳动者和中初级专门人才为目标，具有思想性、科学性、先进性和教学适应性；符合职业教育的特点和规律，具有明显的职业教育特色。本书既可作为学历教育教学用书，也可作为职业资格和岗位技能培训教材。

本书在内容编排上紧密结合实际生产，从工程应用的角度出发，全面系统地介绍了锅炉设备的相关知识。在章节设置上，先从锅炉设备的基础理论入手，详细阐述了燃料及燃烧理论基础，帮助学习者理解锅炉运行的基本原理；然后深入剖析了锅炉汽水系统、燃烧系统、制粉系统以及附属设备的组成、工作原理和运行特性，使学习者能够清晰把握锅炉设备的内部结构和运行机制；同时，本书对锅炉的启动、运行调节、停运及停运后的养护等实际操作环节进行了细致讲解，注重培养学习者的实践操作能力和解决实际问题的能力；此外，还对锅炉运行中常见的结渣、磨损、积灰、腐蚀等问题以及故障停炉和事故处理方法进行了分析，增强学习者应对突发情况的能力和安全意识。因近年来能源的紧缺与燃煤造成环境污染已成为国际上十分关注的问题，循环流化床燃烧技术将得到迅速发展和商业推广，所以本书在以传统煤粉炉为主的基础上，注重增加了循环流化床锅炉的相关知识以及脱硫、脱硝的知识。

在本书编写过程中，我们注重理论与实践的紧密结合，力求做到内容全面、重点突出、通俗易懂。书中配备了丰富的在线资源，以便学习者更好地理解和应用所学知识；同时，将安全生产的意识、大国工匠的精神、节能环保的理念有机融入课程，将课程思政落在实处。

本书由崔艳华、黄儒斌担任主编，潘俊斌、朱鸿鹏、郭吉鸿、张凯、俞玲担任副主编，崔艳华负责全书的统稿。项目一、项目五由广西电力职业技术学院的黄儒斌、广西能源集团有限公司的张凯、博努力（北京）仿真技术有限公司的李冰负责编写；项目二由广西电力职业技术学院的潘俊斌、博努力（北京）仿真技术有限公司王恩营、广西广投北海发电有限公司周威负责编写；项目三由广西电力职业技术学院的崔艳华、中电建宁夏工程有限公司郭吉鸿、武汉电力职业技术学院俞玲负责编写；项目四、项目六由广西电力职业技术学院的朱鸿鹏、博努力（北京）仿真技术有限公司季红春负责编写。

本书由广西电力职业技术学院谌莉教授、大唐集团科学技术研究总院正高级工程师彭荣担任主审，两位审稿人提出的许多宝贵意见使本书更臻完善。同时，本书在编写过程中，参考了有关兄弟院校和企业的诸多文献、资料，在此一并表示衷心的感谢。

由于编者水平有限，加上国内外锅炉技术和标准的发展和更新很快，书中难免存在不足之处，恳切希望使用本教材的师生和同行批评指正。我们将不断努力，持续完善本教材，使其更好地服务于锅炉设备及运行领域的教学和实践工作。

编　者

2025 年 1 月

目　录

项目一　认识锅炉 ··· 1

项目二　关于炉：燃料与燃烧原理及相关设备 ··· 14

　　任务一　燃料、燃烧计算及锅炉热平衡 ·· 14

　　任务二　制粉设备 ·· 25

　　任务三　燃烧基本原理及燃烧设备 ·· 53

项目三　关于锅：汽水系统及相关设备 ·· 85

　　任务一　循环原理及蒸汽净化 ·· 85

　　任务二　过热器与再热器 ·· 117

　　任务三　省煤器和空气预热器 ·· 136

项目四　烟气净化 ··· 155

项目五　锅炉机组的运行 ·· 178

　　任务一　锅炉的启动与停运 ··· 178

　　任务二　锅炉的运行调节 ·· 191

　　任务三　锅炉运行事故与处理 ·· 196

项目六　循环流化床锅炉 ·· 207

　　任务一　循环流化床锅炉认知 ·· 207

　　任务二　循环流化床锅炉的启动与运行 ·· 226

参考文献 ·· 253

项目一　认识锅炉

项目描述：熟悉锅炉的工作原理及主要组成结构，了解锅炉的分类特点及基本参数，掌握锅炉设备的整个工作过程及各主要部件的作用。

项目目标：能描述火电厂锅炉的主要生产过程；能判断锅炉类型及参数；能初步描述火电厂锅炉各主要部件的作用。

项目素养：(1) 在对电厂锅炉有全面了解的前提下，弘扬大国工匠精神；
(2) 通过对锅炉运行的安全技术指标的学习，建立安全生产的意识。

知识点一　锅炉设备及系统

锅炉是指利用燃料的燃烧热能或其他热能加热给水以生产规定参数和品质的蒸汽、热水的机械设备。

锅炉是火力发电厂的主要设备之一，其作用是使燃料在炉内燃烧放热，并将锅内工质由水加热成具有足够数量和一定质量（汽压、汽温）的过热蒸汽，供汽轮机使用。

在锅炉中，实现燃料化学能转换成过热蒸汽热能的同时，进行着三个互相关联的主要工作过程，即燃料的燃烧过程、传热过程和过热蒸汽的产生过程。

燃烧过程是在锅炉的炉膛中进行的，燃烧过程的任务是使燃料燃烧放出热量，产生高温的火焰和烟气。传热过程的任务是使火焰和高温烟气的热量通过各种换热设备传递给水、蒸汽或空气。来自高压加热器的给水进入锅炉后，经过省煤器、水冷壁和过热器吸收火焰或烟气的热能，逐渐由未饱和水变成饱和水，再由饱和水变成饱和蒸汽，最后由饱和蒸汽加热成为具有一定压力和温度的过热蒸汽。

一、锅炉设备

电站锅炉中的"锅"指的是工质流经的各个受热面，包括省煤器、水冷壁、过热器及再热器等以及通流分离器件，如联箱、汽水分离器等；"炉"指的是燃料的燃烧场所以及烟气通道，包括炉膛、水平烟道和尾部烟道等。通常电站锅炉由锅炉本体设备、辅助设备和锅炉附件三大块组成，如图1-1-1所示。

锅炉本体设备是锅炉的主要组成部分，由汽水系统和燃烧系统两大系统组成。锅炉汽水系统由省煤器、汽包、下降管、联箱、水冷壁、过热器、再热器组成，其主要任务是有效吸收燃料放出的热量，使炉内水蒸发并形成具有一定温度和压力的过热蒸汽；锅炉燃烧系统由炉膛、烟道、燃烧器、空气预热器等组成，其主要作用是使燃料在炉内良好燃烧，放出热量。

(1) 省煤器。位于锅炉尾部烟道中，利用排烟余热加热给水，降低了排烟温度，提高效率，节约燃料。它通常由带鳍片（即肋片）的铸铁管组装而成，也可用钢管制作。

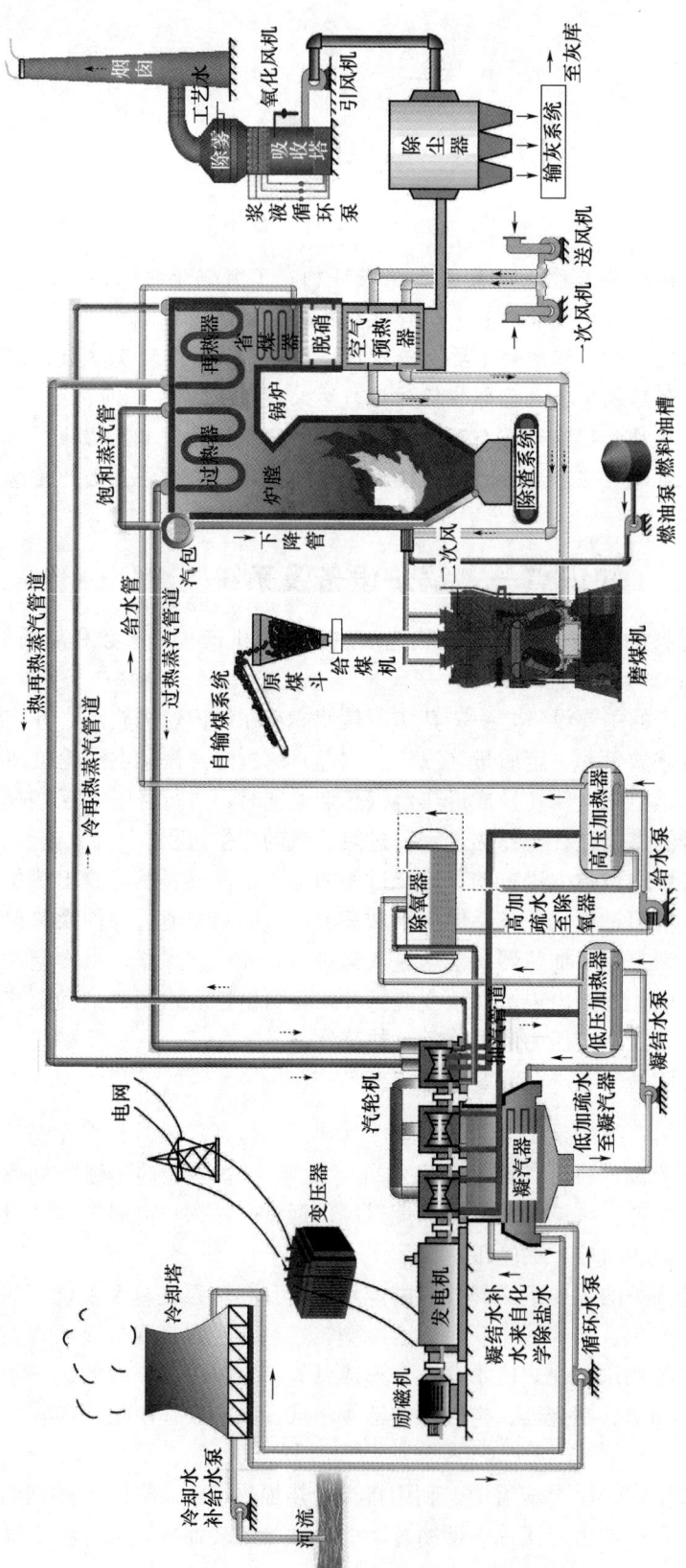

图 1-1-1 电厂锅炉设备构成及生产过程示意

(2) 汽包。位于锅炉顶部，是一个圆筒形的承压容器，其下部是水，上部是汽，它接纳省煤器的来水，同时汽包与下降管、联箱、水冷壁共同组成水循环回路。水在水冷壁中吸热生成的饱和蒸汽也汇集于汽包再供给过热器。

(3) 下降管。水冷壁的供水管，其作用是把汽包中的水引入下联箱再分配到各水冷壁管中。通常大型电厂锅炉的下降管在炉外集中布置。

(4) 联箱。是一根直径较粗的管子，其作用是把下降管与水冷壁管连接在一起，以便起到汇集、混合、再分配工质的作用。

(5) 水冷壁。布置在锅炉炉膛四周炉墙上的蒸发受热面。饱和水在水冷壁管内吸收炉内高温火焰的辐射热量转变为汽水两相混合物。水冷壁通常采用外径为 45~60mm 的无缝钢管和内螺纹管，材料为 20 号优质锅炉钢（20G）。

(6) 过热器。其作用是将来自汽包的饱和蒸汽加热成为合格温度和压力的过热蒸汽。

(7) 再热器。其主要作用是将汽轮机中做过部分功的蒸汽再次进行加热升温，然后再送往汽轮机中继续做功。过热器和再热器是锅炉中金属壁温最高的受热面，常采用耐高温的合金钢蛇形管。

(8) 炉膛。是一个由炉墙和四周水冷壁围成的供燃料燃烧的空间。

(9) 燃烧器。是锅炉主要的燃烧设备。其作用是把燃料和燃烧所需空气以一定速度喷入炉内，使其在炉内进行良好的混合，以保证燃料着火和完全燃烧。

(10) 空气预热器。利用排烟余热加热入炉空气的装置，其整个结构为数量众多的钢管制成的管箱组合体，也可采用蓄热式的回转式空气预热器。燃烧所需的空气受到烟气加热，可改善燃烧条件。

锅炉的辅助设备主要包括通风设备、输煤设备、制粉设备、给水设备、除尘和除灰设备等。通风设备主要包括送风机、引风机、烟风道、烟囱等，其主要作用是提供燃料燃烧和煤粉干燥所需的空气，并将燃烧生成的烟气排出炉外；输煤设备主要包括卸煤设备、受煤设备、煤场机械、输煤皮带、配煤设备等，其主要作用是将进入发电厂的煤或煤场中的煤送入锅炉原煤斗中；制粉设备主要包括原煤仓、给煤机、磨煤机、粗粉分离器、细粉分离器、排粉风机等，其主要作用是将原煤干燥并磨制成合格的煤粉；给水设备由给水泵和给水管路组成，其主要作用是向炉内可靠地供水；除尘和除灰设备的主要作用是清除烟气中的飞灰和燃料燃烧后的灰渣。

锅炉附件主要包括安全门、水位计、吹灰器、热工仪表和控制设备等。

此外，锅炉本体还有炉墙和构架。炉墙用来构成封闭的炉膛和烟道；构架用来支撑和悬吊汽包、锅炉受热面、炉墙等。

二、锅炉的系统

下面分别以燃烧系统、汽水系统和辅助系统来说明锅炉的构成和工作过程。

1. 燃烧系统

煤粉是由原煤经过制粉系统的一系列设备制备而成的。在图 1-1-1 中，从原煤仓落下的原煤经给煤机送入磨煤机中，同时由空气预热器出来的一部分热空气经排粉机也送入磨煤机中，将煤加热和干燥，同时热空气本身也是输送煤粉的介质。离开磨煤机的煤粉和空气混合物经燃烧器送入炉膛中进行燃烧。

外界冷空气是经送风机升压后送往空气预热器的。冷空气在空气预热器内被烟气加热后,一部分热空气送入磨煤机,用于干燥和输送煤粉,这部分热空气称为一次风;另一部分热空气则直接经燃烧器送入炉膛,这部分热空气称为二次风。二次风在炉膛内与已着火的煤粉气流混合,并参与燃烧反应。

煤粉和空气经燃烧器送入炉膛后,在炉膛内进行悬浮燃烧并放出热量。炉膛周围布置着大量水冷壁管,炉膛上部布置着顶棚过热器及屏式过热器等受热面,水冷壁和顶棚过热器等是锅炉的辐射受热面。高温火焰和烟气在炉膛内向上流动时,主要以辐射换热的方式把热量传递给水冷壁和过热器管内的水或蒸汽,烟气自身的温度也不断地降低下来。

烟气离开炉膛以后进入水平烟道,然后再向下进入垂直烟道。在锅炉本体的烟道内布置着过热器、再热器、省煤器和空气预热器等受热面。烟气在流过这些受热面时主要以对流换热的方式放出热量,这些受热面称为对流受热面。过热器和再热器布置在烟气温度较高的地区,称为高温受热面。而省煤器和空气预热器布置在烟气温度较低的尾部烟道内,故称为低温受热面或尾部受热面。

烟气流经一系列对流受热面时,不断放出热量而逐渐冷却下来,离开空气预热器的烟气(即锅炉排烟)温度已相当低,通常在110~160℃之间。由于煤粉锅炉的烟气中携带有大量飞灰,为了防止环境污染,锅炉的排烟首先要经过除尘器,使绝大部分飞灰被捕捉下来。最后,比较清洁的烟气通过引风机由烟囱排入大气。

以上与燃料燃烧有关的煤、风、烟系统称为锅炉的燃烧系统,锅炉的"炉"泛指燃烧系统。燃烧系统是由燃烧设备(炉膛、燃烧器和点火装置)、空气预热器、通风设备(风机)以及烟风道组成的。锅炉的燃烧系统的工作流程如图1-1-2所示。

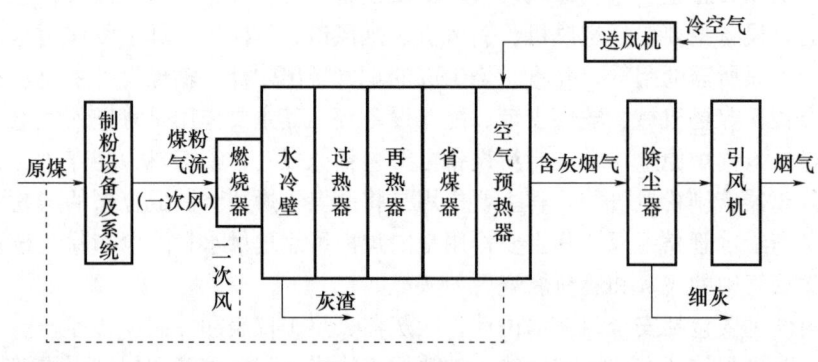

图1-1-2 燃烧系统工作流程

2. 汽水系统

锅炉的"锅"泛指汽水系统。汽水系统是由水和蒸汽流经的许多设备(其中包括受热面、汽包和连接管道)组成的系统,是与过热蒸汽的产生过程有关的系统。汽水系统的工作流程如图1-1-3所示。

锅炉给水首先进入省煤器。省煤器是预热设备,其任务是利用烟气的热量使未饱和的给水预热升温。高压以上电厂锅炉的省煤器出口水温仍未达到饱和温度。在图1-1-3所示的自然循环锅炉中,从省煤器出来的水送入汽包,进入由汽包、下降管、下联箱和水冷壁组成的自然水循环蒸发设备中。水冷壁是锅炉的蒸发受热面，水在水冷壁中继续吸收炉内高温火焰和烟气的辐射热，进一步被加热升温成饱和水，并使部分水变成饱和蒸汽。汽水混合物向上流动后流入汽包，在汽包中通过汽水分离装置进行汽水分离，分离出来的饱和蒸汽进入过热器。过热器的任务是将饱和蒸汽加热成为一定温度和压力的过热蒸汽。由过热器出来的过热蒸汽经主蒸汽管道送往汽轮机高压缸做功。

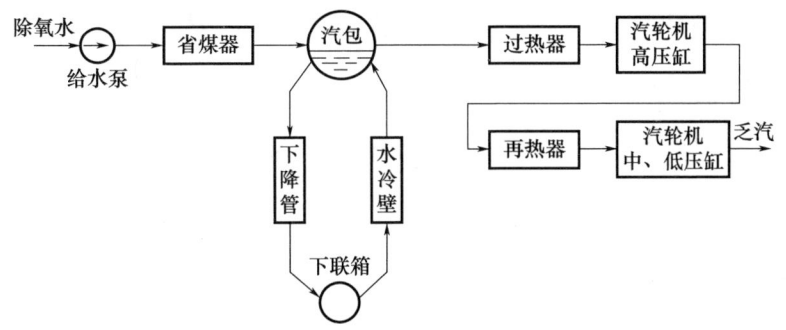

图 1-1-3　汽水系统工作流程

为提高锅炉—汽轮机组的循环热效率和安全性，锅炉压力在 13.7MPa 以上时，大多要用蒸汽再热，即采用再热循环。锅炉汽水系统中设有再热器，过热蒸汽在汽轮机高压缸做功后，又被送回到锅炉的再热器中。再热器的任务是将在汽轮机高压缸中做过功、温度已降低的中压过热蒸汽的温度进一步提高，然后再送入汽轮机，在中、低压缸内继续做功。

3. 辅助系统

燃烧系统和汽水系统是锅炉的两大主要系统。锅炉本体设备主要就是由这两大系统中的燃烧设备、蒸发设备、过热器、再热器、省煤器和空气预热器组成的。除此以外，锅炉还必须有其他一些辅助系统和设备。辅助系统包括燃料供应系统、煤粉制备系统、给水系统、通风系统、除灰除尘系统、汽水管道系统、测量和控制系统 7 个辅助系统。各个辅助系统都配备有相应的附属设备和仪器仪表。

（1）燃料供应系统。主要作用是将燃料由煤场送到锅炉房，包括运输和装卸机械等。

（2）煤粉制备系统。包括磨煤机、排粉机、粗粉和细粉分离器，以及煤粉输送管道。磨煤机将破碎后的原煤借助撞击、挤压、研磨等作用磨制成细粉，经粗粉分离器分离后合格的细粉由排粉机经燃烧器送入炉膛。

（3）给水系统。由给水处理装置、水箱和给水泵等组成，水处理装置除去水中杂质，保证给水品质。处理后的锅炉给水借助给水泵提高压力，后经省煤器送入汽包。

（4）通风系统。包括送风机、引风机和烟囱等，送风机将空气通过空气预热器加热后送往锅炉、引风机及烟囱，将炉子中排出的烟气送入大气中。

（5）除灰除尘系统。除灰设备从锅炉中除去灰渣并送出电厂；除尘装置除去锅炉烟气中的飞灰，改善环境卫生。

（6）汽水管道系统。包括供应锅炉给水、输送蒸汽和排放污水而敷设的各种汽水管道，如给水管、主蒸汽管和排污管等。

(7) 测量和控制系统。仪表及控制设备除了水位表、压力表和安全阀等装在锅炉本体上的监察仪表和安全附件外，还常装置有一系列指示、计算仪表和控制设备，如煤量计、蒸汽流量计、水表、温度计、风压计、排烟二氧化碳指示仪，以及烟、风闸门的远程操作和控制设备等。对于容量大、自动化程度较高的锅炉，还配置有给水、燃烧过程自动调节装置或计算机控制调节系统，以科学地监控锅炉运行。

知识点二　电站锅炉的规范、型号及安全指标

一、锅炉的规范

锅炉的主要技术规范是指锅炉容量、锅炉蒸汽参数、给水温度和锅炉热效率等，它们用来说明锅炉的基本工作特性。

1. 锅炉容量

锅炉容量用蒸发量来表示，是说明锅炉产汽能力大小的特性数据。一般指锅炉每小时的最大连续蒸发量，又称为额定蒸发量或额定容量，常用符号 De 表示，单位为 t/h。习惯上电厂锅炉容量也用与之配套的汽轮发电机组的电功率来表示，如 600MW 锅炉。

2. 锅炉蒸汽参数

锅炉蒸汽参数是说明锅炉蒸汽规范的特性数据，一般指锅炉过热器出口的蒸汽温度和蒸汽压力（表压力），符号分别用 t、p 表示，单位分别为℃、MPa。对具有中间再热的锅炉，蒸汽参数还应包括再热蒸汽压力、温度。

3. 给水温度

锅炉给水温度是说明锅炉给水规范的特性数据，一般指省煤器入口处的给水温度，不同蒸汽参数的锅炉其给水温度也不相同。

4. 锅炉热效率

锅炉热效率是说明锅炉运行经济性的特性数据，它是指锅炉有效输出热量占输入热量的百分比。

二、国产锅炉型号

电厂锅炉型号反映了锅炉的主要技术特性。目前，我国电厂锅炉型号一般采用三组或四组字码表示，其表示形式一般为：

△△—×××/×××—×××/×××—△×

即：制造厂家—锅炉容量/过热蒸汽压力—过热蒸汽温度/再热蒸汽温度—锅炉设计燃料设计序号。第一组符号是制造厂家的汉语拼音缩写，如 HG—哈尔滨锅炉厂；SG—上海锅炉厂；DG—东方锅炉厂；WG—武汉锅炉厂；BG—北京锅炉厂等。第二组是数字，分子数字是锅炉容量，单位为 t/h，分母数字为锅炉出口过热蒸汽的压力，单位为 MPa。第三组也是数字，分子和分母分别表示过热蒸汽和再热蒸汽出口温度，单位均为℃。最后一组中，符号表示燃料代号，而数字表示设计序号。煤、油、气的燃料代号分别为 M、Y、Q，其他燃料代号是 T。对同容量和蒸汽参数的锅炉，设计序号小的是先设计的。如 HG-2008/18.22-540/540-M8，表示哈尔滨锅炉厂制造的容量为 2008t/h、过热蒸汽压力为 18.22MPa、过热蒸汽温度为 540℃、再热蒸汽温度为 540℃、设计燃料为煤、设计序号为 8（该型号锅炉为第 8 次设计）的锅炉。

三、锅炉运行的安全技术指标

锅炉运行时的安全性指标不能进行专门的测量,而用下列三个间接指标来衡量。

1. 连续运行小时数

锅炉的连续运行小时数是指两次被迫停炉检修之间的运行小时数。

2. 事故率

事故率是指在统计期间内,锅炉事故停炉总小时数与总运行小时数和事故停炉总小时数之和的百分比,即:

$$事故率 = \frac{事故停炉总小时数}{总运行小时数 + 事故停炉总小时数} \times 100\% \qquad (1-1-1)$$

3. 可用率

可用率是指在统计期间,锅炉总运行小时数及总备用小时数之和与该统计期间总小时数的百分比,即:

$$可用率 = \frac{总运行小时数 + 总备用小时数}{统计期间总小时数} \times 100\% \qquad (1-1-2)$$

锅炉可用率和事故率的统计期间可以是一年或两年。连续运行时数越大,事故率越小,可用率、利用率越大,锅炉安全可靠性就越高。

知识点三 锅炉的分类

电站锅炉根据其用途、工作条件、工作方式和结构形式的不同,可有多种分类方法。

一、按锅炉的用途分类

锅炉按其用途可分为以下几种:

(1) 电站锅炉。产生的蒸汽主要用于发电的锅炉,是火力发电厂中用于产生蒸汽的关键设备,通过燃烧化石燃料或其他能源,将水加热成具有一定压力和温度的蒸汽,为汽轮机提供动力,进而带动发电机发电。

(2) 工业锅炉。是在工业生产过程中,为工业生产工艺或工业用热设备提供热能的锅炉。

(3) 热水锅炉。是产生热水供暖和生活用的锅炉。

二、按锅炉容量分类

按锅炉容量的大小,锅炉有大、中、小型之分,但它们之间没有固定、明确的分界。随着我国电力工业的发展,电站锅炉容量不断增大,大、中、小型锅炉的分界容量不断变化。从当前情况来看,发电功率等于或大于 300MW 的锅炉才算是大型锅炉。

三、按蒸汽压力分类

按照锅炉额定蒸汽压力 p 的大小可分为 A 级、B 级、C 级。

A 级锅炉是指 $p > 3.8 \text{MPa}$ 的锅炉,包括:

(1) 超临界锅炉,$p \geqslant 22.1 \text{MPa}$;

(2) 亚临界锅炉,$16.7 \text{MPa} \leqslant p < 22.1 \text{MPa}$;

(3) 超高压锅炉,$13.7 \text{MPa} \leqslant p < 16.7 \text{MPa}$;

(4) 高压锅炉，9.8MPa≤p<13.7MPa；

(5) 次高压锅炉，5.3MPa≤p<9.8MPa；

(6) 中压锅炉，3.8MPa≤p<5.3MPa。

B级锅炉是指0.8MPa<p<3.8MPa的锅炉，包括：

(1) 蒸汽锅炉，0.8MPa<p<3.8MPa；

(2) 热水锅炉，p<3.8MPa，且t>120℃。

C级锅炉是指p≤0.8MPa的锅炉，包括：

(1) 蒸汽锅炉，p≤0.8MPa，且V>50L；

(2) 热水锅炉，0.4MPa<p<3.8MPa，且t<120℃。

四、按燃用燃料分类

按燃用燃料分有燃煤炉、燃油炉、燃气炉、生物质锅炉。

五、按燃烧方式分类

按燃烧方式分类有层燃炉、室燃炉（煤粉炉、燃油炉等）、旋风炉、流化床炉等。

(1) 层燃炉，是指燃料置于炉排上，形成一定厚度的燃料层，空气从炉排下方送入，通过燃料层进行燃烧，燃烧过程中燃料层会逐渐下移，新的燃料不断补充到上层。

(2) 室燃炉，是指燃料在炉膛（燃烧室）空间呈悬浮状进行燃烧，通常把这种燃烧称为空间燃烧，它是目前电厂锅炉的主要燃烧方式，也就是通常所说的煤粉锅炉。

(3) 旋风炉，是指燃料和空气在高温的旋风筒内高速旋转，细小的燃料颗粒在旋风筒内悬浮燃烧，而较大燃料颗粒被甩向筒壁液态渣膜上进行燃烧，这种方式称为旋风燃烧方式，用旋风燃烧方式来组织燃烧的锅炉称为旋风炉。

(4) 流化床炉，是指燃料在适当的空气流速作用下，在炉箅（布风板）上部上下翻腾，呈流化沸腾状态进行燃烧。现代的流化沸腾炉通常在炉膛出口将烟气中的固体颗粒收集起来，送回炉膛继续燃烧，故又称循环流化床燃烧锅炉，这种炉子特别适宜于烧劣质煤。

六、按工质在蒸发受热面中的流动特性即水循环特性分类

按工质流动特性分为自然循环锅炉和强制流动锅炉。强制流动锅炉又分为控制循环锅炉、直流锅炉、复合循环锅炉或低倍率循环锅炉等。

自然循环锅炉有汽包，工质在蒸发受热面即水冷壁中的流动是依靠汽水密度差来进行的。控制循环锅炉也有汽包，工质在蒸发面中的流动依靠水泵的压头来进行。直流锅炉没有汽包，工质在蒸发受热面中的流动依靠水泵的压力来进行，且水在蒸发受热面中全部转变为蒸汽。复合循环锅炉是在直流锅炉的基础上发展起来的一种锅炉，它由直流锅炉加再循环泵构成。

七、按煤粉炉的排渣方式分类

按锅炉排渣的相态，可以分为固态排渣锅炉和液态排渣锅炉两种。固态排渣锅炉是指从锅炉炉膛排出的炉渣呈固态，煤粉锅炉常采用固态排渣锅炉。而液态排渣锅炉是指从炉膛排出的炉渣呈液态，旋风炉则常采用液态排渣锅炉。

知识点四　典型煤粉锅炉介绍

随着我国电力工业的快速发展，火力发电锅炉向大型化和环保型方向发展。目前大

型化煤粉炉主要是配套 300MW 和 600MW 机组的煤粉锅炉。

一、配 300MW 机组的亚临界压力煤粉锅炉

国内配 300MW 机组的亚临界压力煤粉锅炉有多种炉型，包括直流锅炉、控制循环锅炉和自然循环锅炉等。随着我国对 300MW 机组研究的深入，自然循环的汽包锅炉占据了主要地位。

图 1-1-4 是东方锅炉厂根据 CE 公司技术设计制造的亚临界压力 300MW 汽包锅炉，采用四角切圆燃烧、自然循环、摆动式燃烧器调温方式。炉膛的宽、深、高分别为 13335mm、12829mm、54300mm，燃料用西山贫煤和洗中煤的混煤。在炉膛四角布置 4 只摆动式直流燃烧器，燃烧器有 6 层一次风喷口，4 层油喷口，6 层二次风喷口，气流

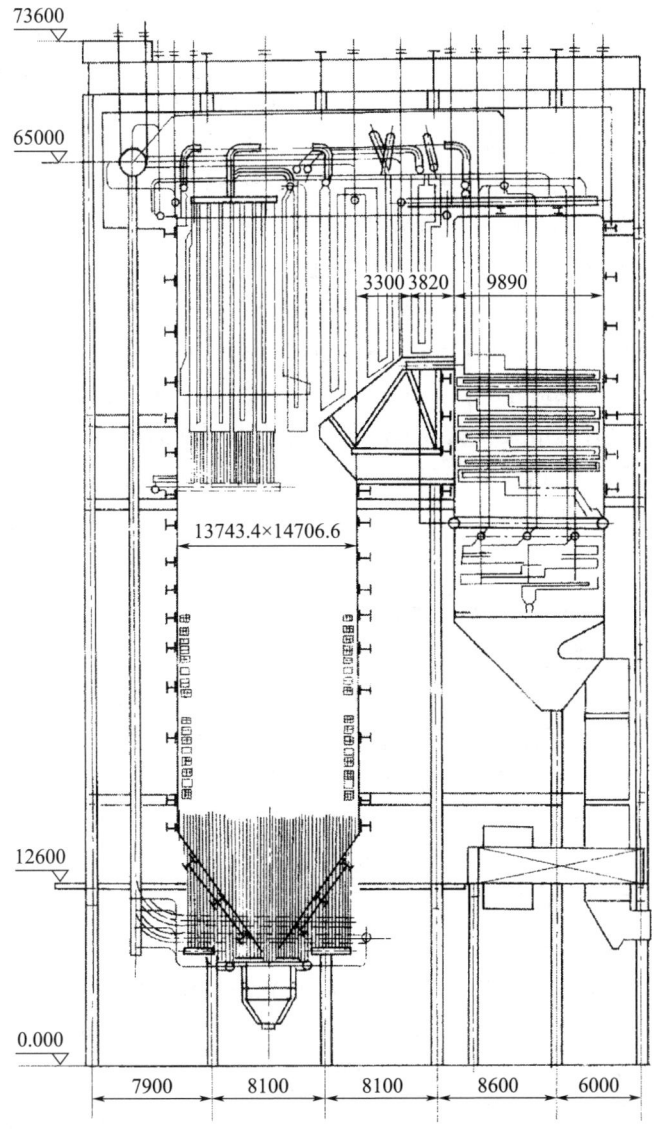

微课：锅炉的发展

图 1-1-4　亚临界压力 300MW 汽包锅炉

射出喷口后，在炉膛中央形成Φ700mm和Φ1000mm的两个切圆。

炉膛四壁由膜式水冷壁组成，水冷壁管由内螺纹管和光管组成，662根管子分为24组，前后墙和两侧墙各布置6组，与6根大直径下降管连接，形成24个独立的循环回路。锅炉的顶棚、水平烟道的两侧墙、尾部竖井烟道都由过热器管包覆。

在炉膛上部的前墙和部分两侧墙水冷壁的向火面上紧贴壁式再热器。前墙布置239根，两侧墙各布置122根，切角处不布置。

炉膛上部空间悬吊着大屏过热器和后屏过热器，大屏过热器采用大节距布置，沿炉宽方向布置4片。为了减小热偏差，每片屏分4个小屏，14管圈并绕。后屏过热器采用13管圈并绕，沿炉宽方向布置19片。

折焰角上部的水平烟道中布置中温再热器，沿炉宽方向布置29片。

高温再热器布置在中温再热器之后的水平烟道中，共64片，7管圈并绕。高温过热器位于水平烟道的末端，共84片，6管圈并绕。

锅炉尾部竖井烟道中布置低温过热器，沿炉宽方向布置112排，由三个水平管组和一个垂直管组组成，5管圈并绕。

省煤器布置在低温过热器之后，横向排数为92排，依顺序布置，横向节距为128mm，纵向节距为102mm，3管圈并绕。

锅炉配置两台三分仓空气预热器，转子直径为10320mm。

过热汽温的调节采用三级喷水减温。第一级布置在低温过热器和大屏过热器的连接管道上，第二级布置在大屏出口联箱和后屏进口联箱的左右连接管道上，第三级布置在后屏出口联箱和高温过热器左右连接的管道上。一级喷水用于粗调，当高压加热器切除时，喷水量剧增，此时应增大一级减温水量，防止大屏和后屏以及高温过热器超温。三级喷水作为微调和调节过热汽温的左右偏差。二级喷水作为备用。

为了保证管屏间距和管子的自由膨胀，在管屏间设置定位管和滑块，定位管由蒸汽冷却。

二、DG2086/29.4-Ⅱ2型控制循环锅炉

1. 主要参数和整体布置

图1-1-5是DG2086/29.4-Ⅱ2型控制循环锅炉，采用东方锅炉股份有限公司生产的高效超超临界参数变压直流炉、单炉膛、一次中间再热、平衡通风、带启动循环泵内置式启动系统、露天布置、固态排渣、前后墙对冲燃烧、全钢构架悬吊结构Ⅱ2型锅炉。BMCR工况额定蒸汽流量2086t/h，额定蒸汽压力29.4MPa，主、再热汽温度分别为605℃/623℃。

2. 锅炉总图介绍

锅炉顶板高度86900mm，锅炉深度（K0排柱至K5排柱中心）48300mm，锅炉宽度（G1排柱至G7排柱中心）49000mm，炉膛宽度22162.4mm，深度16980.8mm，水冷壁下集箱标高为7500mm，炉膛高67000mm，运转层标高15000mm，炉膛设计承压±6500Pa。

锅炉炉前沿宽度方向垂直布置2只汽水分离器。汽水分离器外径930mm，壁厚110mm。每个分离器筒身上方圆周方向布置6个切向进口、1个蒸汽出口和1个疏水出口。设置1个储水罐，外径810mm，壁厚105mm，

微课：直流煤粉炉的本体结构

储水罐水容积约 14.8m³。当机组启动，锅炉负荷小于最低直流负荷 25%时，蒸发受热面出口的工质进入分离器进行汽水分离，蒸汽通过分离器上部管接头进入顶棚过热器，不饱和水则通过每个分离器汇集至储水罐，通过管路一路疏水至炉水再循环系统，另一路接至大气扩容器中。大气扩容器中的疏水扩容降压后，水质合格前排向机组排水槽，合格后可回收至凝汽器。

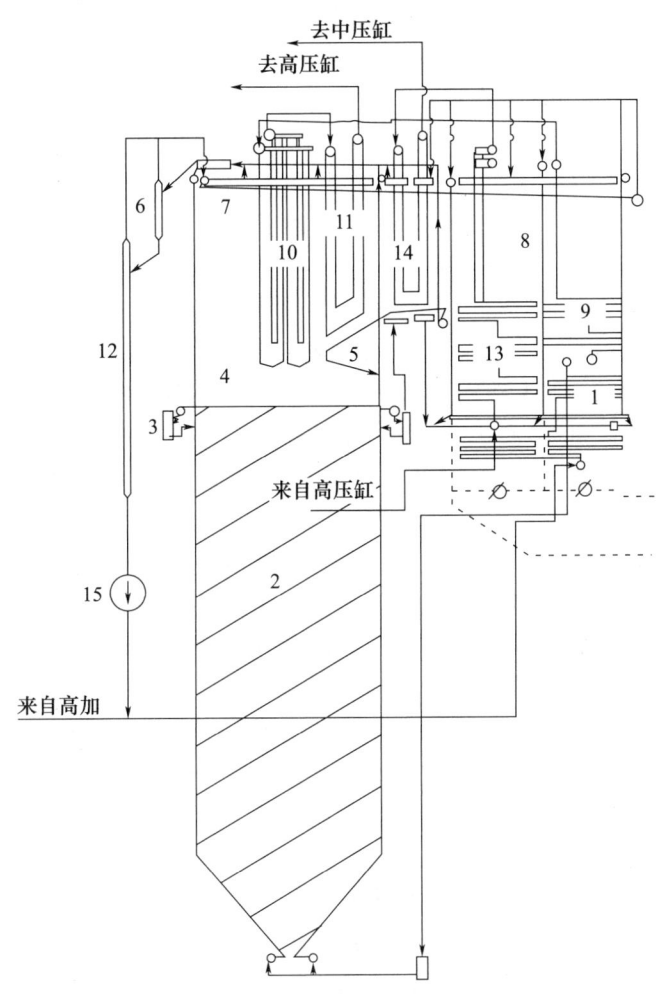

1—省煤器；2—下部螺旋水冷壁；3—过渡段水冷壁；4—上部垂直水冷壁；5—折焰角；
6—汽水分离器；7—顶棚过热器；8—包墙过热器；9—低温过热器；10—屏式过热器；
11—高温过热器；12—储水罐；13—低温再热器；14—高温再热器；15—锅炉启动再循环泵。

图 1-1-5　DG2086/29.4-Ⅱ2 型控制循环锅炉结构

炉膛由膜式水冷壁组成，水冷壁采用螺旋管加垂直管的布置方式。经省煤器加热后的给水，通过下水连接管引至两个下水连接管分配集箱，再由连接管引入两个螺旋水冷壁入口集箱。从炉膛冷灰斗进口到标高 52.5m 处，炉膛四周采用螺旋水冷壁。其中冷灰斗采用光管螺旋管，管子规格为 $\phi38.1\times7$mm，冷灰斗上沿至螺旋水冷壁出口采用六角内螺纹管，管子规格为 $\phi38.1\times6.5$mm，节距均为 50.8mm。在螺旋水冷壁上方为垂直水冷壁，螺旋水冷壁与垂直水冷壁采用中间联箱连接过渡。中间联箱在两侧墙各布置

1个。垂直水冷壁管子规格分别为：上部水冷壁 $\phi 31.8\times 7.0$mm，折焰角水冷壁 $\phi 31.8\times 6.5$mm，水平烟道水冷壁 $\phi 31.8\times 6.5$mm，凝渣管 $\phi 76\times 20$mm；节距分别为：上部水冷壁 50.8mm，折焰角水冷壁 50.8mm，水平烟道水冷壁 63.5mm，凝渣管 457.2mm。

炉膛上部布置屏式过热器、折焰角布置高温过热器，水平烟道布置高温再热器，其余受热面布置在尾部竖井烟道。过热器设置两级喷水减温，主蒸汽温度主要靠水煤比和减温水控制。再热器两级布置，再热蒸汽温度主要采用烟气挡板调节，在低温再热器出口布置事故减温水。

燃烧系统按照中速磨冷一次风机正压直吹系统进行设计，配置6套制粉系统，燃用设计煤种时，5套制粉系统可以带到最大连续出力（BMCR工况）。燃烧系统采用前后墙对冲燃烧，采用低 NO_x 新型 OPCC 旋流煤粉燃烧器。燃烧系统共布置有24只燃尽风喷口，12只还原风喷口，36只燃烧器喷口和12只贴壁风口。燃烧器分3层，前后墙每层共6只，前后墙各布置18只。锅炉A、B层燃烧器分别配置独立的等离子点火装置，供低负荷稳燃或锅炉启停时使用。

在省煤器出口设置脱硝装置，脱硝采用选择性触媒（SCR）脱硝技术，催化剂采用2+1层布置（布置2层，备用1层），采用尿素水解制备氨气，反应后生成对大气无害的氮气和水气。尾部烟道下方设置一台四分仓回转容克式空气预热器，转子直径14236mm，冷段采用抗腐蚀大波纹 SPCC 搪瓷板，可以防止脱硝过程中生成的 NH_4HSO_4 导致黏结。

送风机和一次风机将冷空气送往四分仓空气预热器，锅炉的热烟气将其热量传送给进入的空气，热一次风与部分冷一次风混合进入磨煤机实现煤粉的输送、分离和干燥，然后进入布置在前后墙的煤粉燃烧器。热二次风进入燃烧器风箱，并通过各调节挡板分配后进入每个燃烧器的内、外二次风通道，同时部分二次风进入燃烧器上部的燃尽风喷口。燃料在炉膛燃烧产生高温热烟气主要以辐射传热的方式将一部分热量传递给炉膛水冷壁和屏式过热器，然后热烟气通过屏式过热器、高温过热器、高温再热器进入后竖井烟道。后竖井烟道内的中隔墙将后竖井分成前、后两个平行烟道，前烟道内布置低温再热器，后烟道内布置低温过热器和省煤器。在上述受热面中，高温烟气主要以对流传热的方式将热量传递给工质，烟气的温度逐渐降低。烟气调节挡板布置在低温再热器和省煤器后，用来改变通过竖井前、后隔墙的烟气量以达到调节再热蒸汽温度的目的。穿过烟气挡板后的烟气进入脱硝装置，再进入空预器进行最后冷却，再通过低温省煤器加热凝结水，然后进入两台电除尘器净化后，烟气通过两台引风机进入脱硫岛脱硫后由烟囱排向大气。

项目小结

（1）锅炉是火力发电厂的主要设备之一，其作用是使燃料在炉内燃烧放热，并将锅内工质由水加热成具有足够数量和一定质量的过热蒸汽，供汽轮机使用。

电厂锅炉由锅炉本体设备、辅助设备和锅炉附件组成。

锅炉本体设备是锅炉的主要组成部分，由汽水系统和燃烧系统两大系统组成。

锅炉的辅助设备主要包括通风设备、输煤设备、制粉设备、给水设备、除尘和除灰设备等。

锅炉附件主要包括安全门、水位计、吹灰器、热工仪表和控制设备等。

(2) 燃烧系统和汽水系统是锅炉的两大主要系统。

与燃料燃烧有关的煤、风、烟系统称为锅炉的燃烧系统，锅炉的"炉"泛指燃烧系统。燃烧系统是由燃烧设备（炉膛、燃烧器和点火装置）、空气预热器、通风设备（风机）以及烟风道组成的。

锅炉的"锅"泛指汽水系统。汽水系统是由水和蒸汽流经的许多设备（其中包括受热面、汽包和连接管道）组成的系统，是与过热蒸汽的产生过程有关的系统。

辅助系统包括：燃料供应系统、煤粉制备系统、给水系统、通风系统、除灰除尘系统、水处理系统、测量和控制系统 7 个辅助系统。

(3) 锅炉的主要技术规范是指锅炉容量、锅炉蒸汽参数和给水温度等，它们用来说明锅炉的基本工作特性。

①锅炉容量用蒸发量来表示，是说明锅炉产汽能力大小的特性数据。常用符号 De 表示，单位为 t/h。

②锅炉蒸汽参数是说明锅炉蒸汽规范的特性数据，一般指锅炉过热器出口的蒸汽温度和蒸汽压力（表压力），分别用符号 t、p 表示，单位分别为℃、MPa。

③锅炉给水温度是说明锅炉给水规范的特性数据，一般指省煤器入口处的给水温度，用符号 t 表示，单位为℃。

④锅炉热效率是说明锅炉运行经济性的特性数据，它是指锅炉有效输出热量占输入热量的百分比。

(4) 电厂锅炉型号反映了锅炉的主要技术特性。描述了锅炉的制造厂家、锅炉容量/过热蒸汽压力、过热蒸汽温度/再热蒸汽温度、锅炉设计序号。

(5) 锅炉运行时的安全性指标不能进行专门的测量，而用下列三个间接指标来衡量：连续运行小时数、事故率、可用率。

(6) 锅炉按其用途可分为电厂锅炉、工业锅炉、热水锅炉；按锅炉容量的大小，锅炉有大、中、小型之分；按蒸汽压力可分为低压、中压、高压、超高压、亚临界压力、超临界压力锅炉；按燃烧方式可分为层燃炉、室燃炉（煤粉炉、燃油炉等）、旋风炉、沸腾炉等；按工质流动特性可分为自然循环锅炉、强制流动锅炉；按锅炉排渣的相态，可分为固态排渣锅炉和液态排渣锅炉两种；按燃烧室内的压力可分为负压燃烧锅炉和压力燃烧锅炉两种。

项目二　关于炉：燃料与燃烧原理及相关设备

项目描述： 学习了解锅炉燃烧过程及机理，熟知制粉系统的流程及设备。
项目目标： 能辨识锅炉制粉系统设备，描述其工作流程，会画制粉系统图。
项目素质： 通过燃烧计算的严谨性、制粉系统的周密性，培养细致认真、谨慎负责的品性。

任务一　燃料、燃烧计算及锅炉热平衡

知识点一　锅炉燃料

燃料是指燃烧时能够发热的物质。

燃料的种类繁多，按其物态可分为以下三种。

（1）固体燃料。主要是煤，其次为油页岩及生物质、木材等。

（2）液体燃料。主要有重油、各种渣油及炼焦油等。

（3）气体燃料。主要是天然气、沼气及各种工艺气（如高炉煤气、焦炉煤气及发生炉煤气）等。

上述燃料中优质烟煤、原油及天然气热值很高，但它们更是冶金及化工工业的宝贵原料，一般不用于电厂锅炉。就我国目前情况来看，电站锅炉燃料主要为煤，故本任务介绍的燃料将以煤为主。我国的燃料政策规定，电力用煤应遵循以下原则：

（1）尽可能不占用其他工业部门所必需的优质燃料。火力发电厂应当多用煤、少用油，少用原油（石油）和天然气，特别要多用劣质煤。所谓劣质煤，是指水分、灰分或硫分含量较多，发热量较低，在其他方面没有太多经济价值的煤。

（2）尽可能采用当地燃料。就地利用资源，向外输送电力，可以减轻运输负担，也可以促进各地区天然资源的开发利用。坑口电站就是在煤产地建设大型电站，就地发电，变运送煤炭为输送电力。

（3）提高燃料的使用经济效果，节约能源。应尽可能提高发电厂的经济性，并应对燃料及其燃烧后的产物进行综合利用。

（4）应尽量减少燃料燃烧后生成的产物对环境的污染。

锅炉运行的安全性、经济性与燃料的性质有密切关系，锅炉的设计也只有在充分掌握燃料性质的基础上才能进行。因此，对于锅炉设计和运行人员来说，了解燃料的组成成分、性质及其对锅炉工作的影响就具有十分重要的意义。

一、煤的组成成分及性质

(一) 煤的元素分析成分及性质

全面测定煤中所含全部化学成分的分析叫作元素分析。煤中所含元素达30多种,一般把燃料中不可燃矿物质成分综合在一起统称为灰分。这样,煤的元素分析成分包括:碳(C)、氢(H)、氧(O)、氮(N)、硫(S)、灰分(A)和水分(M)。

1. 碳(C)

碳是煤中含量最多的可燃元素,也是煤的基本成分,其含量为45%～85%。煤的含碳量越高,其发热量就越高。1kg碳完全燃烧约可放出32866kJ的热量。煤中碳的一部分与氢、氧、硫等结合成有机化合物,在受热时从煤中析出成为挥发分,而其余呈单质状态,称为固定碳。固定碳不易着火,燃烧缓慢。因此,含碳量越高的煤,着火和燃烧就越困难。

2. 氢(H)

氢是煤中发热量最高的可燃元素。氢在煤中的含量较少,为3%～6%(水分中的氢是不可燃的,不计入氢的含量),地质年龄越长的煤,氢含量越少。1kg氢完全燃烧(生成物为H_2O)时可放出12×10^4kJ的热量。H_2、$CmHn$等这些气体物质极易着火燃烧。因此,氢的含量越高,煤就越容易着火和燃烧。

3. 硫(S)

煤中的硫虽然也是可燃成分,但属于有害成分。硫的燃烧产物SO_2及SO_3气体与烟气中的水蒸气化合成的硫酸蒸汽,不仅会引起锅炉低温烟道内受热面的腐蚀,而且随烟气排放后还会造成对环境的污染。硫的含量一般不超过2%,个别煤种硫含量高达3%～10%。目前国内各种类型燃煤锅炉均配套建设脱硫设施。

4. 氧(O)和氮(N)

氧和氮是煤中的不可燃成分,但游离氧可以助燃。氧的含量范围很宽,一般地下煤层越深,年代越久,煤的含氧量越低。氮的含量为0.5%～2.5%,氮虽不参与燃烧,但随烟气排放出的氮氧化物(NO_x)同硫一样也会造成对环境的污染。因此电厂锅炉的设计中,都设法(如降低燃烧温度、采用分级燃烧、采用循环流化床燃烧方式等)降低NO_x的生成量。

5. 灰分(A)

煤在完全燃烧后形成的固态残余物即为灰分。灰分不仅阻碍煤中可燃成分与氧气的接触,影响可燃质的燃尽,而且会造成受热面的磨损、积灰、结渣和腐蚀等。灰分排入大气后还会污染环境。煤的灰分含量一般为10%～50%。一般称灰分和水分高的煤为劣质煤。

6. 水分(M)

煤中的水分包括外部水分和内部水分两种。外部水分可以通过风吹日晒自然干燥。内部水分又称固有水分,利用自然干燥法不能去掉,必须将煤加热到一定的温度后才能除掉。水分除不利于煤的着火燃烧外,水分的汽化、过热还会带走一部分可燃质燃烧放出的热量,使煤的发热量降低。另外,水分还会引起低温受热面的积灰和腐蚀。

（二）煤的工业分析成分

煤的元素成分含量是锅炉燃烧计算的依据,但它们并不能直接反映出煤的燃烧特性,也不能充分确定煤的性质。另外,由于煤的元素分析方法比较复杂,所以电厂常采用比较简单的工业分析。在一定的试验室条件下,通过对煤样进行干燥、加热、燃烧,测定煤的水分（M）、挥发分（V）、固定碳（FC）和灰分（A）这四种成分的质量百分数,这称为工业分析。煤的工业分析既能反映煤在燃烧方面的某些特性,又是我国电厂用煤分类的重要依据。

挥发分（V）不是以现成的状态存在于煤中,而是在煤的加热过程中,煤中有机质分解析出的气体物质,主要由 CO、H_2、H_2S、甲烷及其他碳氢化合物等可燃气体组成,也含有少量的 O_2、CO_2、N_2 等不可燃气体。

煤在加热过程中相继失去水分和挥发分之后就成为焦炭,它包括固定碳和灰分。

煤中的成分是以质量百分数表示的。由于煤中的水分和灰分含量常随开采、运输、储存等因素的变化而变化,即使同一种煤,由于灰分、水分的变化,其他成分的含量也就随之变化,因此在给出煤中各成分含量时,应标明其分析基准才有实际意义。常用的分析基准有收到基、空气干燥基、干燥基和干燥无灰基四种,相应的表示方法是在各成分符号右下角加角标 ar、ad、d、daf。

1. 收到基

收到基也称工作基,是以进入锅炉房原煤仓内（或进入储煤场内）的煤为基准,收到基成分含量反映了煤作为收到状态下的各成分含量,锅炉热力计算均采用收到基成分。煤的成分分析用质量百分数表示,各种成分的收到基以下标 ar 表示。

$$C_{ar}+H_{ar}+O_{ar}+N_{ar}+S_{ar}+A_{ar}+M_{ar}=100\% \quad (2-1-1)$$

2. 空气干燥基

空气干燥基是指把在实验室经过自然风干后的煤作为基准,与收到基比较,已除掉外在水分,空气干燥基成分含量一般在实验室内做煤样分析时采用。

$$C_{ad}+H_{ad}+O_{ad}+N_{ad}+S_{ad}+A_{ad}+M_{ad}=100\% \quad (2-1-2)$$

3. 干燥基

干燥基是以假想无水状态的煤作为基准,因已去掉全部水分,干燥基成分不受水分影响,故灰分含量常用干燥基表示。

$$C_d+H_d+O_d+N_d+S_d+A_d=100\% \quad (2-1-3)$$

4. 干燥无灰基

干燥无灰基是以去除了全部水分、灰分的煤作为基准。

$$C_{daf}+H_{daf}+O_{daf}+N_{daf}+S_{daf}=100\% \quad (2-1-4)$$

由于干燥无灰基成分既不受水分含量的影响,又不受灰分含量的影响,比较稳定,因此,煤的干燥无灰基成分能更准确地反映出煤的特征。特别是干燥无灰基挥发分的含量,它能确切反映煤燃烧的难易程度,所以煤中挥发分的含量多少常以干燥无灰基挥发分 V_{daf} 来表示。

上述煤的组成成分及各种分析基准之间的关系,如图 2-1-1 所示。

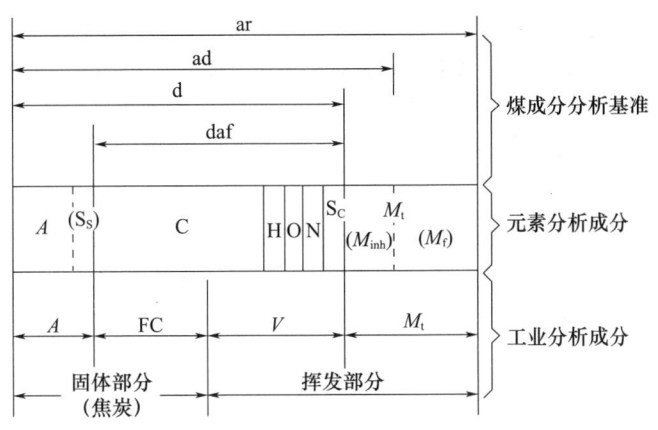

图 2-1-1 煤的成分及各基准之间的关系

微课：高位发热量和低位发热量的区别

二、煤的主要特性指标

1. 发热量

燃料的发热量是指每千克收到基燃料完全燃烧时所放出的热量，单位为 kJ/kg。燃料发热量又分为高位发热量（$Q_{gr,ar}$）和低位发热量（$Q_{net,ar}$），其差别在于后者扣除了燃料中水分和氢燃烧产物水分的汽化潜热。鉴于锅炉所排放烟气中的水蒸气未能凝结放出其汽化潜热，故国内均采用低位发热量 $Q_{net,ar}$ 作为锅炉热力计算的依据。

由于各种煤的发热量差异很大，为便于比较不同锅炉燃用不同煤种时的效益，规定 $Q_{net,ar}=29307$ kJ/kg（7000kcal/kg）的煤为标准煤。任何锅炉煤耗量 B 均可折算为标准煤的煤耗量 B_n，即：

$$B_n = BQ_{net,ar}/29307 \tag{2-1-5}$$

2. 挥发分

挥发分是燃料燃烧的重要特性指标。由于挥发分的燃点低，易于着火燃烧，故干燥无灰基挥发分的含量是衡量煤是否好烧的依据。一般来说，地下年代越久的煤，其挥发分 V_{daf} 越少，因此挥发分可作为电厂燃煤分类的重要依据。

3. 灰熔点

煤的灰熔融特性是用煤灰由固态转化为液态时的三个特征温度来表示的。这三个温度即如图 2-1-2 所示的灰锥加热时的灰锥变形温度 DT、软化温度 ST 和液化温度 FT。ST 代表煤的灰熔点。各种煤的灰熔点一般在 1100～1600℃之间。实践表明，当煤的 $ST>1350$℃时，锅炉内结渣的可能性不大，否则锅炉的炉膛出口温度必须控制在灰熔点 ST 以下约 150℃，以避免烟道内过热器和再热器等位置的结渣。

图 2-1-2 煤的灰熔融特性温度

三、煤的分类

煤的干燥无灰基挥发分 V_{daf} 能反映煤燃烧的难易程度，故用它对煤进行分类。

1. 无烟煤（$V_{daf}<10\%$）

无烟煤是煤化程度最深的煤，它有明亮的黑色光泽，硬度高，不易研磨。它的含碳量很高，杂质少而发热量较高，大致为 21000～25000kJ/kg。但由于挥发分含量较低，难以点燃，燃烧特性差，为保证着火和稳燃，在锅炉设计中常需要采取一些特殊措施（如采用"W 火焰"炉型等），对低灰熔点的无烟煤还需同时解决着火稳定性和结渣之间的矛盾。无烟煤的着火需要较高温度，燃烧时火焰较短，燃尽也较困难。但在贮存时不易自燃。

2. 贫煤（$V_{daf}=10\%\sim20\%$）

它的挥发分含量稍高于无烟煤，其着火、燃尽特性优于无烟煤，但仍属于燃烧特性较差的煤种。

3. 烟煤（$V_{daf}=20\%\sim37\%$）

烟煤具有中等的煤化程度，它的挥发分含量较高，水分和灰分较少，发热量较高。烟煤燃点低，容易着火和燃尽。但某些含灰量较高的劣质烟煤则燃烧特性较差。对挥发分超过 25% 的烟煤，贮存时应防止其自燃，制粉系统应考虑防爆措施。对劣质烟煤还应考虑受热面积灰、结渣和磨损问题。

4. 褐煤（$V_{daf}>37\%$）

褐煤外观呈褐色，少数为黑褐色或黑色，挥发分含量较高，有利于着火。但其灰分和水分较高，发热量较低，一般小于 16750kJ/kg。含水分较高的褐煤，则燃烧性能较差，而且灰熔点也较低。褐煤的化学反应强，在空气中存放极易风化成碎块，容易发生自燃。

四、液体及气体燃料

1. 液体燃料

我国锅炉主要用燃煤，但在点火及低负荷运行时，常常使用液体燃料。当然，我国也有少量的燃油锅炉，但大多集中在石油化工部门。

燃油锅炉常用的液体燃料主要是重油和渣油，都是石油炼制过程的残油。重油是由裂化重油、减压重油、常压重油或蜡油等按不同比例调制而成的。在石油炼制过程中排出的残余物不经处理，直接作为燃料油，习惯地称它为渣油。渣油可以是减压重油、常压重油或裂化重油，但没有统一的质量指标。

重油的特性指标有黏度、凝固点、闪点、燃点、含硫量和灰分等。

2. 气体燃料

气体燃料有天然气体燃料和人工气体燃料两种。

天然气体燃料有气田煤气和油田伴生煤气两种。气田煤气是从纯气田中开采出来的可燃气体；油田伴生煤气是在石油开采过程中获得的可燃气体。这两种天然气体燃料的主要成分都是甲烷（CH_4），同时还含有少量的烷烃、烯烃、二氧化碳、硫化氢和氮气等，两者的发热量均很高。天然气燃烧经济性好，是很好的动力燃料，同时也是很好的化工原料。

人工气体燃料的种类很多,有高炉煤气、焦炉煤气、发生炉煤气和液化石油气等。除液化石油气外,其余的发热量均较低,为低热值煤气。

高炉煤气是高炉中焦炭部分和铁矿石部分还原作用所产生的可燃煤气,其组成以CO为主,同时含有体积分数近60%的氮,故发热量较低。同时,高炉煤气中含有很多灰尘(20~259 mg/m³),所以在使用前必须经过净化处理。焦炉煤气是焦炭气化所得的煤气,其组成以H_2为主。焦炉煤气中N_2和CO_2等不可燃组分较少,所以它的发热量比高炉煤气高两倍多,但它也属于低热值煤气。高炉煤气和焦炉煤气尽管其热值较低,但也多作为化工原料和各种加热炉的燃料,只有少数就地作为锅炉燃料使用。至于发生炉煤气和液化石油气,一般不作为锅炉燃料使用。

知识点二 燃料的燃烧计算

燃料的燃烧一般是指燃料中的可燃物质与空气中的氧化剂之间进行的发热与发光的高速化学反应,反应所生成的物质称为燃烧产物。燃料与氧化剂若是同一相态的,如气体燃料在空气中的燃烧称为均相燃烧;若不是同一相态的,如固体燃料在空气中的燃烧,则称为多相燃烧。

炉内燃烧的经济性要求燃料燃烧完全,使燃料的化学能最大限度地转变为烟气的热能,炉内的燃烧都是在一定空间内进行的,为了减少设备投资,希望能以最小的炉膛容积保证可燃物的完全燃烧,即在最短的时间完成燃烧过程,为此则要求炉内燃烧过程强烈地快速进行。

燃烧过程是一个复杂的物理、化学的综合过程,它包括燃料和空气的混合、扩散过程,预热、着火过程以及燃烧、燃尽过程。燃烧过程的快慢,既受到温度、压力、浓度等因素的影响,又受到工质流动、热量传递、动量和能量交换等流体动力因素的影响。特别是固体燃料的燃烧属于多相燃烧,更增加了过程的复杂性。电厂锅炉的主要燃料是煤,并以空气作燃料的氧化剂,因此,本节着重介绍煤的燃烧基础知识。

一、燃烧反应和过量空气系数

(一)燃烧的化学反应

燃料的可燃成分是碳(C)、氢(H)、硫(S),弄清它们与氧的化学反应关系及在相关反应中的质量平衡,是解决燃料燃烧计算的基础。

1. 碳的燃烧

完全燃烧时,碳与氧的化学反应式为:

$$C+O_2=CO_2 \tag{2-1-6}$$

可得: $\quad 12.01 \text{kgC}+22.41 \text{m}^3 O_2 = 22.41 \text{m}^3 CO_2 \tag{2-1-7}$

即: $\quad 1\text{kgC}+1.8866 \text{m}^3 O_2 = 1.866 \text{m}^3 CO_2 \tag{2-1-8}$

上式说明,每1kgC完全燃烧需要1.866m³的O_2,并产生1.866m³的CO_2。

不完全燃烧时,碳与氧的化学反应式为:

$$2C+O_2=2CO \tag{2-1-9}$$

可得: $\quad 2\times 12.01 \text{kgC}+22.41 \text{m}^3 O_2 = 2\times 22.41 \text{kgCO} \tag{2-1-10}$

即: $\quad 1\text{kgC}+ 0.5\times 1.866 \text{m}^3 O_2 = 1.866 \text{m}^3 CO \tag{2-1-11}$

亦即每 1kgC 不完全燃烧需要 $0.5\times 1.866m^3$ 的 O_2，并产生 $1.866m^3$ 的 CO。

2. 氢的燃烧

化学反应式为：

$$2H_2+O_2=2H_2O \tag{2-1-12}$$

即每 1kgH₂ 燃烧需要 $5.56m^3$ 的 O_2，并产生 $11.1m^3$ 的 H_2O。

3. 硫的燃烧

化学反应式为：

$$S+O_2=SO_2 \tag{2-1-13}$$

即每 1kgS 燃烧需要 $0.7m^3$ 的 O_2，并产生 $0.7m^3$ 的 SO_2。

（二）理论空气量

1kg 燃料完全燃烧时所需的最低限度的空气量（空气中的氧无剩余）称为理论空气量，它实质上是 1kg 燃料中的可燃元素 C、H、S 完全燃烧所需的最小空气量。因此，理论空气量也就是从燃烧反应方程式出发导出的 1kg 燃料完全燃烧所需的空气量。当理论空气量以容积表示时，其代表符号为 V^0。求理论空气量，必须先求出 1kg 燃料中的可燃元素 C、H、S 完全燃烧所需的氧气量，而后再折算成空气量。

（三）实际空气量

在锅炉实际运行中，为了使煤粉完全燃烧而减少不完全燃烧热损失，实际供入炉内的空气量比理论空气量大些，这一空气量称为实际空气量，用符号表示 V_k，单位为 m^3/kg。

（四）过量空气系数

实际空气量 V_k（标准 m^3/kg）与理论空气量 V^0（标准 m^3/kg）的比值称为过量空气系数，以 α 表示，即：

$$\alpha=V_k/V^0 \tag{2-1-14}$$

α 值的大小反映了空气与燃料的配比情况。α 过大时，会因送入的空气量过多而造成炉温降低，影响煤粉的着火燃烧，并且造成烟气容积增大，排烟热损失增大；α 过小时，会因空气不足而造成不完全燃烧热损失。使锅炉总损失最小时的 α 值称为最佳过量空气系数。对于煤粉炉，炉膛出口处的过量空气系数一般控制在 1.15～1.25 为宜。

以炉膛出口处的过量空气系数作为锅炉运行的控制参量，是因为燃料的燃烧过程在正常情况下是在炉膛出口处结束的。满足燃料燃烧所需氧气量之外的剩余氧气量，必然存在于烟气之中。因而随着 α 的变化，燃烧产物烟气中的容积含氧量也会发生变化，故目前电厂一般是通过仪表测量烟气中含氧量的大小，以监督运行中的炉膛出口处的过量空气系数，使其控制在最佳范围内。

二、燃烧产生的烟气

1. 烟气的组成

烟气是由多种成分组成的混合气体。按实际燃烧过程，根据燃料和空气成分以及燃烧反应产物可知，当燃料完全燃烧时，烟气中含有以下成分：

(1) 碳和硫完全燃烧的生成物（CO_2 及 SO_2）；

(2) 燃料和空气中的氮（N_2）；

(3) 过量空气未被利用的氧（O_2）；

(4) 氢燃烧生成的、空气带入的，以及燃料所含水分蒸发而成的水蒸气（H_2O）。

当燃料不完全燃烧时，除上述各成分外，烟气中还含有少量的可燃气体，如 CO、H_2、CH_4 等，一般 H_2、CH_4 的含量极少，为了计算方便可忽略不计，而只考虑 CO。通常烟气中 CO_2 及 SO_2 容积之和用 V_{RO_2} 表示，还因为 CO_2 和 SO_2 的热力性质和化学性质都十分接近，而在烟气分析中又不易分开，故计算时可以合并，表示为 $CO_2+SO_2=RO_2$。

2. 烟气成分的测定

目前广泛采用的测量方法是烟气容积分析法。它是将一定容积（$100cm^3$）的烟气试样依次和某些化学吸收剂相接触，对烟气各组成气体逐一进行选择性吸收，每次减少的容积，就是被测成分在烟气中所占的容积。这种方法又称化学吸收法。

常用的仪器是烟气分析仪。分析时，将采样探头插入烟气中，确保探头与烟气充分接触。等待设备自动进行采样，此时设备会显示出烟气中各成分的实时浓度。在测量过程中，设备会自动记录烟气中各成分的浓度、时间等信息。通过设备的显示屏幕或配套的软件，可以对数据进行查看、分析和处理。

3. 炉内过量空气系数的近似计算

过量空气系数直接影响炉内燃烧的好坏和各项热损失的大小。在锅炉运行中，一般用烟气分析器或用 CO_2 表计以及氧量表的指示值，用下面的近似计算公式确定：

$$\alpha \approx \frac{RO_2^{max}}{CO_2} \tag{2-1-15}$$

$$\alpha \approx \frac{21}{21-O_2} \tag{2-1-16}$$

RO_2^{max} 是假定 $\alpha=1$，煤粉完全燃烧时烟气中 RO_2 的百分含量。随着煤的成分不同，常用各种煤的 RO_2^{max} 见表 2-1-1。

表 2-1-1　常用各种煤的 RO_2^{max}

煤的种类	RO_2^{max}	煤的种类	RO_2^{max}
无烟煤	19.3～20.2	烟煤	18.4～18.7
贫煤	18.9～19.3	褐煤	18.9～19.8

从式（2-1-15）可以看出，对于一定的煤，在锅炉运行中用 CO_2 表测出烟气中的 CO_2 含量，就能近似地算出过量空气系数的大小。CO_2 含量大时，α 就小；CO_2 含量小时，α 就大。

从式（2-1-16）可以看出，只要用氧量表测出烟气的含氧量，就可以近似地算出过量空气系数的大小。O_2 含量大时，α 就大；O_2 含量小时，α 就小。在锅炉运行时，通过氧量表的读数来监视送入炉内的空气量大小。因为测定烟气中 O_2 的含量可以不受煤种变化的影响，所以现在多用氧量表来监视和测量炉内过量空气系数。如在与电厂相关环保参数常用到的过量空气系数 1.4，其烟气 O_2 含量即为 6%，就是式（2-1-16）的应用。

知识点三　锅炉机组热平衡

一、热平衡的概念

锅炉的作用是使燃料燃烧释放出热量，以此热量加热给水，生产出一定数量和质量的过热蒸汽。实际上,输入锅炉的燃料是不可能达到完全燃烧而放出其全部热量的,所放出的热量也不可能完全被工质吸收,这些未释放和未被吸收的热量,就是锅炉的热损失。伴随1kg燃料输入锅炉的热量,用Q_r表示,在无外热源加热空气的条件下,可以认为Q_r近似等于低位发热量$Q_{ar,net,p}$。在Q_r中,被工质吸收的热量称为锅炉的有效利用热量,用Q_1表示,其余则是锅炉热损失。锅炉热损失包括排烟热损失Q_2、化学不完全燃烧热损失Q_3、机械不完全燃烧热损失Q_4、散热损失Q_5和灰渣物理热损失Q_6。根据热力学第一定律的能量平衡关系,输入锅炉的热量应等于锅炉的有效利用热量与各项热损失之和。这一平衡关系称为锅炉的热平衡,其表达式为:

$$Q_r = Q_1 + Q_2 + Q_3 + Q_4 + Q_5 + Q_6 \tag{2-1-17}$$

式中,各项的单位均为kJ/kg燃料。若上式各项均以Q_r的相对量表示,则成为以百分率形式表示的热平衡方程,即:

$$1 = q_1 + q_2 + q_3 + q_4 + q_5 + q_6 \tag{2-1-18}$$

1kg燃料输入锅炉的热量、锅炉有效利用热量和各项热损失热量之间的平衡关系也可用图2-1-3来表示。图中热空气带入炉内的热量来自锅炉本身,是一股循环热量,故在热平衡中不予考虑。

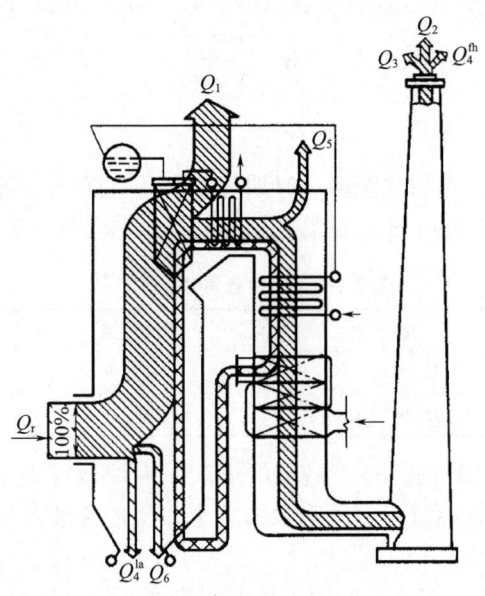

图 2-1-3 锅炉热平衡示意

二、锅炉热损失

1. 排烟热损失 q_2

最终从锅炉尾部排出的烟气温度一般在130℃左右,远远高于环境温度,这说明燃料燃烧产生的热量一部分被烟气带出而散失于大气环境之中,从而形成了排烟热损失q_2。它是锅炉热损失中最大的一项,一般为4%~8%。

排烟热损失取决于排烟温度和烟气量。排烟温度越低、排烟量越小、q_2也就越小。但排烟温度的降低是有限度的,这是因为排烟温度过低,会造成锅炉尾部受热面传热温差减小,使受热面传热面积增大,金属消耗量增加。而受热面的增加还会造成通风阻力增大，导致引风机电耗增加。对于燃用高硫煤的锅炉，过低的烟气温度还会加重尾部受热面的低温腐蚀和堵灰。综合考虑各方面因素，目前大中型锅炉的排烟温度一般在 130℃左右。降低炉膛过量空气系数 α 及各处漏风，可使排烟量降低，q_2 减小。但 α 过低会使 q_3 和 q_4 增大。所以最佳过量空气系数应以 q_2、q_3、q_4 三项总和最小为原则选取。

2. 化学不完全燃烧热损失 q_3

锅炉尾部排放的烟气中，还含有 CO、H_2 等可燃气体，这些可燃气体未能燃烧释放出热量就随烟气排出锅炉，从而造成热量损失，这部分热损失称为化学不完全燃烧热损失（q_3）。煤粉炉的化学不完全燃烧热损失 q_3 一般不超过 0.5%。

烟气中可燃气体的含量主要取决于炉膛过量空气系数 α 以及空气与燃料的混合情况等。α 过小，燃料和空气混合不良导致局部缺氧时，易产生 CO 等气体，使 q_3 增大；但 α 过大时，炉温下降会使 CO 不易燃烧。因此应选择合理的过量空气系数。

3. 机械不完全燃烧热损失 q_4

机械不完全燃烧热损失是指部分固体燃料未参与燃烧或未燃尽就随灰渣或飞灰离开炉膛所造成的热量损失（q_4）。这是煤粉锅炉中较大的一项热损失，其值为 0.5%～5%。q_4 的影响因素很多，但主要受燃料性质、燃烧方式、炉膛形式和结构、燃烧器设计和布置、炉膛温度、锅炉负荷、运行水平、燃料在炉内的停留时间和与空气的混合情况等因素影响。显然，燃料的挥发分越多，煤粉越细，燃烧和燃尽越容易，q_4 越小。

4. 散热损失 q_5

散热损失是指因锅炉炉墙、汽包、联箱、管道等设备的外壁温度高于环境温度而向环境散热所造成的热量损失，其大小与锅炉散热表面积大小、设备的热绝缘情况及环境温度有关，一般随锅炉容量的增大而减小。当容量大于 900t/h 时，约为 0.2%。

5. 灰渣物理热损失 q_6

燃用固体燃料时，从炉底排出的灰渣温度远远高于环境温度，由此造成的热量损失称为灰渣物理热损失（q_6），其大小主要与煤的含灰量及排渣方式有关。含灰量越大，q_6 越大。液态排渣炉的排渣温度及排渣量均较高，故其 q_6 远远高于固态排渣炉。

三、热平衡试验的目的及方法

热平衡试验是锅炉设备热工试验中最基本的一项试验。研究锅炉热平衡的目的和意义，就在于弄清燃料中的热量有多少被有效利用，有多少变成热损失，以及热损失分别表现在哪些方面和大小如何，以便判断锅炉设计和运行水平，进而寻求提高锅炉经济性的有效途径。锅炉设备在运行中应定期进行热平衡试验（通常称为热效率试验），以查明影响锅炉热效率的主要因素，作为改进锅炉工作的依据。

锅炉热效率可以通过两种测验方法得出：一种方法是测定输入热量 Q_r 和有效利用热量 Q_1 计算锅炉的热效率，称为正平衡求效率法或直接求效率法，即

$$\eta_b = q_1 = \frac{Q_1}{Q_r} = \frac{Q_1}{Q_{ar,net,p}} = \frac{Q_b}{BQ_{ar,net,p}} \tag{2-1-19}$$

另一种方法是测定锅炉的各项热损失 q_2、q_3、q_4、q_5、q_6，计算锅炉热效率，称为反平衡求效率法或间接求效率法，即

$$\eta_b = 1 - (q_2 + q_3 + q_4 + q_5 + q_6) \tag{2-1-20}$$

目前,电厂锅炉常用反平衡求效率法。一方面是因为大容量、高效率锅炉机组用正平衡法求效率法看来似乎比较简单,但由于燃料消耗量的测量相当困难,以及在有效利用热量的测定上常会引入较大的误差,反而不如利用反平衡求效率法更为方便和准确;另一方面是正平衡求效率法只求出锅炉的热效率,而未求锅炉的各项热损失,因而就不利于对各项损失进行分析和提出改进锅炉效率的途径;另一方面是正平衡求效率法要求比较长时间保持锅炉稳定工况,这是比较困难的。对于低效率(例如 $\eta_b<80\%$)的小容量锅炉,用正平衡求效率法比较易于测定且误差也不大,只需知道锅炉效率,而无须知道锅炉各项热损失,则可以采用正平衡求效率法。

任务小结

(1) 燃料的种类繁多,按其物态可分为:固体燃料、液体燃料、气体燃料。

(2) 就我国目前情况来看,电站锅炉燃料主要为煤。

煤的元素分析成分包括:碳(C)、氢(H)、氧(O)、氮(N)、硫(S)、灰分(A)和水分(M)。

碳是煤中含量最多的可燃元素,也是煤的基本成分;氢是煤中发热量最高的可燃元素;煤中的硫虽然也是可燃成分,但属于有害成分;氧和氮是煤中的不可燃成分,但游离氧可以助燃;灰分不仅阻碍煤中可燃成分与氧气的接触,影响可燃质的燃尽,而且会造成受热面的磨损、积灰、结渣和腐蚀等;水分不利于煤的着火燃烧。

煤的工业分析成分有水分(M)、挥发分(V)、固定碳(FC)和灰分(A)四种成分。

(3) 挥发分是在煤的加热过程中,煤中有机质分解析出的气体物质,主要由 CO、H_2、H_2S、甲烷及其他碳氢化合物等可燃气体组成,也含有少量的 O_2、CO_2、N_2 等不可燃气体。挥发分反映了煤的着火特性。

(4) 常用的分析基准有收到基、空气干燥基、干燥基和干燥无灰基四种,相应的表示方法是在各成分符号右下角加角标 ar、ad、d、daf。

(5) 煤的主要特性指标包括:发热量、挥发分、灰熔点。

(6) 按照煤的干燥无灰基挥发分 V_{daf} 含量多少,可以将煤分为:无烟煤($V_{daf}<10\%$)、贫煤($V_{daf}=10\%\sim20\%$)、烟煤($V_{daf}=20\%\sim37\%$)、褐煤($V_{daf}>37\%$)。

(7) 锅炉常用的液体燃料主要是重油和渣油,气体燃料有天然气体燃料和人工气体燃料两种。

(8) 燃料的燃烧一般是指燃料中的可燃物质与空气中的氧化剂之间进行的发热与发光的高速化学反应,反应所生成的物质称为燃烧产物。

燃烧的化学反应,是指燃料的可燃成分碳(C)、氢(H)、硫(S)与氧(O)的化学反应。1kg 燃料燃烧时所需的实际空气量与理论空气量的比值称为过量空气系数,以 α 表示,即 $\alpha=V_k/V_0$,α 值的大小反映了空气与燃料的配比情况。

(9) 燃料燃烧后产生的烟气含有以下成分:CO_2、SO_2、N_2、O_2、水蒸气(H_2O),当燃料不完全燃烧时,烟气中还含有少量的可燃气体。烟气成分测定的结果可以计算过量空气系数。

(10) 锅炉的热平衡是指输入锅炉的热量等于锅炉的有效利用热量与各项热损失之和。其表达式为：

$$Q_r = Q_1 + Q_2 + Q_3 + Q_4 + Q_5 + Q_6$$

研究锅炉热平衡的目的和意义，就在于弄清燃料中的热量有多少被有效利用，有多少变成热损失，以及热损失分别表现在哪些方面和大小如何，以便判断锅炉设计和运行水平，进而寻求提高锅炉经济性的有效途径。

锅炉热效率可以通过两种测验方法得出：一种方法为正平衡求效率法，另一种方法为反平衡求效率法。

任务二　制粉设备

现代大型电厂锅炉一般采用煤粉燃烧，原煤经过清除金属等杂物后由碎煤机打碎，在磨煤机中磨制成具有一定细度和干度的煤粉，由热空气输送经燃烧器进入炉膛燃烧。原煤磨制与干燥工作由制粉设备承担，制粉设备既是锅炉的主要辅助设备，又是耗能较大的设备，其工作直接影响锅炉的安全经济运行。因此，了解煤粉的性质、制粉设备的结构与工作很重要，本次任务重点学习煤粉特性、制粉设备和系统。

知识点一　煤粉的性质及品质

一、煤粉的性质

（一）煤粉的物理性质

煤粉是经磨制得到的粉状煤炭，由各种尺寸和形状不规则的颗粒所组成。通常所说的煤粉尺寸是用它的直径来表示的，以 $20\sim60\mu m$ 的颗粒居多。

煤粉是在伴随干燥的过程中磨制而成，新磨制出的煤粉是疏松的，堆积密度为 $0.45\sim0.5t/m^3$，随着存放时间的延长，易压紧成块，堆积密度可增加到 $0.7\sim0.9t/m^3$。干煤粉能吸附空气，煤粉颗粒之间被空气隔开，使它具有良好的流动性，易于同气体混合成气粉混合物用管道输送，但也容易引起制粉系统漏粉和煤粉自流，影响锅炉的安全运行及环境卫生，因此要求制粉系统具有足够的严密性。

（二）煤粉的自燃与爆炸

气粉混合物在制粉管道中流动时，部分煤粉会脱离气流，沉积在死角处，缓慢氧化产生热量，煤粉温度逐渐升高，而温度升高又会加剧煤粉的进一步氧化，达到煤的燃点时，则会引起煤粉的自燃。另外，当煤粉和空气混合物在一定条件与明火接触时，还会发生爆炸。制粉系统内煤粉起火爆炸多是由于系统内沉积煤粉自燃所引起的。

影响煤粉自燃与爆炸的主要因素有煤粉的挥发分、水分和灰分含量、煤粉细度、气粉混合物温度、含粉浓度以及输送煤粉气流中的含氧量等。

挥发分含量越高，产生爆炸的可能性越大。在一般磨煤条件下，$V_{daf}<10\%$ 的煤粉无爆炸危险。在其他条件相同时，灰分越多或提高煤粉的水分，可降低爆炸的可能性。煤的干燥无灰基挥发分与煤粉爆炸等级的关系见表 2-2-1。

表 2-2-1 煤粉爆炸等级分类

煤粉爆炸等级	煤质参考指标	
	煤粉气流着火温度 IT（℃）	干燥无灰基挥发分 V_{daf}（%）
难爆	IT>800	V_{daf}<10
中等	650<IT<800	10<V_{daf}<30
易爆	IT≤650	V_{daf}≥25
极易爆	IT≤600	V_{daf}>35

资源来源：《火力发电厂燃烧系统设计计算技术规程》（DL/T 5240—2010）。

煤粉越细，自燃爆炸的可能性越大。因此，挥发分含量高的煤种不宜磨得过细。粗粉则不易爆炸，如粒度大于 0.1mm 的烟煤煤粉，几乎不会爆炸。所以，制粉系统运行中，应根据不同煤种及时调节细度。

气粉混合物浓度为 1.2～2.0kg/m³（空气/煤粉）时，爆炸的危险性最大。大于或小于该浓度时，爆炸的可能性减小。但在制粉系统中很难避免出现危险浓度范围，所以制粉系统必须加装防爆装置，如磨煤机 CO 检测、蒸汽消防、热风道防爆门等。

输送煤粉气体中氧的含量越大，越容易爆炸。所以，对于挥发分含量高的煤粉，可以采用在输送介质中掺入惰性气体（一般是烟气）的方法来降低含氧量，以防爆炸的发生。

气粉混合物温度越高，挥发分越易析出，气粉混合物越易爆炸。因此，防爆的首要措施是限制磨煤机出口气粉混合物的温度，如表 2-2-2 所示。

表 2-2-2 磨煤机出口最高允许温度

制粉系统形式	用空气干燥	用烟气空气混合干燥
风扇磨煤机 直吹式（分离器后）	燃用褐煤、页岩煤时约为 100℃	约为 180℃
钢球磨煤机 储仓式（磨煤机后）	燃用贫煤时：100～130℃ 燃用烟煤时：70～90℃ 燃用褐煤时：60～70℃	燃用褐煤时约为 90℃， 燃用烟煤时约为 120℃
双进双出钢球磨煤机 直吹式（磨煤机后）	燃用贫煤时：100～130℃ 燃用烟煤时：70～90℃ 燃用褐煤时：60～70℃	—
中速磨煤机 直吹式（分离器后）	当 V_{daf}<40%时：[（82-V_{daf}）5/3]±5℃ 当 V_{daf}≥40%时：60～70℃	

资源来源：《火力发电厂制粉系统设计计算技术规定》（DL/T 5145—2012）。

为防止制粉系统爆炸，应设法避免或消除煤粉的沉积，限定或控制煤粉气流的温度和含氧浓度。加强原煤管理，防止易燃易爆物混入煤中。制粉系统在运行时，严禁在煤粉管道上进行焊接等。

（三）煤粉细度与均匀性

1. 煤粉细度

煤粉细度是指煤粉颗粒的粗细程度，是衡量煤粉品质的主要指标。煤粉细度一般用具有标准筛孔尺寸的筛子来测定。煤粉经过筛分后，剩余在筛子上的煤粉量占筛分前煤粉总质量的百分数，叫作煤粉细度，用 R_x 表示：

$$R_x = \frac{a}{a+b} \times 100\% \quad (2\text{-}2\text{-}1)$$

式中　a——筛子上剩余的煤粉质量；

　　　b——通过筛子的煤粉质量；

　　　x——筛子的编号或筛孔尺寸，μm。

在筛子上面剩余的煤粉越多，其 R_x 值越大，则煤粉就越粗。煤粉的全面筛分要用 4~5 种规格筛子。常用筛子规格和煤粉细度见表 2-2-3。在电厂的实际应用中，对烟煤和无烟煤，煤粉细度只用 R_{90} 和 R_{200} 表示。如果只有一个数值来表示煤粉的细度，则常用 R_{90}。

表 2-2-3　常用筛子规格及煤粉细度表示

筛号（每 cm 长的孔数）	6	8	12	30	40	60	70	80
孔径（筛孔的内边长 μm）	1000	750	500	200	150	100	90	75
筛号（每 cm 长的孔数）	6	8	12	30	40	60	70	80
煤粉细度表示	R_{1000}	R_{750}	R_{500}	R_{200}	R_{150}	R_{100}	R_{90}	R_{75}

2. 煤粉的均匀性

煤粉的均匀性是衡量煤粉品质的另一个重要指标，因为煤粉的颗粒性质只用煤粉细度来衡量是不完整的，还要看煤粉的均匀性。例如：有甲、乙两种煤粉，它们的细度都为 R_{90}，但是甲种煤粉留在筛子上的煤粉中较粗的颗粒比乙种煤粉多，而通过筛子的煤粉中较细的颗粒也比乙种的多，则乙种煤粉较甲种煤粉均匀。粗颗粒多，不完全燃烧损失大；细颗粒多，制粉系统的磨煤电耗和金属的消耗量就大，因此燃用甲种煤粉的经济性较差。

煤粉的均匀性可用煤粉颗粒的均匀性指数 n 来表示，n 值主要与磨煤机及配用的煤粉分离器的形式有关。当 $n>1$ 时，则过粗或过细的煤粉都比较少，中间尺寸的颗粒较多，煤粉的颗粒分布就比较均匀。反之，当 $n<1$ 时，过粗和过细的煤粉颗粒都比较多，中间尺寸的少，煤粉的均匀性就差。所以一般要求 $n \approx 1$。

3. 煤粉的经济细度

煤粉细度关系到锅炉机组运行的经济性。煤粉越细，越容易着火并达到完全燃烧，即固体可燃物不完全燃烧热损失 q_4 就越小；但这将导致制粉设备的电耗（q_p）和金属磨损消耗（q_m）增加。显然，比较合理的煤粉细度应根据锅炉燃烧技术对煤粉细度的要求与制粉设备的电耗（q_p）和金属磨损消耗（q_m）等方面进行技术经济比较来确定。通常把 q_4、q_p、q_m 之和（$q_4+q_p+q_m$）为最小值时所对应的煤粉细度称为经济细度，如图 2-2-1 所示。

煤粉的经济细度主要与燃煤的干燥无灰基挥发分 V_{daf}、磨煤机和粗粉分离器形式等因素有关。V_{daf} 较高的燃煤，易于着火和燃烧，允许煤粉磨得粗一些，即 R_{90} 可大一些，否则 R_{90} 应小一些。n 值较大时，煤粉粗细比较均匀，即使煤粉粗一些，也能燃烧得比较完全，因而 R_{90} 可大一些；反之，R_{90} 应小一些。综合考虑 V_{daf} 和 n 值的影响，固态排渣煤粉炉燃用无烟煤、贫煤和烟煤时，煤粉细度按下列公式选取：

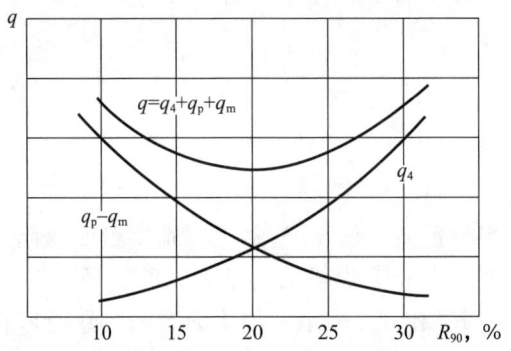

图 2-2-1 煤粉经济细度的确定

$$R'_{90} = 0.5nV_{daf} \qquad (2-2-2)$$

另外，燃烧设备的类型及锅炉运行工况对煤粉经济细度也有较大的影响，因此，在锅炉实际运行中，应通过燃烧调整试验来确定煤粉的经济细度。

二、煤的可磨性与磨损性

（一）煤的可磨性

原煤在机械力的作用下可以被粉碎，常用的磨煤机通过撞击、挤压、研磨和劈碎等方法将煤磨碎。由于煤的机械强度和脆性的不同，有的煤较难破碎，有的煤却容易破碎，因此所消耗的能量也不同。煤被磨成一定细度煤粉的难易程度称为煤的可磨性，并用可磨性系数 K_{km} 表示。某种煤的可磨性系数是指在风干状态下，将单位重量标准煤和试验煤由相同的粒度磨碎到相同的细度时，所消耗能量之比。即：

$$K_{km} = E_b / E_S \qquad (2-2-3)$$

式中 E_b——磨制标准煤（每 kg 含热 7000kcal 即 29307kJ 的煤）的电耗；

E_S——磨制待测煤的电耗。

我国常用哈得格罗夫法（简称哈氏法）测定可磨性指数（HGI）：

$$HGI = 13 + 6.93m \qquad (2-2-4)$$

式中 m——所测 50g 煤粉中通过孔径为 $74\mu m$ 的筛子的煤粉质量，g。

煤的可磨系数是选择磨煤机类型、计算磨煤机出力与电耗的重要依据之一，见表 2-2-4。

表 2-2-4 煤的可磨性分级

哈氏可磨性指数（HGI）	可磨性
40～60	难磨
60～80	中等可磨
>80	易磨

资源来源：《火力发电厂制粉系统设计计算技术规定》(DL/T 5145—2012)。

（二）煤的磨损性

煤在磨制过程中，煤对研磨设备金属磨损的强弱程度，可用煤的磨损性系数 K_e 来表示，它关系到磨煤机形式的选择。K_e 值越大，煤对金属的磨损越强烈。煤的磨损指数是通过实验方法确定的,在一定条件下,将试验煤每分钟对纯铁磨损的毫克数 x 与相同条件下标准煤每分钟对纯铁磨损量的比值称为该煤的磨损系数。标准煤是指每分钟能使纯铁磨损 10mg 的煤。若 t 分钟内,某试验煤对纯铁磨损量为 m(mg),则该煤的磨损系数可由式(2-2-5)计算:

$$K_e = \frac{x}{10} = \frac{m}{10t} \tag{2-2-5}$$

煤的磨损系数越大,对金属部件的磨损就越强烈。煤的磨损性能分类如表 2-2-5。

表 2-2-5 煤的磨损性能分类

磨损指数 K_e	<1.0	1.0~2.0	2~3.5	3.5~5	>5
煤的磨损性	轻微	不强	较强	很强	极强

资源来源:《火力发电厂制粉系统设计计算技术规定》(DL/T 5145—2012)。

煤的磨损性与可磨性是两个不同的概念,两者之间无直接的因果关系。也就是说,容易磨制成粉的煤,不一定具有弱磨损性;反之亦然。

知识点二 磨煤机

磨煤机是制粉系统中的主要设备,其作用是将原煤磨成煤粉并干燥到一定程度。磨煤机磨煤的原理主要有撞击、挤压、研磨三种。撞击原理是利用燃料与磨煤部件相对运动产生的冲力作用;挤压原理是利用煤在受力的两个碾磨部件表面间的压力作用;研磨原理是利用煤与运动的碾磨部件间的摩擦力作用。实际上,任何一种磨煤机的工作原理都不是单独一种力的作用,而是几种力的综合作用。

根据磨煤部件的工作转速,电站用的磨煤机大致可分为三类。

(1)低速磨煤机:转速为 16~25r/min,如筒式钢球磨煤机。

(2)中速磨煤机:转速为 20~300r/min,如中速平盘式磨煤机、中速钢球式磨煤机(中速球式磨煤机或 E 型磨煤机)、中速碗式磨煤机及 MPS 磨煤机等。

(3)高速磨煤机:转速为 500~1500r/min,如风扇磨煤机、锤击磨煤机等。

我国燃煤电厂目前广泛应用的是筒式钢球磨煤机和中速磨煤机。

一、单进单出筒式钢球磨煤机

(一)结构及工作原理

单进单出筒式钢球磨煤机结构如图 2-2-2 所示。它的磨煤部件是一个直径为 2~4m、长 3~10m 的圆筒,筒内装有许多直径为 30~60mm 的钢球。圆筒自内到外共有五层:第一层是由锰钢制的波浪形钢瓦组成的护甲,其作用是增强抗磨性并把钢球带到一定高度;第二层是绝热石棉层,起绝热作用;第三层是筒体本身,它是由 18~25mm 厚的钢板制作而成的;第四层是隔声毛毡,其作用是隔离并吸收钢球撞击钢瓦产生的声音;第五层是薄钢板制成的外壳,其作用是保护和固定毛毡。圆筒两端各有一个端盖,其内面衬有扇形锰钢钢瓦,端盖中部有空心轴颈,整个球磨机重量通过空心轴颈支撑在大轴承上。两个空心轴颈的端部各接一个倾斜 45°的短管,其中一个是原煤与干燥剂的进口,另一个是风粉混合物的出口。

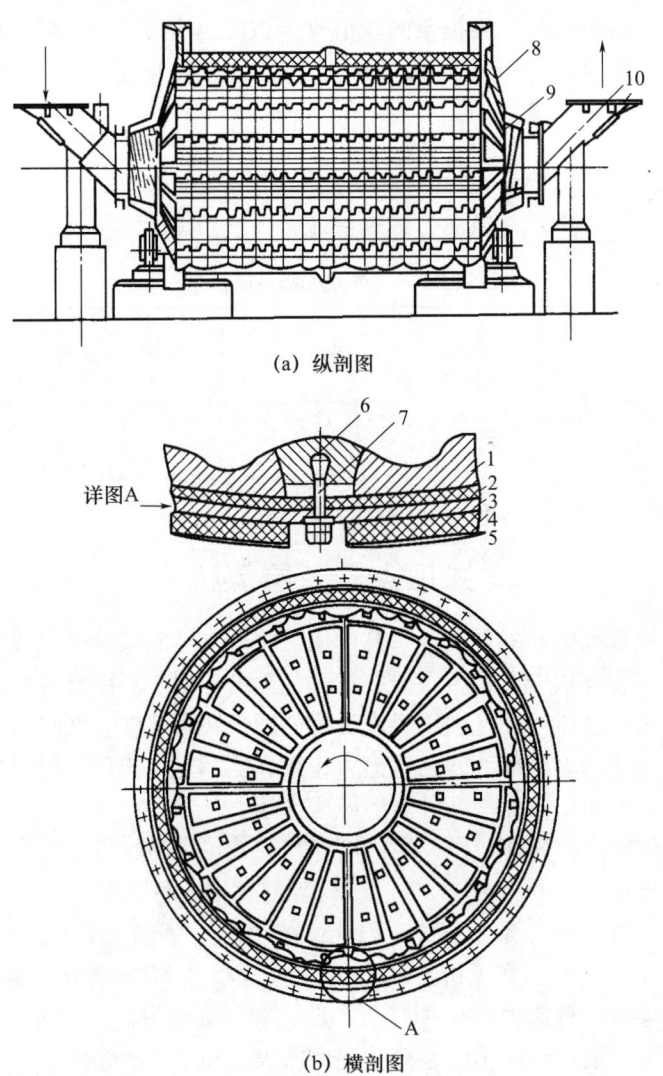

1—波浪形护甲；2—石棉层；3—筒身；4—隔声毛毡；5—薄钢板外壳；
6—压紧用的楔形块；7—螺栓；8—端盖；9—空心轴颈；10—短管。

图 2-2-2 筒式钢球磨煤机的结构

筒式钢球磨煤机的工作原理：筒身经电动机、减速装置传动以低速旋转，在离心力与摩擦力的作用下，护甲将钢球与燃料提升至一定高度，然后借重力自由下落，煤主要被下落的钢球撞击破碎，同时还受到钢球之间、钢球与护甲之间的挤压、研磨作用。原煤与热空气从一端进入磨煤机，磨好的煤粉被气流从另一端输送出去。热空气不仅是输送煤粉的介质，同时还起干燥原煤的作用，因此进入磨煤机的热空气被称作干燥剂。

(二) 钢球磨煤机的临界转速和工作转速

钢球磨煤机圆筒的转速对磨制煤粉的工作有很大影响，如图 2-2-3 所示。如果转速太低，钢球不能提到应有的高度，磨煤作用很小，而且磨制好的煤粉也不能从钢球层中吹走；如果转速太高，钢球的离心力过大，以致钢球紧贴圆筒内壁和圆筒一起作圆周转动，起不到磨煤作用。适当的转速应是把钢球带到一定高度，然后落下，才能有最佳的磨煤效果。

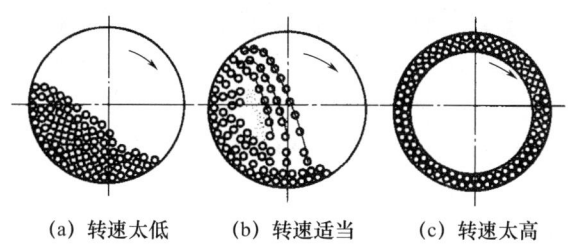

(a) 转速太低　　(b) 转速适当　　(c) 转速太高

图 2-2-3　圆筒转速对筒体内钢球运动的影响

1. 临界转速 n_{lj}

筒体的转速达到使钢球的离心力等于其重力，筒内钢球不再脱离筒壁的最小转速称为临界转速 n_{lj}，单位为 r/min。这一转速可通过圆筒内壁最高点处钢球受到的离心力恰好与其重力相等求得，即：

$$G_P = \frac{G_g}{g} \frac{w_{lj}^2}{R} \tag{2-2-6}$$

式中　G_g——球的重力，N（牛顿）；
　　　R——圆筒内壁半径，m；
　　　w_{lj}——球的临界圆周速度，m/s；
　　　g——重力加速度，其值为 9.81m/s²；

不考虑球与筒壁间的相对运动，则球的临界圆周速度与圆筒内壁的临界圆周速度相等，即：

$$w_{lj} = \frac{2\pi R n_{lj}}{60} \tag{2-2-7}$$

式中　n_{lj}——圆筒的临界转速，r/min。

将式（2-2-7）代入式（2-2-8），整理化简得：

$$n_{lj} = \frac{42.3}{\sqrt{D}} = \frac{30}{\sqrt{R}} \tag{2-2-8}$$

式中　D——圆筒的内壁直径，m。

这一公式说明，圆筒直径越大，则临界转速越低。显然，钢球磨煤机达到临界转速时是不能磨制煤粉的，为此，圆筒转速应小于临界转速。

2. 最佳转速和工作转速 n

最佳转速是指能把钢球带到适当高度落下，使磨煤效果最好的转速，用符号 n_{zj} 表示，单位为 r/min，其计算式为：

$$n_{zj} = \frac{32}{\sqrt{D}} \tag{2-2-9}$$

最佳转速只是单个球在筒体内运动时的理论公式。实际上磨煤机内有许多钢球和煤，同时，它们对筒壁还可能有滑动，因而在工业上磨煤机的最佳工作转速尚须借助试验得出，但试验所得最佳转速与理论最佳转速很接近。

(三) 钢球磨煤机的磨煤出力及影响因素

1. 钢球磨煤机的磨煤出力

钢球磨煤机的磨煤出力是指单位时间内，在保证一定的煤粉细度条件下，磨煤机所能磨制的原煤量，用 B_m 表示，单位是 t/h。磨制的理论和试验都证实：球磨机的磨煤出力正比于燃料的实验室可磨性系数 K_{km}。然而，在发电厂中，球磨机内磨煤是在不同于实验室条件的另一种水分和初始粒度下进行的，因此，要对可磨性系数进行修正。

2. 影响钢球磨煤机出力的因素

钢球磨煤机是锅炉耗能较大的设备，制粉系统运行的经济性主要取决于钢球磨煤机的工作，下面对影响钢球磨煤机工作的主要因素进行分析。

(1) 钢球磨煤机的转速。钢球磨煤机的转速对煤粉磨制过程的影响很大，不同转速时，筒内钢球和煤的运动状况不同。若筒体转速太低，筒球随筒体转速而上升形成一个斜面，当斜面的倾角等于或大于钢球的自然倾角时，钢球就沿斜面滑下来，撞击作用很小，同时煤粉被压在钢球下面，很难被气流带出，以致磨得很细，降低了磨煤机出力。若转速过高，在离心力作用下，球贴在筒壁随圆筒一起旋转而不再脱离，则球的撞击作用完全丧失。显然，滚筒的转速应小于临界转速。国产钢球磨煤机的工作转速 n 接近最佳转速 n_{zj}，工作转速 n 与临界转速 n_{lj} 的关系为：

$$n/n_{lj} = 0.74 \sim 0.8 \tag{2-2-10}$$

(2) 钢球充满系数 φ 与钢球直径。钢球充满系数 φ 俗简称充满系数。钢球装载量直接影响磨煤机出力及电能消耗，当筒体通风量与煤粉细度不变时，随着钢球装载量的增加，单位时间内球的撞击次数增加，磨煤出力 B_m 及磨煤机功率 P_m 相应增加，磨煤单位电耗 E_m 也增加。

由于风量不变，排粉风机功率 P_{tf} 不变，随着磨煤机出力的增加，通风单位电耗减小，制粉单位电耗也是减小的。但是，当钢球装载量增加到一定程度后，由于钢球充满系数过大使钢球下落的有效高度减小，撞击作用减弱，磨煤出力增加的程度减缓，而磨煤功率却仍然按原来变化速度增加，磨煤单位电耗显著增大，这时制粉单位电耗也将增大。磨煤出力和单位电耗随钢球充满系数 φ 的变化关系如图 2-2-4 所示。制粉单位电耗最小值所对应的充满系数称为最佳充满系数，它可通过试验确定。

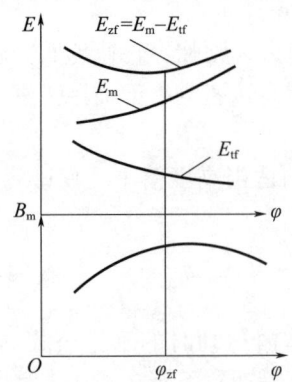

图 2-2-4 磨煤出力和单位电耗 E 与钢球充满系数 φ 的关系（通风量不变，煤粉细度不变）

钢球直径应按磨煤电耗与磨煤金属损耗总费用最小的原则进行选择。当充满系数一定时,钢球直径越小,撞击次数及作用面积越大,磨煤出力越提高,但球的磨损加剧。随着球直径减小,球的撞击力减弱,不宜磨制硬煤及大煤块。因此,一般采用的球径为30~40mm,当磨制硬煤或大煤块时,则选用直径为50~60mm的钢球。运行中,由于钢球不断磨损,为维持一定的充满系数及球径,应定期向磨煤机内添加钢球。

(3) 护甲形状完善程度。形状完善的护甲,可增大钢球与护甲的摩擦系数,有助于提升钢球和燃料磨煤出力。对于磨损严重的护甲,钢球与护甲间有较大的相对滑动,将有较多能量消耗在钢球与护甲的摩擦上,导致磨煤出力明显下降。

(4) 通风量。磨煤机内磨好的煤粉,需一定的通风量将煤粉带出。由于燃料沿筒体长度分布不均,当通风量太小时,筒体通风速度较低,仅能带出少量细粉,部分合格煤粉仍然留在筒内被反复碾磨,使磨煤出力降低。适当增大通风量可改善燃料沿筒体长度的分布情况,提高磨煤出力,降低磨煤单位电耗。但是,当通风量过大时,部分不合格的粗粉也被带出,经粗粉分离器分离后,又返回磨煤机再磨,造成无益的循环。这时,不仅通风量单位电耗增大,制粉单位电耗也是增大的。当钢球装载量不变时,制粉单位电耗最小值所对应的磨煤通风量,称为最佳磨煤通风量 V_{tf}^{zj},如图2-2-5所示,最佳磨煤通风量可通过试验确定。

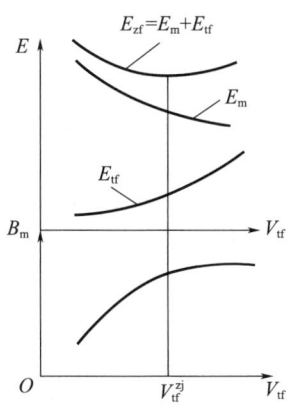

图 2-2-5 单位电耗 E 与磨煤通风量 V_{tf} 的关系
(钢球装载量不变)

(5) 载煤量。钢球磨煤机滚筒内载煤量较少时,钢球下落的动能只有一部分用于磨煤,另一部分白白消耗于钢球的空撞磨损。随着载煤量的增加,磨煤出力相应地增加,但载煤量过大时,由于钢球下落高度减小,钢球间煤层加厚,部分能量消耗于煤层变形,磨煤出力反而降低,严重时将造成滚筒入口堵塞。因此,每台钢球磨煤机在钢球载装量一定时有一个最佳载煤量,按最佳载煤量运行的磨煤出力最大。运行中载煤量可通过磨煤机电流和磨煤机进出口压差来反映。

(6) 燃煤性质。燃煤性质对磨煤出力影响较大,煤的挥发分不同,对煤粉细度的要求不同。低挥发分煤要求煤粉磨得越细,则消耗的能量越多,磨煤出力因此降低。

煤的可磨性系数值越大,破碎到相同细度所消耗的能量越小,磨煤出力就越高;原煤水分越大,磨粉过程由脆性变形过渡到塑性变形,改变了煤的可磨性,额外增加了磨粉能量消耗，磨煤出力因而降低；进入磨煤机的原煤粒度越大，磨制成相同细度的煤粉所消耗的能量也越大，磨煤出力则越低。

钢球筒式磨煤机的主要特点是适应煤种广，能磨任何煤，特别是硬度大、磨损性强的煤及无烟煤、高灰分劣质煤等，其他形式的磨煤机都不宜磨制。钢球磨煤机对煤中混入的铁件、木屑不敏感，又能在运行中补充钢球，延长了检修周期，因此，钢球磨煤机能长期维持一定出力，单机容量大，磨制的煤粉较细。其主要缺点是设备庞大笨重、金属消耗多、占地面积大，初投资及运行电耗、金属磨损都较高，特别是不适宜调节，低负荷运行不经济，而且运行噪声大，磨制的煤粉不够均匀，这些使钢球磨煤机的应用受到一定限制。

二、双进双出钢球磨煤机

双进双出钢球磨煤机的结构与单进单出钢球磨煤机类似，为一装有锰钢或铬铝钢护甲的圆筒，研磨部件—钢球在筒内磨制煤粉的原理和过程也与单进单出钢球磨煤机相似。不同的是两端空心轴既是热风和原煤的进口，又是气粉混合物的出口。从两端进入的干燥气流在球磨机筒体中间部位对冲后反向流动，携带煤粉从两空心轴中流出，进入煤粉分离器，形成两个相互对称又彼此独立的磨煤回路，其原理性结构如图 2-2-6 所示。连接筒体的中空轴架在轴承上，中空轴内有一中心管，中心管外是螺旋输送装置，用保护链条弹性固定。煤从给煤机出口落入混料箱，经旁路热风预干燥后落入中空轴，由旋转的螺旋输送装置将煤送入磨煤机，由钢球进行磨制。热一次风通过中空轴的中心管进入筒体，进入筒体的热空气既是煤粉干燥剂，又是煤粉输送剂。在热一次风完成对煤的干燥后，按与原煤进入磨煤机的相反方向，通过中心管与中空轴之间的环行通道，将煤粉带出磨煤机。煤粉空气混合物与混料箱来的旁路风混合，一起进入上部的煤粉分离器，分离出来的粗煤粉经返粉管回落到中空轴入口，与原煤混合，重新进入磨煤机研磨。从分离器出来的气粉混合物作为一次风送到燃烧器或进入细粉分离器进行气粉分离。

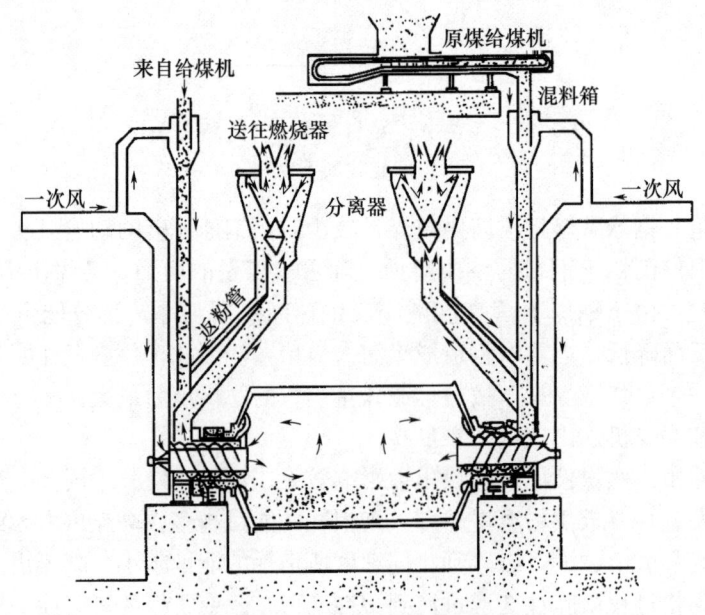

图 2-2-6　双进双出钢球磨煤机

双进双出钢球磨煤机的研磨部件主要是钢球，它也装有钢球添加装置，不需停机即可添加钢球。磨煤机为正压运行，由密封风机向中空轴的固定件和旋转件之间输送高压空气，防止煤粉向外泄漏。双进双出钢球磨煤机设有微动装置，可使磨煤机在停机或维修操作时以额定转速的1/100转速旋转，因此在短时间停机时不必将筒内的剩煤排空，这是因为缓慢旋转可使筒内存煤及时散热，可防止因局部高温而引起自燃。

与单进单出钢球磨煤机一样，运行中的双进双出钢球磨煤机存煤量不随负荷变化。筒内存煤量约为钢球重量的15%，相当于磨煤机额定出力的1/4。双进双出钢球磨煤机通过检测制粉噪声或进出口差压的方法来控制筒内的存煤量。

和普通球磨机相比，双进双出球磨机的主要优点是：可靠性高，可用率高；维护方便，维护费用低；能长期保持恒定的容量和要求的煤粉细度；能磨制哈式可磨性系数小于50的煤种或高灰分（>40%）的煤种；储粉能力强，有较大的煤粉储备能力，大约相当于磨煤机运行10~15min的出煤量；在较宽的负荷范围内有快速反应能力，其负荷变化率每分钟可以超过20%；低负荷时，由于一次风量减小，相应的风速也减小，带走的只能是更细的煤粉，这有利于燃用低挥发分煤时的稳燃。总之，双进双出球磨机较普通球磨机有许多无法比拟的特点，在某些情况下比中、高速磨煤机适应性更好，因此，它在大容量机组的煤粉制备系统中得到了越来越多的应用。

三、中速磨煤机

目前，电厂采用的中速磨煤机的形式主要有四种：辊—盘式，又称平盘磨煤机；辊—碗式，又称碗式磨煤机或RP磨煤机；辊—环式，又称MPS磨煤机；球—环式，又称中速球式磨煤机或E型磨煤机。上述四种中速磨煤机的结构分别如图2-2-7~图2-2-10所示。

（一）中速磨煤机的结构特点及其工作原理

中速磨煤机的研磨部件各异，但都具有相同的工作原理及基本类似的结构。由图2-2-7~图2-2-10可见，四种磨煤机沿高度方向自下而上可分为四部分：驱动装置、研磨部件、干燥分离空间以及煤粉分离和分配装置。工作过程为：由电动机驱动通过减速装置和垂直布置的主轴带动磨盘或磨环转动。原煤经落煤管进入两组相对运动的研磨件的表面，在压紧力的作用下受到挤压和研磨，被粉碎成煤粉。磨成的煤粉随碾磨部件一起旋转，在离心力和不断被碾磨的煤及煤粉推挤作用下被甩至风环上方。热风（干燥剂）经装有均流导向叶片的风环整流后，以一定的风速进入环形干燥空间，对煤粉进行干燥，并将煤粉带入磨煤机上部的煤粉分离器。不合格的粗煤粉在分离器中被分离下来，经锥形分离器底部返回碾磨区重磨。合格的煤粉经煤粉分配器由干燥剂带出磨外，进入一次风管，直接通过燃烧器进入炉膛，参加燃烧。煤中夹带的难以磨碎的煤矸石、石块等在磨煤过程中也被甩至风环上方，因风速不足以将它们夹带而下降，通过风环落至杂物箱内被定期排出。从杂物箱中排出的称为石子煤。

平盘中速磨煤机的旋转磨盘为圆形平盘，一般每台平盘磨煤机上装有2~3个磨辊。辊子与平盘之间有一定间隙，约为1.25mm，以避免空转时磨损。磨盘由电动机带动旋转，磨辊绕固定轴在磨盘上滚动。磨辊研压煤的压力一部分靠辊子本身的质量，但主要靠加压弹簧的压力，也有采用液力—气动加载装置的。平盘磨煤机的磨辊是锥形的，其转动轴线与平盘成15°夹角。为了防止原煤在旋转平盘上未经碾磨就被甩到风环室，在平盘外缘设有挡圈。挡圈还能使平盘上保持适当的煤层厚度，提高碾磨效果。

微课：中速磨煤机的结构

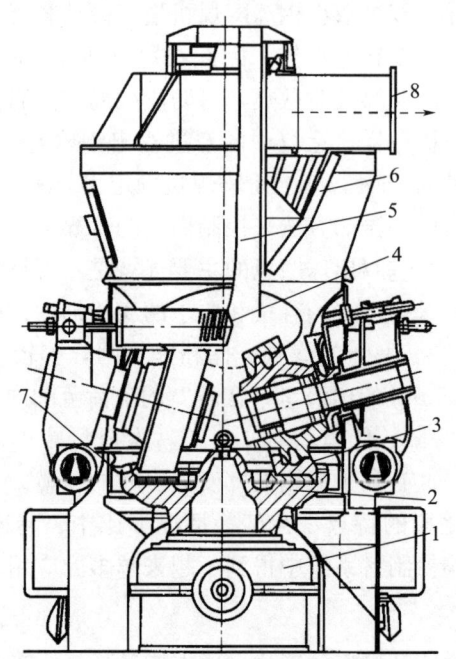

1—减速器；2—磨盘；3—磨辊；4—加压弹簧；5—下煤管；
6—分离器；7—风环；8—气粉混合物出口管。

图 2-2-7　中速平盘磨煤机

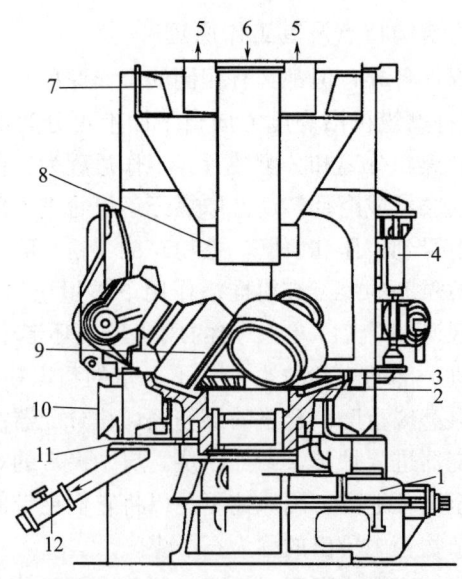

1—减速器；2—磨碗；3—风环；4—加压缸；5—气粉混合物出口管；6—原煤入口；
7—分离器；8—粗粉回粉管；9—磨辊；10—热风出口；11—杂物刮板；12—杂物排放管。

图 2-2-8　碗式中速磨煤机

碗式中速磨煤机（RP/HP磨）的磨盘目前多采用浅沿形或斜盘形钢碗，磨辊一般也是锥形的，其转动轴线与水平面成一定角度，以使磨辊表面与磨盘碗面相吻合。一般碗式磨煤机装有3个磨辊，其相隔120°安装于磨盘上方，磨辊与磨盘之间不直接接触，间隙可调。RP/HP磨具有以下优点：①出力调节范围大，煤粉细度可以作线形调节；②两碾磨件无接触，能空载启动，启动力矩小，安全平稳；③噪声小，密封性能好；④更换磨损件方便，停机时间短；⑤单位电耗小，磨煤电耗为7~8kW·h/t，通风电耗约7kW·h/t；⑥结构紧凑，占地面积小。

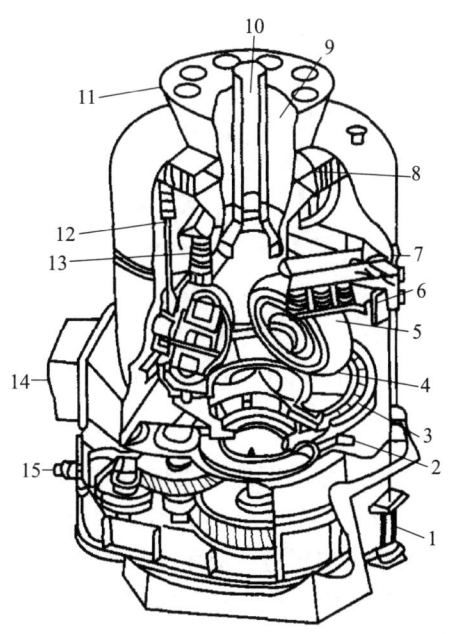

1—液压缸；2—杂物刮板；3—风环；4—磨环；5—磨辊；6—下压盘；7—上压盘；
8—分离器导叶；9—气粉混合物出口；10—原煤入口；11—煤粉分配器；
12—密封空气管路；13—加压弹簧；14—热空气入口；15—传动轴。

图 2-2-9　MPS 中速磨煤机结构

辊盘式 MPS 中速磨煤机采用具有圆弧形凹槽滚道的磨盘，磨辊边缘也呈圆弧形。三个磨辊相对布置在相距120°的位置上。磨辊尺寸大，在水平方向具有一定的自由度，可以摆动，能自动调整碾磨位置。在碾磨过程中磨辊由磨盘摩擦力带动旋转。磨煤的碾磨力来自磨辊、弹簧架及压力架的自重和弹簧的预压缩力。弹簧的预压缩力依靠作用在弹簧压盘上的液压缸加压系统来实现。该型磨煤机与其他类型中速磨煤机相比，其主要优点是：①辊子外形凸出近于球状，滚动阻力较小；辊子尺寸大，燃料进入辊下的条件也较好，利于增大磨煤出力和降低磨煤单位电耗；②磨损均匀性得到改善；③无上磨环，避免了上磨环的磨损问题；④占地面积缩小，利于大型锅炉的多台磨煤机合理布置。

中速球磨煤机（E型磨）的碾磨部件为上、下磨环和夹在中间的大钢球。在上、下磨环之间放有10个左右的钢球，一般钢球直径为200~500mm，钢球和钢球之间几乎靠着，放入全部钢球后仅留有15~20mm的间隙。上、下磨环和钢球相互配合的剖面图

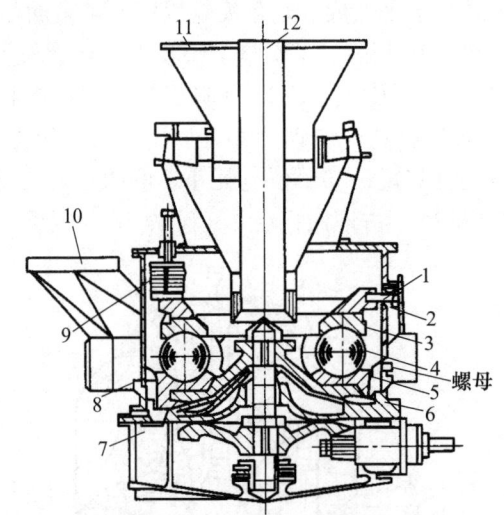

1—导块；2—压紧环；3—上磨环；4—钢球；5—下磨环；6—轭架；7—石子煤箱；
8—活门；9—压紧弹簧；10—热风进口；11—煤粉出口；12—原煤进口。

图 2-2-10 中速球磨煤机

形状和字母"E"相似，E 型磨由此得名。钢球可以在磨环之间自由滚动，磨煤时不断改变旋转轴承位置，在整个工作寿命中钢球始终保持球的圆度，以保证磨煤性能不变，使磨煤出力不会因钢球磨损而减少。小型 E 型磨用弹簧加载，大容量的采用液压—气动加载装置，它通过上磨环对钢球施加压力。液压—气动加载装置能在碾磨部件使用寿命期限内自动维持磨环上的压力为定值，从而降低因碾磨件磨损对磨煤出力和煤粉细度的影响。E 型磨与平盘磨和碗式磨相比，具有以下特点：①没有需要润滑、密封的磨辊，易于实现正压运行且磨煤部件工作可靠；②钢球磨损均匀，磨煤机运转性能变化不大，钢球的金属利用率高。

（二）影响中速磨煤机工作的主要因素

1. 转速

中速磨煤机的转速考虑最小能量消耗下的最佳磨煤效果，同时还考虑碾磨件合理的使用寿命。转速太高，离心力过大，煤来不及磨碎即通过碾磨件，大量粗粉循环使气力输送的电耗增加；转速太低，煤磨得过细，又将使磨煤电耗增加。随着磨煤机容量的增大，碾磨件的直径相应增大，为了限制一定的圆周速度，以减轻碾磨件的磨损并降低磨煤电耗，中速磨煤机的转速趋向降低。

2. 通风量

通风量的大小，影响磨煤出力与煤粉细度，并影响石子煤的排放量，因此，中速磨煤机需维持一定的风煤比。如 E 型磨煤机推荐的风煤比为 1.8～2.2kg/t；RP 型磨煤机的风煤比一般为 1.5kg/t 左右。

3. 风环气流速度

合格的风环气流速度应能保证一定煤粉细度下的磨煤出力，并减少石子煤的排放量。通风量确定后，风环气流速度通过风环间隙控制在一定的范围内，如 E 型磨煤机一一般为 70～90m/s。

4. 碾磨压力

碾磨件上的平均载荷称为碾磨压力。碾磨压力过大，将加速碾磨件的磨损，过小将使磨煤出力降低、煤粉变粗，因此，运行中要求碾磨压力保持一定。随着碾磨件的磨损，碾磨压力相应减小，运行中需随时进行调整。

5. 燃料性质

中速磨煤机主要靠碾压方式磨煤，燃料在磨煤机内扰动不大，干燥过程不太强烈，对于活动部件穿过机壳的小型辊磨，由于密封条件不好，只适合负压运行，冷风漏入降低了磨煤机的干燥能力，因此一般适于磨制原煤水分 $M_{ar}<12\%$ 的煤。E 型磨煤机、RP 型磨煤机、MPS 磨煤机具有良好的气密结构，适合于正压运行，干燥能力大为改善。当锅炉能提供足够高温的干燥剂时，可以磨制 $M_{ar}=20\%～25\%$ 的原煤。为了减轻磨损，延长碾磨件的寿命，并保证一定的煤粉细度，中速磨煤机一般适合磨制烟煤及贫煤。

中速磨煤机的优点是：中速磨煤机与分离器装配成一体，结构紧凑，占地面积小，质量轻，金属消耗量小，投资省；磨煤电耗低，特别是低负荷运行时单位电耗量增加不多；运行噪声小；空载功率小，适宜变负荷运行，煤粉均匀性指数较高。因此，在煤种适宜条件下应优先采用中速磨煤机。其缺点是结构复杂，磨煤部件易磨损，需严格的定期检修，不宜磨制硬煤和灰分大的煤，也不宜磨制水分大的煤。

四、高速磨煤机

风扇磨煤机大多用于燃用褐煤的锅炉，一般转速在 400r/min 以上，属于高速磨煤机。

如图 2-2-11 所示，风扇磨煤机的结构与风机相类似，由叶轮和蜗壳组成，只是叶轮和叶片很厚，蜗壳内壁装有护板。叶轮、叶片和护板都用锰钢等耐磨钢材制造，是主要的磨煤部件。煤粉分离器在叶轮的上方，与外壳连成一个整体，结构紧凑。

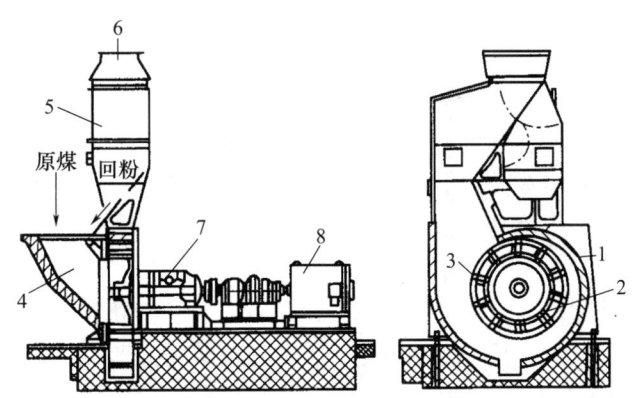

1—蜗壳状护甲；2—叶轮；3—冲击板；4—原煤进口；5—分离器；
6—煤粉气流出口；7—轴承箱；8—电动机。

图 2-2-11 风扇磨煤机结构

在风扇式磨煤机中，煤的粉碎过程既受机械力的作用，又受热力作用的影响。风扇磨煤机的工作原理是：原煤随热风一起进入磨煤机，即被高速转动的冲击板击碎后抛掷到蜗壳护甲上，煤粒与护甲的撞击以及煤粒的相互撞击，致使煤再次破碎而成为煤粉。煤粉被热空气干燥后带入分离器进行粗粉分离，分离出来的不合格煤粉经回粉管落回磨煤机中重新研磨，合格煤粉继续由气流携带送入炉内燃烧。蜗壳下方设有活门，以便排放石子煤及金属杂物。

煤粉在风扇磨煤机中大多处于悬浮状态，加上风扇磨煤机自身的抽吸力，不仅可用热风还可抽吸炉烟作干燥剂，这样就使得干燥过程十分强烈，因而可以磨制高水分煤。但由于风扇磨煤机工作转速高，冲击板和护甲磨损较严重，磨出的煤粉也较粗，所以风扇磨煤机不宜磨制硬煤、强磨损性煤及低挥发分煤，一般适合磨制水分大于35%、冲刷磨损指数 Ke 小于3.5的褐煤和烟煤。

风扇磨煤机本身就是排粉风机，在对原煤进行粉碎的同时能产生 1500～3500Pa 的风压，用以克服系统阻力，完成干燥剂吸入、煤粉输送的任务，所以具有结构简单、尺寸小、金属耗量少的优点。风扇式磨煤机的主要缺点是：叶轮、叶片磨损快，机件磨损后磨煤出力明显下降，煤粉品质恶化，因此维修工作频繁。另外，磨出的煤粉较粗且不够均匀。

风扇磨煤机有 S 型和 N 型两个系列。S 型系列适合磨制 $Mar>35\%$ 的烟煤，N 型系列适合磨制 $Mar<35\%$ 的褐煤。

五、磨煤机类型的选择

磨煤机类型的选择主要考虑以下几个方面：燃料的性质（特别是煤的挥发分）、可磨性系数、碾磨细度要求、运行的可靠性、磨损指数、投资费、运行费（包括电耗、金属磨损、折旧费、维护费等），以及锅炉容量、负荷性质，必要时还需要进行技术经济比较。原则上大容量机组在煤种适宜时，宜选用中速磨煤机。

知识点三　制粉系统的主要辅助设备

制粉系统的主要辅助设备有给煤机、粗粉分离器、细粉分离器、给粉机、螺旋输粉机及锁气器等。

一、给煤机

给煤机的作用是根据磨煤机或锅炉负荷的需要调节给煤量，并把原煤均匀连续地送入磨煤机中。给煤机有圆盘式、振动式、刮板式、皮带式等形式。本书介绍目前国内应用较多的刮板式、皮带式给煤机。

1. 刮板式给煤机

刮板式给煤机其结构和工作过程如图 2-2-12 所示，主要由前、后链轮和挂在两个链轮上的一根传送链条组成。其工作原理是：煤从进煤管 1 先落在上台板 7 上，由于刮板 5 的移动，将煤带到左边，经过落煤通道落在下台板上，刮板又将下台板上的煤带到右边，经出煤管送往磨煤机。这种给煤机利用煤自身内摩擦力和刮板链条拖动力的作用下，在箱体内沿着刮板链条的运动方向形成连续的煤层流，不断地从进煤口流到出煤口，实现连续、均匀、定量的输送任务。

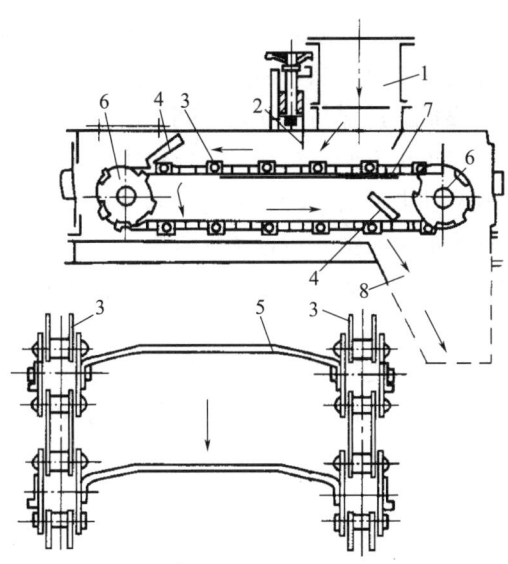

1—进煤管；2—每层厚度调节板；3—链条；4—导向板；5—刮板；6—链轮；7—上台板；8—出煤管。

图 2-2-12　刮板式给煤机

刮板式给煤机可以通过煤层厚度调节板调节给煤量，也可用改变链轮转速的方法进行调节。

刮板式给煤机的优点是结构合理、系统布置灵活，能满足较长距离的供煤要求，可制成全密封式，其缺点是占地面积较大，当煤块过大或煤中有杂物时易卡住。

2. 电子重力式皮带给煤机

电子重力式皮带给煤机主要由机体、给煤皮带机构、称重机构、链式清理刮板、断煤及堵煤信号装置、清扫输送装置、电子控制柜及电源动力柜组成，结构如图 2-2-13 所

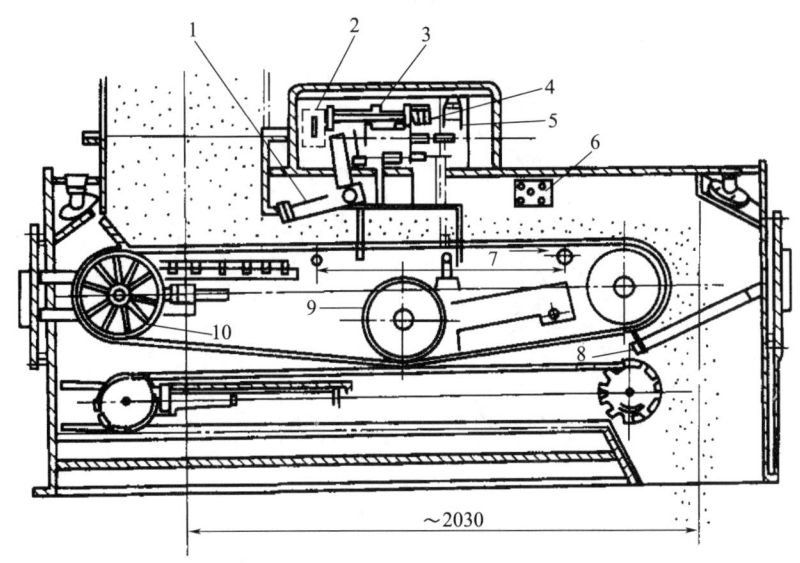

1—可调节的平煤门；2—电磁开关；3—游码；4—游码动作电动机；5—重量修正电动机；
6—事故按钮；7—称量段；8—刮煤板；9—张紧轮；10—主动轮。

图 2-2-13　电子重力式皮带给煤机

示，该给煤机一般处于正压下运行，故采用全封闭装置，其工作原理是：原煤经给煤皮带机构送入磨煤机，给煤皮带制有边缘，内侧中间有凸筋，而各皮带的运动具有良好的导向性。称重机构位于给煤机的进煤与出煤口之间，由三个称重托辊和一对负荷传感器以及电子装置所组成。该给煤机控制系统在机组协调控制系统的指挥下，根据锅炉负荷所需的给煤率信号，控制驱动电动机的转速来进行调节，使实际给煤率与所需要的给煤率相一致。在称重机构的下部装有链式清理刮板机构，将煤刮至出口排出，以清除称重机构下部的积煤。在给煤皮带的上方装有断煤信号，当皮带上无煤时，便启动原煤仓的振动器，另有堵煤信号装在给煤机的出口，若煤流堵塞，则停止给煤机的运行。

由于这种给煤机具有先进的皮带转速测定装置、精确度高的称重机构、良好的过载保护以及完善的检测装置等优点，所以在国内 300MW 及 600MW 机组中得到了广泛的应用。

二、粗粉分离器

粗粉分离器是制粉系统中必不可少的煤粉分离设备，它的作用：一是将磨煤机带出的不合格粗煤粉分离出来，返回磨煤机中重磨；二是可以调节煤粉细度，以便在煤种或干燥剂量变化时保证一定的煤粉细度。

粗粉分离器是利用离心力、惯性力和重力的作用把不合格的粗煤粉分离出来的。下面介绍两种应用最广的主要依靠离心力原理进行分离和调节的粗粉分离器。

1. 离心式粗粉分离器

图 2-2-14 是国内广泛采用的离心式粗粉分离器，它多与低速球磨机配合使用。它主要由内、外空心锥体，调节锥帽、导向板、可调折向门和回粉管组成。工作原理是：由磨煤机出来的气粉混合物以 1~25m/s 的速度进入分离器外锥体下部的环形空间，由于截面扩大，其速度降至 4~6m/s。气流中较大的煤粉在重力作用下分离出来，并沿回粉管返回磨煤机中重新磨制。进入分离器上部的煤粉气流，经安装在内外圆柱壳体间环形

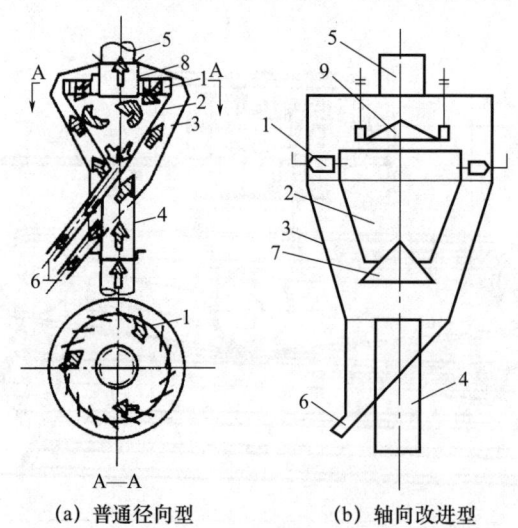

(a) 普通径向型 (b) 轴向改进型

1—折向挡板；2—内锥体；3—外锥体；4—进口管；5—出口管；
6—回粉管；7—锁气器；8—活动环；9—圆锥帽。

图 2-2-14 离心式粗粉分离器结构

通道内的折向门产生旋转运动，在离心力的作用下，较粗的煤粉被甩到器壁滑下，由另一回粉管送回磨煤机中重新磨制，最后煤粉气流进入出口管时，由于急转弯，惯性力又使一部分煤粉分离出来，而合格的细煤粉则被气流从出口管带走。在内锥体上面装有可上下移动的锥形调节帽，可以粗调煤粉细度。

粗粉分离器分离出来的回粉中，总难免要夹杂一些合格的细粉。这些合格细粉返回磨煤机后，就会磨得更细，这就增加了过细的煤粉，使煤粉的均匀性变差，同时也增加了磨煤电耗。

离心式粗粉分离器的煤粉细度调节一般有三种方法：改变折向挡板的位置；调节磨煤通风量；调节活动环的位置。①改变折向挡板与圆周切线的夹角可以改变煤粉细度。夹角减小时，气流的旋转强度加强，分离出来的煤粉增多，气流带走的煤粉变细；反之变粗。②增大磨煤通风量，一方面导致磨煤机出来的煤粉变粗，另一方面由于煤粉在分离器中停留的时间变短，所以使分离器出口处的煤粉变粗；反之亦然。③降低活动环的位置，因急转弯程度增大，出口煤粉变细；反之，升高活动环的位置，出口煤粉变粗。

轴向型粗粉分离器的结构比较复杂，通风阻力也较大；但由于其折向门是轴向布置的，因而加大了圆筒空间，与径向型相比，分离效果好，改善了煤粉的均匀性；调节幅度较宽，回粉中细粉含量少，提高了制粉系统出力；适应煤种也较广，可配用于各种形式的磨煤机，所以其应用较为普遍。

2. 回转式粗粉分离器

回转式粗粉分离器多与中速磨煤机配合使用，其结构如图 2-2-15 所示。其结构和工作原理如下：有一个由电动机经减速器带动的转子，转子上面一般有 20 个左右的叶片，叶片由角钢或扁钢制成。当进口管煤粉气流由进粉管引入，自下而上流动时，由于流动截面的扩大，使流速降低，部分粗煤粉在重力作用下分离出来；而后煤粉气流继续上升，进入转子区域，在转子的带动下作旋转运动，粗煤粉受较大离心力的作用，被抛到圆锥筒的内壁上，并沿着内壁下落，经回粉管返回磨煤机重新磨制；而细煤粉则随着气流穿过叶片间隙流到分离器上部，沿切向送出。

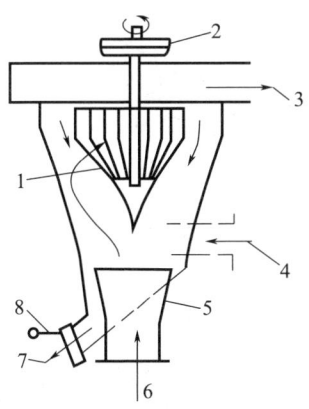

1—转子；2—皮带轮；3—细粉空气混合物切线引出口；4—二次风切向引入口；
5—进粉管；6—煤粉空气混合物进口；7—粗粉出口；8—锁气器。

图 2-2-15 回转式粗粉分离器

改变转子的转速，即可调节煤粉细度。转子转速越高，分离作用越强，气流带出的煤粉就越细；反之，转速越低，气流带出的煤粉就越粗。

为了减少回粉中的细粉量，可在分离器的下部加装二次风，二次风沿切向进入分离器，将下落的回粉吹起．促使回粉再次分离，并将合格的细粉带走，从而提高磨煤出力，降低磨煤电耗。

回转式粗粉分离器的优点是：结构紧凑，流动阻力较小，磨煤电耗较低；调节方便，适应负荷变化的性能较好；分离出的煤粉较细且均匀性好。但是，这种分离器的缺点是：结构比较复杂，磨损严重，检修工作量较大，但它的阻力较小，调节方便且调节幅度也大，因此适应负荷和煤种变化的性能较好，所以回转式分离器适用于直吹式制粉系统。

三、细粉分离器

细粉分离器也叫旋风分离器。它的作用是将风粉混合物中的煤粉分离出来，储存在煤粉仓中，其结构如图 2-2-16 所示。

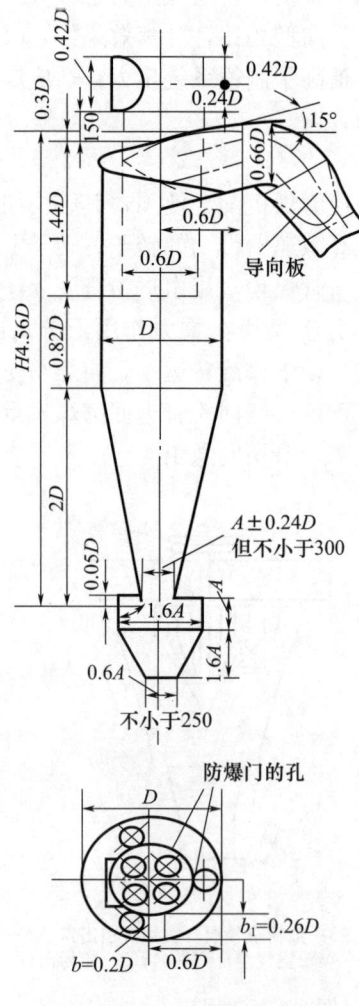

图 2-2-16 小直径旋风分离器

它的工作原理是利用气流旋转所产生的离心力，使气粉混合物中的煤粉与空气分离开来。自粗粉分离器来的气粉混合物切向进入分离器圆筒的上部，在外圆筒与中心管之间作自上而下高速螺旋运动，煤粉由于离心力的作用被抛向四周，沿筒壁下落至筒底的煤粉出口。当气流转折向上进入中心管时，由于惯性作用，煤粉再次被分离。分离出来的煤粉经下部煤粉斗和锁气器进入煤粉仓或螺旋输粉机。气流则经中心管引至出口管，然后引往排粉机。中心筒下部有导向叶片，它可使气流平稳地进入中心筒，不产生漩涡，因而避免了在中心筒入口处形成真空将煤粉吸出而降低效率。目前发电厂多采用直径较小、长度较长的旋风分离器，它的分离效率可达 90%～95%。所谓分离效率，是指分离出来的煤粉量占进口煤粉量的百分数。

四、给粉机

给粉机的作用是将煤粉仓中的煤粉按锅炉负荷的需要均匀地送入一次风管中。显然，炉内燃烧工况的稳定与否，在很大程度上取决于给粉机的给粉量、给粉的均匀性以及给粉机适应锅炉负荷变化的调节性能。

电厂应用较为普遍的给粉机是叶轮式给粉机，它是由上、下叶轮，外壳和减速器等部件组成，其结构如图 2-2-17 所示。

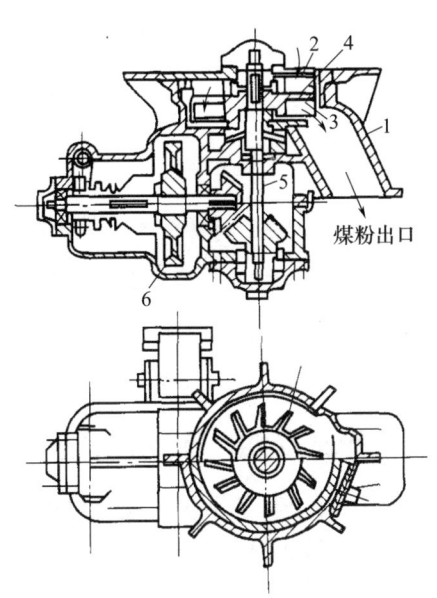

1—外壳；2—上叶轮；3—下叶轮；4—固定盘；5—轴；6—减速器。

图 2-2-17 叶轮式给粉机

其工作原理是：当电动机经减速器带动给粉机主轴转动时，固定在轴上的上、下叶轮也同时转动，煤粉仓下落的煤粉首先通过左侧的上孔板落入上叶轮的槽道内，然后由上叶轮拨送到右侧的下孔板，落入下叶轮的槽道内，最后由下叶轮拨送至左侧的出口，落入一次风管路。改变电动机的转速即可调节给粉机给粉量的大小，故叶轮式给粉机一般采用直流电动机拖动。叶轮式给粉机的优点是给粉均匀，调节方便，不易发生煤粉自流，并可以防止一次风冲入煤粉仓，所以其应用较为广泛。该给粉机的主要缺点是结构较复杂，电耗较大，且易被煤粉中的木屑等杂物堵塞。

五、螺旋输粉机

螺旋输粉机的作用是相互输送相邻锅炉制粉系统的煤粉,以提高锅炉给粉的可靠性。螺旋输粉机主要由装有螺旋导叶的螺旋杆和传动装置所组成。螺旋杆由传动装置带动在壳体内旋转,螺旋导叶使煤粉由一端推向另一端,当螺旋杆作反方向旋转时,煤粉向反方向输送。

六、锁气器

在制粉系统的某些管道上装有只允许煤粉通过,而不允许气流通过的设备,称为锁气器。锁气器有翻板式和草帽式两种,其结构如图 2-2-18 所示,它们都是以杠杆原理进行工作的。当翻板或活门上的煤粉超过一定数量时,翻板或活门自动打开,煤粉落下。当煤粉减少到一定程度时,翻板或活门又因平衡重锤的作用而关闭。

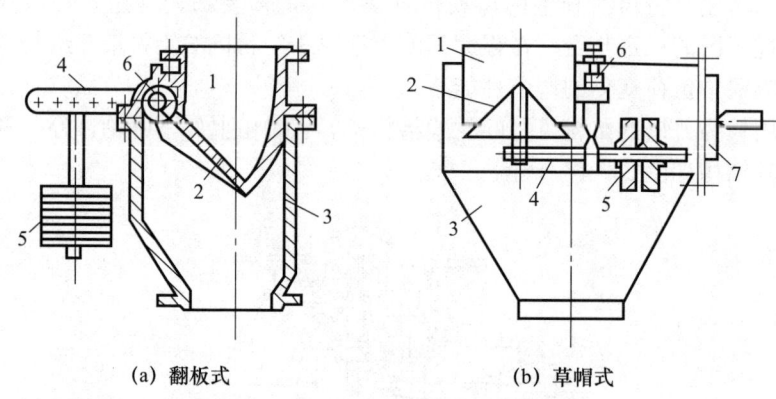

(a) 翻板式 　　　　　(b) 草帽式

1—煤粉管;2—翻板或活门;3—外壳;4—杠杆;5—平衡重锤;6—支点;7—手孔。

图 2-2-18 锁气器

翻板式锁气器可装在垂直或倾斜的管道上,草帽式只能装在垂直管道上。翻板式结构简单,不易卡住,工作可靠。草帽式锁气器不但动作灵活,下粉均匀,而且严密性较好。

知识点四　制粉系统

微课:直吹式制粉系统

燃用煤粉的锅炉由煤粉制备系统供应合格的煤粉。煤粉制备系统是指将原煤磨制成粉,然后送入锅炉炉膛进行悬浮燃烧所需设备和相关连接管道的组合,通常简称为制粉系统。制粉系统可分为直吹式和中间储仓式两种。所谓直吹式制粉系统,是指煤粉经磨煤机磨成煤粉后直接吹入炉膛燃烧;而中间储仓式制粉系统,是将磨好的煤粉先储存在煤粉仓中,然后再根据锅炉运行负荷的需要,从煤粉仓经给粉机送入炉膛燃烧。现把这两类制粉系统分别介绍如下。

一、直吹式制粉系统

直吹式制粉系统中,磨煤机磨制的煤粉全部直接送入炉膛内燃烧,因此,每台锅炉所有运行磨煤机制粉量总和,在任何时候均等于锅炉煤耗量,即制粉量随锅炉负荷的变化而变化。这样若采用低速筒式钢球磨煤机,在低负荷或变负荷下运行时制粉系统很不经济,因此,直吹式制粉系统一般多配用中速磨、风扇磨和双进双出钢球磨,仅在锅炉带基本负荷时才考虑采用配低速球磨机的直吹式制粉系统。

1. 中速磨煤机直吹式制粉系统

配中速磨煤机的直吹式制粉系统有正压和负压两种连接方式。按其工作流程,排粉风机在磨煤机之后,整个系统处于负压下工作,称为负压直吹式制粉系统,见图 2-2-19 (a);反之,排粉风机在磨煤机之前,整个系统处于正压下工作,则称为正压直吹式制粉系统,见图 2-2-19 (b)。

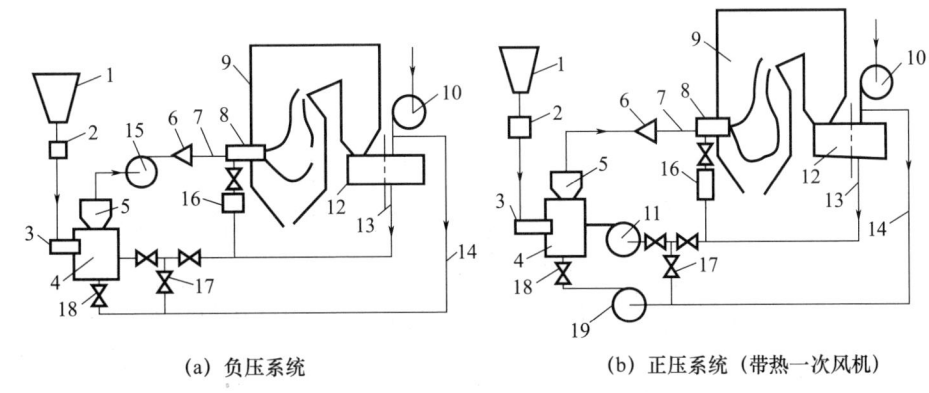

(a) 负压系统　　　　　　　　(b) 正压系统(带热一次风机)

1—原煤仓;2—自动磅秤;3—给煤机;4—磨煤机;5—煤粉分离器;6—一次风风箱;7—煤粉管道;
8—燃烧器;9—锅炉;10—送风机;11—热一次风机;12—空气预热器;13—热风管道;14—冷风管道;
15—排粉风机;16—二次风风箱;17—冷风门;18—密封风门;19—密封风机。

图 2-2-19　中速磨煤机的直吹式制粉系统

在图 2-2-19 (a) 所示的负压直吹式制粉系统中,排粉风机后已完成干燥任务的废干燥剂,由于温度低并含有水分,而被称作乏气;携带煤粉进入炉膛的空气称为一次风;直接通过燃烧器送入炉膛,补充煤粉燃烧所需氧量的热空气称为二次风。另外,由于中速磨煤机下部局部有正压,故需引入一股压力冷风起密封作用,这股冷风称为密封风。在这种制粉系统中,燃烧所需的煤粉均通过排粉风机,因此排粉风机磨损严重,这不仅降低风机效率,增加运行电耗,而且需要经常更换叶轮,致使维护费用增加,系统可靠性降低。此外,负压直吹式制粉系统漏风较大,大量冷空气随一次风进入炉膛会降低锅炉效率。负压直吹式制粉系统的最大优点是不会向外漏粉,工作环境比较干净。

在图 2-2-19 (b) 所示的正压直吹式制粉系统中,一次风机布置在磨煤机之前,风机输送的是干净空气,不存在风机的磨损问题,冷空气也不会漏入系统,因此,运行的可靠性和经济性都比负压系统要高。但这种系统的磨煤机中需采取适当的密封措施,系统中设有专门的密封风机,以高压空气对其进行密封和隔离,否则向外冒粉,既污染环境又有引起自燃爆炸的危险。

图 2-2-19 (b) 所示为中速磨煤机正压热一次风机直吹式制粉系统。其中的排粉风机又称热一次风机,热一次风机布置在空气预热器与磨煤机之间,输送的是经空气预热器加热的热空气,由于空气温度高,比体积大,所以比输送同样质量的冷空气的风机体积大,电耗高,且风机运行效率低,还存在高温侵蚀。从回转式空气预热器来的热空气

还会携带有飞灰颗粒，对风机叶轮和机壳产生磨损，降低运行可靠性。

国产大容量电站锅炉一般采用正压冷一次风机直吹式系统，见图 2-2-20。一次风机移置到空气预热器之前，通过风机的介质为冷空气。冷一次风机的工作条件大为改善，且因冷空气比体积小，通风电耗也将明显降低。图 2-2-20 所示为 300MW 机组采用的中速磨煤机正压冷一次风机直吹式制粉系统，锅炉采用三分仓回转式空气预热器，独立的一次风经空气预热器的一次风通道加热后再进入磨煤机，与两分仓空气预热器相比，漏风量减少。系统配置有自动控制系统，具有根据锅炉负荷变化，主信号自动调节给煤量和进入磨煤机的干燥介质（热风）流量的功能，并根据磨煤机出口气粉混合物温度，自动调整冷、热调温空气门，控制磨煤机进口风温。

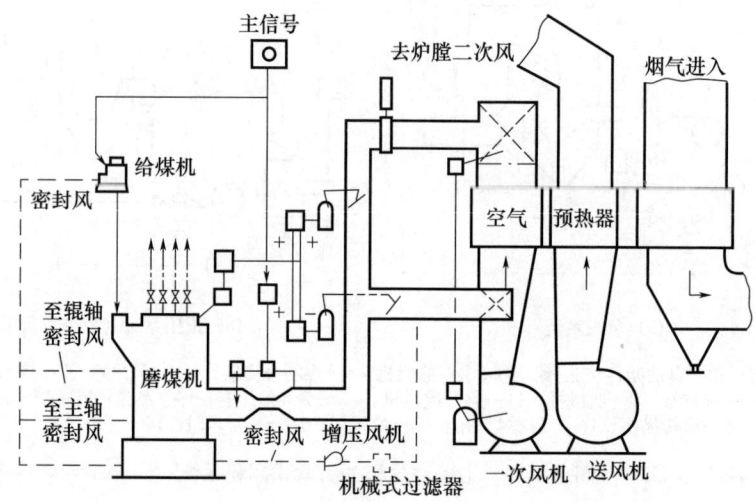

图 2-2-20　中速磨煤机正压冷一次风机直吹式制粉系统

冷一次风机系统与热一次风机系统相比，具有以下明显的优点：

(1) 冷一次风机输送的是干净的空气，工作条件好，风机结构简单，体积小，造价低；冷空气比体积小，风机容量小，电耗低，并可采用高效风机。

(2) 冷一次风机压头高，可兼作磨煤机的密封风机，使系统设备减少。

(3) 作为干燥剂的热风温度不受一次风机的限制，可提高干燥剂的温度，适合磨制较高水分煤。

(4) 一次风冷机系统是一个独立系统。锅炉负荷变化时对一次风温度的影响很小。

中速磨煤机直吹式制粉系统也存在以下问题：

(1) 因为直吹式系统中磨煤机磨制的煤粉全部送入炉膛燃烧，在磨煤机故障或运行不稳定时将直接影响锅炉运行，所以直吹式系统要求磨煤机有较大的备用容量。

(2) 中速磨煤机分离器出口即是煤粉分离器，距离短，各一次风管的煤粉流量均匀性较差，而且在运行中没有调节煤粉流量的手段。

(3) 通过调节给煤机的给煤量来适应锅炉负荷的变化。从给煤量的改变，到经过磨煤机，直到给粉量变化，有较长的滞后时间，所以相应锅炉负荷变化的性能较差。

(4) 中速磨煤机对煤种的适应性较差，若电厂煤种变化较多，将影响磨煤出力和煤粉细度，且影响燃烧。

(5) 低负荷运行时风煤比增加，影响煤粉的着火燃烧。因负荷低，煤粉量减少，为了输送煤粉，风环风速需保持一定，从而使风煤比增大。同时，单位制粉电耗也随着增大。

2. 高速磨煤机直吹式制粉系统

风扇磨煤机一般应用于直吹式制粉系统中。由于风扇磨煤机同时具有磨煤、干燥、干燥介质吸入和煤粉输送等功能，煤粉分离器与磨煤机连成一体，所以它的制粉系统比其他形式磨煤机的制粉系统简单，设备少，投资省。根据煤的水分不同，风扇磨煤机制粉系统分别采用单介质干燥直吹式制粉系统、二介质干燥直吹式制粉系统和三介质干燥直吹式制粉系统。

当燃用烟煤和水分不高的褐煤时，一般采用如图 2-2-21（a）所示的用热风作为干燥剂的单介质干燥直吹式制粉系统。

图 2-2-21（b）所示为热风与从炉膛上部抽取的高温炉烟混合后作干燥剂的二介质直吹式制粉系统。

采用热风、高温炉烟和低温炉烟混合物作干燥剂的三介质干燥直吹式制粉系统如图 2-2-21 所示。其中高温炉烟取自炉膛上部，低温炉烟取自引风机出口。二介质干燥直吹式制粉系统和三介质干燥直吹式制粉系统适宜磨制高水分褐煤。

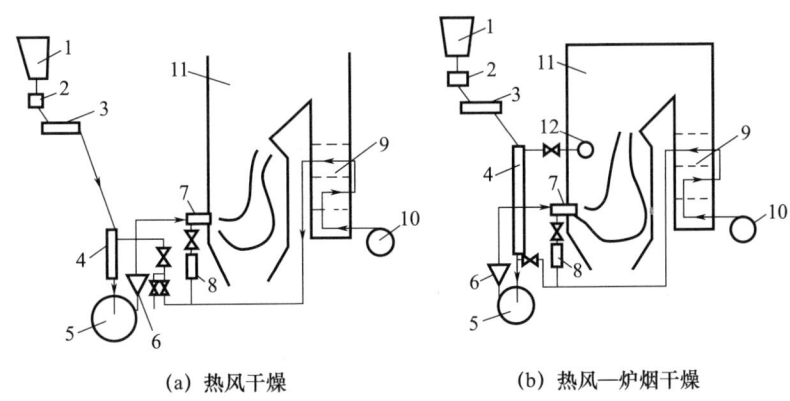

(a) 热风干燥　　　　　(b) 热风—炉烟干燥

1—原煤仓；2—自动磅秤；3—给煤机；4—下行干燥管；5—磨煤机；6—煤粉分离器；
7—燃烧器；8—二次风箱；9—空气预热器；10—送风机；11—锅炉；12—抽烟口。

图 2-2-21　风扇磨煤机直吹式制粉系统

采用热风和高、低温炉烟混合物作为干燥剂有如下优点：

（1）热风和炉烟混合后，降低了干燥剂的氧浓度，有利于防止高挥发分褐煤煤粉发生爆炸。

（2）含氧量低的热风和炉烟混合物作为一次风送入炉膛，可以降低炉膛燃烧器区域的温度水平，燃用低灰熔点褐煤时可避免炉内结渣，并减少 NO_x 的生成。

（3）当燃煤水分变化幅度大时，改变高、低温炉烟的比例即可满足煤粉干燥的需要，而一次风温度和一次风比例仍保持不变，减轻了燃煤水分变化对炉内燃烧的影响。

3. 双进双出磨煤机直吹式制粉系统

除上述的几种直吹式制粉系统外，随着双进双出球磨机的引进，国内有的燃煤电厂采用配双进双出球磨机的正压直吹式制粉系统，如图 2-2-22 所示。该系统由两个相互对称又彼此独立的系统组合在一起。每个系统的流程为：煤从原煤仓经刮板式给煤机落入混料箱，与进入混料箱的高温旁路风混合，在落煤管中进行预干燥。之后进入中空轴，由螺旋输送装置送入磨煤机筒内进行粉碎。空气由一次风机输送入空气预热器，加热后进入热风管道，一部分作为旁路风，另一部分作为干燥剂，经由中空轴内的中心管道进入磨煤机筒体，与对面进入的热空气流在筒体中部相对冲后，往回折返，携带煤粉从空心轴的环形通道流出筒体。煤粉空气混合物与落煤管出口煤预热旁路空气混合，进入粗粉分离器，分离出来的粗粉经返料管与原煤混合，返回磨煤机重新磨制。圆锥形粗粉分离器上部装有导向叶片，改变导向叶片的倾角可以调节煤粉细度。从分离器出来的一次风气粉混合物经煤粉分离器后进入一次风管道，经燃烧器被送入炉内燃烧。停机时用清洗风吹扫一次风管道和燃烧器。

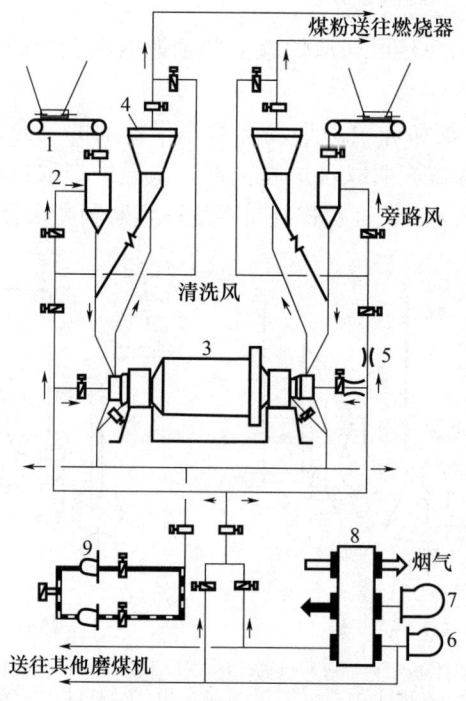

1—给煤机；2—混料箱；3—双进双出钢球磨煤机；4—粗粉分离器；5—风量测量装置；
6—一次风机；7—二次风机；8—空气预热器；9—密封风机。

图 2-2-22 双进双出钢球磨煤机正压直吹式制粉系统

双进双出球磨机与中速磨煤机直吹式制粉系统比较，具有以下优点：

（1）煤种适应性广。适于磨制高灰分、强磨损性的煤种，以及挥发分低、要求煤粉细的无烟煤。

（2）备用容量小。钢球磨煤机结构简单，故障少，无须停机即可进行钢球的筛选和补充，以保证系统正常供粉。不像中速磨煤机需要 20% 左右的备用容量。

（3）响应锅炉负荷变化性能好。系统以调节磨煤机通风量方法控制给粉量，响应锅炉负荷变化的延迟时间极短。应用双进双出钢球磨煤机直吹式制粉系统的锅炉，负荷变化率可达 20%/min。

（4）负荷调节范围大。一台磨煤机的两路制粉系统彼此独立，可两路并用或只用一路，大大增加了系统的负荷调节范围。

（5）钢球磨煤机的煤粉细度稳定，不受负荷变化的影响，负荷低时，煤粉在筒内停留时间长，磨制的煤粉更细，能改善煤粉气流着火和燃烧性能，使锅炉能在更低的负荷下稳定运行，锅炉负荷调节范围扩大。

（6）双进双出钢球磨煤机与中速磨煤机和风扇磨煤机相比，具有较低的风煤比，即一次风的煤粉浓度高，有利于低挥发分煤的燃烧。

二、中间储仓式制粉系统

中间储仓式制粉系统的特点是磨煤机出力不受锅炉负荷的限制，可保持在经济出力下运行。所以这种制粉系统一般都配用低速钢球磨煤机。

由于球磨机轴颈密封性不好，不宜正压运行，故配球磨机的中间储仓式制粉系统均为负压系统，并要求球磨机进口维持 200Pa 的负压。与直吹式制粉系统相比，由于气粉分离及煤粉的储存、转运、调节的需要，中间储仓式制粉系统增加了细粉分离器、煤粉仓、螺旋输粉机、给粉机等设备，如图 2-2-23 所示。

微课：中间储仓式制粉系统

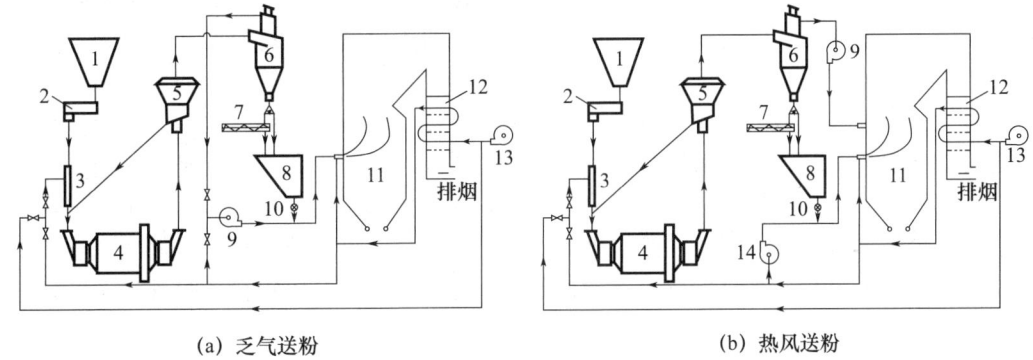

(a) 乏气送粉　　　　　　　(b) 热风送粉

1—原煤仓；2—给煤机；3—下行干燥管；4—磨煤机；5—粗粉分离器；6—细粉分离器；
7—螺旋输粉机；8—煤粉仓；9—排粉机；10—给粉机；11—锅炉；12—空气预热器；
13—送风机；14—一次风机。

图 2-2-23　单进单出钢球磨煤机中间储仓式制粉系统

原煤和干燥用热风在下行干燥管内相遇后一同进入磨煤机，磨制好的煤粉由干燥剂从磨煤机内带出，气粉混合物经粗粉分离器分离后，合格的煤粉被干燥剂带入细粉分离器进行气粉分离，其中 90% 左右的煤粉被分离出来并落入煤粉仓，或通过螺旋输粉机转送到其他煤粉仓。根据锅炉负荷的需要，给粉机将煤粉仓中的煤粉送入一次风管，再经燃烧器喷入炉内燃烧。

由细粉分离器上部出来的干燥剂（也称磨煤乏气）还含有约 10% 的极细煤粉，通常要经排粉风机送入炉内燃烧，以节省燃料并避免其污染环境。

单进单出钢球磨煤机中间储仓式制粉系统有两种典型的方式：乏气送粉系统，见图 2-2-23（a）；热风送粉系统，见图 2-2-23（b）。乏气送粉系统适用于原煤水分较少、挥发分较高的煤种。以乏气（干燥剂流出细粉分离器时，温度已大大降低，并含有相当多的水蒸气，这时就称为乏气）作为一次风的输送介质，乏气夹带的细粉与给粉机下来的煤粉混合后，被送入炉膛燃烧。

当燃用难燃的无烟煤、贫煤和劣质烟煤时，需要高温一次风来稳定着火燃烧，则采用如图2-2-23（b）所示的热风送粉中间储仓式制粉系统，用从空气预热器来的热空气作为一次风的输送介质。乏气作为三次风送入炉膛燃烧。

在煤粉仓和螺旋输粉机上部装有吸潮管，利用排粉风机的负压将潮气吸出，以免煤粉受潮结块。在排粉风机出口与磨煤机进口之间，一般设有再循环管，利用乏气再循环来协调磨煤通风量、干燥通风量与一次风量（或三次风量）三者之间的关系，以保证锅炉与制粉系统的安全、经济运行。

三、直吹式与中间储仓式两种制粉系统的比较

直吹式制粉系统的优点是系统简单、设备少、布置紧凑、钢材耗量少、投资省、运行电耗也较低。缺点是：①制粉系统设备的工作直接影响锅炉的运行工况，运行可靠性相对低些，因此在系统中需设置备用磨煤机；②直吹式负压系统的排粉风机磨损严重，对制粉系统工作安全的影响较大；③锅炉负荷变化时，燃煤量通过给煤机调节，时滞较大，灵活性较差；④由于燃煤与空气的调节均在磨煤机之前，运行中调节各并列一次风管中煤粉和空气的分配比较困难，容易出现风粉不均现象。

中间储仓式制粉系统的优点是：①有煤粉仓储存煤粉，并可通过螺旋输粉机在相邻制粉系统间调剂煤粉，供粉的可靠性较高；②磨煤机可经常在经济负荷下运行，当储粉量足够时，还可停止磨煤机工作而并不影响锅炉的正常运行；③锅炉负荷变化时，燃煤量通过给粉机调节，由于中间环节少，使调节既方便又灵敏；④储仓式系统还可采用热风送粉，从而大大改善了燃用无烟煤、贫煤及劣质煤时的着火条件；⑤虽然储仓式系统也是在负压下工作，但与直吹式负压系统相比，通过排粉机的煤粉量多是经细粉分离器分离后剩余的少量细粉，因此，排粉机的磨损比直吹式负压系统轻得多。储仓式系统的主要缺点是系统复杂，钢材耗量多，初投资大，运行费用高，煤粉自燃爆炸的可能性亦比直吹式系统要大。

任务小结

（1）煤粉炉燃用的煤粉形状不规则，颗粒很小，并且具有自燃性和爆炸性。煤粉颗粒大小由煤粉细度来衡量。煤粉破碎的难易程度不同，这一性质称为煤的可磨性。

（2）磨煤机是制粉系统中的主要设备，其作用是将原煤磨成煤粉并干燥到一定程度，磨煤机磨煤原理主要有撞击、挤压、研磨三种。按照磨煤机的转速可将磨煤机分为低速、中速和高速磨煤机。筒式钢球磨煤机是低速磨煤机的代表。筒式钢球磨煤机可以分为单进单出型和双进双出型，双进双出型是指从磨煤机的两侧同时进煤和热风，同时送出煤粉。

目前，电厂中采用的中速磨煤机的形式主要有四种：辊-盘式，又称平盘磨煤机；辊-碗式，又称碗式磨煤机或RP磨煤机；辊-环式，又称MPS磨煤机；球-环式，又称中速球式磨煤机或E型磨煤机。

高速磨煤机主要为风扇磨煤机，大多用于燃用褐煤的锅炉，一般转速在400r/min以上。

（3）制粉系统的主要辅助设备有给煤机、粗粉分离器、细粉分离器、给粉机、排粉

风机、螺旋输粉机、锁气器等。

制粉系统的主要任务是煤粉的磨制、干燥与输送。我国采用的制粉系统分为直吹式制粉系统和中间储仓式制粉系统。直吹式制粉系统是指磨煤机磨制的煤粉被直接吹入炉膛燃烧的系统。中间储仓式制粉系统将磨制好的煤粉放入中间储仓中存储起来，然后再送入炉膛。两种系统各有优缺点。

任务三 燃烧基本原理及燃烧设备

燃料的燃烧一般是指燃料中的可燃物质与空气中的氧化剂之间进行的发热与发光的高速化学反应，伴随发光发热现象。燃烧原理是锅炉燃烧设备设计、改造及运行的理论依据。燃烧设备是组织燃料安全经济燃烧的生产装置。本任务将重点介绍一些固体燃料燃烧的基础知识和几种燃烧设备。

知识点一 燃料燃烧的基本原理

一、燃烧程度

燃烧程度即燃烧的完全程度，燃烧有完全燃烧与不完全燃烧之分。燃料中的可燃成分在燃烧后全部生成不能再进行氧化的燃烧产物，如 CO_2、SO_2、H_2O 等，这叫作完全燃烧。燃料中的可燃成分在燃烧过程中，有一部分没有参与燃烧，或虽已进行燃烧，但生成的燃烧产物（烟气）中还存在可燃气体，如 CO、H_2、CH_4 等，这种情况叫作不完全燃烧。

例如，碳在完全燃烧时生成，可放出 32866kJ/kg 的热量，而在不完全燃烧时，生成一氧化碳，仅能放出 9270kJ/kg 的热量。这样就有 23596kJ/kg 的热量白白地浪费了。如果碳没有燃烧，以致使燃烧生成的飞灰和炉渣中含有大量的碳，其热损失就更大。因此，电站锅炉在线检测飞灰含碳量，以控制和优化锅炉燃烧，降低发电煤耗。

总之，为了减少不完全燃烧损失，提高锅炉热效率，应尽量使燃烧达到完全程度。燃烧的完全程度可用燃烧效率表示，即输入锅炉热量扣除机械不完全燃烧损失的热量和化学不完全燃烧损失的热量后占输入锅炉热量的百分比，用符号 η_r 表示，并可用式（2-3-1）计算，即：

$$\eta_r = \frac{Q_r - Q_3 - Q_4}{Q_r} \times 100\% = (100 - q_3 - q_4)\% \tag{2-3-1}$$

二、燃烧速度

所谓燃烧，是指燃料中的可燃元素和空气中的氧进行强烈化学反应，放出大量热量的过程。在这个化学反应过程中，燃料与氧化剂属于同一形态，称为均相燃烧或单相燃烧，例如气体燃料在空气中的燃烧。燃料与氧化剂不属于同一形态，称为多相燃烧，如固体燃料在空气中的燃烧及油在空气中的燃烧。对于均相燃烧，燃烧速度是指单位时间内参与燃烧反应物质的浓度变化率；对于多相燃烧，燃烧速度是指单位时间内参加燃烧反应的氧浓度变化率。燃烧速度的快慢取决于燃烧过程中化学反应时间的快慢（即化学反应速度）和氧化剂供给燃料时间的快慢（即物理扩散速度），最终取决于两者之中的较慢者。这可从碳粒的燃烧过程来说明。

碳粒的燃烧反应是在碳粒表面进行的,周围环境中的氧不断向炽热碳粒表面扩散,在其表面进行燃烧,其一次反应为:

$$C+O_2=CO_2$$
$$2C+O_2=2CO$$

温度较高时,生成的 CO 多于 CO_2,反应生成的 CO_2 和 CO 既可向周围气体扩散,也可向碳粒表面扩散。CO 向外扩散遇氧生成 CO_2;CO_2 向碳粒扩散,在高温下与碳进行气化反应生成 CO。反应生成物的二次反应为:

$$2CO+O_2=2CO_2$$
$$CO_2+C=2CO$$

一、二次反应综合的结果,在离碳粒表面一定距离处达到最大值,从周围环境扩散来的氧不断被消耗,碳粒表面缺氧或氧量不足将限制燃烧过程的进一步发展。在相对静止的空气中燃烧的碳粒,其表面气体浓度的变化如图 2-3-1 所示。燃烧的温度不同,气体的分布情况将有所变化。

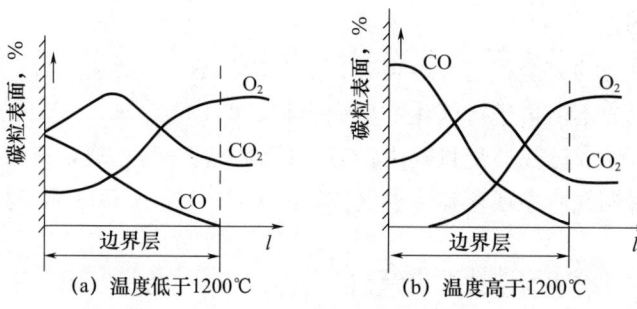

图 2-3-1 碳粒表面燃烧过程

上述情况说明,碳粒的燃烧主要包括两个过程:一个是扩散过程,即氧扩散到碳粒表面和反应生成物从碳粒表面扩散离开,两者是相互联系的;另一个是碳粒表面的化学反应过程。碳粒燃烧过程的快慢,取决于这两个过程中的较慢者。

煤粉的燃烧属于多相燃烧,关键是指其中碳的燃烧。这是由于焦炭中的碳是煤中可燃质的主要部分,其发热量占煤总发热量的 40%(泥煤)~95%(无烟煤),同时焦炭着火迟,燃烧所占的时间最长。因此以上碳粒的燃烧过程就反映了煤粒的燃烧过程,其燃烧速度的快慢既取决于燃烧过程中化学反应时间的快慢(即化学反应速度),也取决于氧化剂供给燃料时间的快慢(即物理扩散速度)。

三、化学反应速度及其影响因素

化学反应过程的快慢用化学反应速度 W_h 表示。通常它是指单位时间内反应物或生成物浓度的变化。化学反应速度取决于参加反应的原始反应物的性质,同时还受反应进行时所处条件的影响,其中主要是浓度、压力和温度。

1. 浓度对化学反应速度的影响

化学反应是在一定条件下,不同反应物的分子彼此碰撞而产生的,碰撞的次数越多,反应速度越快。分子碰撞的次数取决于单位容积中反应物质的分子数,即分子浓度。对多相燃烧，化学反应是在固相表面上进行的，可以认为固体燃料的浓度不变。因此化学反应速度是指单位时间碳粒单位表面上氧浓度的变化，即碳粒单位表面上的耗氧速度。在一定温度下，反应容积不变时，增加反应物的浓度，即增加反应物的分子数，分子间碰撞的机会增多，所以反应速度增快。

2. 压力对化学反应速度的影响

分子运动论认为，气体压力是气体分子撞击容器壁面的结果。压力越高，单位容积内分子数越多，在温度和容积不变的条件下，反应物压力越高，则反应物浓度越大，因此化学反应速度越快。目前大力研究的正压燃烧技术，正是通过提高炉膛压力来强化燃烧。

3. 温度对化学反应速度的影响

在实际燃烧设备中，燃烧过程是在燃料和空气按一定比例连续供应的情况下进行的，因此可以认为反应物质的浓度不变。当反应物浓度不变时，化学反应速度与温度成指数关系，随着温度升高，化学反应速度迅速加快。这个现象可解释为：并不是所有碰撞的分子都能引起化学反应，只有其中具有较高能量的活化分子的碰撞才能发生反应。使分子活化所需的最低能量称为活化能，用 E 表示，能量达到或超过活化能的分子称为活化分子，活化分子的碰撞才是发生反应的有效碰撞，反应只能在活化分子之间进行。温度升高，分子从外界吸收了能量，活化分子急剧增多，化学反应速度因此加快。

在相同条件下，不同燃料的焦炭燃烧反应，其活化能是不同的，高挥发分煤的活化能最小，低挥发分无烟煤的活化能最大。在一定温度下，活化能越大，则活化分子数越少，反应速度越慢。由此可见，无烟煤的反应能力差，化学反应速度比其他煤种慢。

实际上在炉内燃烧过程中，反应物的浓度、炉膛压力基本不变，因此化学反应速度主要与温度有关，其影响相当显著，运行中常用提高炉温的方法强化燃烧。

四、燃烧速度与燃烧区域

碳粒的燃烧速度是指碳粒单位表面上的实际反应速度，一般用耗氧速度来表示。它既与化学反应速度有关，又与氧的扩散速度有关，最终决定于两者中的较慢者。在锅炉技术上，燃烧过程按其燃烧速度受限的因素不同，分为动力燃烧控制区、扩散燃烧控制区和过渡燃烧控制区。

1. 动力燃烧控制区

当温度较低时（<1000℃），碳粒表面化学反应速度较慢，氧的供应速度远远大于化学反应的消耗速度，燃烧速度主要取决于化学反应速度，而与扩散速度关系不大，这种燃烧工况称为处于动力燃烧控制区。随着温度的升高，燃烧速度将急剧增加，因此提高温度是强化动力燃烧工况的有效措施。

2. 扩散燃烧控制区

当温度很高时（>1400℃），碳粒表面化学反应速度很快，耗氧速度远远超过氧的供应速度，碳粒表面的氧浓度实际为零，燃烧速度主要取决于氧的扩散条件，与温度关系不大，这种燃烧工况称为处于扩散燃烧控制区。加大气流与碳粒的相对速度或减少碳粒直径都可提高燃烧速度。

3. 过渡燃烧控制区

介于上述两种燃烧工况的中间温度区，氧的扩散速度与碳粒表面的化学反应速度较为接近，燃烧速度同时受化学反应条件与扩散混合条件的影响，这种燃烧工况称为处于过渡燃烧控制区。要强化燃烧，既要提高温度，又要加强碳粒与氧的混合条件。

在一定条件下，可以使燃烧过程由一个区域移向另一个区域。例如在反应温度不变的条件下，增加煤粉与气流的相对速度或减小煤粉颗粒直径（即煤粉变细），可使燃烧过程由扩散燃烧控制区移向过渡燃烧控制区，甚至动力燃烧控制区。随着碳粒直径减小或相对速度增大，氧向碳粒表面的扩散过程加强，从动力燃烧控制区过渡到扩散燃烧控制区的温度将相应提高。

煤粉的燃烧主要取决于焦炭的燃烧，焦炭的炉内处于什么样的燃烧控制区域，是关系到如何组织炉内煤粉燃烧的关键。就焦炭在炉内燃烧的情况来看，在高温燃烧中心粗焦粒可能处于扩散燃烧控制区，大部分细焦粒则处于动力燃烧控制区或过渡燃烧控制区，所以提高炉温和加强煤粉与气流的混合都是不可忽视的；而焦炭在炉内燃区，由于此处烟温较低，且烟气中含氧量较少，若扩散混合条件较好，燃烧可处于动力燃烧控制区，若扩散混合条件较差，燃烧亦可能处于扩散燃烧控制区。

五、煤粉气流的燃烧过程

煤粉的燃烧过程，大致可分为以下三个阶段：

1. 着火前的准备阶段

煤粒受热后首先水分蒸发，接着干燥的煤进行热分解析出挥发分，挥发分析出的数量和成分取决于煤的特性、加热温度与速度，挥发分析出过程一直延续到1100～1200℃，显然着火前的准备阶段是吸热阶段。要使煤粉着火快，可以从两个方面着手：一方面应尽量减少煤粉气流加热到着火温度所需的热量，这可以通过对燃料预先干燥、减少输送煤粉的一次风风量和提高输送煤粉的一次风风温等方法来达到；另一方面应尽快给煤粉气流提供着火所需的热量，这可以通过提高炉温和使煤粉气流与高温烟气强烈混合等方法来实现。

2. 燃烧阶段

当煤粉温度升高至着火温度且煤粉浓度又合适时，煤粉就开始着火燃烧，进入燃烧阶段。燃烧阶段是一个强烈的放热阶段，燃烧阶段包括挥发分和焦炭的燃烧。首先是挥发分着火燃烧，放出热量，并加热焦炭粒，使焦炭的温度迅速升高并燃烧起来。焦炭的燃烧不仅时间长，且不易燃烧安全，所以要使煤粉燃烧又快又好，关键在于对焦炭的燃烧组织得如何，因此使炉内保持足够高的温度、保证空气充分供应并使之强烈混合，对于组织好焦炭的燃烧是十分重要的。

3. 燃尽阶段

燃尽阶段是燃烧阶段的继续，一些内部未燃尽而被灰包围的炭粒在此阶段继续燃烧，直至燃尽。这一阶段的特点是氧气供应不足，风粉混合较差，烟气温度较低，以致这一阶段需要时间较长。未来使煤粉在炉内尽可能燃尽，以提高燃料的利用率，应保证燃尽阶段所需的时间，并应设法加强扰动来击破灰衣，以便改善风粉混合，使灰渣中的可燃物燃透烧尽。在锅炉本体设计当中在燃烧器上方补入空气，设置燃尽风OFA喷口，即Over Fired Air，促进燃料的完全燃烧。

煤粒由水分、挥发分、固定碳和灰分组成。由于挥发分与灰分的存在，使煤粒的燃烧不同于碳粒的燃烧，特别是挥发分对煤粒的燃烧速度影响较大。大颗粒煤慢速加热时，挥发分首先析出并着火燃烧，随后才是焦炭的着火燃烧，挥发分析出与燃烧的时间仅占煤粒燃烧总时间的 1/10 左右。而煤粉在高温下快速加热时，往往是细小煤粉首先着火燃烧，接着才是挥发分的析出。因此，煤粒的着火燃烧可能发生在挥发分着火之前或之后，或同时进行，这取决于煤粒大小和加热温度。由于挥发分析出过程很长，在高温炉膛中挥发分的析出量一般比实验的分析值高一些。

上述各阶段并没有明显的界限，实际上往往是相互交错进行的。对应于煤粉燃烧的三个阶段，可以在炉膛空间中划分出三个区域，即着火区、燃烧区与燃尽区。由于燃烧的三个阶段不是截然分开的，所以对应的三个区域也就没有明确的分界线，一般认为：燃烧器出口附近的区域是着火区，与燃烧器处于同一水平的炉膛中部以及稍高的区域是燃烧区，高于燃烧区直至炉膛出口的区域都是燃尽区，其中着火区很短，燃烧区也不长，而燃尽区却比较长。根据对 $R_{90}=5\%$ 的煤粉实验，其中 97% 的可燃质是在 25% 的时间内燃尽的，而其余 3% 的可燃质却要在 75% 的时间才燃尽。

六、煤粉气流的着火与强化

煤粉气流喷入炉内，主要通过紊流扩散卷吸高温烟气进行对流加热，同时也受高温火焰的辐射加热而着火。煤粉气流的着火首先从与烟气接触的边界层开始，然后以一定速度向射流轴心传播，形成稳定的着火面。煤粉气流最好离喷口不远就能迅速稳定地着火。着火快才能保证可燃，否则造成炉膛出口结渣和过热汽温偏高。但着火点离喷口也不能太近，否则可能造成燃烧器附近结渣甚至烧坏燃烧器，恰当的着火距离一般为 300~500mm。稳定着火是指煤粉气流能连续引燃，不致因火焰中断而造成灭火。

着火过程实际上是指煤粉一次风气流从入炉前的初始温度加热至着火温度的吸热过程，这个过程吸收的热称为着火热。它主要用于加热煤粉和一次风，并使煤中水分蒸发和过热，因此影响着火热的因素主要有着火温度、一次风煤粉混合物的初温、一次风量和原煤水分等。

强化着火就是保证着火过程迅速稳定进行。为此一方面应减少着火热，另一方面应加强烟气的对流加热，提高着火区的温度水平，保证着火热的供应。这既与燃料性质、一次风的初始状态有关，又与燃烧设备、运行工况有关。下面分析影响煤粉气流着火的主要因素及强化着火的措施。

1. 燃料性质

燃煤中的挥发分、灰分、水分对煤粉着火均有一定影响。

挥发分是判别煤粉着火特性的主要指标。挥发分高的煤，着火温度低，所需着火热少，着火容易，而且其火焰传播速度快，燃烧速度也较快。

原煤灰分在燃烧过程中不但不能放热，而且还要吸热。特别是当燃用高灰分的劣质煤时，由于燃料本身发热量低，燃料的消耗量增大，大量灰分在着火和燃烧过程中要吸收更多热量，因而使得炉内烟气温度降低，同样使煤粉气流的着火推迟，也影响了着火的稳定性，而且灰壳对焦炭核的燃尽起阻碍作用，所以煤粉不易烧透。

水分多的煤，着火需要的热量就多。同时，由于一部分燃烧热消耗在加热水分并使其蒸发、气化和过热上，导致炉内烟温水平降低，从而使煤粉气流卷吸的烟气温度以及火焰对煤粉气流的辐射热都降低，这对着火显然是不利的。

2. 煤粉细度

煤粉越细，进行燃烧反应的表面积越大，加热升温越快；单位时间内煤粉吸热量越多，着火越快。由此可见，对于难着火的低挥发分煤，将煤粉磨得更加细一些，无疑会加速它的着火过程。煤粉越细，燃烧越完全。

3. 一次风温

提高一次风温可以减少着火热，从而加快着火。为此，对难着火的无烟煤、劣质煤或某些贫煤，应适当提高空气预热器出口的热风温度，并采用热风送粉制粉系统。为了使煤粉气流的初温尽可能接近300℃，空气预热器出口的热温度可以提高到350～420℃。

根据煤质挥发分含量的大小，一次风温既应满足使煤粉尽快着火、稳定燃烧的要求，又应保证煤粉输送系统工作的安全性。一次风温超过煤粉输送的安全规定时，就可能发生爆炸或自燃。当然，一次风温太低对锅炉运行也不利，除了推迟着火、燃烧不稳定和燃烧效率降低之外，还会导致炉膛出口烟温升高，引起过热器超温或汽温升高。

4. 一次风量和风速

一次风量越大，着火所需热量越多，使着火推迟，并影响煤粉完全燃烧。但一次风量太小，煤粉着火燃烧初期得不到足够的氧气将限制燃烧的发展。一次风量以能满足挥发分的燃烧为原则。因此，挥发分高的煤，一次风量应大些；挥发分低的煤，一次风量应适当限制。通常一次风量大小是用一次风率r_1来表示的，它是指一次风量占总风量的百分比。一次风率r_1主要决定于燃煤种类和制粉系统类型，其推荐值见表2-3-1。

表2-3-1　各种煤的一次风率r_1推荐值

煤种	无烟煤	贫煤	烟煤	褐煤
干燥无灰基挥发分（%）	10	10～20	20～40	>40
一次分率（%）	15～20	20～25	25～45	40～45

气粉混合物通过燃烧器一次风喷口截面的速度称为一次风速。一次风速过高，气粉混合物流经着火区的容积流量大，需要的着火热多，使着火推迟，着火也不稳定；但一次风速过低时，着火点离喷口太近可能烧坏燃烧器或引起燃烧器附近结渣、煤粉管道堵塞等故障。挥发分高的煤易着火，一次风速应适当高一些，以免烧坏燃烧器；难着火的无烟煤、劣质煤等，一次风速应适当低一些，使煤粉气流在着火区得到充分加热。一、二、三次风速的推荐值范围见表2-3-2。

表2-3-2　一、二、三次风速的推荐值范围

燃烧器类型		无烟煤	贫煤	烟煤	褐煤
旋流燃烧器	一次风	12～16	16～20	20～25	20～26
	二次风	15～22	20～25	30～40	25～35
直流燃烧器	一次风	20～25	20～25	25～35	18～30
	二次风	45～55	45～55	40～55	40～60
三次风		50～60	50～60		

5. 着火区的温度水平

煤粉气流在着火阶段的温度较低，燃烧处于动力燃烧区，迅速提高着火区的温度可加速着火过程。燃烧中心区的高温烟气回流到着火区，对煤粉进行对流加热往往是着火热的主要来源。回流的烟气量越大，着火区温度越高，着火就越快。为了提高着火区温度，燃用难着火的煤时，常将燃烧器附近的水冷壁用耐火材料覆盖，构成卫燃带，以减少水冷壁的吸热，提高着火区的温度。

炉膛的温度水平是随锅炉负荷的高低而升降的。锅炉负荷降低，着火区的温度水平也降低，当锅炉负荷低到一定程度时，就危及着火的稳定，甚至造成灭火。固态排渣煤粉炉一般规定 40%～70%MCR 为最低负荷，在此负荷以下运行应采取稳燃措施。

6. 煤粉气流的着火周界面

煤粉气流与烟气的接触周界面越大，传热量越多，着火越快。为此常通过燃烧器将煤粉气流分割为若干小股，或使气流旋转扩散，以增大着火周界面。

七、煤粉气流的燃烧与强化

煤粉气流一旦着火就进入燃烧中心区，在这里，除少量粗煤粉接近扩散燃烧工况外，大部分煤粉处于过渡燃烧工况。因此，强化燃烧过程既要加强氧的扩散混合，又不得降低炉温，具体措施如下：

（1）合理送入二次风。煤粉气流着火后放出大量的热，炉温迅速升高，火焰中心温度可达 1500～1600℃，燃烧速度很快。一次风中的氧很快耗尽，煤粒表面缺氧限制了燃烧过程的发展。因此，及时供应二次风并加强一、二次风的混合是强化燃烧的基本途径。若二次风混入过迟，氧量供应不足，燃烧速度减慢，可燃气体未完全燃烧热损失增加；若二次风混入过早，相当于增加了一次风量，使着火热增加，着火推迟。二次风混入的时间与煤种和燃烧器类型有关。由于二次风温比炉温低得多，为了不降低燃烧中心区的温度，在燃用低挥发分煤时，二次风应该在煤粉气流着火后，随燃烧过程的发展分期分批送入。

（2）较高的二次风温和风速。二次风除了适量供应之外，二次风还应具有较高的温度，以免炉温降低影响燃烧，同时还应具有较高的风速，以加强氧的扩散和一、二次风的混合及扰动。因此，二次风速一般均高于一次风速。较高的二次风速，可提高煤粉与空气的相对速度，增强混合，强化燃烧。但是二次风速不能比一次风速大得过多，否则会迅速吸引一次风，使二次风与煤粉混合提前，影响煤粉气流的着火。二次风速应与一次风速保持一定的速度比，其最佳值取决于煤种和燃烧器类型，其推荐值见表 2-3-2。

（3）合理组织炉内空气动力工况。炉膛中煤粉是在悬浮状态下燃烧的，空气与煤粉的相对速度很小，混合条件不理想，为了能使煤粉与补充的二次风良好混合，除了二次风应具有较高的速度外，还应合理组织炉内空气动力工况，促进煤粉和空气混合，才能有效提高燃烧速度。炉内空气动力工况与炉膛、燃烧器的结构形式以及燃烧器在炉膛中的布置等有关。

（4）保持较高的炉温。保持较高的炉温不仅是强化着火的措施，而且是强化煤粉燃烧和燃尽的有效措施。炉膛温度高，有利于对煤粉的加热。着火时间可提前，炉膛温度高，燃烧迅速，也容易达到燃烧完全。当然，炉膛温度也不能太高，要注意防止出现炉膛结渣和过多的 NO_x 形成等问题。

大部分煤粉都在燃烧区燃尽，只剩少量粗炭粒在燃尽区继续燃烧。燃尽区的燃烧条件，不论是可燃质浓度、氧浓度、温度水平，还是气流扰动都处于最不利情况。因此，燃烧速度相当缓慢，燃尽过程延续很长，占据了炉膛空间很大部分。为了提高燃烧过程的完全程度，减少机械不完全燃烧损失 q_4，强化燃尽过程是非常重要的。燃尽区的强化主要靠延长煤粉气流在炉内的停留时间来保证。具体措施如下：

（1）选择适当的炉膛容积和高度，保证煤粉在炉内的停留时间。

（2）强化着火区与燃烧区的燃烧，使着火区与燃烧区火炬行程缩短，在一定炉膛容积内等于增加了燃尽区的行程，延长了煤粉在炉内的燃烧时间。

（3）改善火焰在炉内的充满程度。火焰所占容积与炉膛的几何容积之比称为火焰充满程度。充满程度越高，炉膛有效容积越大，可燃物在炉内的实际停留时间越长。

（4）保证煤粉细度，提高煤粉均匀度。煤粉越细，燃烧速度越快，煤粉完全燃烧所需的时间就越短。因此，对于细而均匀的煤粉，q_4 较小。在燃用低挥发分煤时，应将煤磨得细些。

（5）选择合适的炉膛出口过量空气系数 α''_f。α''_f 过小会造成燃尽困难，应根据不同的燃料和燃烧设备类型选择最佳的 α''_f。

在煤粉气流燃烧过程中，着火是良好燃烧的前提，燃烧是整个燃烧过程的主体，燃尽是完全燃烧的关键。燃烧过程的强化，很大程度上依靠燃烧设备的合理结构和布置来实现。

知识点二　煤粉燃烧器

煤粉燃烧器是燃煤锅炉燃烧设备的主要部件，其作用是向炉内输送燃料和空气，保证燃料进入炉膛后尽快、稳定地着火，组织燃料和空气及时、充分地混合，迅速完全地燃尽。煤粉燃烧器可分为直流煤粉燃烧器和旋流煤粉燃烧器两大类。

在煤粉燃烧时，为了减少着火所需的热量，迅速加热煤粉，使煤粉尽快达到着火温度，以实现尽快着火，将煤粉燃烧所需的空气量分为一次风和二次风。一次风的作用是将煤粉送进炉膛，并供给煤粉初始着火阶段中挥发分燃烧所需的氧量；二次风的作用是在煤粉气流着火后混入，供给煤中焦炭和残留挥发分燃尽所需的氧量，以保证煤粉完全燃烧。

一、直流煤粉燃烧器的类型及特点

出口气流为直流射流或直流射流组的燃烧器称为直流燃烧器。直流燃烧器通常由一列矩形喷口组成，煤粉气流和热空气从喷口射出后，形成直流射流进入炉膛。从燃烧器喷口射出的气流以一定的速度进入炉膛，由于气流的紊流扩散，带动周围的热烟气一道向前流动，这种现象叫作"卷吸"。由于"卷吸"，射流不断扩大，不断向四周扩张，同时主气流的速度由于衰减而不断减小。正是由于射流的这种"卷吸"作用，将高温烟气的热量源源不断地输送给进入炉内的新煤粉气流，煤粉气流才得到不断加热而升温，当煤粉气流吸收足够的热量并达到着火温度后，便首先从气流的外边缘开始着火，然后火焰迅速向气流深层传播，达到稳定着火状态。当煤粉气流没有足够的着火热源时，虽然局部的煤粉通过加热也可达到着火温度，并在瞬间着火，但这种着火不能稳定进行，即着火后还容易灭火，这样的着火极易引起爆燃，是一种十分危险的着火工况。

直流燃烧器按照配风方式不同分为均等配风直流煤粉燃烧器和分级配风直流煤粉燃烧器。

1. 均等配风直流煤粉燃烧器

均等配风方式是指一、二次风喷口相间布置，即在两个一次风喷口之间均等布置一个或两个二次风喷口，或者在每个一次风喷口的背火侧均等布置二次风喷口。在均等配风方式中，由于一、二次风喷口间距相对较近，一、二次风自喷口流出后能很快得到混合，使煤粉气流着火后不致由于空气跟不上而影响燃烧，故一般适用于烟煤和褐煤，所以又叫作烟煤-褐煤型直流煤粉燃烧器。典型的均等配风直流煤粉燃烧器喷口布置方式如图 2-3-2 所示。

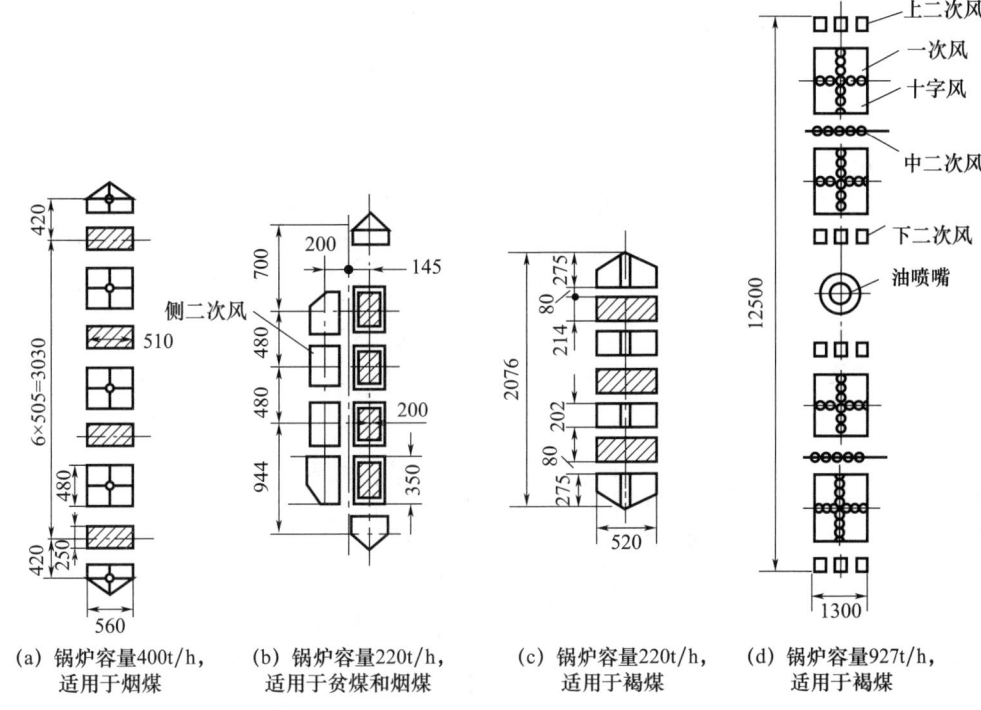

图 2-3-2 均等配风直流煤粉燃烧器

图 2-3-2（a）和图 2-3-2（c）所示的均等配风燃烧器分为一、二次风喷口间隔布置，即在每一个一次风喷口的上、下方有二次风喷口，而且喷口间距较小，所以这种喷口布置方式只适用于挥发分较高且很容易着火的烟煤和褐煤。燃烧器最高层为上二次风喷口，其作用是除供应上排煤粉燃烧器所需空气外，还可提供炉内未燃尽的煤粉继续燃烧所需空气。燃烧器最底层为下二次风喷口，其作用是除供应下排煤粉燃烧器所需空气外，还能把煤粉气流中析出的粗煤粉托住，使其燃烧而减少机械不完全燃烧热损失。一次风从两侧吸取炉内高温烟气，有利于点燃。由于喷口之间有一定距离，可以减少气流两侧压差，所以气流偏斜较小。一、二次风喷口可以做成固定不动式或上下摆动式，其上下摆动倾角一般为±20°上下，摆动式可通过改变一、二次风喷口倾角的办法来调节一、二次风的混合时机，以适应不同煤种的需要，还可用来调整炉内火焰的位置。在二次风口

微课：均等配风和分级配风

喷口内部可装设油喷嘴，必要时可以烧油。

如图 2-3-2（b）所示为侧二次风均等配风燃烧器，其作用如下：一次风布置在燃烧器的向火侧，这样有利于煤粉气流卷吸高温烟气和接受炉膛空间的辐射热，同时也有利于接受邻角燃煤器火炬的加热，这就改善了煤粉着火；二次风布置在背火侧，可以防止煤粉火炬贴墙和煤粉离析，并可在水冷壁附近区域保持氧化气氛，不致使灰熔点降低，这些都有助于避免水冷壁结渣；此外，这种并排布置降低了整组燃烧器的高宽比，可以增强气流的穿透能力，这有利于燃烧的稳定和完全。由于这种燃烧器的着火性能较好，故适用于烧贫煤和挥发分低的烟煤。

如图 2-3-2（d）所示为大功率褐煤均等配风燃烧器，每只燃烧器分为两层布置，在更大容量锅炉中尚可采用多层布置，每一层均可看成是一个均等配风的燃烧器。由于一次风面积较大，其内布置有十字形风管并送入空气，称为中心十字风，其作用是冷却一次风喷口，以免喷口受热变形或烧坏，将一个喷口分割成为四个小喷口，可减少煤粉和气流速度分布的不均匀程度。

2. 分级配风直流煤粉燃烧器

分级配风方式是指把燃烧所需的二次风分级分阶段地送入燃烧的煤粉气流中，即将一次风喷口较集中地布置在一起，而二次风喷口分层布置，且一、二次风喷口保持较大的距离，以便控制一、二次风的混合时间，这对于无烟煤的着火与燃烧是有利的，故此种燃烧器适用于无烟煤、贫煤和劣质煤，所以又叫作无烟煤型直流煤粉燃烧器。典型的分级配风直流煤粉燃烧器如图 2-3-3 所示。

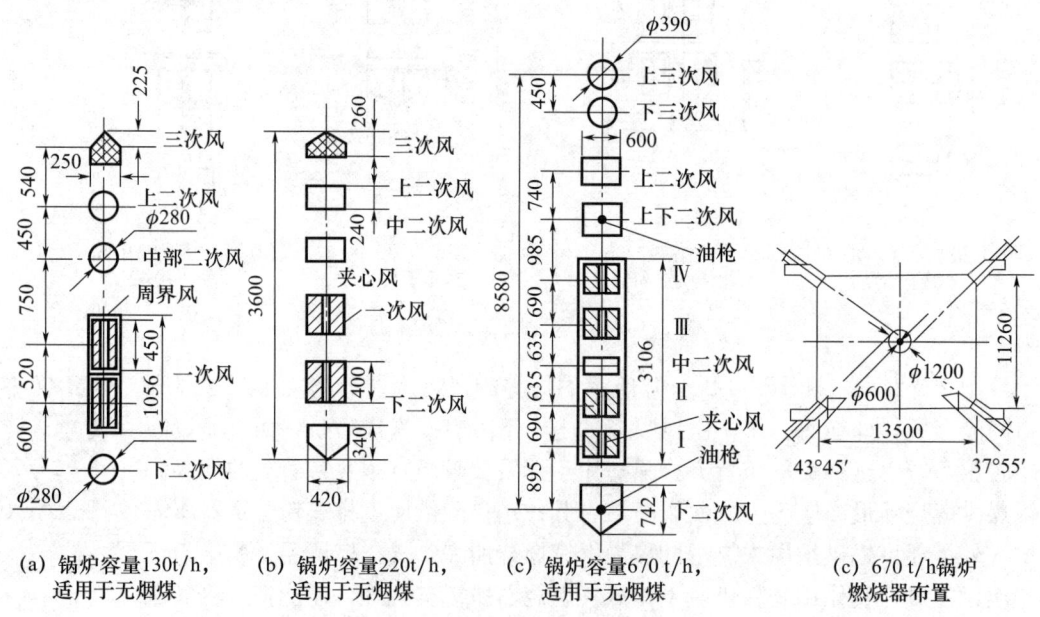

图 2-3-3　分级配风直流煤粉燃烧器

分级配风直流煤粉燃烧器的特点是：

（1）一次风喷口狭长，即高宽比较大，这样可以增大煤粉气流的迎火周界，从而增加对于高温烟气的卷吸能力，有利于煤粉气流着火，但狭长喷口会使气流的刚性减弱，造成气流过分偏斜而贴墙,形成炉墙结渣。

(2) 一次风喷口集中布置,由于煤粉燃烧放热集中,火焰中心温度会有所提高,这就有利于煤粉的着火与燃烧。

(3) 一、二次风喷口各自集中在一起,且一、二次风喷口的间距较大,使一、二次风混合较晚,对于无烟煤和劣质煤的着火有利。

(4) 二次风分层布置,按着火和燃烧需要分级分阶段将二次风送入燃烧的煤粉气流中,这既有利于煤粉气流前期的着火,又有利于煤粉气流后期的燃烧。

(5) 该型燃烧器燃用无烟煤、贫煤、劣质烟煤时,为了保证着火的稳定性,采用中间储仓式热风送粉制粉系统,该系统中细粉分离器将煤粉和输送煤粉的空气分离后,形成乏气,乏气中带有10%~15%的细煤粉,为了提高燃烧的经济性和避免环境受到污染,这部分乏气一般送入炉膛燃烧,形成三次风。三次风的特点是温度低、水分大、煤粉细。运行经验证明,三次风对燃烧有明显的不利影响。在大容量锅炉上,三次风的投入对过热汽温、再热汽温的影响也很大。

三次风温一般低于100℃,煤中水分较大时,风温只有60℃。大量低温三次风进入炉内,会对整个燃烧过程产生很大的影响。实践证明,如三次风喷口布置不当,不仅影响主气流着火与燃烧,而且还会恶化燃尽,使机械不完全燃烧热损失增加,此外还会使火焰中心上移,炉膛出口烟温升高,从而引起炉膛出口附近结渣、过热器超温等事故,由此可见,合理布置三次风喷口就有着十分重要的意义。三次风喷口一般布置在燃烧器的最上方,距相邻二次风喷口有较大间距,以便减小其对主煤粉气流燃烧的影响,但也不宜相邻二次风间距过大,布置过高,否则使三次风中细煤粉不易燃尽,并使炉膛出口烟温升高,造成炉膛出口附近结渣,过热器超温等。三次风喷口应有一定的下倾角,以便起压火作用,并增加三次风在炉膛逗留时间,有利于细煤粉燃尽,减少机械不完全燃烧热损失。

为了减轻三次风对燃烧的不利影响,在大容量锅炉上可以将三次风分为两段,即上三次风和下三次风。三次风的分级送入和合理布置,不仅能减轻其对燃烧的不利影响,还能把制粉系统乏气中的煤粉烧掉,并加强燃烧后期可燃物与空气的混合,促进燃烧。三次风风速不宜过低,一般为50~60m/s,这可保证三次风穿透火焰,加强对主煤粉火焰气流的搅动作用,从而改善燃烧,使不完全燃烧热损失降低。三次风风量占总风量的10%~18%,有时可达30%,三次风风量的大小与煤质的挥发分含量、着火的难易程度、水分含量以及制粉系统的漏风情况等有关。

3. 直流煤粉燃烧器的周界风和夹心风

现代大型电站锅炉直流煤粉燃烧器的一次风喷口周围或中间布置有一股高速二次风,就形成周界风和夹心风燃烧器喷口,如图2-3-3所示。在一次风喷口外缘布置的周界风作用如下:

(1) 冷却一次风喷口,防止喷口烧坏或变形。

(2) 少量热空气与煤粉火焰及时混合。由于直流煤粉火焰的着火首先从外边缘开始,火焰外围易出现缺氧现象,这时周界风就起着补氧作用。周界风量较小时,有利于稳定着火;周界风量太大时,相当于二次风过早混入一次风,因此对着火不利。

(3) 周界风的速度比煤粉气流的速度要高,能增加一次风气流的刚度,防止气流偏斜，并能托住煤粉，防止煤粉从主气流中分离出来而引起不完全燃烧。

（4）高速周界风有利于卷吸高温烟气，促进着火，并加速一、二次风的混合过程，但周界风量过大或风速过小时，在煤粉气流与高温烟气之间形成"屏障"，反而阻碍加热煤粉气流，故当燃用的煤质变差时，应减少周界风量。周界风的风量一般为二次风风量的10%或略多一些，风速为30~40m/s，风层厚度为15~25mm。

夹心风有以下4个作用：

（1）补充火焰中心的氧气，同时也降低了着火区的温度，而对一次风射流外缘的烟气卷吸作用没有明显的影响。

（2）高速的夹心风提高了一次风射流的刚度，能防止气流偏斜，而且增强了煤粉气流内部的扰动，这对加速外缘火焰向中心的传播是有利的。

（3）夹心风速度较大时，一次风射流扩展角减小，煤粉气流扩散减弱，这对于减轻和避免煤粉气流贴壁、防止结渣有一定作用。

（4）可作为变煤种、变负荷时燃烧调整的手段之一。

如前所述，周界风或夹心风主要是用来解决煤粉气流高度集中时着火初期的供氧问题，数量占二次风的10%~15%。实际运行中，由于漏风，周界风或夹心风的风率可达20%以上。在燃用无烟煤、贫煤或劣质煤时，周界风或夹心风的速度比较高，为50~60m/s；在燃用烟煤时，周界风的速度为30~40m/s，主要是为了冷却一次风喷口。燃烧褐煤的燃烧器一次风喷口上一般布置有十字风，其作用类似于夹心风。

实践表明，当周界风和夹心风使用不当时，对煤粉着火产生不利影响。

4. 摆动式燃烧器

直流式煤粉燃烧器的喷口可做成固定式的，也可做成摆动式的。摆动式燃烧器的各喷口一般可同步上、下摆动20°或30°，用来改变火焰中心位置的高度，调节再热蒸汽温度，并便于在启动和运行中进行燃烧调节，控制炉膛出口烟温，避免炉膛内受热面结渣。

为了适应煤质的变化，在有些燃烧器上把一次风口做成固定式的，二、三次风口做成摆动式的，这样可以改变二次风和一次风的相交混合位置，以根据煤质变化条件适当推迟或提前一、二次风口的混合。这种燃烧器喷口的摆动幅度不能太大，以免一、二次风过早混合，因而对火焰中心位置的调节范围有限，其摆动喷口的目的并不是用来调节汽温，而是为了稳定燃烧。

摆动式燃烧器运行中容易出现的问题是：因喷口受热变形，使摆动机构卡死，或摆动不灵活。摆动机构上的传动销磨损或受热太大时，容易被剪断，这时应立即停止摆动，待修复后再投入运行。

摆动式燃烧器一般适用于燃烧烟煤，也适用于燃烧较易着火的贫煤，但不适用于燃烧难于着火的无烟煤、贫煤、劣质烟煤，这是因为燃烧器喷口向上摆动时，会减弱上游火焰对邻角煤粉气流的引燃作用，使燃烧变得不稳定，燃烧效率降低，炉膛上部受热面结渣。

在大容量锅炉上，采用摆动式燃烧器主要是为了调节再热汽温，摆动角度必须有一定限度，一般为-20~+30，汽温调节幅度可达±（40~50）℃。当大量投入三次风时，将明显降低摆动式燃烧器的调温效果。

采用摆动式燃烧器的调温方法是：当汽温下降时，喷口向上摆动；当汽温上升时，喷口向下摆动。

二、直流煤粉燃烧器的布置及工作特性

1. 直流煤粉燃烧器布置方式

直流煤粉燃烧器一般布置在炉膛四角上，如图 2-3-4 所示。煤粉气流在射出喷口时，虽然是直流射流，但当四股气流到达炉膛中心部位时，以切圆形式汇合，形成旋转燃烧火焰，同时在炉膛内形成一个自下而上的漩涡气流，因而这种燃烧方式被称为四角切圆燃烧。

微课：直流燃烧器

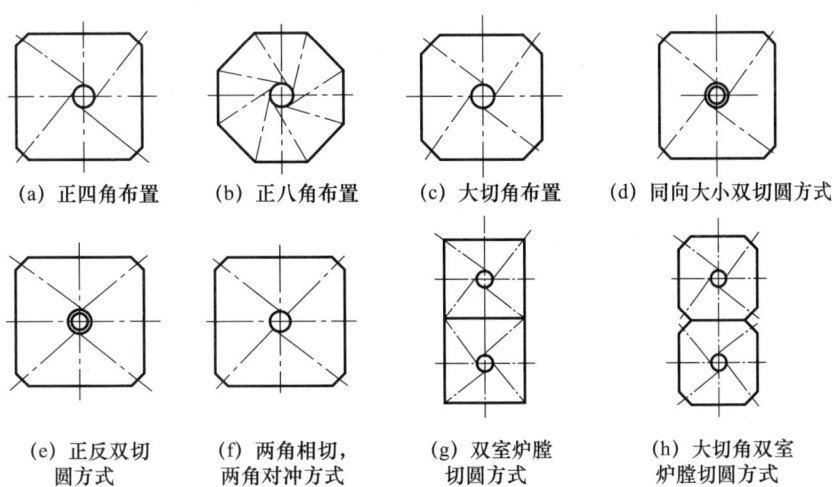

图 2-3-4 直流煤粉燃烧器的布置方式

直流式燃烧器的布置，直接关系到四角切圆燃烧组织。比较理想的炉内气流流动状况是在炉膛中心形成的漩涡火焰不偏斜、不贴墙，火焰的充满程度好，热负荷分布比较均匀。当然，要达到上述要求，还与燃烧器的高宽比和切圆直径等因素有关，甚至还与炉膛负压大小有关。

直流式燃烧器的布置不仅影响火焰的偏斜程度，还影响燃烧的稳定性和燃烧效率。例如一次风对一次风对冲布置时，气流扰动强烈、混合好，但着火条件差，炉内气流流动不稳定。而上下不等切圆布置时，上层小切圆减弱了切向燃烧方式邻角互相点燃的作用，使着火条件变差。

我国电站在组织四角切圆燃烧方面具有丰富的经验，不少电厂对四角切圆燃烧方式进行了改进，其主要特点有以下几个方面：

（1）一、二次风不等切圆布置。这种方法是将一、二次风喷口按不同角度组织切圆，二次风靠炉墙一侧，一次风靠内侧布置。这种布置方式既保持了邻角相互点燃的优势，又使炉内气流流动稳定、火焰不贴墙，因而防止了结渣，但容易引起煤粉气流与二次风的混合不良、可燃物的燃烧不充分。

（2）一次风正切圆、二次风反切圆布置。这种布置方法可减弱炉膛出口残余旋转，从而减小了过热器的热偏差，并能防止结渣。

（3）一次风对冲、二次风切圆布置。这种方法减小了炉内一次风气流的实际切圆直

径，使煤粉气流不易贴壁，因而能防止结渣，而且能减弱气流的残余旋转。

(4) 一次风喷口侧边布置侧边二次风，也称为偏转二次风。这种方法的特点是在燃料着火后，及时供应二次风，将火焰与炉墙"隔开"，形成一层"气幕"，在水冷壁附近区域造成氧化性气氛，可提高灰熔点温度，减轻水冷壁的结渣，还可以降低NO_x的生成量，适用于燃用烟煤及挥发分较高的贫煤。

2. 直流煤粉燃烧器四角切圆燃烧的着火特性

在直流煤粉燃烧器四角切圆布置时，炉膛四角的四股煤粉气流具有相互"自点燃"作用，即煤粉气流向上的一侧受到上游邻角高温火焰的直接撞击而被点燃，这是煤粉气流着火的主要条件。背火的一侧也卷吸炉墙附近的热烟气，但这部分卷吸获得的热量较少，此外，一次风与二次风之间也进行少量的过早混合，但这种混合对着火的影响不大。

煤粉气流着火的热源不仅来自卷吸热烟气和邻角火焰的撞击，而且还来自炉内高温火焰的辐射加热，但着火的主要热源来自卷吸加热，占总着火热源的60%～70%。

煤粉气流在正常燃烧时，一般在距离喷口0.3～0.5m处开始着火，在离开喷口1～2m的范围内，煤粉中大部分挥发分析出并烧完，此后是焦炭和剩余挥发分的燃烧，需要延续10～20m，甚至更长的距离。当燃料到达炉膛出口处时，燃料中98%以上的可燃物可以完全燃尽。

四角切圆燃烧方式具有较好的着火、燃烧、燃尽能力。气流由四角喷入炉内后，一方面由于气流在炉膛中心发生旋转，另一方面由于引风机抽力，迫使气流上升，结果在炉膛中心形成一股螺旋上升的气流。从着火的角度来看，每股煤粉气流除依靠本身卷吸高温烟气和接受炉膛辐射热外，由于每只燃烧器都能将一部分高温火焰吹向相邻燃烧器的根部，从而形成相邻煤粉气流相互引燃。此外，气流旋转上升时，由于离心力的作用，气流向四周扩展，使炉膛中心形成负压，造成高温烟气由上向下回流到火焰根部，由此看来，煤粉气流的着火条件是理想的。从燃烧角度来看，由于气流在炉膛中心强烈旋转燃烧，使炉膛中心形成一个高温火球，而且煤粉与空气的混合也较好，这就加速了煤粉的燃烧，所以煤粉气流的燃烧条件也是理想的。从燃尽角度来看，由于旋转上升气流改善了炉内气流的充满程度，又延长了煤粉在炉内停留时间，这对于煤粉的燃尽是有利的。由于切圆燃烧具有良好的炉内空气动力场，对煤种具有较广的适应性，所以在我国得到广泛的应用。

值得注意的是在四角切圆燃烧锅炉中，燃烧器区域形成的旋转火焰不但旋转稳定、强烈，而且黏性很大。高温烟气流到达炉膛出口的过程中，其旋转强度虽然逐渐减弱，但仍有残余旋转。残余旋转不但造成炉膛出口处的烟温偏差，而且造成烟速偏差。气流逆时针方向旋转时，右侧烟温高于左侧烟温，右侧烟速高于左侧烟速；气流顺时针方向旋转时，左侧烟温高于右侧烟温，左侧烟速高于右侧烟速。一般烟温偏差达100℃左右，偏差严重的甚至达到300℃。

三、四角切圆燃烧的气流偏斜及切圆直径

1. 气流偏斜问题

采用四角切圆燃烧方式的锅炉，运行中容易发生气流偏斜而导致火焰贴墙，引起结渣以及燃烧不稳定现象。引起燃烧器出口气流偏斜的主要原因如下：

(1) 邻角气流的横向推力是气流偏斜的主要原因。横向推力的大小与炉内气流的旋转强度，即炉膛四角射流的旋转动量矩有关，其中二次风射流的动量矩起主要作用，二次风动量及其旋转半径越大，中心旋转强度越大，横向推力亦越大，致使一次风射流的偏转加剧。一次风射流抵抗偏斜的能力与本身的动量有关，一次风射流动量越大，刚性越强，射流的偏斜也就越小。

试验和运行实践证明，增加一次风动量或减少二次风动量，或者降低二次风与一次风的动量比，会减轻一次风射流的偏斜，但应注意二次风动量降低导致气流扰动减弱对燃烧带来的不利影响。

(2) 射流偏斜还受到射流两侧"补气"条件的影响。由于射流自喷口射出后仍然保持着高速流动，射流两侧的烟气被卷吸着一起前进，射流两侧的压力就随着降低，这时，炉膛其他地方的烟气就纷纷赶来补充，这种现象称为"补气"。如果射流两侧的"补气"条件不同，就会在射流两侧形成压差：向火面的一侧受到邻角气流的撞击，"补气"充裕，压力较高；而背火面的一侧"补气"条件较差，压力较低。这样射流两侧就形成了压力差，在压力差的作用下，射流被迫向炉墙偏斜，甚至迫使气流贴墙，引起结渣。

燃烧器四角布置的炉膛，如果炉膛断面成正方形或接近正方形，射流两侧"补气"条件就不会差别较大。由于射流两侧炉墙夹角相差较大，射流两侧的"补气"条件就会显著不同，所以造成较大的射流偏斜。

(3) 燃烧器的高宽比对射流弯曲变形的影响较大。燃烧器的高度比值越大，射流卷吸能力越强，速度衰减越快，其刚性就越差，因此射流越容易弯曲变形。在大容量锅炉上，由于燃煤量显著增大，燃烧器的喷口通流面积也相应增大，所以喷口数量必然增多。为了避免气流变形和减小燃烧器区域水冷壁的热负荷，将燃烧器沿高度方向拉长，并把喷口沿高度分成2～3组，相邻两组喷口间留着空档，空档相当于一个压力平衡孔，用来平衡射流两侧的压力，防止射流向压力低的一侧弯曲变形。

2. 切圆直径

炉内四股气流的相互作用，不仅影响气流的偏斜程度，也影响假想切圆直径。而切圆直径又影响着气流贴墙、结渣情况和燃烧稳定性，此外还影响着气温调节和炉膛容积中火焰的充满程度。当锅炉用的煤质变化较大时，切圆直径的调整十分重要，这种情况下，单纯依靠运行调节如果难以见效，就需要对燃烧器和燃烧系统进行技术改造，以适应煤质的变化。

当切圆直径较大时，上游邻角火焰向下游煤粉气流的根部靠近，煤粉的着火条件较好，这时炉内气流旋转强烈，气流扰动大，使后期燃烧阶段可燃物与空气流的混合加强，有利于煤粉的燃尽。但是切圆直径过大，也会带来下述问题：

(1) 火焰容易贴墙，引起结渣；

(2) 着火过于靠近喷口，容易烧坏喷口；

(3) 火焰旋转强烈时，产生的旋转动量矩大，同时因为高温火焰的黏度很大，到达炉膛出口处，残余旋转较大，这将使炉膛出口烟温分布不均匀程度加大，因而既容易引起较大的热偏差，也可能导致过热器结渣，还可能引起过热器超温。

在大容量锅炉上，为了减轻气流的残余旋转和气流偏斜，假想切圆直径有减少的趋势。对于 300MW 机组锅炉，切圆直径一般设计为 700～1000mm，同时适当增加炉膛高度或采用燃烧器顶部消旋二次风（一次风和下部二次风正切圆布置，顶部二次风反切圆布置），对减弱气流的残余旋转，减轻炉膛出口的热偏差有一定的作用，但不可能完全消除。当然切圆直径也不能过小，否则容易出现对角气流对撞，四角火焰的"自点燃"作用减弱，燃烧不稳定，燃烧不完全，炉膛出口烟温升高等一系列不良现象，影响锅炉安全运行，或者给锅炉运行调节带来许多困难。

四、旋流煤粉燃烧器

出口气流为旋转射流的燃烧器称为旋流煤粉燃烧器，如图 2-3-5 所示。

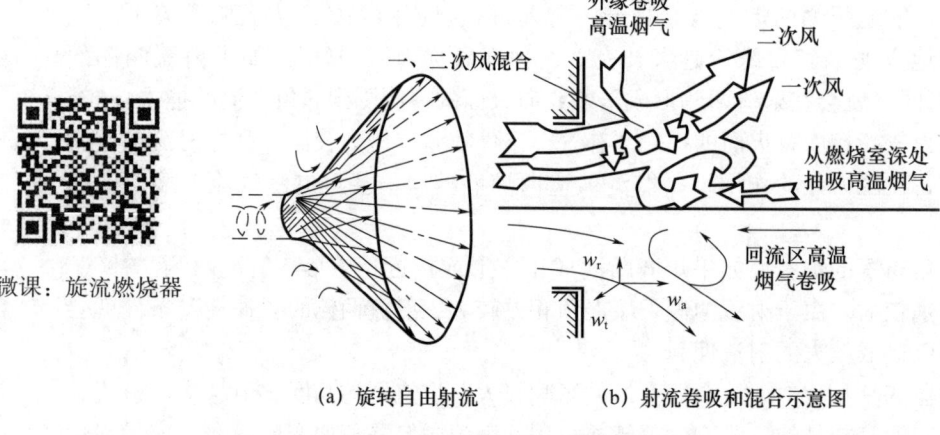

(a) 旋转自由射流　　(b) 射流卷吸和混合示意图

图 2-3-5 旋转射流示意

旋流煤粉燃烧器的一、二次风喷口为圆形喷口，这种燃烧器的二次风是旋转射流，一次风射流可为直流射流或旋转射流。气流在离开燃烧器之前，在圆形喷管中作旋转运动，当旋转气流离开喷口失去管壁控制时，气流将沿螺旋线切线方向运动，形成辐射状的空心锥气流。

1. 旋流射流的特性

（1）旋转射流的扩散角比较大，扰动强烈，而且在气流中心距离喷口不远处轴向速度出现负值，说明气流中心出现烟气回流区，显然，这有助于煤粉气流的着火。

（2）切向速度和轴向速度都衰减得较快，致使气流速度旋转的强度很快减弱，气流射程较短。

旋流强度表征了旋转气流切向运动相对于轴向运动的强度，它由气流的旋转动量矩和轴向动量及喷口的定性尺寸来决定。射流外边界所形成的夹角称为扩散角，用符号 θ 表示。旋流强度越大，则切向运动速度越大，气流的扩散角也越大，射程越短，回流区越大。旋流强度小，则气流的扩散角小，气流中心回流区小，甚至失去回流区。

旋流强度过大，气流扩散角随之增大，射流外缘与炉墙之间间距减小，气流周界回流区补气困难，负压增大，射流在内侧压力的作用下被压向炉墙，气流贴墙流动，形成"飞边"现象产生。

旋流强度是由燃烧器中旋流器产生的，按旋流器的不同，旋流燃烧器主要有两类，即蜗壳式旋流燃烧器和叶片式旋流燃烧器。前者由于阻力大，调节性能差，大型锅炉已很少采用,后者应用较多。

叶片式旋流燃烧器按其结构分为切向叶片式和轴向叶轮式两种,如图 2-3-6 所示。这两种燃烧器,一次风为直流或弱旋射流,二次风则用切向叶片产生旋转。切向叶片式的叶片是可调的,调节叶片倾角即可调节气流的旋流强度。轴向叶轮式的叶片是不可调的,但叶轮通过拉杆可在轴向移动。叶轮推到底部就和圆锥套紧贴,二次风全部通过叶轮,旋流强度最大,叶轮外拉时,叶轮与锥套之间构成环形通道,部分二次风在叶轮外环形通道直流通过,旋流强度减弱。叶轮外移距离越大,旋流强度越小。

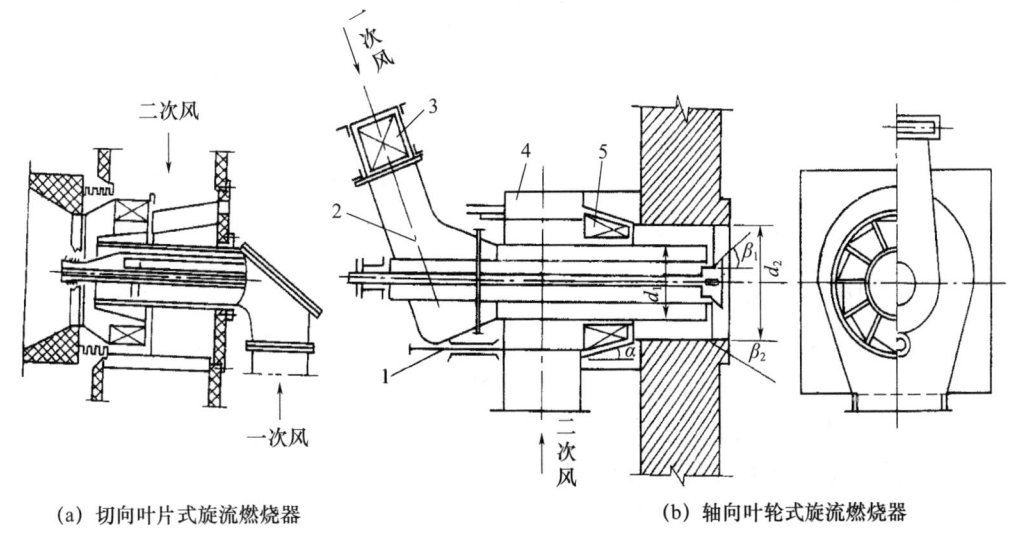

(a) 切向叶片式旋流燃烧器　　　　　　　(b) 轴向叶轮式旋流燃烧器

1—拉杆;2—一次风管;3—一次风舌形挡板;4—二次风筒;5—喷油嘴。

图 2-3-6　叶片式旋流燃烧器

叶片式旋流燃烧器的调节性能较好,一、二次风阻力也较小,出口气流煤粉分布较均匀,所以应用较广。旋流燃烧器扩散角大,扰动大,动能衰减快,射程短,适用于高挥发分燃料。

旋流式燃烧器在炉膛的布置多采用前墙或前后墙对冲/交错布置,其布置方式对炉内空气动力场和火焰充满程度的影响很大。一般来说,燃烧器前墙布置,煤粉管道最短,且各燃烧器阻力系数相近,煤粉气流分配较均匀,沿炉膛宽度方向热偏差较小,但火焰后期扰动混合较差,气流死滞区大,炉膛火焰充满程度往往不佳。燃烧器对冲布置,两火炬在炉膛中央撞击后,大部分气流扰动增大,火焰充满程度相对较高,若两燃烧器负荷不对称,易使火焰偏向一侧,引起局部结渣和烟气温度分布不均。前后墙交错布置时,炽热的火炬相互穿插,改善了火焰的混合和充满程度。

2. 旋流煤粉燃烧器的布置

我国固态排渣煤粉炉上,旋流煤粉燃烧器采用的布置方式主要有前墙布置、两面墙对冲或交错布置、半开式炉膛对冲布置、炉底布置和炉顶布置等,如图 2-3-7 所示。

燃烧器前墙布置时,燃烧器沿炉膛高度方向布置成一排或几排,火焰呈 L 形;燃烧器前后墙或两面墙对冲或交错布置时,燃烧器沿炉膛高度方向也布置成一排或几排,火焰呈双 L 形;燃烧器炉顶布置时,火焰呈 U 形,由于这种方式引向炉顶燃烧器的煤粉管道特别长,故很少应用;燃烧器炉底布置只在少数燃油锅炉或燃气锅炉中采用。

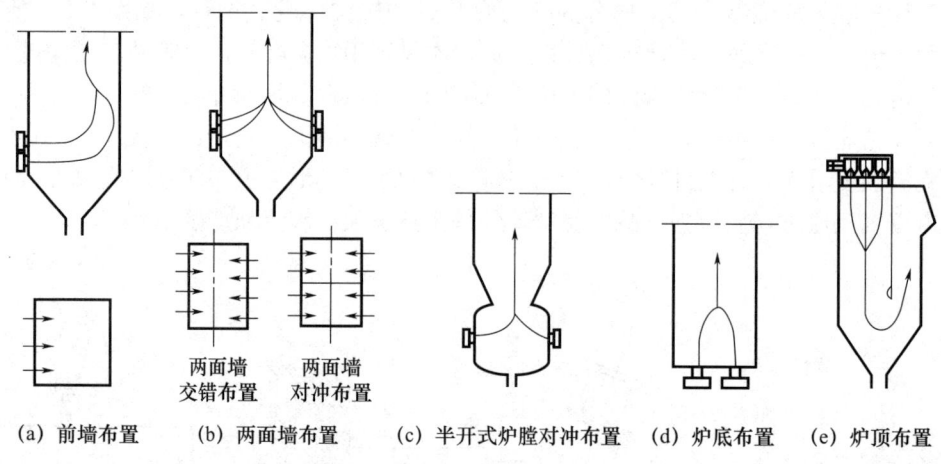

图 2-3-7 旋流煤粉燃烧器布置

五、新型煤粉燃烧器

为了改善锅炉着火稳定性,增大锅炉负荷调节范围,降低燃料燃烧时 NO_x 的生成量,满足经济性和环保的要求。近年来,很多新型煤粉燃烧器开始在大型电站锅炉中广泛采用,下面简要介绍一些典型的新型燃烧器和燃烧技术。

(一) 煤粉稳燃技术及低 NO_x 燃烧技术

1. 煤粉稳燃技术

(1) 提高一次风气流中的煤粉浓度。提高一次风气流中的煤粉浓度,减少了一次风风量,可减少着火热;提高了煤粉气流中挥发分的浓度,使火焰传播速度提高;燃烧放热相对集中,使着火区保持高温状态。以上三个条件集中在一起,强化了着火条件,使着火稳定性提高。

(2) 提高煤粉气流初温。提高煤粉气流初温,可减少煤粉气流的着火热,并提高炉内温度水平,使着火提前。提高煤粉气流初温的直接办法是提高热风温度。热风温度升高,烟温升高很快,可使煤粉着火提前。据有关资料提供的数据:一次风温从 20℃升至 300℃时,着火热可减少 60%;一次风温从 20℃升至 400℃时,着火热可减少 80%。

(3) 提高煤粉细度。煤粉的燃烧反应主要是在颗粒表面上进行的,煤粉越细,单位质量的煤粉表面积越大,火焰传播速度越快,燃烧放热速度越快,煤粉颗粒就越容易被加热,因而也越容易稳定燃烧。煤粉颗粒度与火焰传播速度的关系如图 2-3-8 所示。试验研究发现,煤粉燃尽时间与颗粒直径的平方成正比,当锅炉燃用煤质一定时,提高煤粉细度能显著提高煤粉气流着火的稳定性。不过煤粉颗粒细度受磨煤出力与磨煤电耗的限制,不能任意提高。

(4) 在不易燃烧的煤中加入易燃燃料。锅炉负荷很低或煤质很差时,可投入雾化的助燃燃油或气体燃料,在燃烧器出口混入煤粉气流中,以改善煤粉的燃烧特性,维持着火的稳定性。有时为了节省燃油,也可混入挥发分较大的煤,以提高着火的稳定性。

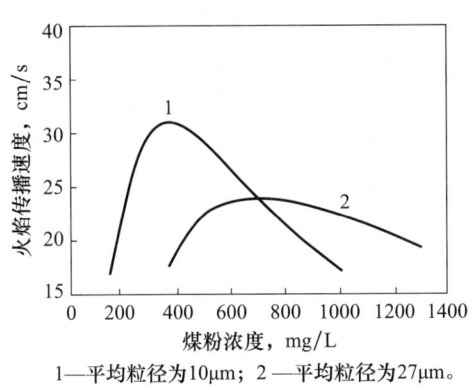

1—平均粒径为10μm；2—平均粒径为27μm。

图 2-3-8　煤粉颗粒度对火焰传播速度的影响

2. 低 NO_x 燃烧技术

在煤粉燃烧过程中，燃烧生成的氮氧化物气体（简称 NO_x），其中主要是 NO（占总量的 95%）和 NO_2，NO_x 随烟气排放到大气会对环境带来严重的污染，降低 NO_x 排放量可从两方面进行：一是控制燃烧过程中的生成量，可采用低 NO_x 燃烧技术实现；二是对烟气进行脱氮处理。由于后者价格昂贵，现在我国重点发展的是低 NO_x 燃烧技术。

1）NO_x 的生成机理

NO_x 的生成机理有三种：热力型 NO_x、燃料型 NO_x 和快速型 NO_x。

(1) 热力型 NO_x：又称为温度型 NO_x，主要是空气中的氮反应形成的。燃烧区域的温度水平对热力型 NO_x 的生成量起决定作用，在燃烧温度低于 1500℃ 时，NO_x 生成量很少，高于 1500℃ 时，温度每升高 100℃，NO_x 的生成量就增大 6～7 倍。煤粉燃烧中，在燃烧温度为 1600℃ 时，热力型 NO_x 生成量占 NO_x 总生成量的 15%～35%。

(2) 燃料型 NO_x：是指燃料中的氮受热分解和氧化生成 NO_x。进一步说，主要是指挥发分中的氮化合物生成的 NO_x，其生成量占 NO_x 总生成量的 60%～80%，这部分 NO_x 在燃烧器出口处的火焰中心处生成。由于大部分煤粒中的挥发分在 30～50ms 内析出，当煤粉气流的速度为 10～15m/s 时，挥发分析出的行程小于 1m。要控制该区域中 NO_x 的生成量，就应控制燃料着火初期的过量空气系数，使燃料形成富燃料区，让煤粉在开始着火阶段处于缺氧状态，使挥发分生成的一部分 NO_x 被还原，实际生成的 NO_x 数量就可明显减少。

(3) 快速型 NO_x 是指由高温热解生成的 CH 自由基和空气中的氮反应，生成 HCN 化合物和 N，进一步快速与氧反应，生成 NO_x。这部分 NO_x 的转换速度极快，但其生成量少，仅占 NO_x 总生成量的 5%。

从以上论述可以看出，若要控制 NO_x 的生成量，主要应控制燃料型 NO_x 和热力型 NO_x 的生成量。

2）低 NO_x 燃烧技术

根据 NO_x 生成机理可知，影响 NO_x 生成量的因素主要有火焰温度、燃烧区段氧浓度、燃烧产物在高温区停留时间和煤的特性（固定碳和挥发分的比值）。降低燃烧过程

中 NO_x 生成量的途径主要有两方面：一是降低火焰温度，防止局部高温；二是降低过量空气系数和氧浓度，使煤粉在缺氧条件下燃烧。

典型的低 NO_x 燃烧技术是烟气再循环和两级燃烧法。烟气再循环是从空气预热器前抽取部分烟气送入燃烧器，以降低氧浓度和火焰温度，从而控制 NO_x 的生成。两级燃烧是用 80% 左右的理论空气量从燃烧器喷口送入，形成浓燃料燃烧区，降低了燃烧区的氧浓度，也降低了燃烧区的温度，使 NO_x 生成量减少；燃烧所需要的其他空气量由主燃烧器上部的火上风喷口（简称 OFA）送入炉膛，形成富氧燃烧。由于燃烧所需空气量是分两级送入炉内的，燃烧过程也分两级进行，所以称为两级燃烧法或分级燃烧法。

（二）新型煤粉燃烧器

1. 钝体燃烧器

钝体燃烧器是燃烧低挥发分煤种的直流燃烧器的一种改进，特点是在常规一次风喷口外安装了一个三角形的钝体，如图 2-3-9 所示。

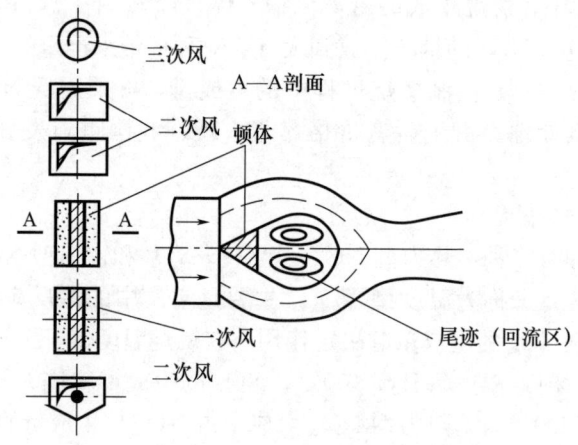

图 2-3-9 钝体燃烧器示意

钝体的作用是在钝体的尾迹区形成回流旋涡，回流旋涡可以将炽热的高温烟气带回钝体附近，可使尾迹区温度达 90℃ 以上。直流的煤粉气流流过钝体后，由于煤粉颗粒的轴向运动惯性大于空气的轴向运动惯性，煤粉颗粒在尾迹区边缘比较集中，在尾迹区边界的煤粉浓度可比原一次风中的煤粉浓度大 1.2～1.5 倍，因此钝体后的尾迹区就成为一次风气流中一个稳定的点燃源；此外，在钝体的导流作用下，一次风射流的扩散角也显著增大，外卷吸作用也有所增加。这些都可以显著改善煤粉的着火条件。

因此这种燃烧器能较好地适用于劣质烟煤的燃烧，甚至还成功地燃烧了干燥无灰基挥发分 7%～8% 的无烟煤。一些原来燃烧不稳定，需要消耗燃料油助燃的锅炉，改装成钝体燃烧器后，均能达到燃烧稳定、提高效率和节约燃用油的目的，还可在 55%～60% 额定负荷的低负荷下稳定运行，扩大了负荷调节范围。

2. 火焰稳燃船燃烧器

火焰稳燃船燃烧器是在一次风喷口内加装了船形火焰稳定器，如图 2-3-10 所示。这样在燃烧器的一次风喷口附近能形成高煤粉浓度、高温和较高氧气浓度的所谓"三高区"，利于煤粉的稳定着火。一次风气流先是绕过稳燃船沿着小回流区向中心靠近，然后才向外扩展，由于气流在绕过火焰稳燃船从一次风口喷出后，气流流线弯曲而出现了局部的收拢，这对煤粉火焰的稳定能起到很大的作用。故火焰稳燃船后的回流区虽不大，但火焰十分稳定。经现场试验发现，在锅炉点火阶段只要喷入很少量的燃料油，这小小的回流区就能使煤粉空气流保持火焰稳定，因而能节约 70%～80% 的煤粉锅炉的点火用油。

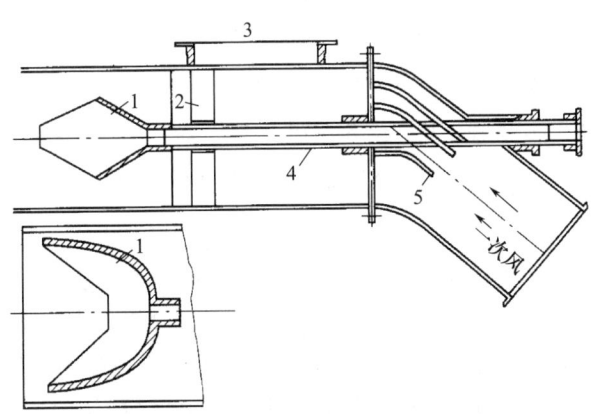

1—火焰稳燃船；2—支架；3—人孔门；4—油枪套管；5—均流板。

图 2-3-10　火焰稳燃船燃烧器示意

3. 浓淡燃烧器

所谓浓淡燃烧器，就是指在一次风煤粉通道中设置了煤粉浓缩器，将煤粉气流分离成浓粉流和淡粉流两股气流，这样就可在一次风总量不变的前提下提高浓粉流中的煤粉浓度，使浓粉流中的燃料在过量空气系数小于 1 的条件下燃烧，淡粉流中燃料则在过量空气系数大于或接近于 1 的条件下燃烧，两股气流合起来使燃烧器出口的总过量空气系数仍保持在合理的范围之内。浓粉流可以加快火焰传播速度，使煤粉尽快着火，在浓粉流着火后，为淡粉流提供了着火热源，后者也随之着火，整个火炬的燃烧稳定性增强，从而扩大了锅炉不投油助燃的负荷调节范围和煤种适应性。同时，浓淡燃烧器还能降低燃烧产物中 NO_x 的生成量，是一种低 NO_x 燃烧器。浓淡煤粉燃烧器在国内应用越来越多，已经研制开发了多种形式的燃烧器。实现煤粉浓淡分离的方法很多，有管道弯头浓缩器、百叶窗式浓缩器及旋风分离器等多种形式，下面简单介绍几种。

(1) WR 型燃烧器。图 2-3-11 所示的 WR 型燃烧器是 Wide Range Burner 燃烧器的简称，由美国 GE 公司研制，经过不断改进，锅炉不投油助燃的最低负荷可达到额定负荷的 20%。该燃烧器在一次风口内装有一个 V 形扩流锥或波形扩流锥，扩流锥相当于一个小钝体，可使喷口外的一次风气流形成一个稳定的高温烟气回流区，为煤粉着火提供热源。同时，该燃烧器的一次风入口弯头内故意不安装气体导向装置，利用弯头进行煤粉的浓淡分离，这些都有利于整个喷口的煤粉气流着火和在低负荷下保持燃烧稳定。此外，该燃烧器在一次风口上下两侧布置有边风，其风量在运行中可以调节。故该燃烧器能在较大范围内适应煤种及负荷变化。

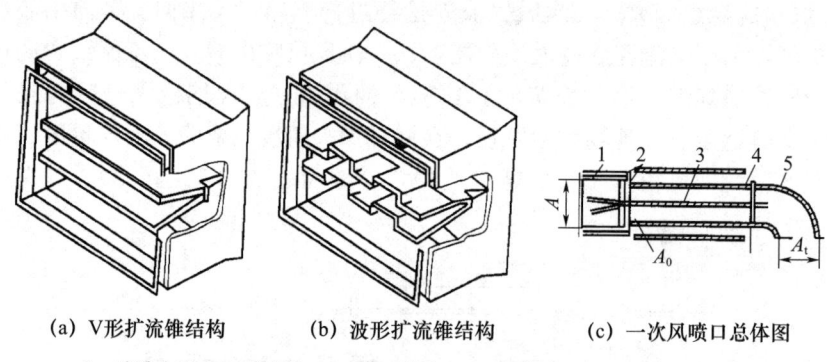

(a) V形扩流锥结构　　(b) 波形扩流锥结构　　(c) 一次风喷口总体图

1—喷嘴头部；2—密封片；3—水平肋片；4—喷嘴管；5—入口弯头。

图 2-3-11　WR 型直流煤粉燃烧器结构

(2) PM 型燃烧器。图 2-3-12 所示的 PM 型燃烧器是 Pollution Minimun 型燃烧器的简称，它能使燃烧产物中的 NO_x 含量大幅降低，由日本三菱重工首先研制开发。此种燃烧器的关键是分离器，它靠近燃烧器的一次风管入口管段有一个弯头，连接两个喷口，依靠弯头的惯性分离作用，将煤粉气流分为浓煤粉和淡煤粉，浓粉流进入上喷口，淡粉流进入下喷口；弯头内侧设有调节装置，可以调节煤粉浓度的大小；燃烧器上设置有火上风喷口和再循环烟气喷口（简称 SGR 喷口），目的是控制一次风和二次风、浓煤粉和淡煤粉气流的混合，以便在浓煤粉气流喷口附近形成还原性气氛，并降低燃烧中心的温度。因此，PM 型燃烧器实际上是集烟气再循环、分级燃烧和浓淡燃烧于一体的低 NO_x 燃烧系统，既可稳定燃烧，又可抑制低 NO_x 的生成。

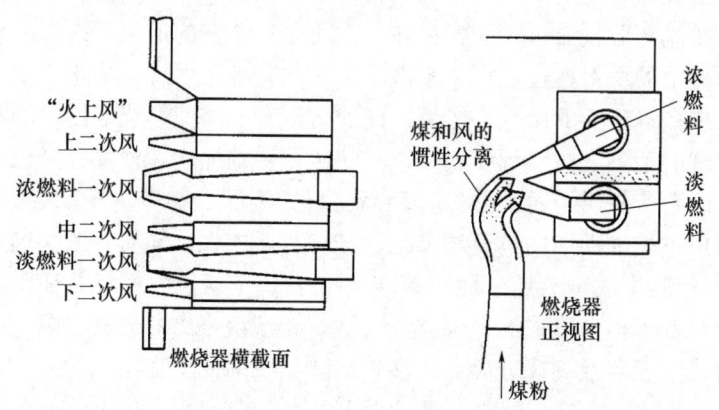

图 2-3-12　PM 型浓淡煤粉燃烧器

有的 PM 型燃烧器不设 SGR 喷口，而在浓淡喷口上设有周界风，故控制 NO_x 的作用较差，主要作用是改善着火稳定性，这种 PM 型燃烧器可与两级燃烧法相配合使用来实现控制 NO_x 生成量的目的。我国 300MW 锅炉采用的 PM 型煤粉燃烧器，其顶部的过燃风与两级燃烧的作用相类似。

有的燃烧器在 PM 型燃烧器基础上加以改进，把局部过于集中的浓煤粉气流分解为：火焰中心是淡煤粉气流，其外围是浓煤粉气流，将原来 PM 型的浓、淡燃烧器改进为浓、淡、浓型燃烧器，故称之为 A-PM（Advanced-Pollution Minimun）型燃烧器。

(3) 宽调节比燃烧器。宽调节比燃烧器的结构如图 2-3-13 所示。这种燃烧器在低负荷下不投油仍然能稳定燃烧,故其锅炉负荷变化时的燃烧调节范围比较宽。由图 2-3-13 可见,在一次风入口部位连接一个作为煤粉浓缩器的弯头,一次风管内设置一块隔板,把一次风管分为上、下两部分。当煤粉气流通过弯头时,一次风管隔板上部的通道中形成浓煤粉气流,而在隔板下部的通道中形成淡煤粉气流。在喷口出口处还装有扩流锥,可以增加一次风气流和回流烟气的接触面,使上部浓煤粉气流着火的稳定性提高;同时,扩锥出口的翻边对增加高温烟气的回流作用很大,使夹角区形成回流区,卷吸高温烟气,进一步提高了整个煤粉气流着火的稳定性。因而这种燃烧器在锅炉负荷变动时,可很好地稳定燃烧。有试验表明,这种燃烧器可在 20% 负荷下不投油地稳定燃烧。

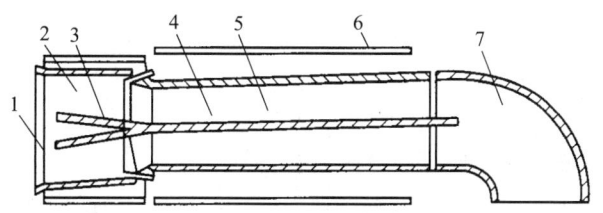

1—阻挡块;2—喷嘴头部;3—扩流锥;4—水平肋片;5—一次风管;
6—燃烧器外壳;7—入口弯头。

图 2-3-13 宽调节比燃烧器

微课:低氮燃烧器

4. 双调风低 NO_x 燃烧器

双调风低 NO_x 燃烧器的主要特点是将二次风分级以旋转方式送入炉内,内外两级二次风采用两个调风器,故又称为双调风低 NO_x 燃烧器。下面介绍美国 B&W 公司和美国 FW 公司设计的两种低 NO_x 燃烧器。

B&W 公司设计的低 NO_x 燃烧器的一次风占 15%~20%,内二次风占 35%~40%,一次风和内二次风形成富燃料燃烧,最外围的外二次风供给燃料完全燃烧所需的其余空气量。由于一次风不旋转,外二次风的旋转强度较低,所以能延迟燃烧过程,降低燃烧强度和火焰最高温度,控制 NO_x 的生成。在单独使用这种燃烧器时可使 NO_x 排放浓度降低 39%,如果与炉内两级燃烧同时采用,NO_x 可降低 63%。该燃烧器外二次风量所占比例较大,因此,可以把燃烧中心的还原性气氛区和水冷壁隔开,避免煤粉冲刷水冷壁,防止水冷壁结渣或腐蚀。

FW 公司设计的双调风低 NO_x 燃烧器的一次风通道由内、外套筒的环形通道和环形通道外围的四个椭圆形喷嘴组成,内套筒可以通过调节机构向前或向后移动,调节内套筒的位置可改变一次风的速度,控制一次风与二次风的混合状态,改变内回流区的位置和大小。能够控制火焰形状,调节着火点位置,控制 NO_x 的生成量。煤粉气流切向进入一次风环形通道,在环形通道内产生弱旋转,同时利用外套筒上的防涡流杆混合器,可使一次风通道内的煤粉分布均匀。煤粉气流通过椭圆形通道时,分隔成四束气流,有利于扩大煤粉气流与热烟气的接触面,使煤中挥发分尽快析出,既可稳定燃烧,还能形成还原性气氛,使挥发分中的氮转换成 N_2,减少 NO_x 生成量。二次风为分级配风,二次风由切向进入多孔均流板和外调挡板。通过双调节通道从两个独立的环形喷口射出,内二次风通道中装有可调挡板,用来调节内二次风的旋流强度,内二次风量和外二次风量比例由均流孔板外部的移动式套筒挡板控制。FW 公司设计的双调风低 NO_x 燃烧器的排放量最大不超过 $258×10^{-12}$ kg/J，符合环保排放标准。

知识点三　煤粉炉及点火装置

煤粉炉是以煤粉为燃料进行燃烧的，它具有燃烧迅速、完全、容量大、效率高、适应煤种广、便于控制调节等优点，因而它是目前电厂锅炉广泛采用的主要类型。

煤粉炉按排渣方式可分为两种：一种是将灰渣在固体状态下由炉中清除出去，称为固体排渣煤粉炉；另一种是将灰渣在熔化的液体的状态下由炉中清除出去，称为液体排渣煤粉炉。液态排渣炉在我国应用较少，本书仅介绍固体排渣煤粉炉。

一、炉膛

（一）炉膛结构及要求

炉膛也称为燃烧室，它是供煤粉燃烧的空间。固态排渣煤粉炉的炉膛结构如图 2-3-14 所示。它是一个由炉墙围成的长方体空间，其四周布满水冷壁，炉底是由前后水冷壁管弯曲而成的倾斜冷灰斗。炉顶一般是半炉顶结构，高压以上锅炉在炉顶布置顶棚管过热器，在炉膛上部悬挂有屏式过热器，炉膛后上方为烟气出口。为了改善烟气对屏式过热器的冲刷，充分利用炉膛容积并加强炉膛上部气流的扰动，炉膛出口的下部有后水冷壁弯曲而成的折焰角。煤粉和空气在炉内强烈混合燃烧，火焰中心温度可达 1500℃ 以上，水冷壁吸热使烟温逐渐下降，在水冷壁及炉膛出口处的烟温一般降至 1100℃ 左右，烟气中的灰渣冷凝成固态，冷灰斗区域的温度更低。燃烧生成的灰渣，绝大部分以飞灰的形式随烟气排出炉外，剩下一小部分以粗渣的形式落入冷灰斗排出。

炉膛既是燃烧空间，又是锅炉的换热部件，它的结构直接影响锅炉的工作。为此，炉膛应满足以下基本要求：

（1）具有足够的空间和合理的形状，能够合理组织燃料的燃烧，减少不完全燃烧热损失。

（2）具有合理的炉内温度场和良好的炉内空气动力特性，满足燃烧过程的需要，能保证足够高的炉温，使火焰在炉内有较好的充满程度，减少炉内死滞旋涡区，保证燃料在炉内稳定的着火燃烧，还能够避免火焰冲击炉墙，造成结渣。

（3）能布置足够的受热面，可以将炉膛出口烟温降到允许的数值，保证炉膛出口及其后面的受热面不结渣。

（4）炉膛结构紧凑，金属及其他材料用量少，便于制造、安装、检修和运行。

微课：折焰角的结构和作用

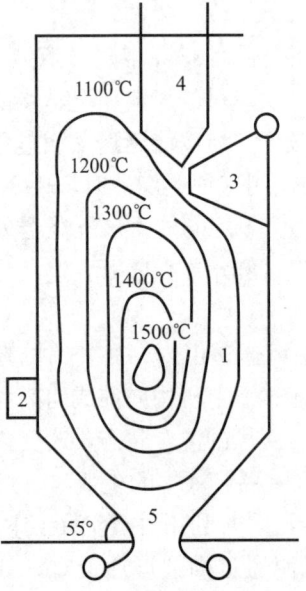

1—等温线；2—燃烧器；3—折焰角；
4—屏式过热器；5—冷灰斗。

图 2-3-14　固态排渣煤粉炉的炉膛结构

(二)炉膛热负荷

(1) 炉膛容积热负荷。炉膛容积热负荷是指在单位时间内、单位炉膛容积内,燃料燃烧放出的热量,用 q_V 表示,单位为 kW/m^3。

炉膛容积热负荷一般用来表示燃料在炉内的停留时间,也能代表炉内的温度水平。炉膛容积热负荷过大,说明在单位时间、单位炉膛容积内燃烧了过多的燃料,产生的烟气量大,烟气流速过高,一部分燃料来不及完全燃烧就被排出炉外,即燃料在炉内的停留时间缩短,这就表明炉膛容积过小。此时,由于炉内所能布置的水冷壁受热面太小,烟气到达炉膛出口时得不到充分冷却,炉膛出口烟温升高,会使炉膛上部受热面结渣。炉膛容积热负荷随着锅炉容量增加而下降。燃煤量增大,要保证燃料在炉内有足够的停留时间,就必须增大炉膛容积,同时又要有足够的水冷壁来冷却烟气。但是炉膛容积与几何尺寸的三次方成正比,而炉膛壁面积与几何尺寸的二次方成正比,因而容积的增长速度大于壁面积的增长速度,为了布置足够的水冷壁,炉壁容积相应增长得多。因此,当锅炉容量增大时,炉膛容积热负荷呈下降趋势。

(2) 炉膛截面热负荷。炉膛截面热负荷是指在单位时间内、单位炉膛横截面积上,燃料燃烧放出热量,用 q_A 表示,单位为 kW/m^2。炉膛截面热负荷是影响燃烧器区域温度水平的主要特性参数。当锅炉容量和参数一定时,炉膛截面热负荷值越大,表示炉膛周界越小,所能布置的水冷壁管数目也就越少,在燃烧器区域,由于燃烧放热比较集中,如果没有足够的水冷壁吸收燃烧释放的热量,就会导致火焰温度很高,以至于灰渣靠近炉壁时,不能得到充分冷却,就会引起结渣。但较高的温度有利于稳定着火。相反,炉膛截面热负荷越小,表明炉膛周界越大,能够布置的水冷壁管数目增加,这时有利于减轻结渣,但由于燃烧区域的温度水平低,不利于稳定着火。因此,对于着火性能比较差,而灰熔点比较高的低反应煤,建议选择较大的炉膛截面热负荷值;对于灰熔点比较低,而着火性能比较好的煤,建议选择较小的炉膛截面热负荷值。

炉膛截面热负荷值随着锅炉容量的增加而增加。这是因为当容量增加时,虽然炉膛横断面积增大,但相对于单位蒸发量的炉膛横截面积减小,所以炉膛截面热负荷仍然增加。控制炉膛截面热负荷值,主要是为了取得适当的燃烧器区域的热负荷,而影响燃烧器区域热强度的因素还要考虑燃烧器区域的壁面热负荷。

(3) 燃烧器区域的壁面热负荷。燃烧器区域壁面热负荷是指在单位时间内、燃烧器区域的单位炉壁面积上,燃料燃烧放出的热量,以 q_R 表示。q_R 值越大,说明火焰越集中,燃烧器区域的温度水平就越高,这对燃料稳定着火是有利的,但容易造成燃烧器区域的壁面结渣。对于高压以上的煤粉锅炉,q_R 的推荐值为:无烟煤及贫煤 $1.4\sim 2.1MW/m^2$;烟煤 $1.28\sim 1.40MW/m^2$;褐煤 $0.93\sim 1.16MW/m^2$。

q_A 与 q_R 对调整燃烧器区域的热强度是共同起作用的,当炉膛周界受燃烧稳定性和蒸发受热面布置的限制无法调整时,需要燃用结渣性强的煤,可适当降低燃烧器区域壁面热负荷值。沿炉膛高度方向将燃烧器拉长或增大燃烧器喷口的间距,即可降低燃烧器区域的壁面热负荷。

二、煤粉炉的结渣

在固态排渣煤粉炉中,熔融的灰黏结并积聚在受热面或炉壁中上的现象,叫作结渣或结焦。

1. 结渣的危害

结渣会严重影响及危害锅炉运行的安全性和经济性，并造成以下不良后果：

（1）受热面结渣时，会使传热减弱，工质吸热量减少，排烟温度升高，排烟热损失增加，锅炉效率降低。为了保持锅炉蒸发量，在增加燃料的同时必须相应增加风量，这就使送、引风机负荷增加，用电量增加。因此，结渣会降低锅炉运行的经济性。

（2）受热面结渣时，为了保持蒸发量，就必须增加风量，若此时通风设备容量有限，加上结渣容易使烟气道局部堵住，致使风量增加不上去，锅炉只好降低蒸发量运行。

（3）炉内结渣时，炉膛出口烟温升高，导致过热汽温升高，加上结渣不均匀造成的热偏差，很容易引起过热器超温损坏。此时，为了不使过热器超温，也需要限制锅炉蒸发量。

（4）水冷壁结渣，会使自身各部分受热不均，以致膨胀不均或水循环不良，引起水冷壁管损坏。

（5）炉膛上部结渣掉落时，可能会砸坏冷灰斗的水冷壁管。

（6）冷灰斗处结渣严重时，会使冷灰斗出口逐渐堵住，使锅炉无法继续运行。

（7）燃烧器喷口结渣，会使炉内空气动力工况受破坏，从而影响燃烧过程的进行，喷口结渣严重而堵住时，锅炉被迫降低蒸发量运行，甚至停炉。

（8）结渣严重时，除渣时间过长，可能导致灭火。

总之，结渣不但严重危及锅炉安全运行，还可能使锅炉降低蒸发量运行，甚至停炉，而且增加了锅炉运行和检修工作量，所以应尽最大努力来减轻和防止锅炉结渣。

2. 结渣的过程和原因

在炉膛高温区域内，燃料中的灰分一般为液态或呈软化状态。随着烟气的流动，烟温会因水冷壁吸热而不断降低。当烟气接触到受热面或炉墙时，如果烟中的灰粒已冷却到固体状态，就不会造成结渣，如果烟中的灰粒仍保持软化状态或熔化状态，就会黏在壁面上，形成结渣。

结渣通常发生在炉内和炉膛出口的受热面上，特别是未受水冷壁保护的曝露面积较大的炉墙或卫燃带上，因为它们表面温度高而且很粗糙，液态渣粒很容易粘附上去。

结渣是一个自动加剧的过程。这是因为发生结渣后，由于传热受阻炉内烟气温度和渣层表面温度都将升高，再加上渣层表面粗糙，渣与渣之间的粘附力很大，渣粒就更容易粘附上去，从而使结渣过程愈演愈烈。

显而易见，形成结渣的主要原因是炉膛温度过高或灰熔点过低。

造成炉膛温度过高的原因有：

（1）炉膛设计的容积热强度过大或锅炉超负荷运行使温度过高、火焰偏斜，使高温火焰靠近水冷壁；炉膛设计的断热面热强度或燃烧器区域壁面热强度过大，使燃烧器区域水冷壁温度过高；炉底漏风等使火焰中心上移，以致炉膛出口烟温增高，这些都容易引起结渣。

（2）除煤质不好造成结渣外，炉内空气供应不足，燃料与空气混合不充分等都会在炉内产生较多的还原性气体，以致灰的熔点降低，引起或加剧结渣。

(3）吹灰、除渣不及时也会加剧结渣，这是因为积灰、结渣的壁面粗糙，容易结渣。而且随着渣面温度的升高，将加剧结渣。

3. 防止结渣的措施

防止结渣主要从防止炉温过高和防止灰熔点降低着手。具体措施如下：

（1）防止壁面及受热面附近温度过高。设计中应力求使炉膛容积强度、炉膛断面热强度、燃烧器区域壁面热强度设计合理；避免锅炉超负荷运行，从而达到控制炉内温度水平，防止结渣；堵塞炉底漏风，降低炉膛负压，不使漏入空气量过大；直流燃烧器尽量利用下排燃烧器，旋流燃烧器适当加强二次风旋流强度等，都能防止火焰中心上移，以免炉膛出口结渣。

保持各喷口给粉量平衡，使直流燃烧器四角气流的动量相等，切圆合适，一、二次风正确配合，风速适宜，防止燃烧器变形等，都能防止火焰偏斜，避免水冷壁结渣。

（2）防止炉内生成过多的还原性气体。保持合适的空气动力场，不使空气量过小，这样能使炉内减少还原性气体，防止结渣。

（3）做好燃料管理，保持合适的煤粉细度和均匀度等。尽量固定燃料品种，避免燃料多变，清除煤中的石块，均可使炉膛结渣或者因煤粉落入冷灰斗又燃烧而形成结渣的可能性减少。

（4）加强运行监视，及时吹灰排渣。运行中应根据仪表指示和实际观察来判断是否有结渣。例如发现过热汽温过高、排烟温度升高、燃烧室负压减小等现象，就要注意燃烧室及炉膛出口是否结渣。一旦发现结渣，就应及时清除。此外吹灰器也应处于完好状态，以保证定时有效地进行受热面的吹灰工作。

（5）做好设备检修工作。检修时应根据运行中的结渣情况，适当地调整燃烧器，检查燃烧器有无变形或烧坏情况，及时校正修复。检修时应彻底清除已积灰渣，而且应做好堵塞漏风工作。

三、煤粉炉的点火装置

煤粉炉的点火装置除了在锅炉启动时利用它来点燃主燃烧器的煤粉气流外，在运行中当锅炉负荷过低时或煤质变差引起燃烧不稳定时，也可以利用它来维持燃烧稳定。

煤粉炉的点火装置可分为带煤粉预燃室的点火装置和采用过渡燃料的点火装置两大类。

（一）带煤粉预燃室的点火装置

可分为马弗炉点火装置、漩流煤粉预燃室燃烧器点火装置和无油点火装置三种。

1. 马弗炉点火装置

马弗炉是一个用耐火砖砌成的燃烧室，也称为煤粉预燃室，下部装有炉箅。点火时，在炉箅上先用木柴将煤块引燃，待煤块在炉箅上稳定燃烧并放出热量将预燃室烧热后，可经旋流燃烧器向马弗炉送入煤粉空气混合物。煤粉气流中的粗粉落在马弗炉的炉箅上燃烧，细粉在马弗炉空间点燃后进入煤粉炉炉膛燃烧，待炉膛加热到一定程度后，即可投入主燃烧器，将其喷出的煤粉气流点燃。

2. 旋流煤粉预燃室燃烧器点火装置

国内自20世纪60年代初期开始改用液体或气体燃料作为点火燃料。点火装置由旋流煤粉燃烧器和预燃室两部分组成。预燃室是内衬耐火材料不冷却的圆筒形燃烧室，二次风沿切向送入预燃室。锅炉启动时，先点燃引火小油枪，用其加热预燃室筒壁的耐火砖。预燃室被烧热后，可经旋流燃烧器向预燃室投入煤粉一次风气流，待煤粉气流在预燃室内稳定着火燃烧后，即可切断燃油。此后煤粉火炬靠气流旋转产生的中心回流来维持着火和燃烧过程的进行。由于煤粉在预燃室内停留的时间有限，所以大部分煤粉在炉膛内继续燃烧，然后可投入主燃烧器，将其喷出的煤粉气流点燃。

这种点火装置是利用少量的油点燃燃烧室中的煤粉气流，再由燃烧器喷出的煤粉火炬点燃主燃烧器喷出的煤粉气流，因而可以节约点火和低负荷稳定燃烧用油。

3. 无油点火装置（等离子点火装置）

最近几年，由于气体和液体燃料供应出现紧张局面，国内外已开始向无油点火方式发展，其中之一就是利用高能电弧来代替燃油直接点燃煤粉气流。它的原理是：利用等离子喷枪将空气加热至数千度，使氧气部分电离，形成高能电弧，用它点燃预燃室内的煤粉气流，再由预燃室喷出的煤粉火炬点燃主燃烧器喷出的煤粉气流。

（二）采用过渡燃料的点火装置

采用过渡燃料的点火装置有汽—油—煤三级系统和油—煤二级系统两种。通常采用的电气引燃方式有电火花点火、电弧点火和高能点火等。

1. 电火花点火装置

电火花点火装置主要由打火电极、火焰检测器和可燃气体燃烧器三部分组成。点火杆与外壳组成打火电极。点火装置是借助 5000～10000V 高电压在两极间产生电火花把可燃气体点燃，再用可燃气体火焰点燃喷油枪喷出的油雾，最后由油火焰点燃主燃烧器的煤粉气流，这种点火装置击穿能力较强，点火可靠。

2. 电弧点火装置

电弧点火装置由电弧点火器和点火轻油枪组成。电弧点火的去弧原理与电焊相似，即借助于大电流在电极间产生电弧。电极由碳棒和炭块组成，通电后，碳棒和炭块先接触再拉开，在其间隙处形成高温电弧，足以把气体燃料或液体燃料点着。

煤粉点燃的顺序是：电弧点火器点燃轻油或燃气，轻油点燃重油，再由重油点燃煤粉；也可直接点燃重油，再由重油点燃煤粉。由于电弧点火装置可直接引燃油类，且性能比较可靠，所以是国内煤粉炉上使用的点火装置的主要形式。

3. 高能点火装置

为了简化点火程序，近年来又出现了高能点火装置。这种高能点火装置装有半导体电阻，当它的两极处在一个能量很大、峰值很高的脉冲电压作用下时，在半导体表面就可产生很强的火花，足以将重油点着。高能点火装置是一种有发展前途的锅炉点火装置。

四、油燃烧设备

燃油炉与煤粉炉一样均属于悬浮燃烧，因此燃油炉的燃烧设备也是由炉膛和燃烧器所组成的。

（一）炉膛

炉膛是燃料燃烧的场所，燃油炉的炉膛结构与煤粉炉结构基本相同。但由于燃油灰分很少，燃烧基本没有炉渣，故燃油炉炉的炉底不像煤粉炉那样，构成角度很大的冷灰斗，而是做成具有一定角度的平炉底。炉底用耐火泥盖住，同时在最低处还设有放水孔。这样的炉底结构能充分利用炉膛的容积和高度，同时，又能起到以下作用：

（1）炉底水冷壁管覆盖一层耐火泥，既能提高炉内温度，又能防止炉底水冷壁管内工质流动时发生汽水分层。

（2）在冲洗炉膛或爆管时，可使水汇集在炉底最低处，然后从放水孔排出。

（3）油喷嘴漏出的油也可以从放水孔排出，以防机油过多而发生爆燃。

考虑油着火容易，燃烧迅速，因此燃油炉的炉膛容积可较煤粉炉为小，即燃油炉的炉膛容积热强度较煤粉炉为高。燃油炉采用的炉膛容积热强度为 $232\sim348W/m^3$。燃气炉的炉膛比燃油炉还要小些，炉膛容积热强度还要高些。

油燃烧器在炉膛中的布置方式也与煤粉炉一样，通常有前墙布置、前后墙对冲或交错布置、四角布置等。近年来，国内外还发展了油燃烧器炉底布置方式，这种布置较适用于长的塔形和Ⅱ型锅炉。其主要优点是：火焰可不受任何阻挡地向上伸展；炉膛火焰能沿整个长度均匀地向水冷壁辐射放热，因而热负荷不会有局部过高的峰值。

燃油炉比其他类型锅炉更适宜于微正压锅炉和低氧燃烧，此时就要求锅炉的炉墙有很高的密封性，否则就容易造成向外喷烟或向内漏风。前者会降低锅炉工作的可靠性，并使锅炉房的工作条件恶化；后者会使锅炉内过量空气系数无法控制，形成不了低氧燃烧。

（二）油燃烧器

油燃烧器由油雾化器和配风器组成，油雾化器一般叫作油枪或油喷嘴，其作用是将油雾化成细小的油滴以增加和空气的接触面积，强化燃烧过程，提高燃烧效率。配风器的作用是及时给油雾火炬根部送风并使油与空气充分混合，形成良好的着火条件，以保证燃烧迅速完全地进行。

1. 油雾化器

燃油炉用的雾化器主要有压力式雾化器和蒸汽机械式雾化器两种。

（1）压力式雾化器。压力式雾化器是靠油压强迫燃油流经雾化器喷嘴使其雾化。它又可分为简单机械雾化器和内回油式机械雾化器两种。

简单机械雾化器主要由雾化器片、旋流片和分流片三部分组成。压力油进油管经分流片12个小孔汇合到一个环形槽中，然后流经旋流片的切向槽切向进入旋流片中心的旋流室，从而得到高速的旋流运动，最后由喷嘴喷出。油经中心喷出后在离心力的作用下克服了黏性力和表面张力，被粉碎成细小的油滴，并形成具有一定角度的圆锥雾化炬，雾化角一般在60°～100°范围内。

简单机械雾化器的调节是依靠改变进油压力来调节油的流量。当负荷降低时，油压需降低较大幅度，这又会使油喷出的旋转速度变小，紊流脉动不强烈，油滴变粗，炉内不完全燃烧损失增加。为了在低负荷时能保证一定的雾化质量，只有提高额定负荷下的进油压力，但油压提高后，会增大油泵电耗，加速雾化片的磨损，影响雾化质量。所以这种雾化器只适用于带基本负荷或不需要经常调节负荷的锅炉。

为了扩大雾化器的调节幅度但又不影响雾化的质量，在简单机械雾化器的基础上又发展成内回油式机械雾化器。内回油式雾化器调节锅炉负荷，是让从切向槽流入旋流室的油，一部分经回油孔流回到回油管路，即利用改变回油量来调节喷油量。在进行回油调节时，由于进入旋流室的油压基本保持不变，因而仍可保持原有的旋转速度，使雾化角相应扩大，结果可能使燃烧器扩口处烧坏。这是内回油式机械雾化器的主要缺点，故运行中回油量一般不宜过大。

(2) 蒸汽机械式雾化器。蒸汽机械雾化器的种类较多，近年来电厂燃油炉中应用最多的是蒸汽雾化 Y 型喷嘴，如图 2-3-15 所示。它是利用高速蒸汽的喷射式燃油破碎和雾化。喷嘴头由油孔、汽孔和混合孔三者构成一个 Y 字型，故得名 Y 型喷嘴。油压为 0.5~2.0MPa，汽压为 0.6~1.0MPa。油汽进入混合孔相互撞击，形成乳状的油、汽混合物，然后由混合孔喷入炉中雾化成细小的油滴，由于喷头上有多个混合孔，所以容易和空气混合。

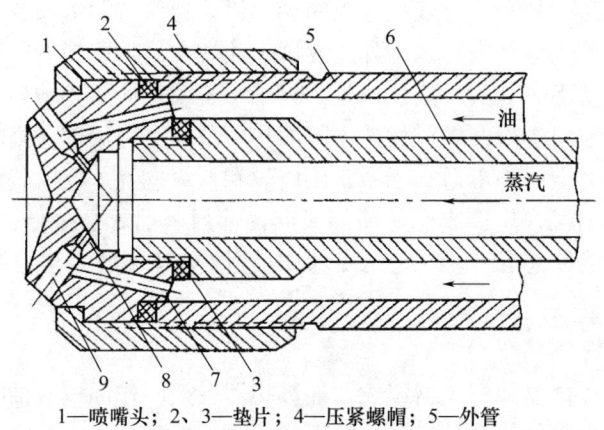

1—喷嘴头；2、3—垫片；4—压紧螺帽；5—外管
6—内管；7—油孔 8—汽孔；9—混合孔。

图 2-3-15 蒸汽雾化 Y 型喷嘴

Y 型喷嘴是一种双流体内混合式喷嘴，虽然提高蒸汽压力可以改善雾化质量，但汽耗增加，同时容易引起熄火。通常为便于控制，将蒸汽压力保持不变，用调节油压的方法来改变喷油量。这种喷嘴的主要优点是：出力大，目前单只喷嘴容量已达到 10t/h；雾化质量好；负荷调节幅度大；汽耗量小，每千克的汽耗量为 0.02~0.03kg。另外它的结构简单，易于安装维护。由于上述一系列优点，这种喷嘴近年来在国内外得到广泛应用。

2. 配风器

配风器是油燃烧器的另一个重要组成部分。油在炉膛里的燃烧是否迅速又安全，关键在于雾化和配风。从目前烧油所产生的问题来看，燃烧不好的原因往往在配风方面。油燃烧器的配风应满足以下要求：

(1) 一次风和二次风的配比要适当。油燃烧器中的配风器与煤粉燃烧器一样，也将供应的空气分为一次风和二次风。为了解决油的着火与稳定燃烧，减少或避免炭黑的生成，应将一部分空气和油混合，这部分空气是送到油雾根部的，称为一次风，通常也称为根部风或中心风。剩余的空气是送到油雾周围的，称为二次风，通常也称为周围风或主风，其作用是解决油雾的完全燃烧。一次风量为总风量的 15%~30%。二次风主要起强烈混合和扰动作用，风速应较高，其喉部风较大。

(2) 要有合适的回流区。油雾加热到着火温度需要一定的着火热量，因此，在燃烧器出口需要有一个适当的回流区,它是保证及时着火、稳定火焰的热源。为了将一次风送入油雾根部而又不影响回流的形成,可装设稳焰器。

(3)油雾和空气混合要强烈。油的燃烧质量取决于油雾与空气的混合情况如何,因而强化混合物是保证燃烧迅速又完全的关键。配风器应能组织一、二次风气流有一定的出口速度、扩散角和射程来达到强烈的初期和后期扰动,从而强化整个燃烧。

按配风器出口气流的流动工况,可将现有油燃烧器的配风器分为旋流配风器和直流配风器两大类。

油燃烧器的旋流配风器与旋流煤粉燃烧器一样,采用旋流装置使一、二次风产生旋转并形成扩散的环形气流。通常将一次风的旋流装置叫作稳焰器,其作用是使一次风产生一定的旋转扩散,以便在接近火焰根部处形成一个高温回流区,使油雾稳定地着火与燃烧。

目前我国最常用的旋流配风器又可分为切向叶片式和轴向叶轮式两种。切向可动叶片式配风器的特点是:将空气分为两股,一股通过切向可动叶片产生旋转,为二次风,另一股通过多孔由中心进入,为一次风,出口处装有一个轴向叶片式稳焰器,使其产生旋转,油雾化器插在中心管内。

二次风的旋流强度,可采用改变叶片角度的方法来调整,出口角越大,旋流强度越大。一次风上装有筒形风门,可以用来调整一、二次风的比例。

轴向可动叶轮式配风器结构和工作原理与同型的煤粉燃烧器是相同的,由于这些配风器的二次风气流有较高的旋流强度,在油雾的根部会产生一股很强的高温回流,致使油雾一离开喷嘴就处于高温缺氧的环境中,结果产生很多炭黑粒子,增加了不完全燃烧损失。同时,高旋转气流的强度衰减快,后期扰动小,所以这种配风器很难在低过量空气系数下运行。

控制过量空气系数能有效地减少燃烧时产生的三氧化硫,使烟气露点降低,这是防止燃油炉低温腐蚀常用的方法。一般来说,过量空气系数控制在1.05以下时,低温腐蚀很轻微;过量空气系数在1.02以下,锅炉几乎不会发生低温腐蚀。为了适应低氧燃烧,一次风为旋流、二次风为直流的直流配风器在燃油炉上得到发展。

直流配风器又叫平流配风器,这种配风器的二次风不经叶片,直接送入炉膛。直流配风器由稳焰器供给根部风,而且使一次风旋转切入油雾,形成合适的回流区。它的二次风是直流的,以较大的交角切入油雾,而且二次风的风速高,衰减慢,能进入火焰核心,加强了后期混合,强化了燃烧过程,这就为低氧燃烧提供了十分有利的条件。

直流配风器有两种结构,一种是直管式,另一种是文丘里管式,后者是缩放管。文丘里管式配风器的优点是其颈处的风压可以正确反映通过的风量,有利于发展低氧燃烧,也便于采用自动调节。

五、W型火焰炉膛

W型火焰炉膛主要用于燃烧低反应能力的无烟煤和贫煤。由于低反应性煤的燃烧特点是着火困难,燃烧稳定性差,燃尽时间长,所以需要强化着火区的燃烧条件。W型火焰炉膛的主要技术是燃烧室敷设卫燃带和燃烧器采用煤粉浓缩、火焰行程呈W型的技术。W型火焰炉膛由下部燃烧室和上部冷却室所组成。上下炉膛之间有缩腰,燃烧器布置在缩腰上,煤粉气流从缩腰处的拱顶上向下喷射,并着火燃烧。大部分燃烧空气(二次风的分级风)在炉前、炉后与风粉气流的火焰几乎成相互垂直的方向分多级加入,是一种较完善的分级送风燃烧方式。此外,为了维持高温燃烧状态,在燃烧室内敷设了大量卫燃带,以利于低反应煤的稳定燃烧。

着火后的煤粉气流到达炉膛下部后,火焰受到燃烧室下部分级风的托起作用,向上转折流动,在下部燃烧室内形成 W 型火焰。对于低反应性燃料,上部冷却室实际上也可起到燃尽室的作用。运行表明,炉膛缩腰位置不仅对燃料燃尽过程起重要作用,而且对锅炉汽温特性和结渣程度都有重要影响。

任务小结

(1) 燃料的燃烧是一个复杂的化学反应过程,燃烧速度和燃烧程度直接影响锅炉运行的经济性,燃烧速度主要和反应物的温度有关。煤粉气流的燃烧过程经历了着火、燃烧和燃尽三个阶段。

(2) 直流燃烧器喷出的气流是直流射流,射流进入炉膛后与烟气发生物质、动量和热量的交换。直流燃烧器通常由一列矩形喷口组成,一般布置在炉膛四角上,采用四角切圆燃烧。按照配风方式不同分为均等配风直流煤粉燃烧器和分级配风直流煤粉燃烧器。

旋流燃烧器出口气流是旋转射流,一、二次风喷口为圆形喷口。旋流燃烧器主要有两类,即蜗壳式旋流燃烧器和叶片式旋流燃烧器,其特点是二次风旋转,一次风射流,可为直流射流或旋转射流,旋转强度可调节,以适应不同挥发分煤种燃烧的需要。

(3) 为了改善锅炉着火稳定性,增大锅炉负荷调节范围,降低燃料燃烧时 NO_x 的生成量,满足经济性和环保的要求。近年来,很多新型煤粉燃烧器和燃烧技术开始在大型电站锅炉中广泛采用,主要包括煤粉稳燃及低 NO_x 燃烧技术、钝体燃烧器、火焰稳燃船燃烧器、宽调节比燃烧器、双调风低 NO_x 燃烧器。

(4) 煤粉炉的点火装置在锅炉启动时点燃主燃烧器的煤粉气流。点火装置类型可分为带煤粉预燃室的点火装置和采用过渡燃料的点火装置两大类。前者又可分为马弗炉点火装置、旋流煤粉预燃室燃烧器点火装置和无油点火装置三种。后者有气—油—煤三级系统和油—煤二级系统两种。采用的电气引燃方式有电火花点火、电弧点火和高能点火等。

(5) 炉膛既是燃烧空间,又是锅炉的换热部件。它的结构既要保证燃料完全燃烧,连续可靠地工作而又不发生炉膛结渣,同时还应使烟气在达到炉膛出口处冷却到对流受热面安全工作所允许的温度。

项目三　关于锅：汽水系统及相关设备

项目描述：(1) 熟知各类锅炉的汽水系统设备的类型、作用、原理及特点。
(2) 理解汽温特性，掌握调温设备的调温原理。
项目目标：(1) 能辨识锅炉汽水系统设备，描述其中工质流程，会识读和绘制汽水系统图。
(2) 通过调温设备，确保蒸汽参数的稳定。
(3) 掌握尾部受热面的工作原理以后，理解尾部受热面的布置。
项目素养：(1) 在知识体系建立的过程中，培养学生的一体化意识。
(2) 在提升蒸汽品质的过程中，建立学生的安全环保意识。
(3) 掌握尾部受热面的积灰、磨损和低温腐蚀的危害与预防措施后，建立安全节能的意识。

任务一　循环原理及蒸汽净化

锅炉按工质循环动力可分为自然循环锅炉和强制流动锅炉。自然循环锅炉蒸发设备有汽包、下降管、水冷壁、联箱等。强制流动锅炉又有控制循环锅炉、直流锅炉和复合循环锅炉。蒸汽净化主要靠蒸汽净化装置来完成。本任务讨论自然循环锅炉蒸发设备的组成，汽水两相流型及流动特性，强制流动锅炉的三种基本形式，强制流动锅炉的流动特性，以及蒸汽净化的方法等。

知识点一　自然循环汽包锅炉的蒸发设备

蒸发设备是锅炉的重要组成部分，它的任务是将进入锅炉的给水，在蒸发设备特定的受热面中，不断地吸收燃料燃烧所放出的热量，将水加热至所处压力下的饱和温度，并继续吸收热量将饱和水蒸发成饱和蒸汽。

自然循环蒸发设备的示意图如图 3-1-1 所示，它由汽包、下降管、联箱、水冷壁管、导汽管等组成。汽包、下降管、导汽管、联箱等都位于炉外，不受热。水冷壁布置在炉膛四壁，炉膛高温火焰对其辐射传热。给水通过省煤器加热后送入汽包，在汽包内保持一定的水位。汽包内的水通过下降管、下联箱送入水冷壁管，水在水冷壁管内受热，达到饱和温度之后继续受热，使水部分转变成饱和蒸汽，形成汽水混合物。这样，水冷壁内汽水混合物的密度小于下降管内水的密度，该密度差使蒸发设备内的工质依次沿着汽包、下降管、下联箱、水冷壁管、上联箱、导汽管、汽包循环路线流动，其流动动力是由汽水密度差产生的，故称为自然循环。

微课：自然循环汽包炉结构

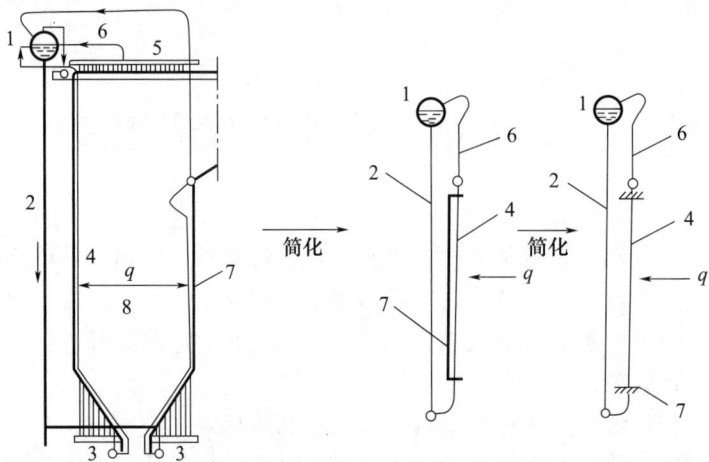

1—汽包；2—下降管；3—下联箱；4—水冷壁管；5—上联箱；
6—导汽管；7—炉墙；8—炉膛。

图 3-1-1　自然循环蒸发设备及系统简化图

由水冷壁管进入汽包的汽水混合物，在汽包内靠汽水密度差及汽水分离装置的作用进行汽水分离。分离出的饱和蒸汽由汽包顶部引出，直接进入过热器，饱和水回到汽包水空间。

一、汽包

汽包是锅炉的重要部件，现代电厂的自然循环锅炉只有一个汽包，横置在炉外顶部，不受热，外面包有保温材料。

（一）汽包的结构

汽包是由钢板制成的长圆筒形容器，其结构实例如图 3-1-2 所示，它由筒身和两端的封头组成。筒身由钢板卷制焊接制成，封头用钢板模压制成，焊接于筒身。在封头中部留有椭圆形或圆形人孔门，以备安装和检修时工作人员可进出。在汽包上开有很多管孔，并焊上短管，称之为管座，用以连接各种管子。现代锅炉的汽包都用吊箍悬吊在炉顶大梁上，悬吊结构有利于汽包受热温升后自由膨胀。

表 3-1-1 列出了几种大型锅炉汽包的尺寸和钢材牌号。汽包的长度应满足锅炉的容量、宽度和连接管子的要求，汽包的内径由锅炉的容量、汽水分离装置的要求来决定，汽包壁厚由锅炉的压力、汽包的直径与结构以及钢材的强度来决定。

表 3-1-1　大型锅炉汽包的尺寸和钢材牌号

锅炉型号	汽包内径（mm）	汽包壁厚（mm）	汽包长度（mm）	汽包钢材牌号
HG220/9.8	1600	90	12700	22g
SG410/13.7	1600	75	11556	15MnMoVNi
DG670/13.7	1800	90	22210	18MnMoVNb
DG1025/18.2	1792	145	22250	BHW35
B&BW2020/17.5	1775	185	27786	SA-229

项目三 关于锅：汽水系统及相关设备

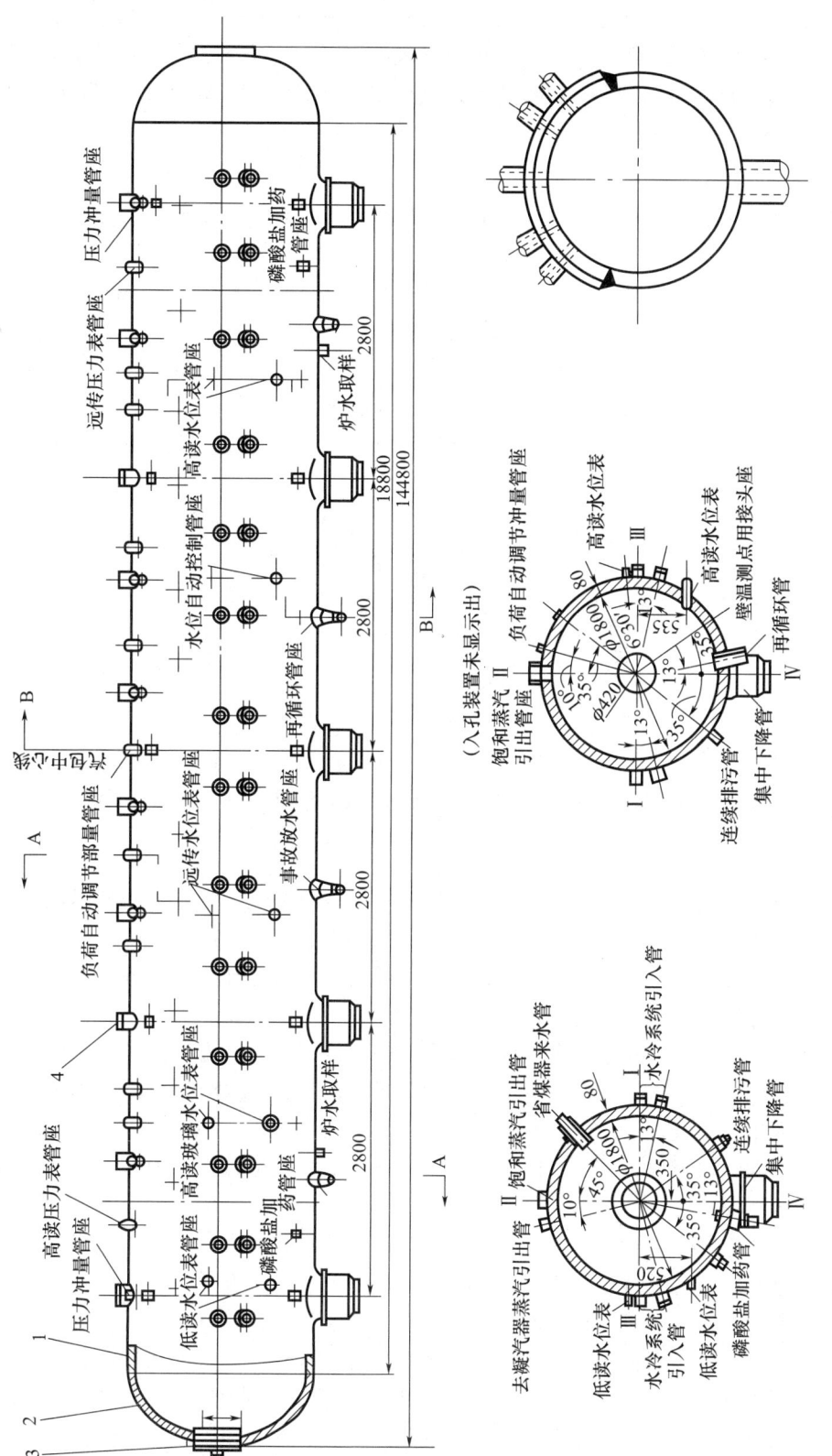

图 3-1-2 汽包的结构实例

1—筒身；2—封头；3—人孔门；4—管座。

锅炉压力越高及汽包直径越大，汽包壁就越厚。但是汽包壁太厚，导致制造困难，变工况运行又会产生较大的热应力。为了限制汽包的壁厚，一方面汽包内径不宜过大，一般不超过 1600～1800mm；另一方面使用强度较高的低合金钢，如超高压以上的锅炉，汽包钢材常用 15MnMoVNi、18MnMoNb 和 BHW35 等钢材。

（二）汽包的作用

汽包在锅炉中具有很重要的作用，其作用主要体现在以下几个方面。

(1) 汽包是加热、蒸发、过热三个过程的连接枢纽和大致分界点，如图 3-1-3 所示。省煤器出口与汽包连接；水冷壁、下降管分别连接于汽包，形成了自然循环回路；汽包出口与过热器连接。汽包成为省煤器、水冷壁、过热器的连接中心。给水在省煤器中预热后送入汽包；锅水经自然循环在水冷壁下部的某一部位开始蒸发，形成的汽水混合物在汽包内分离出饱和蒸汽；饱和蒸汽进入过热器进行过热，且在任何工况下过热器进口始终是饱和蒸汽。所以汽包是汽包锅炉内工质加热、蒸发、过热三个过程的连接枢纽，也是这三个过程的分界点。

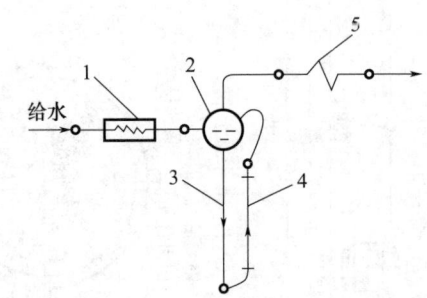

1—省煤器；2—汽包；3—下降管；4—水冷壁；5—过热器。

图 3-1-3　受热面管子和管道与汽包的连接

(2) 汽包具有一定的蓄热能力，能较快地适应外界负荷变化。汽包是一个体积庞大的金属部件，其中存有大量的蒸汽和锅水，具有一定的蓄热量。当锅炉负荷变化时，汽包通过自发释放部分蓄热量弥补输入热量的不足，或通过增加部分蓄热量吸收多余的输入热量，快速地适应外界负荷的需要。

锅炉蓄热量的变化是靠锅炉汽压的变化来实现的。例如，当外界负荷增加而燃烧未能及时跟上时，则锅炉汽压下降，对应饱和温度也下降，部分锅水会自行汽化，水温降到对应压力下的饱和温度；同时，由于锅水温度下降而使汽包金属温度高于锅水温度，金属的部分蓄热向锅水释放，进一步使锅水汽化。产生的蒸汽可以弥补炉膛蒸发量的不足，缓解汽压的下降速度。

单位压力变化引起锅炉蓄热量变化的大小称为锅炉的蓄热能力。汽包体积越大，其内部空间贮水量就越多，其蓄热能力也越大。汽包的蓄热能力越大，运行中汽压稳定性增强，锅炉快速适应外界负荷变化的能力增强，负荷调节特性就越好。

(3) 汽包内部装置可以提高蒸汽品质。由水冷壁进入汽包的汽水混合物，利用汽包内部的蒸汽空间和汽水分离元件进行汽水分离，降低离开汽包的饱和蒸汽中的水分温度。对于超高压以上的锅炉，汽包内有时还装有蒸汽清洗装置，利用给水清洗蒸汽，减少蒸汽直接溶解的盐分。此外，布置在汽包内的锅水加药、排污装置通过控制锅水含盐量来提高蒸汽品质。

（4）汽包外接附件保证锅炉工作安全。汽包外接有压力表、水位计、安全阀等附件，汽包内还布置了事故放水管等，用来保证锅炉的安全运行。

二、水冷壁

水冷壁是蒸发设备中唯一的受热面，它是由连续排列的管子组成的辐射传热平面，紧贴炉墙形成炉膛周壁。有的大容量锅炉将部分水冷壁布置在炉膛中间，两面分别吸收烟气的辐射热，形成所谓的双面曝光水冷壁。水冷壁管进口由联箱连接，出口可以由联箱连接再通过导汽管接于汽包，也可以直接连接于汽包。炉膛每侧水冷壁的进出口联箱分成数个，其个数由炉膛宽度和深度决定，每个联箱与其连接的水冷壁管组成一个水冷壁屏。

（一）水冷壁的作用

锅炉水冷壁具有以下作用：

（1）炉膛中的高温火焰对水冷壁进行辐射传热，使水冷壁内的工质吸收热量后由水逐步变成汽水混合物，完成工质的蒸发过程；

（2）在炉膛内敷设一定面积的水冷壁，大量吸收高温烟气的热量，可使炉墙附近和炉膛出口处的烟温降低到灰的软化温度以下，防止炉墙和受热面结渣，提高锅炉运行的安全和可靠性；

（3）敷设水冷壁后，炉墙的内壁温度可大大降低，保护了炉墙，且炉墙的厚度可以减小，重量减轻，简化了炉墙结构，为采用轻型炉墙创造了条件；

（4）辐射传热量与火焰热力学温度的四次方成正比，而对流传热量只与温差的一次方成正比。水冷壁是以辐射传热为主的蒸发受热面，且炉内火焰温度又很高，故采用水冷壁比用对流蒸发管束节省金属，从而使锅炉受热面的造价降低。

（二）水冷壁的类型

水冷壁管大多使用 20g 无缝钢管，有的也采用低合金钢。现代锅炉的水冷壁主要有光管式、销钉式和膜式三种类型。

1. 光管式水冷壁

光管式水冷壁是用外形光滑的管子连续排列成平面而形成的。水冷壁的结构要素有管子外径 d、管壁厚度 δ、管中心节距 s、管中心与炉墙内表面之间的距离 e，见图 3-1-4。

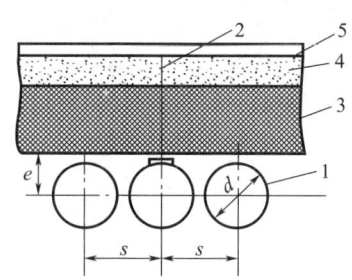

1—上升管；2—拉杆；3—耐火材料；4—绝热材料；5—外壳。

图 3-1-4　光管式水冷壁结构要素

水冷壁管子排列的紧密程度用相对管中心节距 s/d 表示。一般光管式水冷壁的 $s/d=1.05\sim1.25$。s/d 越大，管子排列越疏松，单位炉膛壁面面积的吸热量越少（但每根管子的吸热量增多），而且对炉墙的保护作用越差。s/d 较小时，情况正好与上述相反。随着锅炉容量的增大，炉膛容积成正比增大，但炉壁面积的增长较少，要保证炉膛温度不致过高造成结渣，必须增加水冷壁管的紧密程度，即选择较小的 s/d 值（一般在 $1\sim1.1$ 之间）。

管中心与炉墙内表面之间的相对距离 e/d 对水冷壁的吸热量与保护炉墙作用也有影响。e/d 较大时，炉墙内表面对管子背火面的辐射热增多，但对炉墙和固定水冷壁的拉杆的保护作用下降。e/d 较小时，情况则相反。现代锅炉水冷壁管的一半被埋在炉墙里，使水冷壁与炉墙浇成一体，形成敷管式炉墙，如图 3-1-5 所示。由于炉墙温度低，所以炉墙做得较薄，既节省了材料，又减轻了重量，还便于采用悬吊结构。

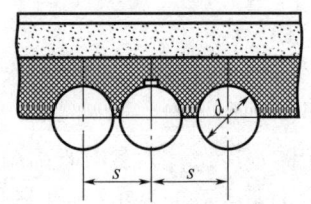

图 3-1-5 敷管式炉墙

2. 销钉式水冷壁

销钉式水冷壁是在光管水冷壁的外侧焊接上很多圆柱形长度为 $20\sim25mm$、直径为 $6\sim12mm$ 的销钉，并在有销钉的水冷壁上敷盖一层铬矿砂耐火材料，形成卫燃带，如图 3-1-6 所示。卫燃带的作用是在燃烧无烟煤、贫煤等着火困难的煤时减少着火区域水冷壁吸收热量，提高着火区域炉内温度，稳定着火和燃烧。对于液态排渣炉，由销钉式水冷壁构成的熔渣池使炉膛下部区域温度提高，便于顺利流渣。旋风炉的旋风筒内也采用销钉式水冷壁结构。销钉可使铬矿砂与水冷壁牢固地连接，并可把铬矿砂外表面的热通过销钉传给水冷壁管内的工质，降低铬矿砂的温度，防止其温度过高而烧坏。

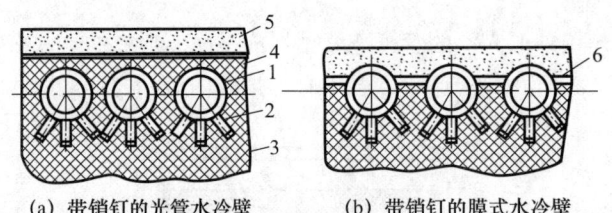

(a) 带销钉的光管水冷壁　　(b) 带销钉的膜式水冷壁

1—水冷壁管；2—销钉；3—耐火塑料层；4—铬矿沙材料；5—绝热材料；6—扁钢。

图 3-1-6 销钉式水冷壁

3. 膜式水冷壁

现代大中型锅炉普遍采用膜式水冷壁。膜式水冷壁是由鳍片管焊接而成。鳍片管有两种类型：一种是在钢厂直接轧制而成，称为轧制鳍片管，见图 3-1-7（a）；另一种是在光管之间焊接扁钢制成，称为焊接鳍片管，见图 3-1-7（b）。

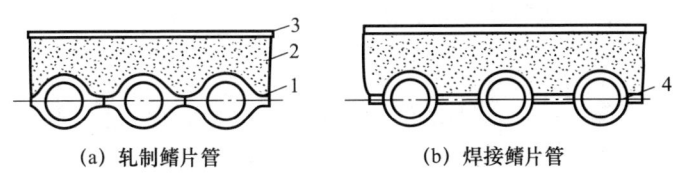

(a) 轧制鳍片管　　　　(b) 焊接鳍片管

1—轧制鳍片管；2—绝热材料；3—外壳；4—扁钢。

图 3-1-7　膜式水冷壁

目前，国产超高压锅炉都采用轧制鳍片管焊接而成的膜式水冷壁。国产亚临界压力自然循环锅炉采用焊接鳍片管膜式水冷壁，鳍片扁钢厚 6mm、宽 12.6mm。焊接鳍片膜式水冷壁结构简单，没有轧制鳍片管的制作工艺复杂，但是焊接工作量大，每根扁钢有两条焊缝，焊接工艺要求高。轧制钢鳍片管的制作工艺较为复杂。

膜式水冷壁的管间节距与锅炉压力、炉膛热负荷等因素有关，一般 s/d 为 1.2～1.5。膜式水冷壁按一定组件大小整焊成片，安装时组件与组件间焊接密封，使整个炉室形成一个长方形箱壳结构。

与其他结构形式的水冷壁相比，膜式水冷壁具有如下优点：

（1）膜式水冷壁的炉膛具有良好的气密性，适用于正压或负压的炉膛，对于负压炉膛还能大大减少漏风，提高锅炉热效率。

（2）对炉墙具有良好的保护作用。膜式水冷壁将炉墙与炉膛完全隔开，炉墙接受不到炉膛高温火焰的直接辐射，因而炉墙温度低，无须采用耐火材料，只需轻质的保温材料即可。这不仅使炉膛重量减轻很多，便于采用全悬吊结构，同时炉墙蓄热量明显减少，与采用耐火材料的光管水冷壁结构的炉墙相比，蓄热量可降低 75%～80%，加快了锅炉的启动和停运速度。

（3）在相同的炉壁面积下，膜式水冷壁的辐射传热面积比一般光管水冷壁大，因而膜式水冷壁可节约管材。

（4）膜式水冷壁可在现场成片吊装，使安装工作量大大减少，加快了锅炉安装进度。

（5）膜式水冷壁能承受较大的侧向力，增加了抗炉膛爆炸的能力。膜式水冷壁存在的缺点是制造、检修工作量大且工艺要求高。设计膜式水冷壁时必须有足够的膨胀延伸自由，还应保证人孔、检查孔、火焰观察孔等处的密封性。此外，为了防止管间产生过大的热应力而使管壁受到损坏，运行过程中要求相邻管间温差小，一般不应大于 50℃。

三、下降管

1. 下降管的作用

下降管的作用是把汽包内的水连续不断地通过下联箱供给水冷壁，以维持正常的循环。大中型锅炉的下降管布置在炉外不受热，管外包覆有保温材料。

2. 下降管的种类

下降管有小直径分散型和大直径集中型两种。小直径分散型下降管的直径一般为 108～159mm，它直接与各下联箱连接，如图 3-1-1 所示。大直径集中型下降管的直径一般为 325～762mm，大直径下降管通过下部的小直径分配支管连接至各下联箱，以达到均匀配水的目的。现代大型锅炉大多用大直径集中型下降管，它的优点是流动阻力小，有利于自然循环，并能节约钢材，简化布置。

四、联箱

联箱的作用是汇集、混合、分配工质。联箱一般布置在炉外，不受热。

联箱由无缝钢管两端焊接平封头构成，在联箱上有若干管头与管子焊接相连。水冷壁下联箱底部还设有定期排污装置、蒸汽加热装置等。

联箱材料一般采用碳钢或低合金钢，如209钢、12Cr1MoV等。

知识点二　自然循环锅炉常见故障

自然循环锅炉由于受到结构设计上的差异和实际运行工况的变化等的影响，可能发生一些使循环不正常或不安全的情况。自然循环常见故障有循环停滞和倒流、汽水分层、下降管含汽和水冷壁的沸腾传热恶化等。

一、自然循环概念

在由汽包、下降管、上升管、联箱等组成的循环回路中，水冷壁上升管在炉内吸收炉膛火焰和烟气的辐射热量，使管内的水分部分蒸发，形成汽水混合物，而下降管在炉外不受热，管内为饱和水或未饱和水。因此，下降管中水的密度大于上升管中汽水混合物的密度，在下联箱中心两侧将产生液柱的重位差，此压差推动汽水混合物沿上升管向上流动，水沿下降管向下流动。工质在循环回路中流动的动力是由其密度差产生的，而没有任何外来推动力，因此，将这种工质的循环流动称为自然循环。

设进入上升管的工质质量流量为 G（kg/s），管子的流通断面积为 A（m^2），水冷壁的实际蒸发量为 D（kg/s），工质的密度为 ρ（kg/m^3），则用于描述自然循环的几个主要概念是：

1. 质量流速 $\rho\omega$

工质流过单位流通断面积的质量流量称为质量流速，其工质可以是单相水、单相汽或汽水混合物。质量流速表示为：

$$\rho\omega = G/A \quad \text{kg}/(\text{m}^2 \cdot \text{s}) \tag{3-1-1}$$

2. 循环流速 ω_0

循环流速是指在汽包压力下饱和水流过上升管水冷壁流通断面时的流速，可表示为：

$$\omega_0 = G/A\rho \quad (\text{m/s}) \tag{3-1-2}$$

3. 质量含汽率 x

质量含汽率 x 是指汽水混合物中，蒸汽的质量流量与汽水混合物的总质量流量之比。表示为：

$$x = D/G \tag{3-1-3}$$

4. 循环倍率 K

循环倍率 K 是指进入上升管的循环水流量 G 与上升管出口的蒸汽流量 D 之比值。表示为

$$K = G/D \tag{3-1-4}$$

由于 $x = D/G$，故 K 又可表示为

$$K = 1/x \tag{3-1-5}$$

二、循环停滞和倒流

（一）循环停滞和倒流的原因

在循环回路中，当并列工作的水冷壁管受热不均匀时，受热弱的管子由于产汽量少，汽水混合物的密度大，使下降管和水冷壁内工质的密度差减小，运动压头下降，循环推动力也就减小，因而管内的工质流速降低。当管子受热弱到一定程度，工质流速接近或等于零时称为循环停滞。这时管内工质几乎不流动，所产生的少量汽泡在水中缓缓地向上浮动，热量的传递主要依靠导热，虽然管子热负荷较低，但因热量不能及时带走，管壁仍可能超温。另外，由于停滞管内的工质不断蒸发而进水量很少，长期停滞时锅水含盐浓度增大，将造成管壁结垢和腐蚀。

循环倒流发生在具有上下联箱的并列水冷壁管中受热最弱的管子里，这时原来工质向上流动的水冷壁变成了工质自上而下流动的受热下降管，此时循环流速为负值。倒流一般没有危害，只有当蒸汽向上的速度与倒流水速相近时，会使汽泡集聚、长大，形成汽塞。汽塞处的管壁可能造成管子过热或疲劳损坏。

由上可见，并列水冷壁管的受热不均匀是造成循环停滞和倒流的基本原因。而由于结构设计原因，炉内温度沿炉膛宽度和深度方向的分布是不均匀的，故水冷壁各部位的吸热也就不同。一般水冷壁中间部位的热负荷比两侧要高，尤其是燃烧器区域附近的热负荷最大，而炉角与炉膛下部受热最弱。炉内热负荷的大小与分布取决于燃烧器的布置、燃料性质、炉膛截面的形状和大小以及炉内燃烧工况等。

微课：电厂汽水循环故障

（二）防止发生循环停滞和倒流的措施

减小并列水冷壁管的受热不均匀和流动阻力，可以有效地防止循环停滞和倒流。为此，电厂锅炉在结构和布置上采取的措施如下：

1. 减小并列水冷壁管的受热不均

（1）按受热情况划分循环回路。按照每面墙上水冷壁的受热情况将水冷壁划分成 3～8 个循环回路，使每个回路中管子的受热情况和结构尺寸尽可能相近。图 3-1-8 所示为 DG-1025/18.2-Ⅱ4 型亚临界压力自然循环锅炉的循环回路，锅炉共分为 24 个循环回路，前、后、侧墙各 6 个回路。

（2）改善炉角边管的受热情况。由于炉膛四角布置的管子受热最弱，所以可在四角不布置管子，或将炉角上 3～4 根水冷壁管节距的宽度切成斜角，形成所谓的"八角炉膛"，如图 3-1-9 所示。

（3）采用平炉顶结构，使两侧墙水冷壁受热区段的高度相等，减少了受热不均。

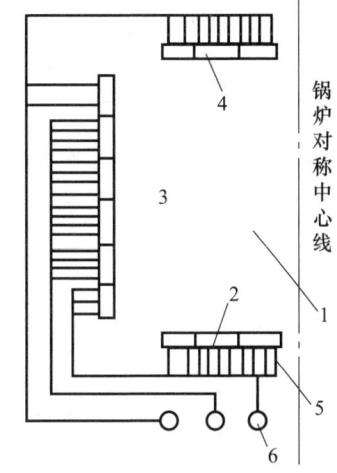

1—炉膛；2、3、4—前墙、侧墙、后墙水冷壁；
5—下降管支管；6—大直径下降管。

图 3-1-8 DG-1025/18.2-Ⅱ4 型亚临界自然循环锅炉的循环回路

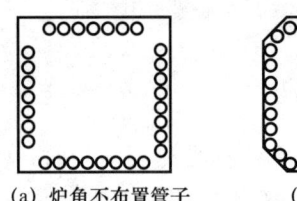
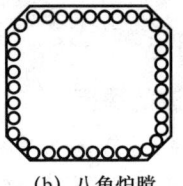

(a) 炉角不布置管子　　　(b) 八角炉膛

图 3-1-9　炉角的结构和布置情况

2. 降低循环回路的流动阻力

(1) 采用大直径集中型下降管。在保持下降管总截面积不变的条件下，采用大直径集中型下降管，可以减少下降管的流动阻力，有利于循环正常。

(2) 增大下降管截面比 A_{xj}/A_s 或汽水引出管截面比 A_{yc}/A_s。增大截面比，表示下降管或汽水引出管总截面积增大，使下降管与汽水引出管的阻力减小，有利于循环正常。

三、汽水分层

在水平或微倾斜的蒸发管中，当汽水混合物流速较低时，水将在管子下部流动，汽在管子上部流动，形成汽水分层，如图 3-1-10 所示。

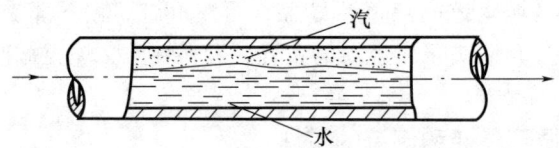

图 3-1-10　汽水分层

发生汽水分层时造成管子上下部温差热应力和上部管壁的超温、结盐，以及在汽水分界面附近因产生交变热应力而造成疲劳损坏等。汽水分层的形成与汽水混合物流速、蒸汽含量和管子内径有关。流速越低，蒸汽含量越高，管子内径越大，越容易发生汽水分层。

防止汽水分层的措施是在结构上尽可能地不布置水平或倾斜度小于 15°的蒸发管。必须采用时，则要求汽水混合物保持较高的速度，使搅动作用大于汽水的重力作用，这样就不会发生汽水分层。

四、下降管含汽

当下降管中工质含有蒸汽时，管内工质的平均密度减小，运动压头下降，循环的推动力减小。同时，因管内工质的容积流速增大，使下降管内的流动阻力增大，因此可能造成循环停滞和倒流而影响循环安全。

(一) 下降管含汽的原因

电厂锅炉下降管含汽的主要原因有旋涡斗带汽、下降管入口锅水自沸腾（汽化）、汽包内锅水含汽等。

1. 旋涡斗带汽

当下降管入口以上水位较低时，锅水在进入下降管的过程中，由于流动速度的大小和方向突然改变，在入口处将形成旋涡斗。若旋涡斗底部很深直至进入下降管时，将把汽包上部的蒸汽吸入下降管，造成下降管带汽，如图 3-1-11 所示。

旋涡斗的形成不仅与下降管入口至汽包水面的高度有很大关系，还与下降管的进口水速、管径以及汽包内锅水的水平流速等因素有关。下降管入口至汽包水面的高度越小，下降管的进口水速越高，管径越大以及汽包内锅水的水平速度越低，越容易形成旋涡斗。大型锅炉下降管内的水流速度很高，又普遍采用大直径集中型下降管，因此容易形成旋涡斗。

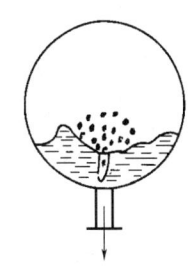

图 3-1-11　下降管入口处的旋涡斗

2. 下降管入口锅水自沸腾（汽化）

当锅水进入下降管时，由于水流速度突然增大，部分压能将转变成动能，同时下降管进口处有局部阻力，所以下降管进口处压力下降 Δp。另外，从汽包水面到下降管进口处有一段水柱高度，它所产生的重位压头将使下降管进口处压力增加 $h\rho'g$。当 $\Delta p > h\rho'g$ 时，下降管进口压力将低于汽包压力。若锅水是饱和水，则锅水在下降管入口会发生自沸腾。

3. 汽包内锅水含汽

汽包内锅水中一般或多或少会含有部分蒸汽，当蒸汽的上浮速度小于汽包中水的下降速度时，蒸汽就会被带入下降管。影响锅水含汽的主要因素有汽水混合物引入汽包的方式及下降管入口的水速。

（二）防止下降管含汽的措施

采用大直径集中型下降管，所有下降管应沿汽包长度均匀分布，并且尽可能从汽包底部引出，以降低下降管入口处水速和增加其入口处的静压力。

在下降管入口处加装栅格或十字形板，避免旋涡斗的出现，如图 3-1-12 所示。栅格的钢板有直片形和扇形两种，栅格距下降管入口应保持一定的距离，且栅格要平行于水流方向。

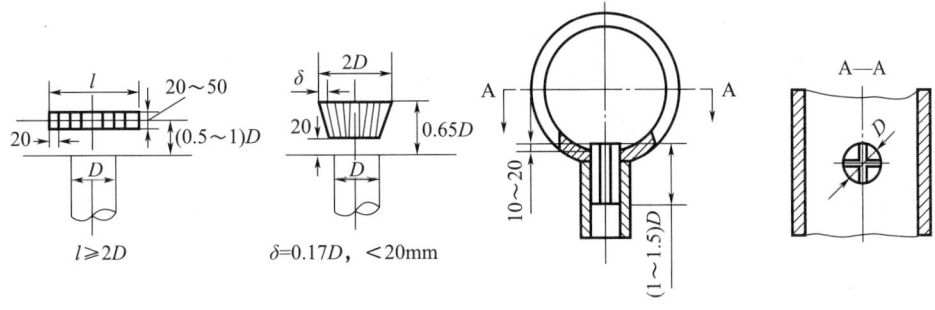

(a) 下降管入口处栅格　　　(b) 下降管入口装设十字形板

图 3-1-12　下降管入口处装置

采用分离效率高的汽水分离装置，以减小锅水中的含汽。另外，将部分给水直接引到下降管的入口，以提高下降管入口锅水欠焓，有利于减少锅水含汽。但亚临界压力的锅炉，由于蒸汽在水中的上浮速度较小，又采用大直径集中型下降管，下降管入口水速较大，所以下降管带汽很难避免。

五、沸腾传热恶化

（一）沸腾传热恶化的分类

1. 第一类沸腾传热恶化

当水冷壁管受热时，在管子内壁面上的水分开始蒸发，形成许多小汽泡，分散在液流中，如果此时管外的热负荷不大，小汽泡可以及时地被管子中心水流带走，并受到"趋中效应"的作用力，向管子中心转移，而管子中心的水不断地向壁内补充，这时的管内沸腾被称为核态沸腾。如果管外的热负荷很高，汽泡就会在管子内壁面上聚集起来，形成完整稳定的汽膜，热量通过汽膜层传到液体再产生沸腾蒸发，此时管子壁面得不到水膜的直接冷却，就会导致管壁超温，这种现象就称为膜态沸腾，也称为第一类沸腾传热恶化。在由核态沸腾向膜态沸腾开始转变的过程中，管子壁面部分被汽膜覆盖，部分仍处于汽泡沸腾，这种现象称为过渡沸腾。

亚临界压力的锅炉在高热负荷区水冷壁可能发生沸腾传热恶化。这时在管内壁上形成汽膜或接触的是蒸汽，从而使管壁的温度急剧升高，可能烧坏管子。

2. 第二类沸腾传热恶化

在蒸发管中可能发生另一类沸腾传热恶化的工况是"蒸干"，称之为第二类沸腾传热恶化。在自然循环锅炉的水冷壁中，在正常运行状态下不出现"蒸干"导致的沸腾传热恶化。在非正常运行状态下一旦出现第二类沸腾传热恶化，虽然开始时壁温并不太高，但含盐量较高的锅水水滴润湿管壁时，盐分沉积在管壁上，也会造成传热恶化。

开始发生第二类沸腾传热恶化所对应的含汽率称为临界含汽率，临界含汽率随着工作压力的上升而下降。对于超高压以下锅炉，水冷壁出口工质含汽率都低于临界含汽率，所以也不会发生第二类沸腾传热恶化。而对于亚临界压力锅炉，水冷壁出口工质含汽率也相对较大，接近临界含汽率，有可能发生第二类沸腾传热恶化。

（二）防止发生沸腾传热恶化的措施

1. 保证较高的质量流速

通过增大下降管和汽水引出管的管径和管数，减小流动阻力，可以提高水冷壁管内工质的质量流速。较高的质量流速，可减小管内工质的质量含汽率x，从而有效地推迟和防止出现沸腾传热恶化。

2. 降低受热面的局部热负荷

在炉膛上部布置屏式过热器，可降低炉膛较高区域的水冷壁吸收的火焰辐射传热强度，从而使蒸汽含量较高的上升管的热负荷下降，避免管内壁水膜被"蒸干"。

3. 采用特殊的水冷壁管内结构

使用内螺纹管、扰流子管，使流体在管内产生旋转扰动，增加边界层的水量，以增大临界含汽率，使传热恶化位置向后推移。

内螺纹管水冷壁是在管子内壁上开出单头或多头螺旋形槽道，如图 3-1-13 所示。亚临界压力自然循环锅炉的水冷壁管，大多在高热负荷区使用内螺纹管。内螺纹管抑制膜态沸腾、推迟传热恶化的机理是：由于工质受到螺纹的作用产生旋转，增强了管子内壁面附近流体的扰动，使水冷壁管内壁面上产生的汽泡可以被旋转向上运动的液体及时带走，而水流受到旋转力的作用紧贴内螺纹槽壁面流动，从而避免了汽泡在管子内壁面上的积聚所形成的"汽膜"，保证了管子内壁面上有连续的水流冷却。但内螺纹管水冷壁加工比较复杂。

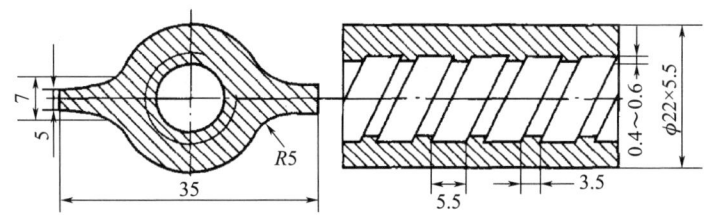

图 3-1-13　内螺纹管结构

扰流子管内有扭成螺旋状的金属片，称为扰流子。其两端固定在管壁上，并且每隔一段长度上有定位小凸缘，如图 3-1-14 所示。扰流子管与内螺纹管相比加工工艺简单，技术要求低。美国 FW 公司制造的锅炉管常采用扰流子管。

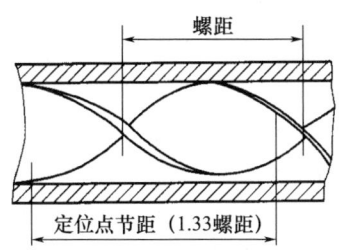

图 3-1-14　扰流子结构

知识点三　强制流动锅炉

强制流动锅炉有控制循环锅炉、直流锅炉和复合循环锅炉三种基本类型，本节主要介绍这三种锅炉的基本结构、工作原理。

一、控制循环锅炉

控制循环锅炉通常指控制循环汽包锅炉和低倍率循环锅炉两类，是由自然循环锅炉发展而成，它在循环回路的下降管上装置循环泵，因而其循环动力得到大大提高，其控制循环回路能克服较大的流动阻力。

（一）控制循环汽包锅炉

1. 控制循环汽包锅炉的工作原理

控制循环锅炉又称多次强制循环锅炉，是在自然循环锅炉的基础上发展而成的。

随着锅炉容量的增大和蒸汽参数的提高，汽、水密度差的减小，使得自然水循环的可靠性降低。为了提高回路的动力，增加水循环的安全性，在循环回路的下降管上装置循环泵，其工作原理如图 3-1-15 所示。循环回路中工质的循环是靠循环泵的提升压头和自然循环运动压头来推动的。自然循环运动压头一般为 0.05～0.1MPa，循环泵提升压头为 0.25～0.5MPa。由此可见，强制循环锅炉的循环推动力要比自然循环锅炉的大 5 倍左右。

因此循环回路能克服较大的流动阻力，并由此带来了控制循环汽包锅炉的一些特点。

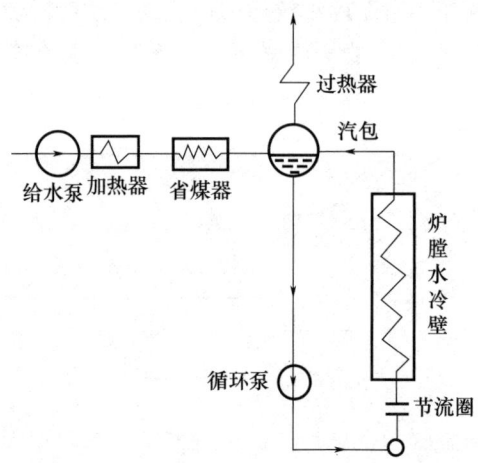

图 3-1-15　控制循环汽包锅炉的工作原理

2. 控制循环汽包锅炉的特点

与自然循环锅炉比较，控制循环锅炉的主要特点如下：

（1）水冷壁可采用较小的管径，一般为 $\phi 42mm\sim\phi 51mm$，管壁也可减薄，因此，锅炉的金属耗量少。水冷壁的布置较自由，控制循环锅炉的一部分蒸发受热面布置在烟道内，另一部分做成蛇形管对流受热面，与水冷壁并联。

（2）水冷壁管内工质质量流速较大，$\rho\omega=1000\sim 1500kg/(m^2\cdot s)$，对管子的冷却条件较好，流动阻力较大，循环倍率 K 较小，一般 $K=3\sim 4$。

（3）水冷壁下联箱的直径较大，在水冷壁的进口处装有滤网和不同孔径的节流圈，如图 3-1-16 所示。滤网的作用是防止杂物进入水冷壁管内；节流圈的作用是合理分配各并联管的工质流量，以减小水冷壁的热偏差。

（4）汽包尺寸小。由于循环倍率低，循环水量少，又因为用循环泵的压头来克服汽水分离器的阻力，所以可采用分离效果较好而尺寸较小的涡轮分离器，因此汽包尺寸比自然循环锅炉的尺寸小。

（5）控制循环可提高启动及升降负荷的速度，适用于滑压运行等。

（6）由于采用了循环泵，所以增加了设备的投资费用和运行费用。另外，循环泵长期在高温、高压下运行，需用特殊结构，且压力变动时，循环泵入口可能产生汽化，因而影响整个锅炉运行的可靠性。

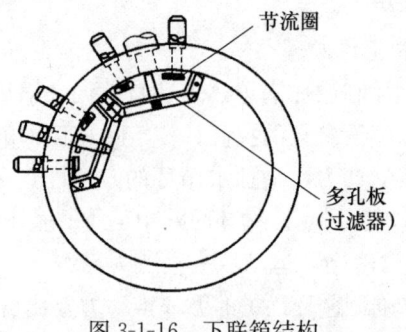

图 3-1-16　下联箱结构

3. 控制循环汽包锅炉的应用

(1) 适用范围。对中压和高压锅炉来说，采用控制循环在水冷壁受热面的布置上并未显示出有多大的好处。一般来说，汽压低于 16MPa 时，采用自然循环方式完全能保证水循环的安全可靠性。因此，此时采用自然循环可以避免因增加循环泵而带来的一系列问题。在 16~19MPa 的压力范围内，尤其对大容量锅炉，采用控制循环方式更为有利。当锅炉容量超过 500MW 时，则应在更低的压力范围内考虑采用控制循环方式。

(2) 应用实例。我国制造的控制循环汽包锅炉有 1000、2000t/h 两个等级的容量，都是采用亚临界力参数。

哈尔滨锅炉制造厂生产的配 600MW 汽轮机组亚临界压力控制循环汽包锅炉的型号为 HG-2008/186-M。锅炉主要参数为：额定蒸发量为 2008t/h，额定主蒸汽压力为 3.64MPa，主蒸汽温度为 540.6℃；再热蒸汽流量为 1634t/h，再热蒸汽进口压力为 3.86/3.64MPa，再热蒸汽的进出口温度为 315/540.6℃，设计给水温度（省煤器出口）为 278.3℃，空气预热器出口二次风温度为 314℃，锅炉排烟温度为 128℃，锅炉效率为 91.5%。

锅炉的整体结构为单炉膛Ⅱ型半露天布置，炉顶为平炉顶结构，并配以后墙上部的折焰角来改善炉内气流的流动；锅炉燃烧方式为四角双切圆燃烧，燃烧器为摆动式直流煤粉燃烧器，用以改变炉内火焰中心位置和调节再热气温。汽包布置在炉膛顶部，材料为碳钢，汽包内径为 1778mm、筒身长 25760mm，两端采用球形封头，总长 27700mm，为了减少上下壁温差，汽包内设有内夹层，其与汽包内壁形成环形汽水混合物通道。

如图 3-1-17 所示为 HG2008/186-M 型 2008t/h 亚临界压力锅炉控制循环汽包锅炉的循环回路示意图。循环回路中工质的流程为：锅水经下降管、循环泵、连接管、环形集箱进入水冷壁，在水冷壁上升、受热、蒸发形成汽水混合物，通过出口联箱经导气管引入汽包，在汽包内沿环形通道进入汽水分离器；分离出的蒸汽通过汽包顶部连接管送入过热系统进行过热；分离出来的水与给水混合后进入下降管进行再循环。

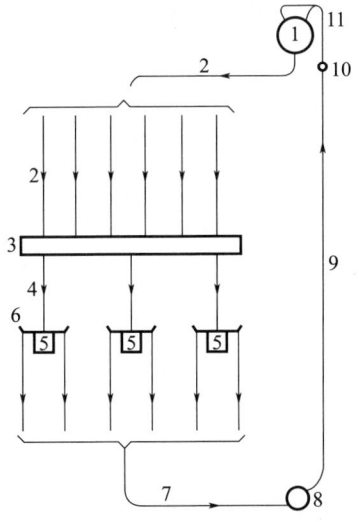

1—汽包；2—下降管；3—循环泵入口汇集集箱；4—进水管；5—循环泵；6—排放阀；
7—出水管；8—水冷壁进口联箱；9—水冷壁；10—水冷壁出口联箱；11—导汽管。

图 3-1-17　HG-2008/186-M 型锅炉控制循环回路示意

该锅炉炉膛采用气密式结构，由炉膛水冷壁、折焰角及延伸水冷壁组成。在高热负荷区的水冷壁采用螺纹管，以防止出现偏离核态沸腾。过热器系统由顶棚管、尾部包覆管、延伸侧包覆管、悬吊管、卧式低温过热器、立式低温过热器、分隔屏、后屏过热器和高温过热器组成。过热器、再热器各级之间全部采用大口径连接管，以减小侧阻力，简化炉顶布置，在分隔屏之前设置一级混合式减温器。

（二）低循环倍率锅炉

1. 低循环倍率的工作原理

低循环倍率 $K=1.5$ 左右的控制循环锅炉称为低循环倍率锅炉。低循环倍率锅炉与控制循环汽包锅炉相比，基本工作原理相似，但在结构上它没有大直径的汽包，只有置于炉外的汽水分离器，而且循环倍率 K 较低。图 3-1-18 是低循环倍率锅炉的循环系统简图。其工质的流程为：给水经省煤器与从汽水分离器分离出的饱和水在混合器内混合后，经过过滤器，进入循环泵，升压后再把水送入分配器，由分配器用连接管分别引到混合器，进行再循环，而分离出来的蒸汽引向过热器系统进行过热。

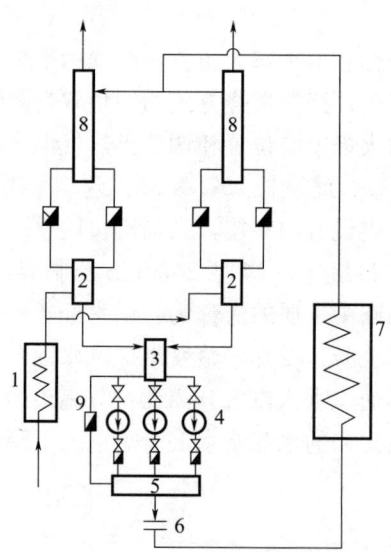

1—省煤器；2—混合器；3—过滤器；4—循环泵；5—分配器；
6—节流圈；7—水冷壁；8—汽水分离器；9—备用管路。

图 3-1-18 低循环倍率锅炉循环系统

在循环泵前装设过滤器是为了滤去管路中的杂质，使循环泵和水冷壁热负荷的分布相适应，防止管壁超温。循环泵共三台，两台运行，一台备用，布置在给水主流程上（即与给水泵是串联的），这样可以保证引到循环泵的水温总是低于饱和温度。当运行的循环泵发生故障时，备用泵立即投入运行。在切换过程中，给水通过备用管路进入分配器，不影响锅炉安全工作。

2. 低倍率循环锅炉的特点

这种锅炉中，当锅炉负荷变化时，由于循环泵的特性，水冷壁管中工质流量变化不大，如图 3-1-18 所示，所以质量流速变化也小。蒸发受热面可以采用一次上升膜式水冷壁，而且不需要用很小管径的水冷壁管来保证质量流速。由于循环流量随锅炉负荷变化不大,所以在锅炉负荷降低时循环倍率增加,流动较稳定,管壁也得到了较好的冷却。另外,水冷壁的受热面布置比较自由。

低循环倍率锅炉因循环泵产生的低压头,循环倍率低,循环水量少,可以采用直径小的汽水分离器取代汽包。由于水量少,锅炉负荷变动时水位波动较小,取消汽包成为可能,节省了钢材,减轻了汽包制造、运输的难度。由于低倍率的锅炉循环倍率大于1,水冷壁出口为汽水混合物,与一次上升直流锅炉相比,膜态沸腾传热恶化的影响程度可大为减轻。因水冷壁中工质的质量流速可根据需要选择,所以炉膛蒸发受热面可采用一次垂直上升且中间混合联箱的膜式水冷壁。垂直上升管屏中,锅炉循环倍率为1.3~1.8,而且水冷壁流动阻力不大,因而受热强的管子中的工质流量也会相应有所增加,即有一定的自补偿特性,因此一般不必在每根水冷壁管中加装节流圈。此外,由于低循环倍率锅炉的启动流量小,启动系统简化,启动时工质和热量的损失小。这种锅炉与自然循环汽包锅炉相比,没有汽包而只有汽水分离器,锅炉的启动和停运速度可加快。与控制循环汽包锅炉相比,低循环倍率锅炉循环倍率要低得多,控制循环汽包锅炉的循环倍率为3~8,而低循环锅炉的循环倍率只有1.5左右,因此循环泵的功率较小。低循环倍率的功率较小。低循环倍率锅炉便于滑压运行,适用于亚临界压力锅炉。由于低循环倍率锅炉有以上一系列优点,在国外有较好的发展,我国也有一些机组采用了这种锅炉。

但是低循环倍率锅炉也存在着两个方面的问题:一是汽水分离器的分离效率低于自然循环锅炉和控制循环汽包锅炉,其出口蒸汽有一定的温度,对受热面的布置影响较大,而且水位及气温调节较为复杂;二是需要解决长期在高温高压下运行的循环泵的安全问题。

二、直流锅炉

(一) 直流锅炉的工作原理

直流锅炉没有汽包,给水在给水泵压头的作用下,依次通过加热、蒸发、过热各个受热面,完成水加热、汽化和蒸汽过热过程,最后蒸汽过热到所给定的温度,各受热面之间并有固定的界限。在直流锅炉的蒸发受热面中,水一次全部蒸发完毕,成为干饱和蒸汽。按照循环倍率的定义,直流锅炉的循环倍率$K=1$,即在稳定流动时给水流量应等于蒸发量。由于工质的流动是靠给水泵的压头来推动的,所以在直流锅炉的所有受热面中工质都是强制流动的。

图3-1-19显示出直流锅炉的工质状态和参数的变化规律。由于流动阻力,沿受热管子长度工质压力p逐渐降低,由于工质不断吸热,工质焓h逐渐增大、比体积v逐渐增

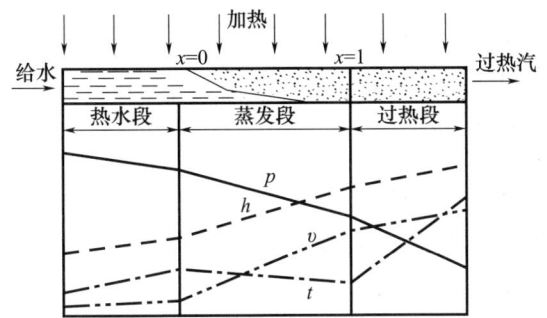

p—工质压力;h—工质焓;v—工质比体积;t—工质温度。

图3-1-19 直流锅炉的工质状态和参数的变化规律

加，温度 t 在加热段和过热段也逐渐升高。只有在蒸发段，工质温度等于该处压力下的饱和温度，但由于压力是逐渐降低的，所以饱和温度在这个阶段略有下降。

（二）直流锅炉的特点

由于直流锅炉取消了汽包，且工质在给水泵压头的作用下一次性通过各受热面，因此其特点如下。

（1）由于没有汽包，其不仅金属耗量少，而且制造、安装及运输方便。与汽包锅炉相比，同容量同参数的直流锅炉一般可节约 20%～25% 钢材，压力越高，节约的金属越多。

（2）由于没有汽包，直流锅炉的水容量及相应的蓄热能力大为降低，一般为同参数汽包锅炉的 25%～50%。因此，当负荷发生变化时，直流锅炉压力变化速度也比较快，对外界负荷变化较敏感，这就要求直流锅炉具有更灵敏的调节控制技术。

（3）由于没有汽包和汽水分离装置，直流锅炉不能连续排污，给水带入的盐类除了被蒸汽带走一部分外，其余的部分都将沉积在锅炉的受热面中。因此，直流锅炉对给水品质的要求很高。

（4）启、停速度快。由于直流锅炉没有厚壁的汽包，在启动和停炉的过程中，锅炉各部分的加热和冷却都容易达到均匀，所以启动和停炉快。冷炉点火 40～45min 即可供给额定温度和压力的蒸汽，停炉时间约需 25min。一般汽包锅炉的启动时间需要 2～5h，停炉则需要 18～24h。但在直流锅炉中则应有专门的启动旁路系统，以便在启动时有足够的水量通过蒸发受热面，保护受热面管壁不致被烧坏。

（5）适用于任何压力的锅炉。直流锅炉原则上适用于任何压力的锅炉，但对于超高压以上的锅炉更能显示出其优越性，而且在锅炉压力接近或超过临界压力时，由于汽水密度差很小或完全无差别，则不能产生自然循环，只能采用直流锅炉。

（6）受热面可自由布置。由于直流锅炉各受热面内工质的流动全部是强制流动，所以蒸发受热面可以较自由布置，不必受自然循环所必需的上升管、下降管直立布置的限制，因而容易满足炉膛结构的要求。

（7）给水泵功率消耗大。工质在直流锅炉汽水受热面中的阻力损失都是由给水泵来克服的，因此，直流锅炉要有较高的水泵压头，能耗大。

（三）直流锅炉类型

直流锅炉常按水冷壁系统的布置方式进行分类。由于直流锅炉的水冷壁管布置较自由，所以结构类型较多。图 3-1-20 给出了传统的水冷壁系统基本布置方式，它们是水平围绕管圈式、垂直管屏式和迂回管圈式三种。

水平围绕管圈式（拉姆辛型）结构如图 3-1-20（a）所示，由多根平行的管子组成管圈，沿炉膛四壁盘旋围绕上升，三面水平，一面微倾斜，或两对面水平，两对面微倾斜。早期国产 SG400/140 型直流锅炉的水冷壁采用的就是这种布置方式。

垂直管屏式（本生型）结构如图 3-1-20（b）所示，在炉膛四周布置多个垂直管屏，管屏之间用炉外管子连接。整台锅炉的水冷壁可串联成一组或几组，工质按顺序流过一组内的各管屏，组与组之间并联连接。元宝山电厂 1832t/h 亚临界压力直流锅炉采用的就是这种布置方式。

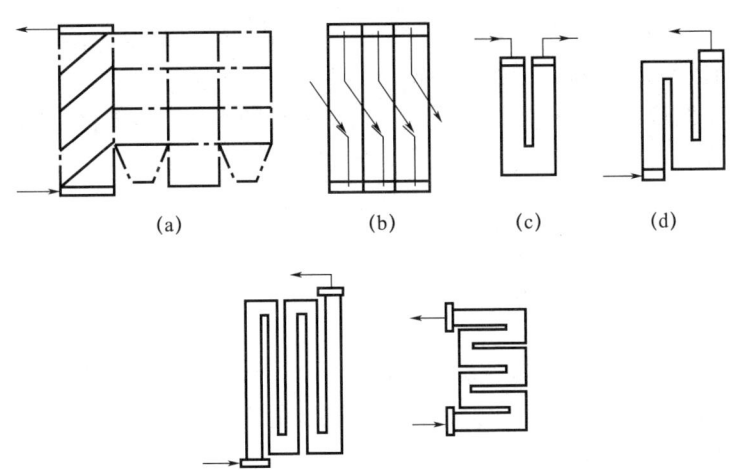

微课：直流锅炉的结构

(a) 水平围绕管圈式　(b) 垂直管屏式　(c)～(f) 迂回管圈式。

图 3-1-20　传统的直流锅炉水冷壁系统的基本布置方式

迂回管圈式（苏尔寿型）结构如图 3-1-20（c）所示，由若干平行的管子组成管带，沿炉膛内壁上下迂回或水平迂回。这种管圈式因安全性较差，已逐渐被淘汰。

现代直流锅炉的水冷壁有很大发展，目前，常见的主要有螺旋管圈式和垂直管屏式两大类。螺旋管圈式是在水平围绕管圈式基本结构的基础上发展起来的，在垂直管屏式的基础上，发展了适合大容量锅炉的一次垂直上升管屏式（UP 型）和两段垂直上升管屏式（FW 型）。

（四）螺旋管圈式直流锅炉

螺旋管圈式直流锅炉是 20 世纪 70 年代以来发展较快的一种类型，其水冷壁与冷灰斗如图 3-1-21 所示。由水冷壁管组成管带，沿炉膛周界倾斜螺旋上升。螺旋管圈式水冷壁适用于滑压运行，能使用超临界和亚临界压力，平行管热偏差小，燃料适应性广泛，还可采

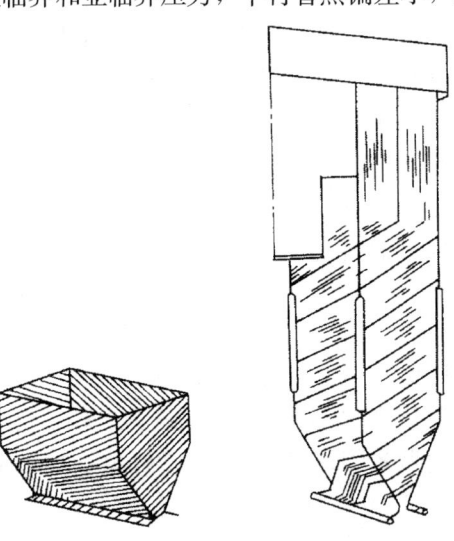

(a) 螺旋管圈式冷灰斗　　(b) 螺旋管圈式水冷壁

图 3-1-21　螺旋管圈式水冷壁与冷灰斗

用整体焊接膜式水冷壁。它的缺点是水冷壁支吊结构较复杂，制造、安装工艺要求高。

下面对螺旋管圈式直流锅炉的水冷壁及其系统进行分析。

（1）水冷壁的组成及结构。螺旋管圈式直流锅炉的水冷壁一般都由螺旋管圈和垂直管屏两部分组成。炉膛下部热负荷高，布置螺旋管圈；炉膛上部热负荷低，布置垂直管屏。螺旋管与垂直管之间的连接方式有两种类型：一种是通过联箱连接，螺旋管出口接至联箱，垂直管由联箱接出；另一种是分叉管连接。

螺旋管支吊采用均匀受载型支吊结构。这种支吊方式中，支吊点分散、均匀，避免了应力集中。

（2）水冷壁的工质质量流速。水冷壁的工质质量流速是水冷壁安全工作的重要指标。水冷壁安全性工作的最低质量流速称为界限质量流速，它与水冷壁的结构、热负荷大小等有关。为使水冷壁安全工作，水冷壁中的实际质量流速必须大于界限值，但是在全符合范围内都要满足这一条件是不合理的，故实际工件中在低负荷时要求锅炉给水流量不低于 $25\%\sim30\%MCR$。

（3）汽水分离器。螺旋管圈式直流锅炉在直流负荷以下运行或启停的过程中，水冷壁的最低质量流速是由汽水分离器及其疏水系统来实现的。疏水系统是机组启动系统的组成部分，它主要考虑在启动与停运过程中对排放工质和热量的回收。

螺旋管圈式直流锅炉采用内置式圆筒形立式旋风分离器，它在系统中位于水冷壁与过热器之间，锅炉运行时承受锅炉运行压力，在启动和低于直流最低负荷运行时，水冷壁出口为汽水混合物，在汽水分离器中进行汽水分离，分离出的蒸汽直接进入过热器，过热器过热蒸汽受热面固定不变。当进入直流负荷运行时，汽水分离器入口已是过热蒸汽，汽水分离器处于干式运行状态，只起到通道作用。

三、复合循环锅炉

（一）复合循环锅炉的工作原理

复合循环锅炉是由直流锅炉和控制循环锅炉联合发展起来的一种新型锅炉。在稳定工况下，直流锅炉水冷壁内的工质流量等于蒸发量。随着锅炉负荷的降低，水冷壁内工质流量按比例减少，而炉膛热负荷下降缓慢。为保证水冷壁管得到足够的冷却，直流锅炉的最低负荷因此受到限制，最低负荷一般为额定负荷的 $25\%\sim30\%$。如果要保证低负荷时水冷壁管内的质量流速和管壁的安全，则在额定负荷时水冷壁管内工质的质量流速必然很高，从而导致汽水系统阻力过大，给水泵能量消耗很大，垂直一次上升管屏必须采用小直径管子，这都属于不利情况。另外，在锅炉启动时为保护水冷壁，管内工质流量也要维持在额定负荷的 $25\%\sim35\%$，从而使得启动系统的管道和设备庞大复杂，工质和热量损失也很大。

为了克服纯直流锅炉以上的不足及适应超临界压力应用的需要，在 20 世纪 60 年代产生了复合循环锅炉。图 3-1-22 为复合循环锅炉的再循环系统示意图。它与直流锅炉的基本区别是在省煤器和水冷壁之间连接循环泵、混合器、止回阀、分配器和再循环管。它可使部分工质在水冷壁中进行再循环。按工质循环的负荷范围不同，复合循环锅炉分为全负荷复合循环锅炉和部分负荷复合循环锅炉两种。再循环泵可以安装在给水流程中，与给水泵成串联布置，也可安装在再循环管路上，与给水泵成并联布置。在串联系统中,再循环泵吸入的工质是给水和锅水的混合物,温度低于饱和温度,有利于泵的安全工作,因此,这种连接方式被广泛采用。

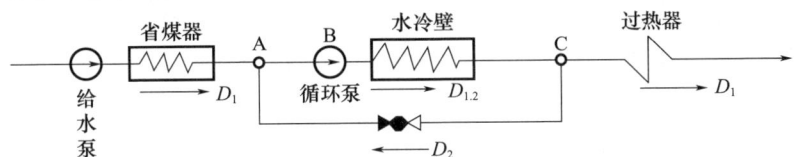

图 3-1-22　复合循环锅炉的再循环系统示意

(二) 复合循环锅炉的工作特点

与直流锅炉相比,复合循环锅炉有如下特点:

(1) 由于水冷壁管壁温度工况由再循环得到可靠的保证,可选用较大直径的水冷壁管和采用垂直一次上升管屏而不必装中间混合联箱,也不需在局部热负荷较高的区域采用加工困难和流动阻力大的内螺纹管,因此结构简单可靠。

(2) 由于再循环使流经水冷壁管的工质流量增大,所以额定负荷时的质量流速可选得低些,以减少流动阻力和水泵能耗。

(3) 锅炉的最低负荷可降到额定负荷的 5% 左右,启动旁路系统可按额定负荷的 5%～10% 设计,既减少设备投资又减少启动时的工质和热量损失。

(4) 再循环工质使水冷壁进口工质的焓提高,工质在蒸发管内焓增减少,有利于减少热偏差和提高管内工质流动的稳定性。

(5) 循环泵长期在高温高压下工作,制造工艺复杂,且技术性能要求高。另外,循环泵要消耗一定量的电能,致使机组运行费用增加。

(6) 锅炉在低负荷范围内运行时,工质流量变化小,温度变化幅度小,减小了热应力,有利于改善锅炉低负荷运行时的条件。

(7) 不仅应用于超临界压力锅炉,而且应用在亚临界压力锅炉上。亚临界压力复合循环锅炉的汽水系统,除有混合器外还设有汽水分离器。由于汽水分离器断面不大,水位波动大,所以给水调节比较困难。

知识点四　蒸汽净化

蒸汽品质对汽轮机、锅炉等热力设备的安全经济运行有很大影响,尤其是高参数及以上的热力设备,对蒸汽品质提出了极为严格的要求。为此,自然循环锅炉采取了各种蒸汽净化措施,以保证蒸汽品质合格。

一、蒸汽污染的危害和对蒸汽品质的要求

电厂锅炉生产的蒸汽除必须符合设计规定的压力和温度外,同时还必须要求蒸汽品质良好。蒸汽品质通常指的是蒸汽清洁度,常用单位质量的蒸汽中含有的杂质来衡量,其单位用 $\mu g/kg$ 或 mg/kg 表示。蒸汽中所含的杂质绝大部分为各种盐类,所以蒸汽中的杂质含量多用蒸汽中含盐量来表示。

(一) 蒸汽污染对电厂热力设备的危害

电厂锅炉产生的蒸汽,如果盐分含量高,清洁度差,会引起汽轮机、锅炉等热力设备结盐垢,从而给锅炉和汽轮机的安全运行带来很大的危害。

以一台400t/h的电厂锅炉为例，假如每kg蒸汽含有1mg的盐分，运行5000h后，携带出来的盐分总量将达到2000kg。这些盐分随蒸汽流经过热器、蒸汽管道及阀门、汽轮机的通流部分并沉积下来，将会引起很大的问题。如盐垢沉积在过热器管壁上，将影响传热。轻则使蒸汽吸热量减少，排烟温度升高，锅炉效率降低；重则使管壁温度超过金属允许的极限温度使管子烧坏。如盐垢沉积在蒸汽管道的阀门处，可能引起阀门动作失灵以及阀门漏气；如沉积在汽轮机的通流部分，会使蒸汽通流截面减小，喷嘴和叶片的粗糙度增加，甚至改变喷嘴和叶片的形线，从而使汽轮机的阻力增加，出力和效率降低，此外，还将使汽轮机轴向推力和叶片应力增加，如汽轮机转子积盐不均匀，会引起机组振动，造成事故。

由此可见，蒸汽含盐过多，对锅炉、汽轮机等热力设备的安全经济运行的影响很大，因此，必须对蒸汽品质提出严格的要求。在运行中，必须有严格的化学监督，以保证蒸汽品质符合规定。对于直流锅炉只需监督过热蒸汽；对于汽包炉，饱和蒸汽和过热蒸汽都要监督。

（二）对蒸汽品质的要求

为了保证锅炉、汽轮机等热力设备的长期安全经济运行，我国《火力发电机组及蒸汽动力设备水汽质量》（GB 12145—2016）对蒸汽的含盐量提出了明确要求，见表3-1-2。从表中可以看出，监督的主要项目是含钠量和含硅量。

表3-1-2 蒸汽品质标准

炉型	压力（MPa）	钠（$\mu g/kg$）		二氧化硅（$\mu g/kg$）
		磷酸盐处理	挥发性处理	
汽包炉	3.82～5.78	凝汽式发电厂≤15 热电厂≤20		≤20
	5.88～18.62	≤10	≤10*	
直流炉	5.88～18.62	≤10*		

* 争取标准为≤$5\mu g/kg$。

含钠量：蒸汽中的盐类一般以钠盐为主，所以可通过测量蒸汽含钠量以监督蒸汽的含盐量。表3-1-2中规定的蒸汽含钠量的允许值，是根据我国电厂长期运行经验制定的。

含硅量：蒸汽中含有的硅酸化合物会沉积在汽轮机内，形成难溶于水的二氧化硅的附着物，难于用湿蒸汽清洗法除掉，对汽轮机的安全经济运行有很大影响。因此，含硅量也是蒸汽品质的主要监督项目之一。国内电厂的实践表明，蒸汽中硅酸化合物的含量（以二氧化硅表示）小于表3-1-2所列数值时，基本上可以防止汽轮机内沉积二氧化硅的附着物。

从表3-1-2可以看出，工作压力小于5.8MPa的汽包炉的热电厂与同参数的凝汽式发电厂相比，允许的蒸汽含盐量要大一些，这是因为供热式汽轮机内的积盐量少些，所以蒸汽含盐量可以高些。

从表3-1-2还可以看出，蒸汽压力越高，对蒸汽品质的要求也越高。这是由于蒸汽压力提高时，蒸汽的比容减小，使汽轮机的通流截面相对减小，所以叶片上少量盐分的沉积，都将使汽轮机的出力和效率降低很多，还将导致汽轮机轴向推力增加，危及机组安全运行。

二、蒸汽污染的原因

蒸汽被污染的原因是由于进入锅炉的给水中含有杂质。给水进入锅炉汽包以后，由于在蒸发受热面中不断蒸发产生蒸汽，给水中的盐分会浓缩在炉水中，使炉水含盐浓度大大超过给水含盐浓度。炉水中的盐分是以两种方式进入蒸汽中的：一是饱和蒸汽带水，也称蒸汽的机械携带；二是蒸汽直接溶解某些盐分，也称蒸汽的选择性携带。在中、低压锅炉中，由于盐分在蒸汽中的溶解能力很小，所以蒸汽的清洁度取决于蒸汽带水；在高压及以上的锅炉中，盐分在蒸汽中的溶解能力大大增加，因而蒸汽的清洁度取决于蒸汽带水和蒸汽溶盐两个方面。

下面就蒸汽带水和蒸汽溶盐的原因及影响因素加以分析。

（一）饱和蒸汽带水

蒸汽带水的含盐量，取决于携带水分的多少及炉水含盐量的大小，其关系可用下式表示，即：

$$S_q^s = \omega S_{ls}/100 \tag{3-1-6}$$

式中 S_q^s——蒸汽带水的含盐量，mg/kg；

ω——蒸汽湿度，是表示蒸汽中所带炉水质量占蒸汽质量的百分数，%；

S_{ls}——炉水的含盐量，mg/kg。

影响蒸汽带水的主要因素为锅炉负荷、蒸汽压力、蒸汽空间高度和炉水含盐量。

1. 锅炉负荷

锅炉负荷增加时，由于产汽量增加，一方面进入汽包的汽水混合物动能增大，从而导致大量的锅水飞溅，使生成的细小水滴增多，另一方面汽包蒸汽空间的汽流速度增大，带水能力增强，这些都会使蒸汽湿度增大，蒸汽品质恶化。

在锅水含盐量一定时，蒸汽湿度与锅炉负荷的关系可用下式表示：

$$\omega = AD^n \tag{3-1-7}$$

式中 A——与压力和汽水分离装置有关的系数；

n——与锅炉负荷有关的指数。

式（3-1-7）的关系可用图 3-1-23 表示。

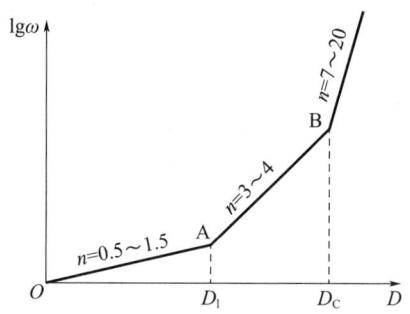

图 3-1-23 蒸汽湿度与锅炉负荷的关系

从图中可以看出，随着锅炉负荷的增加，蒸汽湿度增大。但是蒸汽湿度的增加存在着三种不同的情况：在 A 点之前，蒸汽湿度随负荷增加而增加的数值较小，蒸汽携带的只是细小水滴；在 A 点之后，由于蒸汽上升速度增大，除了细小水滴外蒸汽还携带了一些较大直径的水滴,蒸汽湿度增加较快;到 B 点之后,由于水面波动较大,蒸汽空间高度减小,蒸汽湿度急剧增大,蒸汽品质恶化。一般将 B 点对应的蒸汽负荷称为临界负荷,用 D_{lj} 表示。显然,锅炉在运行过程中,为了保证蒸汽品质符合要求,锅炉最大负荷应小于临界负荷,即 $D < D_{lj}$。现代电厂汽包锅炉,蒸汽湿度一般不允许超过 0.1%,而第二负荷区域(A-B 负荷区域)对应的蒸汽湿度为 0.03%~0.2%,故一般应工作在第二负荷区的前半段。锅炉临界负荷和允许的工作负荷($\omega \leqslant 0.1\%$ 的工作负荷)通过热化学试验确定。

2. 蒸汽压力

蒸汽压力越高,汽水的密度差越小,使汽水分离越困难,导致蒸汽带水能力增加;同时,蒸汽压力升高,饱和温度相应升高,水分子的热运动增强,分子相互间的引力减小,使水的表面张力减小,汽泡容易破碎成细小的水滴。因此蒸汽压力越高,蒸汽越容易带水,锅炉在运行中,当压力急剧降低时,也会影响蒸汽带水。因为压力急剧降低时,相应的饱和温度也降低,水冷壁和汽包中的水以及其金属都会放出热量,产生附加蒸汽,使汽包水容积膨胀,水位升高,同时穿过水面的蒸汽量也增多,造成蒸汽大量带水,蒸汽湿度急剧增大,蒸汽品质恶化。

3. 蒸汽空间高度

蒸汽空间高度对蒸汽带水也有影响,空间高度很小时,蒸汽不仅能带出细小的水滴,而且能将相当大的水滴带进汽包顶部蒸汽引出管,使蒸汽带水增多。随着蒸汽空间高度的增加,由于较大水滴在未达蒸汽引出管高度时,便失去自身的速度落回水面,从而使蒸汽湿度迅速减少。但是,当蒸汽空间高度达 0.6m 以上时,由于被蒸汽带走的细小水滴不受蒸汽空间高度的影响,所以蒸汽湿度变化就很平缓,甚至到达 1m 以上时,蒸汽湿度几乎不变化。所以采用过大的汽包尺寸,对汽水分离并无必要,反而增加金属耗量。

为了保证汽包有足够的蒸汽空间高度,通常汽包的正常水位应在汽包中心线以下 100~200mm 处。锅炉正常运行时,水位应保持在正常水位线±50~75mm 范围内波动,因为水位过高,会使蒸汽空间高度减小,使蒸汽湿度增加。此外,水位过高,当负荷突然增加或压力突然降低时,都将导致虚假水位出现,使水位猛涨。因此,在运行中应注意监视水位,以防止蒸汽大量带水。

4. 炉水含盐量

蒸汽湿度与炉水含盐量的关系如图 3-1-24 所示。当炉水含盐量在最初一段范围内提高时,蒸汽湿度不变。但由于炉水含盐量增多,蒸汽含盐量也相应有所增加。

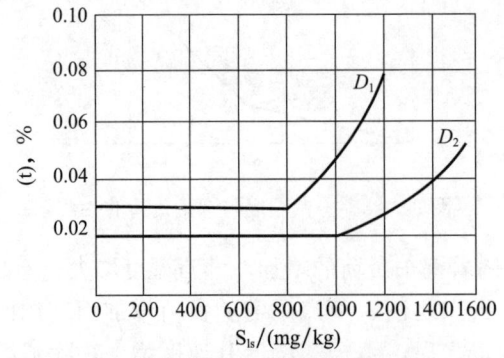

图 3-1-24 蒸汽湿度与炉水含盐量的关系($D_1 > D_2$)

当炉水含盐量增大到某一数值时,将使蒸汽带水量急剧增加,从而使蒸汽含盐量猛增。这时的炉水含盐量称为临界炉水含盐量。出现临界炉水含盐量的原因是由于炉水含盐量增加,特别是炉水碱度增强,会使炉水的黏度增大,使汽泡在汽包水容积中的含汽量增多,促使汽包水容积膨胀。此外,炉水含盐量增加,还将使水面上的汽泡水沫层增厚。这些原因都将使蒸汽空间的实际高度减小,使蒸汽带水量增加。

不同负荷下的临界炉水含盐量是不同的。锅炉负荷越高,临界炉水含盐量越低。临界炉水含盐量除与锅炉负荷有关外,还与蒸汽压力、蒸汽空间高度、炉水中的盐质成分以及汽水分离装置等因素有关。由于影响因素较多,故对具体锅炉而言,其临界炉水含盐量应通过热化学试验确定,并应使实际炉水含盐量远低于临界炉水含盐量。

(二)蒸汽的溶盐

1. 高压蒸汽溶盐原因及影响因素

高压蒸汽不同于中低压蒸汽的一个很重要的性质,就是不论饱和蒸汽或过热蒸汽,都具有溶解某些盐分的能力,而且随着压力的增加,直接溶解盐分的能力增加。高压蒸汽之所以能直接溶解盐类,主要是因为随着压力提高,蒸汽的密度不断增大,同时饱和水的密度相应降低,蒸汽的密度逐渐接近于水的密度,所以蒸汽的性质也越接近于水的性质,水能溶解盐类,则蒸汽也能直接溶解盐类。同时,在相同条件下,蒸汽对各种盐类的溶解能力又是不同的,而且差别很大。也就是说,高压蒸汽的溶盐具有选择性。

高压蒸汽的溶盐量,可用下式表示,即:

$$S_q^{rj} = a \, S'_{ls}/100 \tag{3-1-8}$$

式中 S_q^{rj} ——某种盐分在蒸汽中的溶解量,mg/kg;

S'_{ls} ——某种盐分在炉水中的含量,mg/kg。

a 为溶解系数,它表示溶解于蒸汽中的某种盐分含量与此种盐分在炉水中的含量的比值百分数,其大小与蒸汽压力和盐的种类有关,试验表明,它们存在如下关系:

$$a = (\rho''/\rho')^n \tag{3-1-9}$$

式中 ρ'、ρ'' ——饱和水与饱和蒸汽的密度,随着压力增大,ρ' 减小,而 ρ'' 增大,所以 ρ''/ρ' 增大;

n ——溶解指数,与盐的种类有关。

2. 蒸汽溶盐的特点

(1)蒸汽溶盐能力随压力的升高而增强。随着蒸汽压力的升高,饱和蒸汽和饱和水的密度差减小,汽与水的性质越接近,溶解系数 a 增大,当达到临界压力时,则 $a=100\%$。

(2)蒸汽溶盐具有选择性。在相同条件下蒸汽对不同盐类的溶解能力不同,而且差别很大,即溶解系数 a 差别很大。这是由于不同的盐类,其溶解指数不同造成的。根据溶解系数 a 的大小,可将锅水中的盐分分为三类:

第一类盐分为硅酸(SiO_2、H_2SiO_3、H_2SiO_5、H_4SiO_4 等),其溶解系数最大,在蒸汽中的溶解能力也就最强。当压力为 8MPa、pH=7 时 $a_{SiO_3^{2-}}=0.5\sim0.6$,而在一般情况下机械携带 $\omega=0.01\sim0.03$,即蒸汽溶解性携带比机械携带大 20~50 倍。可见蒸汽溶解硅酸是高压及以上压力蒸汽污染的主要原因。

第二类盐分为氯化钠($NaCl$)、氯化钙($CaCl_2$)和氢氧化钠($NaOH$)等。虽然它们的溶解系数要比硅酸小得多,但在超高压以上时,其溶解系数也能达到相当大的数值。例如 NaCl，在压力为 11MPa 时，$a_{NaCl} = 0.0006$；在压力为 15MPa 时，$a_{NaCl} = 0.06$，相当于机械携带的 1~5 倍。一般当压力大于 14MPa 时就必须考虑第二类盐分的溶解携带。

第三类盐分为一些难溶于蒸汽的盐分，如硫酸钠（Na_2SO_4）、硫酸钙（$CaSO_4$）、硫酸镁（$MgSO_4$）、硅酸钠（Na_2SiO_3）、磷酸钠（Na_3PO_4）和磷酸钙等。它们的溶解系数很低，只有当压力大于 20MPa 时，才考虑第三类盐分的溶解携带。

（3）过热蒸汽也能溶解盐分。能够溶于饱和蒸汽的盐，也能溶于过热蒸汽中。综合上述，汽包锅炉溶解的盐分主要是第一类盐硅酸，到超高压或亚临界压力除考虑蒸汽溶解硅酸外，还应考虑第二类盐分的溶解携带，而对汽包锅炉，第三类盐分一般不会溶解在蒸汽中。

（三）提高蒸汽品质的基本途径

由以上分析知，要获得清洁度很高的蒸汽，必须降低饱和蒸汽带水，减少蒸汽中的盐和降低炉水含盐量。

为了降低饱和蒸汽带水，应建立良好的汽水分离条件和采用完善的汽水分离装置，目前高压以上锅炉汽包内装有的汽水分离装置有内旋风分离器、百叶窗分离器及均汽孔板等；为了减少蒸汽中的溶盐，可适当控制炉水碱度及采用蒸汽清洗装置；为了降低炉水含盐量，可采用提高给水品质、进行锅炉排污及分段蒸发等方法。

三、汽包内部装置

汽包内部装置主要由汽水分离装置和蒸汽清洗装置组成。

（一）汽水分离装置

汽水分离装置的任务是要把蒸汽中的水分尽可能地分离出来，以提高蒸汽品质。

汽水分离装置一般利用以下基本原理进行工作：重力分离，利用汽与水的质量差进行自然分离；惯性分离，利用气流改变方向时的惯性进行分离；离心分离，利用气流旋转运动时所产生的离心力进行分离；水膜分离，使水粘附在金属壁面上形成水膜流下并进行分离。在实际的汽水分离设备中，一般不是简单地利用上述某一原理，而是综合利用，两种或几种原理来实现汽水分离。

汽包内的汽水分离过程，一般分为两个阶段：一是粗分离阶段（一次分离阶段），其任务是消除汽水混合物的动能，并进行初步的汽水分离，使蒸汽的湿度降到 0.5%~1%；二是细分离阶段（二次分离阶段），其任务是将蒸汽的水分进一步做分解，使蒸汽湿度降低到 0.01%~0.03%。

为了保证蒸汽品质符合规定，对汽水分离设备的主要要求是：一是分离效果要好（即分离效率要高）；二是尽可能地降低汽水混合物的动能，以减少汽包水面的波动和水滴的飞溅；三是均衡汽包内的蒸汽流速，避免流速过高，以便充分利用自然分离作用。

微课：汽包的结构

目前我国电厂锅炉采用的汽水分离装置有进口挡板、旋风分离器、波形板分离器、顶部多孔板等，下面分别就其结构和工作原理作介绍。

1. 进口挡板

进口挡板也称导向挡板，当汽水混合物引入汽包的蒸汽空间时，可在其管子进入汽包处装设进口挡板,作用是使汽水混合物动能被消耗,速度降低。同时,汽水混合物从板间流出来时,由于转弯和板上的水膜粘附作用,从而使蒸汽中的水滴分离出来,以达到粗分离的目的。为了避免在分离过程中汽流将水滴打碎和挡板上形成的水膜撕破使蒸汽二次带水影响分离效果,装设进口挡板时应注意以下几点:挡板与汽流间的夹角不应大于 45°;管子出口的汽水混合物流速不应太高,对于中压锅炉应小于 3m/s,对于高压锅炉为 2~2.5m/s;挡板出口处的气流速度,对于中压锅炉为 1~1.5m/s,对于高压锅炉应小于 1m/s;管口至挡板的距离不应小于 2 倍管径。

2. 旋风分离器

旋风分离器是一种效果很好的粗分离装置,它被广泛应用于大、中型锅炉。

旋风分离器有内置式和外置式两种,装置在汽包内的叫作内置式旋风分离器,装置在汽包外的叫作外置式旋风分离器,以内置式旋风分离器为最常用。

内置式旋风分离器构造如图 3-1-25 所示,它由筒体、波形板分离器顶帽、底板、导向叶片和溢流环等部件组成。其工作原理是:汽水混合物由连接罩切向进入分离器筒体后,在其中产生旋转运动,依靠离心力作用进行汽水分离,分离出来的水分被抛向筒壁,并沿筒壁流下,由桶底导向叶排入汽包水容积中,蒸汽则沿筒体旋转上升,经顶部的波形板分离器径向流出,进入汽包的蒸汽空间。其次,蒸汽在筒体内向上流动的过程中,由于重力作用有一部分水分从蒸汽中分离出来,由筒体下部进入水容积中。此外,蒸汽通过波形板分离器时,也有一些水分被分离出来,经其出口落入水容积中。

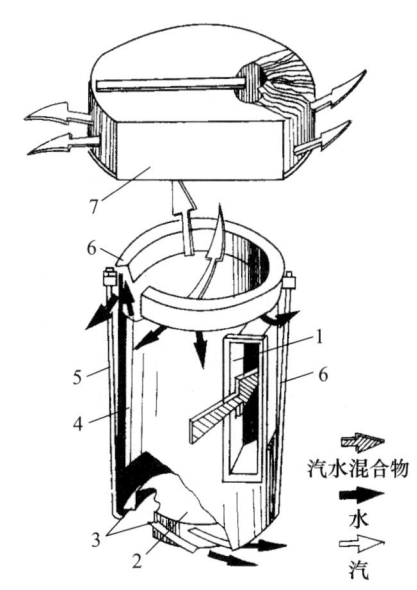

1—连接罩;2—底板;3—导向叶片;4—筒体;5—拉杆;
6—溢流环;7—波形板分离器顶帽。

图 3-1-25 内置式旋风分离器

由于汽水混合物的旋转,筒体内的水面将呈现漏斗形状,贴在上部筒壁的只是一层水膜,为了避免上升的蒸汽从这层薄水膜中带出水分,在筒体顶部装有溢流环,溢流环与筒体的间隙既要保证水膜顺利溢出,又要防止蒸汽从此窜出。

为了防止蒸汽从筒的下部穿出并使水缓慢平稳地流入筒体下部水室，在筒体下部装有由圆形底板与导向叶组成的筒底。

导向叶虽能使水平稳注入汽包水空间，但不能消除水的旋转运动。为了得到稳定汽包水位，在汽包内布置旋风分离器时，常采用左旋与右旋交错布置，以互相消除动能。

为了使筒体分离出来的蒸汽平稳地引入气空间，在筒体顶部装有波形板分离器，用来增加分离器蒸汽端的阻力，以便蒸汽沿径向均匀引出并使各旋风分离器的蒸汽负荷分布比较均匀，同时蒸汽在曲折的波形板间通过时，使水分得到进一步分离。

为了提高内置旋风分离器的分离效果，应采用较高的汽水混合物入口速度和较小的筒体直径。但过高的汽水混合物入口速度又会使阻力过大，对水循环不利，故一般推荐：中压锅炉汽水混合物入口速度为5~8m/s，高压和超高压锅炉汽水混合物入口速度为4~6m/s。而过小的筒体直径，会使布置的台数增多，安装检修不便，一般采用的筒体直径为260、290、315、350mm。不同尺寸的内置旋风分离器的允许出力推荐值见表3-1-3。

表 3-1-3　旋风分离器的允许出力推荐值　　　　　　　　　　单位：t/h

旋风分离器直径（mm）	汽包压力 4.3MPa	汽包压力 10.78MPa	汽包压力 14.7MPa
260	2.5~3.0	4.0~5.0	—
290	3.0~3.5	5.0~6.0	7.0~7.5
315	3.5~4.0	6.0~7.0	8.0~9.0
350	4.0~4.5	7.0~8.0	9.0~11.0

内置旋风分离器的主要优点有：

（1）消除并有效地利用汽水混合物的动能；

（2）汽水混合物进入旋风分离器后，分离出来的蒸汽不从汽包水容积中通过，因此不致引起汽包水容积膨胀，故允许在炉水含盐浓度较高的情况下工作；

（3）沿汽包长度均匀布置，使气流分布较均匀，避免局部蒸汽流速较高的现象发生；

（4）不承受内压力，因而可用薄钢板制成，加工容易，金属耗量小。

但是，内置旋风分离器由于装在汽包内，其高度受到限制，所以它的分离效果不能得到充分发挥，故一般把它作为粗分离设备与其他设备配合使用。同时，由于内置旋风分离器的单只出力受汽水混合物入口流速和蒸汽在筒内上升速度的限制，故需旋风分离器的数量多，使汽包内阻塞程度大，给拆装、检修带来不便。

3. 波形板分离器

汽水混合物进入汽包经粗分离设备进行分离以后，较大水滴已被分离出去，但细小水滴因其质量小，难以用重力和离心力将其从蒸汽中分离出去。特别是当汽包内装有清洗设备时，蒸汽经过清洗水层还会带出一些水滴，这些水滴因上部蒸汽空间高度减小，自然分离作用减弱，很难从蒸汽中分离出来。因此现代锅炉广泛采用波形板分离器作为蒸汽的细分离设备。

波形板分离器也称百叶窗分离器，它是由密集的波形板组成的，每块波形板的厚度为1~3mm，板间距离约10mm，组装时应注意板间距离均匀。它的工作原理是汽流通过密集的波形板时，由于汽流转弯时的离心力将水滴分离出来，粘附在波形板上形成薄薄的水膜,靠重力慢慢向下流动,在板的下端形成较大的水滴落下。

波形板分离器可分为水平布置(卧式布置)和立式布置两种。水平布置时水流和汽流方向平行,立式布置时水流和汽流方向垂直。

波形板分离器内蒸汽流速不宜过高,否则会将水膜撕破,降低分离效果。因此对水平布置的波形板分离器,其蒸气流速:中压锅炉不大于0.5m/s;高压锅炉不大于0.2m/s;超高压锅炉不大于0.1m/s。对于立式波形板分离器,其蒸气流速可以为卧式波形板分离器的1.5~2倍。

4. 顶部多孔板

顶部多孔板也称均汽板,它装在汽包上部蒸汽出口处,如图3-1-26所示。其目的是利用板孔的节流作用,使蒸汽负荷分布均匀。

顶部多孔板由3~4mm厚的钢板制成,孔径一般为6~10mm。为了使蒸汽空间的汽流上升速度均匀,从而改善分离效果,蒸汽穿孔速度不应过低,对于中压锅炉蒸汽穿孔速度为8~12m/s,对于高压锅炉蒸汽穿孔速度为6~8m/s,对于超高压锅炉蒸汽穿孔速度为4~6m/s。

顶部多孔板和波形板分离器的配合使用,为了避免流经多孔板的高速气流将分离出来的水分吸走,要求多孔板与波形板分离器之间的距离一般至少保持20~25mm。多孔板的位置应尽量提高,以增加汽包的有效分离空间。

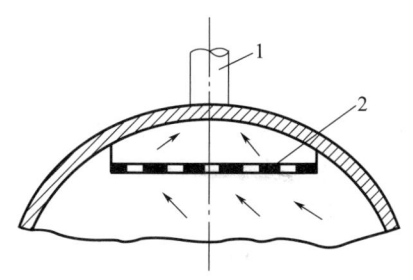

1—蒸汽引出管;2—顶部多孔板。

图3-1-26 顶部多孔板

(二)蒸汽清洗装置

蒸汽清洗装置的任务是要降低蒸汽中的溶盐,尤其是应注意降低蒸汽中的溶解硅酸以改善蒸汽的品质。目前我国高压以上锅炉广泛采用给水清洗蒸汽的方法来降低蒸汽中溶解的盐分。

溶于饱和蒸汽的硅酸量取决于同蒸汽接触的水的硅酸含量和硅酸的溶解系数,压力一定时,溶解系数为常数。因此,要想减少蒸汽中溶解的硅酸,就只有设法降低同蒸汽接触的水的硅酸含量,采用给水清洗蒸汽的方法以达到这一目的。

蒸汽清洗的基本原理是让含盐量低的清洁给水与含盐量高的蒸汽接触,使蒸汽中溶解的盐分转移到清洁的给水中,从而减少蒸汽溶盐,同时,又能使蒸汽携带炉水中盐分转移到清洗的给水中,从而降低蒸汽的机械携带含盐量,使蒸汽品质得到了改善。

目前我国广泛采用起泡穿层式清洗装置,其形式有两种:钟罩式,如图3-1-27(a)所示;平孔板式,如图3-1-27(b)所示。

微课：蒸汽清洗
装置及原理

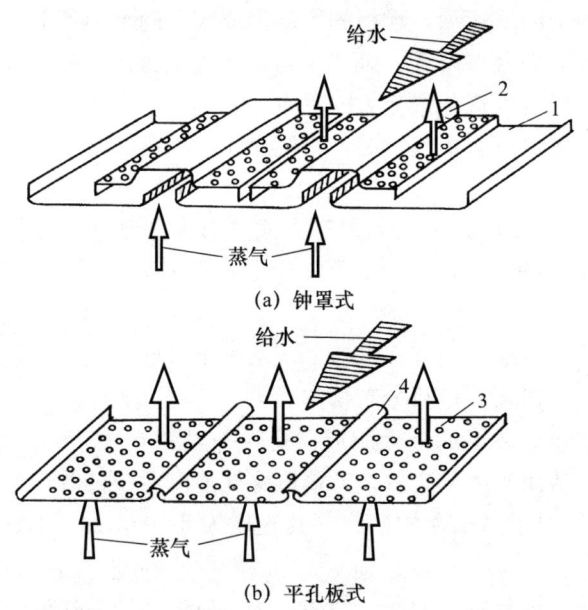

1—底盘；2—孔板顶罩；3—平孔板；4—"U"形卡。

图 3-1-27　穿层式清洗装置

现代超高压锅炉多采用平孔板式穿层清洗装置。它的结构如图 3-1-27（b）所示。它由若干块平孔板组成，相邻两块平孔板之间装有"U"形卡。在平孔板的四周焊有溢流挡板，以形成一定厚度的水层。平板用 2～3mm 的薄钢板制成，其上钻有许多 5～6mm 的小孔，开孔数应根据所要求的孔中蒸汽流速大小而定。

蒸汽自下而上通过孔板，由清洗水层穿出，进行起泡清洗。给水均匀分配到孔板上，然后通过挡板溢流到汽包水室，清洗板上的水层靠一定的蒸汽穿孔速度将其托住。

平孔板式穿层清洗装置结构简单，阻力损失小，有效清洗面积大，清洗效果也很好。唯一缺点是锅炉在低负荷下工作时，清洗水会从孔板的小孔中漏下，出现干孔板区，高负荷时又不至于造成大量带水，对于高压和超高压锅炉，蒸汽的穿孔速度推荐为 1.3～1.6m/s。

蒸汽清洗的效果主要与清洗水的品质、清洗水量、水层厚度等因素有关。

（1）清洗水越干净，清洗过程中的物质交换也越强烈，清洗效果也就越好。

（2）给水可以全部作为清洗水，也可以部分作为清洗水，而另一部分可直接进入汽包水室。目前超高压以上锅炉一般采用 40%～50% 的给水作为清洗水。

（3）清洗水层厚度对蒸汽清洗效果也有影响。当水层厚度太薄时，由于蒸汽与清洗水的接触时间短，清洗不充分而使清洗效果变差。但过厚的水层厚度对清洗效果的改善并不显著，一般水层厚度以 50～70mm 为宜。

（三）高压和超高压锅炉汽包内部装置

高压和超高压锅炉典型汽包内部装置及其布置如图 3-1-28 所示。它是由内置旋风分离器、蒸汽清洗装置、百叶窗分离器、顶部多孔板等组成，内置旋风分离器沿整个汽包长度分前后两排布置在汽包中部，每两个旋风分离器共用一个联通箱，且其旋向相反。

旋风分离器上部装有平孔板型蒸汽清洗装置,配水装置布置在清洗装置的一侧或中部。布置于清洗装置一侧的为单侧配水方式(见图 3-1-28);布置于清洗装置中部的为双侧配水装置,清洗水来自锅炉给水。平孔板型蒸汽清洗装置的上部装有百叶窗分离器和顶部多孔板。除上述设备外,汽包内还装有连续排污管、炉内加药管、事故放水管、再循环管等。

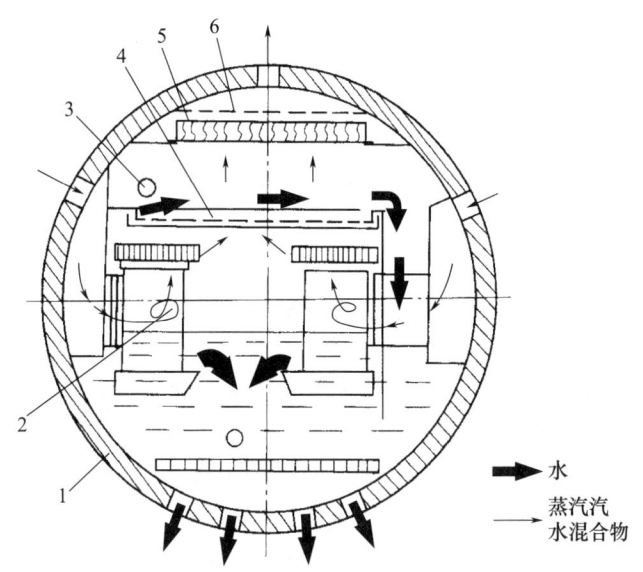

1—汽包壁;2—旋风分离器;3—清洗水配水装置
4—蒸汽清洗装置;5—波形板;6—顶部多孔板。

图 3-1-28 典型汽包内部装置

微课:蒸汽旋风分离器原理

微课:定期排污

微课:连续排污

从上升管进入汽包的汽水混合物先进入联通箱,然后沿切线方向进入内置旋风分离器进行汽水分离。被分离出来的水从桶底导向叶排出,被分离出来的蒸汽上升经立式波形板分离器顶帽进入汽包的有效分离空间。被初步分离后的蒸汽,经汽包的有效分离空间均匀地由下而上通过上部平孔板型蒸汽清洗装置,进行起泡清洗。清洗后的蒸汽,最后顺次经过波形板(百叶窗)分离器和顶部多孔板,使蒸汽得到进一步分离后,均匀地从汽包引出。

四、锅炉排污

锅炉排污是控制炉水含盐量、改善蒸汽品质的重要途径之一。排污就是将一部分炉水排除,以便保持炉水中的含盐量和水渣在规定的范围内,以改善蒸汽品质并防止水冷壁结水垢和受热面腐蚀。

锅炉排污可分为定期排污和连续排污两种。

定期排污的目的是定期排除炉水中的水渣,所以定期排污的地点应选在水渣积聚最多的地方,即水渣浓度最大的部位,一般是在水冷壁下联箱底部。定期排污量的多少及排污的时间间隔主要视给水品质而定。

连续排污的目的是连续不断地排除一部分炉水,使炉水含盐量和其他水质指标不超过规定的数值,以保证蒸汽品质,所以连续排污应从炉水含盐浓度最大部位引出。一般炉水含盐浓度最大的部位位于汽包蒸发面附近，即汽包正常水位线以下 200～300mm 处。连续排污主管布置在汽包水的蒸发面附近，主管上沿长度方向均匀地开有一些小孔或槽口，排污水即由小孔或槽口流入主管，然后通过引出管排走。

排污量与额定蒸发量的比值称为排污率，即：

$$p = \frac{D_{PW}}{D} \times 100\% \tag{3-1-10}$$

式中　p——排污率；

　　　D_{PW}——排污量；

　　　D——锅炉额定蒸发量。

对于凝汽式电厂，其最大排污率为 2%，最小排污率取决于炉水含盐量的要求，一般不得小于 0.5%。

任务小结

（1）锅炉按工质循环动力可以分为自然循环锅炉和强制流动锅炉。

水和汽水混合物在锅炉蒸发设备的循环回路中连续流动的过程，称为锅炉水循环。锅炉蒸发设备的水循环，分为自然循环和强制循环两种基本形式。依靠工质的密度差而产生的循环流动，称为自然循环。借助水泵压力使工质循环流动，称为强制循环。

（2）锅炉的蒸发设备由汽包、下降管、联箱、水冷壁管、导汽管等组成。汽包由筒身和封头构成，筒身有等厚壁和不等厚壁结构；下降管分为小直径分散下降管和大直径集中下降管两类；水冷壁是蒸发系统中唯一的受热面，它有光管式、膜式、销钉式和内螺纹式等形式。大型锅炉多采用不等壁厚结构汽包、大直径集中下降管、膜式水冷壁。

（3）自然循环工作可靠性指标有循环流速和循环倍率。

循环流速是指在循环回路中，按工作压力下饱和水密度折算的上升管入口处的水流速。它直接反映了管内流动的工质将管外传入的热量和所产生的汽泡带走的能力。

循环倍率是指在循环回路中，进入上升管的水量 G 与上升管出口产生的蒸汽量 D 之比。循环倍率的倒数是质量含汽率 x。K 越大，x 越小，则上升管出口工质中水的份额越大，管壁水膜越稳定，循环越安全。但 K 过大，将使 ω 减小，不利于循环的安全。

（4）自然循环故障及提高安全性的措施。

循环停滞和倒流发生在受热弱的上升管中，并列水冷壁管的受热不均匀是造成循环停滞和倒流的基本原因。在结构和布置上防止停滞和倒流的措施有：减小并列水冷壁管的受热不均和降低循环回路的流动阻力。

汽水分层发生在汽水混合物流速较低的水平或微倾斜的蒸发管中。防止措施有：尽可能不布置水平或倾斜度小于 15°的蒸发管，或保持较高的速度。

造成下降管含汽的主要原因有：旋涡漏斗带汽，下降管入口锅水自汽化及汽包内锅水含汽等。结构上的防止措施有：下降管尽可能从汽包底部引出并在入口处加装栅格或十字形板，采用大直径集中下降管，将省煤器来的部分给水直接送到下降管进口附近的区域，采用分离效率高的汽水分离装置。

（5）强制流动锅炉又有控制循环锅炉、直流锅炉和复合循环锅炉三种基本形式。

控制循环锅炉与自然循环锅炉的结构基本相似，只是在下降管上装置了循环泵，这样循环回路内工质流动是靠下降管和水冷壁内汽水混合物的密度差产生的压力差以及循环泵的压头来推动的。循环泵工作的可靠性将直接影响锅炉运行的安全性。低循环倍率锅炉因循环泵产生的低压头，循环倍率低，循环水量少，可以采用直径小的汽水分离器取代汽包。

直流锅炉在结构上的最大特点是没有汽包。原理是给水一次顺序完成加热、蒸发和过热的全部过程。蒸发受热而有水平围绕管圈式、垂直管屏式和迂回管圈式三种基本形式。

复合循环锅炉是在直流锅炉和控制循环锅炉的基础上发展形成的，它分为部分负荷复合循环和全部负荷复合循环两种。

（6）蒸汽污染的根源是给水含盐，污染的直接原因是蒸汽带水和蒸汽溶盐。锅炉蒸汽净化的方法有：采用汽水分离来减少蒸汽带水；采用蒸汽清洗来减少蒸汽溶盐；采用排污排出部分含盐浓度大的锅水或不溶的水渣和软质沉淀物，以维持锅水一定的品质。

任务二　过热器与再热器

过热器与再热器是现代锅炉的重要组成部分，它们的作用是提高电厂循环热效率。提高蒸汽初温可提高电厂循环热效率，但蒸汽初温的进一步提高受到金属材料耐热性能的限制，过热器和再热器受热面金属温度是锅炉各受热面中的最高值，其出口汽温对机组安全经济运行有十分重要的影响。过热器、再热器设计与运行的主要原则有：

（1）防止受热面金属温度超过材料的容许使用温度；
（2）过热器与再热器温度特性好，在较大的负荷范围内能通过调节维持额定汽温；
（3）防止受热面管束积灰和腐蚀。

知识点一　过热器与再热器的形式和结构

一、过热器与再热器的作用

过热器将饱和蒸汽加热成具有一定温度的过热蒸汽，并且在锅炉变工况运行时，保证过热蒸汽参数在允许范围内变动；再热器将汽轮机高压缸的排汽加热成具有一定温度的再热蒸汽，并且在锅炉变工况运行时，保证再热蒸汽参数在允许范围内变动。

提高蒸汽初压是提高电厂循环效率的另一途径，但过热蒸汽压力的进一步提高受到汽轮机排汽湿度的限制，因此为了提高循环效率且减少排汽湿度，采用再热器成为必然。过热器与再热器在热力系统中的位置如图 3-2-1 所示。过热器出口的过热蒸汽又称为主蒸汽或一次汽，由主蒸汽管送至汽轮机高压缸。高压缸的排汽由低温蒸汽管道送至再热器，经再一次加热升温到一定的温度后，返回汽轮机的中压缸和低压缸继续膨胀做功。

蒸汽再热有一次再热和二次再热之分，后者就是蒸汽在汽轮机内做功过程中经过两次蒸汽再热。目前，我国超高压及以上压力的大容量机组大多采用一次中间再热系统，近年来国内已有多台超超临界机组采用二次再热系统，再热蒸汽压力为过热蒸汽压力的20%左右，再热蒸汽温度通常与过热蒸汽温度相同。

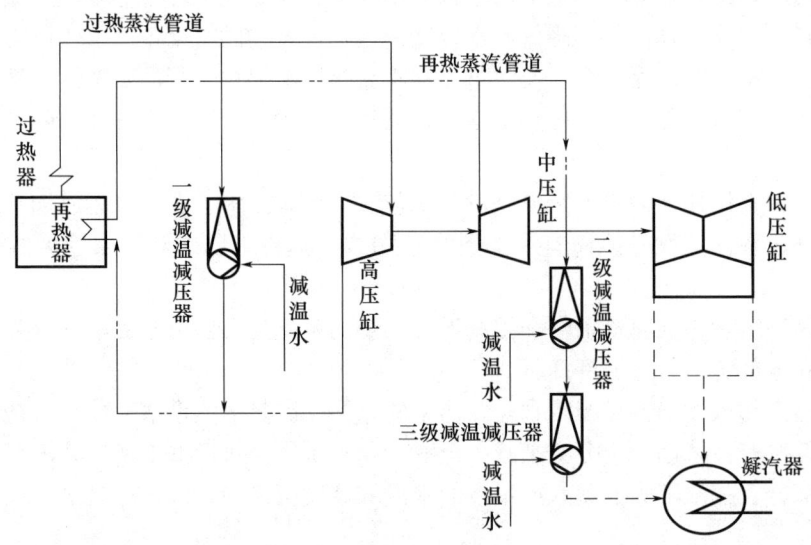

图 3-2-1　过热器与再热器在热力系统中的位置

二、过热器与再热器的形式和结构

过热器有多种结构形式，现在一般按照受热面的传热方式分类，分为对流式、辐射式及半辐射式三种形式。高压以上的大型锅炉大多采用辐射式、半辐射式与对流式多级布置的联合型过热器，如图 3-2-2 所示。过热器的蒸汽高温段采用对流式，低温段采用辐射型或半辐射式，以降低受热面管壁钢材温度。再热器实际上相当于中压蒸汽的过热器。但再热蒸汽比一般中压蒸汽温度高很多。再热器以对流式为主，并位于高温对流式过热器之后烟气温度较低处，因为再热蒸汽压力较低、蒸汽密度小，放热系数较低，蒸汽比热也较小，受热面管壁金属温度比过热器更高。有些锅炉的部分低温蒸汽段再热器采用辐射式，布置在炉膛上部吸收炉膛的辐射热。

微课：过热器与
再热器的形式

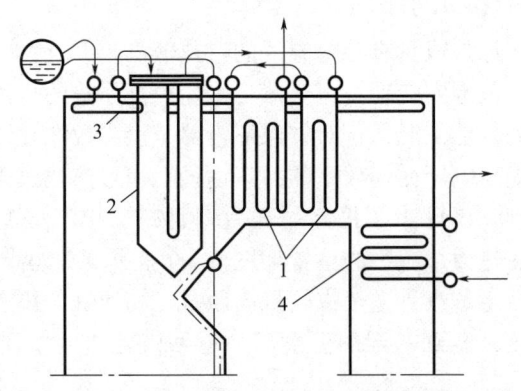

1—对流式过热器；2—屏式过热器；3—顶棚过热器；4—再热器。

图 3-2-2　过热器与再热器的布置

(一)对流式过热器

布置在锅炉对流烟道中,主要以对流传热方式吸收烟气热量的过热器,称为对流式过热器。一般采用蛇形管式结构,即由进出口联箱连接许多并列蛇形管构成,如图3-2-2所示。蛇形管一般采用外径为32~63.5mm的无缝钢管。300MW机组锅炉的过热器管径为51~60mm,其壁厚由强度计算确定,一般为3~9mm。管子选用的钢材取决于管壁温度,低温段过热器可用20号碳钢或低合金钢,高温段常用15CrMo或12CrlMoV,高温段出口甚至需用耐热性能良好的钢研102或Ⅱ11等材料。

1. 流动方式

对流式过热器根据烟气与管内蒸汽的相对流动方向,可分为顺流、逆流、双逆流和混合流四种方式。

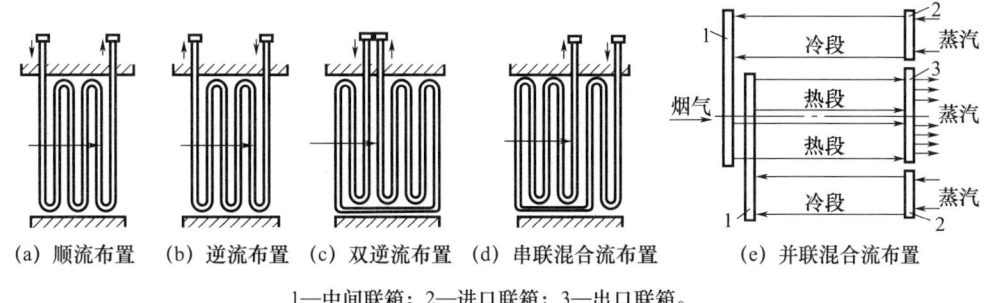

(a) 顺流布置　(b) 逆流布置　(c) 双逆流布置　(d) 串联混合流布置　(e) 并联混合流布置

1—中间联箱;2—进口联箱;3—出口联箱。

图3-2-3 对流式过热器按烟气与蒸汽相对流向布置的方式

顺流布置的对流式过热器如图3-2-3(a)所示,其蒸汽温度高的一端处在烟气的低温区,故管壁温度较低,管子安全性好。但顺流布置的平均传热温差最小,传热性能较差,吸收同样的热量需要的受热面最大,不经济。因此,顺流布置常用在过热器的高温级。

逆流布置的对流式过热器如图3-2-3(b)所示,其平均传热温差最大,传热性能最好,吸收同样的热量需要的受热面最小,经济性好。但蒸汽温度高的一端正处在烟气的高温区,故管壁温度较高,管子安全性差。因此,逆流布置常用在低温级。

双逆流和混合流布置的对流式过热器如图3-2-3(c)~(e)所示,既利用了逆流布置传热性能好的优点,又将蒸汽温度的最高端避开了烟气的高温区,从而改善了蒸汽高温端管壁的工作条件。在现代高参数大容量锅炉中,高温对流式过热器作为整个过热器系统中的最后一级,有的还采用了两侧逆流、中间顺流的并联混合流布置方式。

2. 放置方式

对流式过热器在锅炉烟道内有立式与卧式两种放置方式。蛇形管垂直放置时称为立式布置,立式布置对流式过热器都布置在水平烟道内。蛇形管水平放置时称为卧式布置方式,卧式布置对流式过热器布置在垂直烟道内。下面分析两种放置方式的特点。

立式过热器的支吊结构比较简单,它用多个吊钩把蛇形管的上弯头钩起,整个过热器被吊挂在吊钩上,吊钩支承在炉顶钢梁上,立式过热器通常布置在炉膛出口的水平烟道中,如图3-2-4所示。

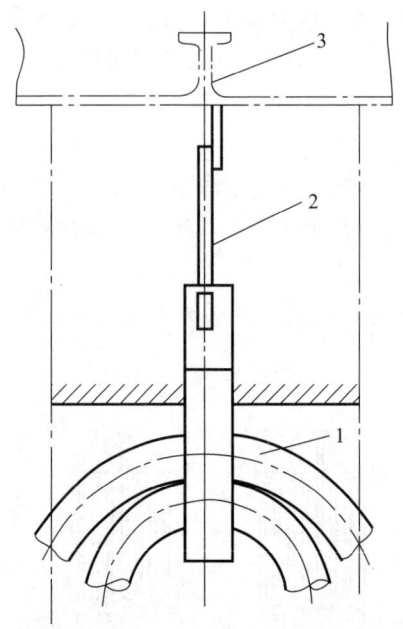

1—过热器蛇形管上弯头；2—吊钩；3—炉顶钢梁。

图 3-2-4 立式过热器的支吊结构

卧式过热器的支吊结构比较复杂，蛇形管支承在定位板上，定位顶板与底板固定在有工质冷却的受热面（如省煤器出口联箱引出的悬吊管）上，悬吊管垂直穿出炉顶墙通过吊杆吊在锅炉顶钢梁上，卧式过热器通常布置在尾部竖井烟道中。

立式过热器的支吊结构不易烧坏，蛇形管不易积灰，但是停炉后管内存水较难排出，升温时由于通汽不畅易导致管子过热。卧式过热器在停炉时蛇形管内存水排出简便，但是容易积灰。

3. 蛇形管束结构

对流式过热器受热面由很多并联蛇形管组成，蛇形管在高参数大容量锅炉中采用较大的管径，有 51mm、54mm、57mm 等规格。壁厚由强度计算决定，通常为 3～9mm。对流式过热器的蛇形管有顺列和错列两种排列方式。在其他条件相同时，错列管的传热系数比顺列管的高，但管间易结渣，吹扫比较困难，同时支吊也不方便。国产锅炉的过热器，一般在水平烟道中采用立式顺列布置，在尾部竖井中则采用卧式错列布置。目前，大容量锅炉的对流管束趋向于全部采用顺列布置，以便于支吊，避免结渣，减轻磨损。

蛇形管的管径与并联管数应满足蒸汽质量流速要求。由于锅炉宽度的增加落后于锅炉容量的增加，大容量锅炉为了使对流式过热器与再热器有合适的蒸汽流速，常做成双管圈、三管圈甚至更多管圈，以增加并联管数，如图 3-2-5 所示。

通过对流式过热器的烟气流速由防止受热面的积灰、磨损、传热效果和烟气流动压力等因素决定。烟气流速与煤的灰分含量、灰的化学成分组成与颗粒物理特性等有关，还与锅炉形式、受热面结构有关。选取合理的烟气流速，既有较好的传热效果，又能防

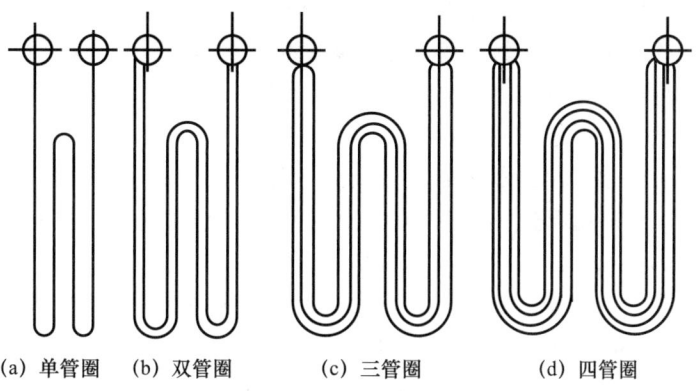

(a) 单管圈 (b) 双管圈 (c) 三管圈 (d) 四管圈

图 3-2-5 蛇形管的管圈数

止受热面的磨损和积灰。为了防止管束积灰，额定负荷对流受热面的烟气流速不宜低于 6m/s；为了防止磨损，应限制烟气流速的上限。在靠近炉膛出口烟道中，烟气温度较高，灰粒较软，受热面的磨损不明显，煤粉炉可采用 10～14m/s 的流速；当烟气温度降至 600～700℃以下时，灰粒变硬，磨损加剧，烟气流速不宜高于 9m/s。

（二）辐射式过热器

布置在炉膛内，以吸收炉膛辐射热为主的过热器，称为辐射式过热器。在高参数大容量再热锅炉中，蒸汽过热及再热的吸热量占的比例很大，而蒸发吸热所占的比例较小。因此，为了在炉膛中布置足够的受热面以降低炉膛出口烟气温度，就需要布置辐射式过热器。在大型锅炉中布置辐射式过热器对改善气温调节特性和节省金属消耗是有利的。

辐射式过热器的布置方式很多，有布置在水冷壁墙壁上的壁式过热器；布置在炉膛、水平烟道和垂直烟道顶部的炉顶（或顶棚）过热器；布置在炉膛上部靠近前墙的前屏过热器（图 3-2-6）；此外，在垂直烟道和水平烟道的两侧墙上布置了大量贴墙的包墙管（包覆管）过热器。

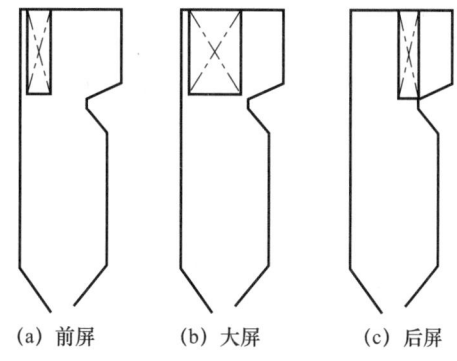

(a) 前屏 (b) 大屏 (c) 后屏

图 3-2-6 屏式过热器的类型

壁式过热器的管子通常是垂直地布置在炉膛四壁的任一墙面上；可以仅布置在炉膛上部，也可以按一定的宽度沿炉膛全高度布置；可以集中布置在某一区域，也可以与水冷壁管子间隔排列。

现在大型锅炉广泛采用平炉顶结构，全炉顶上布置顶棚管式过热器，吸收炉膛及烟道内的辐射热量。水平烟道、转向室及垂直烟道的周壁也都布置包墙管过热器，称之为包墙管过热器。包墙管过热器由于贴墙壁的烟气流速极低，所吸收的对流热量很少，主要吸收辐射热，故亦属于辐射过热器。

壁式过热器、炉顶过热器及包墙管过热器一般都采用膜式受热面结构，使整个锅炉的炉膛、炉顶及烟道周壁都由膜式受热面包覆，简化了炉墙结构，使炉墙重量减轻，并减少了炉膛烟道的漏风量。过热器膜式受热面的管径、鳍片宽度及金属材料等由受热面的热负荷、蒸汽在管内流动的质量流速、管壁金属工作温度等通过计算确定。壁式过热器一般选用内径40mm左右的管子作受热面。

（三）半辐射式过热器

由图3-2-6可知，屏式过热器有前屏、大屏及后屏三种。大屏或前屏过热器布置在炉膛前部，屏间距较大，屏数较少，吸收炉膛内高温烟气的辐射传热量。后屏过热器布置在炉膛出口处，屏数相对较多，屏间距相对较小，它既吸收炉膛内的辐射传热量，又吸收烟气冲刷受热面时的对流传热量，故又称半辐射过热器。半辐射过热器的热负荷很高，特别是各并列的管束结构尺寸和受热条件差异较大，管间壁温可能相差80~90℃，往往成为锅炉安全运行的薄弱环节，除采取与辐射式过热器相类似的安全措施外，烟速应控制在5~6m/s左右。

三、再热器的形式和结构

与过热器一样，再热器按照传热方式分为对流式再热器、辐射式再热器和半辐射式再热器三种基本形式。

对流式再热器的结构与对流式过热器结构相似，也是由许多并列的蛇形管和进、出口联箱组成。对流再热器布置在高温对流式过热器之后的烟道中。对流式再热器也有高温对流式再热器和低温对流式再热器两种。高温对流式再热器一般采用立式、顺流布置在水平烟道内；低温对流式再热器一般采用卧式、逆流布置在垂直烟道内。

辐射式再热器一般采用墙式，布置在炉膛上部的前墙和两侧墙的上前侧，由于受热面热负荷较大，因此多作为低温再热器。

半辐射式再热器则采用屏式，一般串联布置在后屏过热器之后。

在超高压锅炉中一般只采用对流式再热器；在亚临界及以上压力的锅炉中则多采用"墙式辐射式再热器—屏式半辐射式再热器—对流式再热器"多级串联组合式再热器。图3-2-7所示为亚临界压力2008t/h汽包锅炉的过热器、再热器系统结构及布置。

考虑再热器工作特性，其结构特点设计如下：

（1）为降低流速，以减小流动阻力，再热器采用大管径、多管圈结构。其管径一般为42~63mm，管圈数为5~9圈，甚至更多。

（2）尽量减少中间混合与交叉流动，以减小再热系统压降。

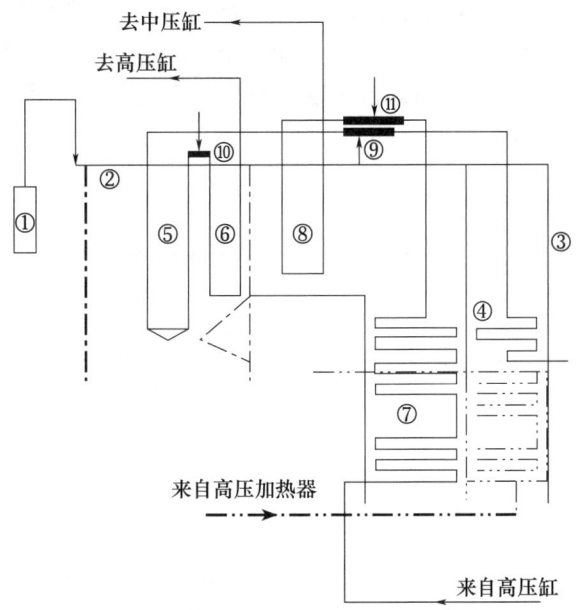

①—汽水分离器；②—顶棚式过热器；③—包墙管过热器；④—低温过热器；⑤—屏式过热器；
⑥—末级过热器；⑦—低温再热器；⑧—高温再热器；⑨—过热器一级减温器；
⑩—过热器二级减温器；⑪—再热器减温器。

图 3-2-7 过热器、再热器系统结构及布置

知识点二 热偏差

微课：热偏差

一、热偏差的基本概念

过热器与再热器以及锅炉其他受热面都是由许多并列管组成的，由于并列管的热负荷和工质流量大小不同，结构也不完全一致，所以并联各管的工质焓增也就不同。这种管组中个别管的焓增偏离管组平均焓增的现象，称为热偏差。偏差管的焓增与管组的平均焓增的比值称为热偏差系数，用 φ 表示，则：

$$\varphi = \frac{\Delta h_P}{\Delta h_0} \tag{3-2-1}$$

显然，热偏差是由于并列工作管子的吸热不均匀、结构不均匀和流量不均匀造成的。并列管间受热面间的结构不均匀差异除屏式过热器外，一般很小，所以造成热偏差的主要原因是并列管热负荷不均匀与工质流量不均匀。对于过热器和再热器而言，热负荷较大而蒸汽流量较小的那些管子的热偏差最大。

二、热偏差产生的原因

热负荷不均匀和工质流量不均匀是热偏差产生的原因，热负荷不均匀反映的是并列管烟气侧分配热量的情况，而流量不均匀反映的是并列管工质侧带走热量的情况，二者共同构成吸热不均匀，也就是热偏差。

（一）热负荷不均匀

热负荷不均匀由炉内温度场与烟气速度场的不均匀造成，而在锅炉设计、安装和运行中均可能形成这种不均匀。

锅炉炉膛很宽，炉膛四壁通常都布置有水冷壁，烟气温度场与速度场存在不均匀，炉膛中部的烟温和烟速比炉壁附近的高，在炉膛出口处的对流对热气沿宽度的热负荷不均匀系数 η_q 一般达 1.2～1.3。沿烟道宽度方向热负荷的分布如图 3-2-8 所示，烟气温度场和速度场仍保持中间高、两侧低的分布情况。

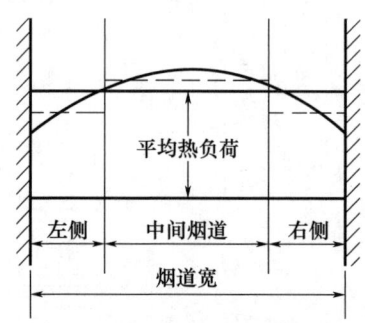

图 3-2-8　沿烟道宽度的热负荷分布曲线

对流过热管排间的横向节距不均匀时，在个别蛇形管片间具有较大的烟气流通截面，称为烟气走廊。该处烟气流速快，加强了对流传热量，烟气走廊还具有较大的烟气辐射层厚度，加强了辐射传热量，因此烟气走廊中的受热面热负荷不均匀系数较大。

屏式过热器在接受炉膛的辐射热中，同一屏各排管的角系数沿着管排的深度不断减小，如图 3-2-9 所示。因此，屏式过热器各排管的热负荷有很大的区别，面对炉膛的第一排管，角系数较大，热负荷最高。

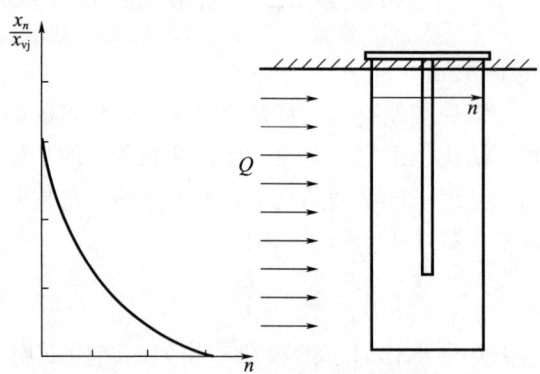

图 3-2-9　屏管角系数沿管排深度的变化

在锅炉燃烧器采用四角布局时，在炉膛内会产生旋转的烟气流，在炉膛出口处，烟气仍有旋转，两侧的烟温与烟速存在较大区别，烟温差可达 100℃ 以上，即所谓的"扭转残余"。烟气流的扭转残余不均匀。

此外，运行中炉膛中火焰偏斜，各燃烧器负荷不对称，煤粉与空气流量分布不均匀，炉膛结渣和积灰等，都会引起并联管壁面热负荷偏差。

（二）流量不均匀

影响管内工质流量不均匀的主要因素是管圈进出口压降、工质密度、阻力特性等。

1. 管圈进出口压降

在过热器进出口联箱中,蒸汽引入、引出的方式不同,各并列管圈的进出口压降就不一样。压降大的管圈,蒸汽流量大,因而造成流量不均。

首先,我们来分析一下联箱中的静压变化情况。过热器并联管联箱一般都水平放置。进口联箱又称分配联箱,出口联箱又称汇集联箱。

如图 3-2-10 所示,蒸汽从分配联箱一侧端部引入,沿联箱长度不断分配给并联管,联箱中的蒸汽流量减小,流速也随之下降。按能量守恒定律,动能转换为压力能,故联箱中静压随着流速的下降而上升。

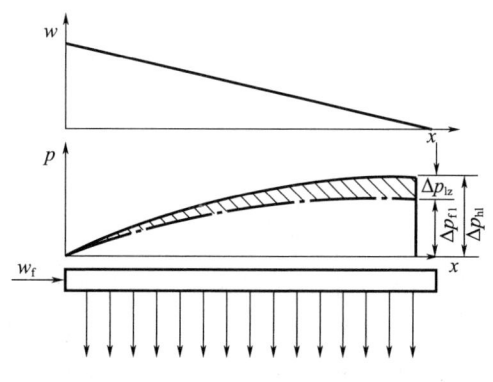

图 3-2-10 分配联箱中的附加静压

同时,蒸汽在联箱中的流动阻力使静压沿着流动方向有所下降。联箱中的静压增加最大值称为分配联箱的最大静压。

同样,汇集联箱中的附加静压变化如图 3-2-11 所示。

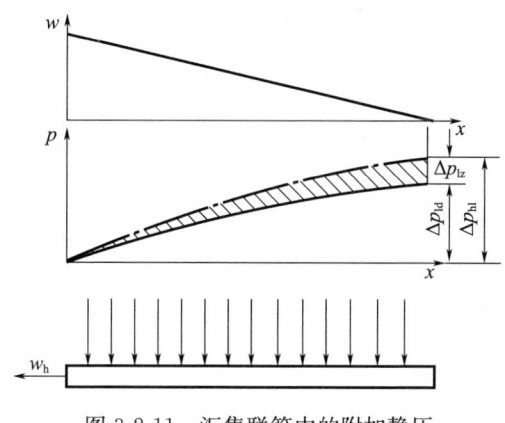

图 3-2-11 汇集联箱中的附加静压

如图 3-2-12 所示为过热器联箱采用不同连接方式对联箱中压力分布的影响。蒸汽从进口联箱左端引入,从出口联箱右端引出的连接方式,称为 Z 型连接。在进口联箱中,沿联箱长度由于蒸汽不断分配给并列管圈而蒸汽流量逐渐减少,蒸汽流速逐渐降低,部分动压转变为静压,因此静压逐渐升高。在出口联箱中,沿着蒸汽流向,速度逐渐升高,部分静压转变为动压,因此静压逐渐降低。进出口联箱中的压力分布如图 3-2-12 (a) 所示。

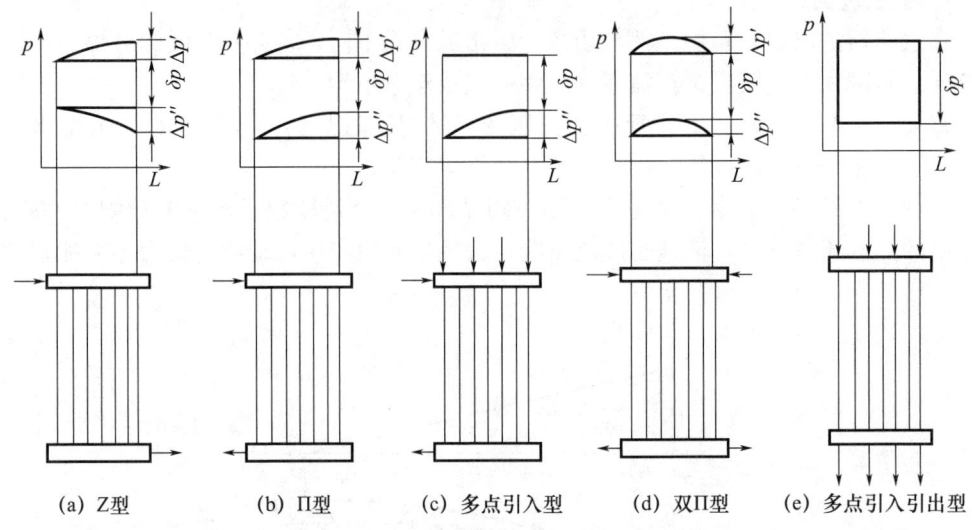

(a) Z型　　(b) Π型　　(c) 多点引入型　　(d) 双Π型　　(e) 多点引入引出型

图 3-2-12　不同连接方式联箱的压力分布

图 3-2-12（a）中上下两根曲线分别表示进出口联箱中压力的变化，两曲线之差即为各并列管圈进出口压降。可以看出，各并列管圈进口压降有很大差异，左侧管圈压降小，流量也小；右侧管圈压降大，流量也大。可见 Z 型连接方式的各并列管圈的蒸汽流量偏差最大。

各种连接方式联箱的压力分布特性表明，图 3-2-12（b）所示的 Π 型连接，各并列管圈的流量分配比 Z 型连接均匀得多；图 3-2-12（d）所示的双 Π 型又比 Π 型的好；流量分配最均匀的是图 3-2-12（e）所示的多点引入引出型，但这种连接系统耗钢材较多，布置比较困难。

2. 管圈的阻力特性

阻力特性系数与管子的结构特性、粗糙度等有关。管圈的阻力越大，阻力特性系数越大，则流量越小。阻力特性的差异对屏式过热器的影响比较突出，屏式过热器的最外管圈最长，阻力最大，因而流量最小，但它却是受热最强的管，因此，外圈管的热偏差最大。

3. 工质密度

当并列管热负荷不均导致受热不均时，受热强的管吸热量多、工质温度高，使密度减小，由于蒸汽容积增大使阻力增加，所以蒸汽流量减小。也就是说，受热不均将导致流量不均，使热偏差增大。

三、减小热偏差的措施

现代大型锅炉由于几何尺寸较大，烟温很难分布均匀，炉膛出口烟温偏差可达 200～300℃，易产生热负荷偏差。而过热器和再热器的面积较大，系统复杂，蒸汽含量又增大，以致个别管圈气温的偏差可达 50～70℃，严重时可达 100～150℃。这些特点使过热器、再热器一方面产生较大的热偏差，另一方面减小了允许热偏差，这是很容易发生管壁金属温度超过其许用温度的原因。要消除热偏差是不可能的，但应针对造成热偏差的原因，采取相应的措施，尽量减小热偏差，使金属壁温控制在允许范围内。

在过热器和再热器设计时,常常从结构上采取以下措施来减少热偏差。

1. 受热面分级(段)

由式(3-2-1)可知:

$$\Delta h_P - \Delta h_0 = (\varphi - 1) \Delta h_0 \tag{3-2-2}$$

在热偏差系数 φ 一定的情况下,偏差管工质含量的偏差($\Delta h_P - \Delta h_0$)与管组平均工质焓增 Δh_0 成正比。由水蒸气性质知道蒸汽焓值与蒸汽温度相对应,蒸汽温度偏差受到管壁金属许用温度的限制。因此,若将过热器和再热器受热面分成多级时,由于每一级工质的平均含量减小,并列管工质含量的偏差就减小,从而可减小热偏差对偏差管壁的影响。

现代锅炉的过热器和再热器都设计成多级串联的形式,不同级过热器和再热器分别分布在炉膛或烟道的不同位置。有时某一级过热器又沿烟道宽度分成冷热两段,以消除因吸热不均引起的热偏差。一般再热器分成 2~3 级,过热器分成 4~5 级或更多级。每一级(段)工质含量不超过 250~400kJ/kg。对于末级(段)过热器,由于蒸汽温度高,比热容对热偏差更敏感,所以工质含量一般不超过 125~200kJ/kg。

2. 级间连接

过热器和再热器各级之间常通过中间联箱进行混合,使蒸汽参数趋于均匀一致,避免前一级的热偏差延续到下一级中去。同时,常利用交叉管或中间联箱使蒸汽左右交叉流动,以减少由于烟道左右侧热负荷不均所造成的热偏差。过热器、再热器分段后,要把它们串联成整体,受热面段间连接方法常有以下几种:

(1)单管连接,如图 3-2-13(a)所示,该种段间连接系统简单,但热偏差大。

(2)联箱端头连接并左右交错,如图 3-2-13(b)所示,该种段间连接系统也比较简单,可消除左右热偏差,但钢材耗量比较大。

(3)多管连接并左右交错,如图 3-2-13(c)所示,该种段间连接的管子较多,系统恢复复杂,钢材耗量较大,但热偏差小。

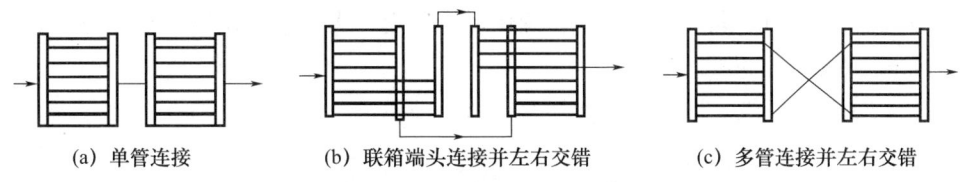

(a) 单管连接　　(b) 联箱端头连接并左右交错　　(c) 多管连接并左右交错

图 3-2-13　过热器与再热器的段间连接

另外,在进出口联箱引入、引出的连接方式中,应尽量采用流量分配均匀的 Π 型、双 Π 型或多点均匀引入引出型的连接方式,尽量避免采用 Z 型连接方式,以减小流量不均引起的热偏差。

3. 受热面结构

在过热器和再热器的结构设计中,要尽量防止因并列工作管的管长、流通截面积等结构不均匀引起的热偏差。

(1)管束的横向节距与纵向节距在各排管中都要均匀,个别管排的横向节距过大,形成"烟气走廊",将使该处的烟速升高,烟气辐射层厚度增大,传热量增多。多管圈结构的内圈管,往往由于管弯头曲率半径较大,使其纵向管中心节距增大,烟气辐射层厚度增加。

（2）减小管束前烟气空间的深度。第一排管辐射传热最强，以后各排管的辐射传热逐渐减弱。

（3）屏式过热器外圈管受热较强，受热面积较多，流动阻力较大。因此为了减小屏式过热器的热偏差，应特别注意改善外圈管的工作条件，一般采用以下几种方法减小其热偏差：

①最外两圈管截断或外圈管短路，如图 3-2-14（a）、（b）所示。外圈管截断或短路的目的都是缩短外圈管长度，减小流动阻力，管内通过的蒸汽量增加。

②管屏内外圈管交叉或内外管壁交叉，如图 3-2-14（c）、（d）所示，这种形式可使管屏的并列管吸热情况与流量分配趋于均匀，从而减小热偏差。

③采用双 U 形管屏取代 W 形管屏。双 U 形管屏如图 3-2-14（b）所示，它将管分为两段，并增加一次中间混合，这比管长、弯曲多的 W 形管屏热偏差小。

④增大联箱直径，减小附加静压。

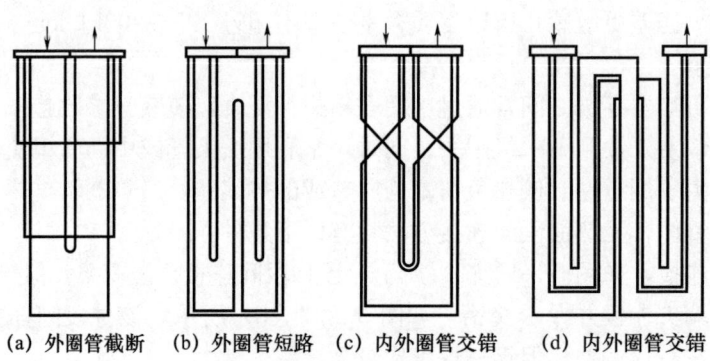

(a) 外圈管截断　(b) 外圈管短路　(c) 内外圈管交错　(d) 内外圈管交错

图 3-2-14　屏式过热器防止外圈管超温的改进措施

锅炉运行中，还应从烟气侧尽量使热负荷均匀，具体方法是：

（1）燃烧器负荷均匀，切换合理，确保燃烧稳定，火焰中心位置正常，防止火焰偏斜，提高炉膛火焰充满度。

（2）健全吹灰制度，防止受热面局部积灰、结渣。

知识点三　汽温特性与调温设备

一、汽温要求

为了保证锅炉机组安全经济运行，必须维持过热和再热气温稳定。在设计时，为了提高发电厂的循环效率，锅炉的过热蒸汽温度与再热蒸汽温度都按金属材料的许用温度取安全限值。

运行中气温升高可能会引起过热器和再热器管壁及汽轮机汽缸、转子、汽门等金属的工作温度超过其允许温度，金属的热强度、热稳定性都将下降，将得不到设计的热效率，热损失增大，如蒸汽压力在 12～25MPa 范围内，主蒸汽温度（过热器出口气温）每降低 10℃，循环热效率下降 0.5%。再热气温下降，会增加汽轮机末级叶片蒸汽湿度。此外，气温过大的波动，还会加速部件的疲劳损伤，甚至使汽轮机发生剧烈的振动。为此，一般要求当负荷在70%～100%的额定负荷范围内时，其蒸汽温度与额定气温的偏差值范围应为-10～+5℃。在现代锅炉中，由于负荷变动较大，要求锅炉具有更大的运行机动性，保持额定气温的负荷范围还应扩大。对于燃煤粉的自然循环锅炉，保持过热气温的负荷范围为60%～100%额定负荷；对于燃油锅炉，为50%～100%额定负荷；对于直流锅炉，可扩大到30%～100%额定负荷。再热气温的负荷范围也扩大到60%～100%额定负荷。因此，对气温调节的要求越来越高，必须设置可靠的气温调节装置，以维持气温的恒定。

二、汽温特性

对于不同传热方式的过热器和再热器，当锅炉负荷变化时，其出口蒸汽温度的变化规律是不同的。蒸汽温度与锅炉负荷的关系，即 $t=f(D)$，称为汽温特性。

对于布置在炉膛中的辐射过热器，其吸热量决定于炉膛烟气的平均温度。当锅炉负荷增加时，辐射过热器中蒸汽流量按比例增大，而炉膛火焰的平均温度却变化不大，辐射热传量增加不多。这样辐射热传量的增加小于蒸汽流量的增加，因此每千克的蒸汽获得的热量减少，即蒸汽含量减少。所以，随着锅炉负荷的增加，辐射过热器出口的温度下降，如图3-2-15中的曲线1。

对于布置在烟道中的对流式过热器，当锅炉负荷增加时，由于燃料消耗量增大，烟气量增大，烟气在对流式过热器中的流速增高，对流放热系数增大；同时，炉膛出口烟温也随着增加，对流式过热器中的烟气与蒸汽间的温度差增大，因而传热系数与传热温差同时增大，使对流传热量的增加超过蒸汽流量的增加，对流式过热器中烟气含量增大。因此，随着锅炉负荷的增加，对流式过热器出口汽温升高，如图3-2-15中的曲线2所示。对流式过热器进口烟温越低，即离炉膛越远，辐射传热的影响越小，汽温随负荷增加而升高的幅度增大，如图3-2-15中的曲线3。

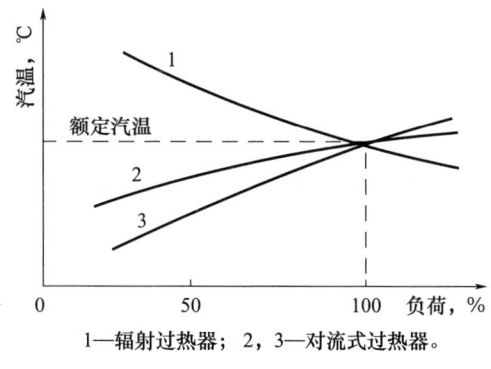

1—辐射过热器；2，3—对流式过热器。

图3-2-15　汽温特性曲线

半辐射式过热器则介于辐射式过热器与对流式过热器之间，汽温变化特性比较平稳，但仍具有一定的对流特性。

现代高参数大容量的过热器均由对流式、辐射式、半辐射式三种形式组合而成，因此，能获得比较平稳的汽温特性。在一般自然循环锅炉中，对流式过热器的吸热仍然是主要的，因此过热气温的变化具有对流特性，即过热汽温随锅炉负荷增加而增加，在70%～100%额定负荷范围内，过热汽温的变化为30～50℃。

直流锅炉的汽温变化特性则与自然循环锅炉不同，直流锅炉在加热受热面、蒸发受热面与过热受热面之间没有固定的分界线，即过热器的受热面是移动的，随工况的变动而变动。如在给水量保持不变时，如果减少燃料量，则加热段和蒸发段的长度增加，而过热段的长度减小，过热器的出口汽温就要降低。因此，直流锅炉过热蒸汽温度的调节方法也是与自然循环锅炉不同的，要维持汽温，就必须保持一定的煤水比。

再热器的汽温变化特性原则上是与自然循环锅炉中过热器的汽温变化特性相一致的，但又有其不同的特点。在过热器中，负荷变化时，其进口工质温度是保持不变的，等于汽包压力下的饱和温度。而在再热器中，其工质进口参数取决于汽轮机高压缸排汽的参数。在负荷降低时，汽轮机高压缸排汽温度降低，再热器的进口汽温也随之降低。因此，为了保持再热器出口汽温不变，必须吸收更多的热量。一般当锅炉负荷从额定值降到70%负荷时，再热器进口汽温下降30～50℃。此外，对流式再热器一般都布置在烟温较低的区域，加上再热蒸汽的比热容小，因此再热气温的变化幅度较大。

在锅炉运行过程中，影响蒸汽温度变化的因素很多，其主要因素可分为烟气侧和蒸汽侧两个方面。烟气侧的影响因素有燃料量的变化，燃煤水分和灰分的变化，过量空气系数的变化，锅炉各处漏风系数的变化，燃烧器运行方式的变化，受热面的污染程度等。蒸汽侧的影响因素，除锅炉负荷的变化外，还有减温水量或水温的变化，给水温度的变化等。

三、汽温调节设备

由于影响汽温波动的因素很多，在运行中汽温的波动是不可避免的，为了保证机组安全、经济运行，锅炉必须采取适当的调温方法来减少各运行因素对汽温波动的影响。汽温调节是指在一定的负荷范围内（对过热蒸汽而言为50%～100%额定负荷，对再热蒸汽而言为60%～100%额定负荷）保持额定的蒸汽温度，并且具有调节灵敏、惯性小、对厂热效率影响小的特点。

汽温的调节方法很多，可以分为蒸汽侧调节和烟气侧调节两大类。蒸汽侧调节是指通过改变蒸汽的焓值来调节汽温；烟气侧调节是指通过改变流经受热面的烟气量或通过改变炉内辐射受热面和对流受热面的吸收量份额来调节汽温。蒸汽侧调节方法有喷水减温器、汽-汽热交换器法、蒸汽旁通法等；烟气侧调节方法有烟气再循环、烟气挡板、调节燃烧火焰中心位置等。下面分别介绍几种不同的汽温调节方法。

（一）混合式减温器

1. 结构原理及特点

减温水通过喷嘴雾化后直接喷入蒸汽的减温器称混合减温器，也称为喷水减温器。这种减温器是水在加热、汽化和过热过程中吸收了蒸汽的热量，从而达到调节汽温的目的。如图3-2-16所示为混合式减温器的一种形式，它由雾化喷嘴、连接管、保护套管及外壳等组成。雾化喷嘴由多个3～6mm直径的小孔组成，减温水从小孔中喷出雾化。保护套管长4～5m，保证水滴在套管长度内蒸发完毕，防止水滴解除外壳后产生热应力。因为外壳温度与蒸汽温度是一致的，喷管与外壳之间用套管连接，可防止较低温度的减温水使喷管与外壳之间产生较大的热应力。这种结构由于蒸汽对悬臂喷管的冲刷，喷管有可能发生振动，引起喷管断裂。

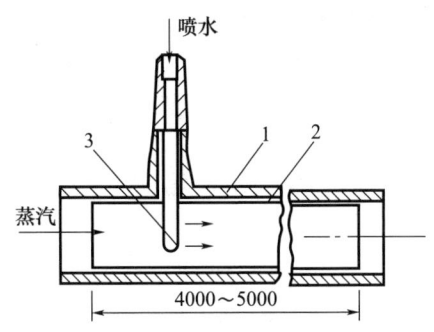

1—外壳；2—保护套管；3—雾化喷嘴。

图 3-2-16 混合式减温器

混合式减温器结构简单，调节幅度大，惯性小，调节灵敏，有利于自动调节，因此，在现代大型锅炉中得到广泛的应用。

这种减温器的减温水直接与蒸汽接触，因而对水质要求高。我国 13.6MPa 以上锅炉的给水都除盐，可直接用给水作减温水，若给水品质不合格，可采用自制凝结水减温水系统，即由汽包引出饱和蒸汽冷凝（给水作为冷凝介质）后作为减温水喷入过热蒸汽。

2. 减温器调节汽温的设计原理

减温器的作用是降低蒸汽温度。因此，采用减温器调节汽温时，过热器的设计吸热量大些，如图 3-2-17 曲线 1 所示，在低负荷时就能达到额定汽温，高负荷时高于额定汽温。这样，在高负荷时用减温器来降低高出部分的汽温，以维持汽温的额定值，没有汽温调节下的额定汽温对应负荷越低，通过调节能维持的额定汽温的负荷范围越宽，锅炉的性能越好。过去国产机组的额定汽温负荷范围为 70%～100% 额定负荷，现在有的机组低到 50% 左右。

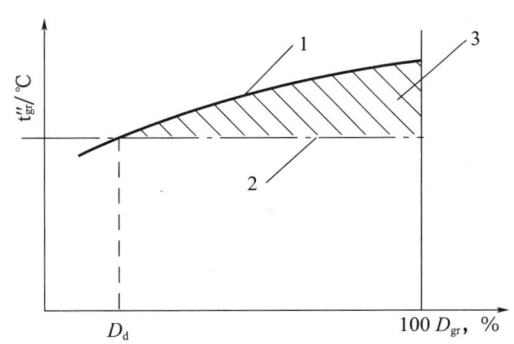

1—汽温特性；2—额定汽温；3—减温器减温部分。

图 3-2-17 减温器调节汽温原理

混合式减温器适用于过热的调节。而再热汽温的调节不宜用混合式减温器。因为水喷入再热蒸汽后汽轮机中低压缸蒸汽流量增加，在机组负荷一定时势必减少高压缸的蒸汽流量，也就是高压蒸汽的做功减少，低压蒸汽的做功增加，使机组的循环热效率降低。计算结果表明再热蒸汽中喷入 1%减温水，循环热效率下降 0.1%～0.2%。

混合式减温器在过热系统中的布置如图 3-2-18 所示。

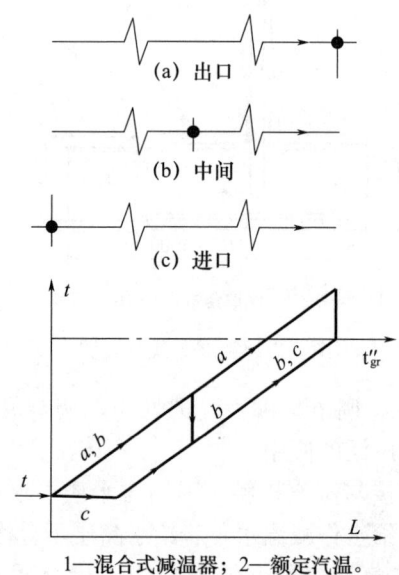

1—混合式减温器；2—额定汽温。

图 3-2-18 混合式减温器在过热器系统中的布置

当混合减温器位于过热器出口端时，进入过热器的蒸汽温度，沿着过热器长度逐渐升高，如图 3-2-18 中的曲线 a 所示，在出口端通过减温器降低汽温至额定的蒸汽值。这种布置方式的汽温调节灵敏，但在减温器前的汽温超过了正常值，其受热面的金属温度高，需选用高一级的金属材料。假如根据额定汽温选择金属材料，受热面金属将会超温。

混合式减温器布置在过热器进口端，汽温沿过热器受热面长度变化过程如图 3-2-18 中的曲线 c 所示，汽包中的饱和蒸汽通过减温器后变成湿蒸汽，过热器受热面起始端用于蒸发湿蒸汽中的水分，汽温不变，水分蒸发完毕后再升温。这种方法虽然可保持过热器金属温度较低，但是由改变减温水量至过热器出口汽温改变所需的时间较长。此外，湿蒸汽中的水滴在分配联箱中很难分配均匀，特别是水滴接触减温器外壳、联箱壁会产生热应力。

混合式减温器位于过热器中间，汽温沿过热器受热面长度升高过程如图 3-2-18 中的曲线 b 所示，它能降低高温段过热器的管壁金属温度，汽温调节也较灵敏。减温器的位置越接近过热器出口端，汽温调节灵敏度越好。

现代锅炉有二级或三级减温器，都布置在过热器中间位置，它可以保护前屏、后屏及高温段过热器，使其管壁金属材料工作温度不超过许用温度，高温段过热器的减温器又可得到较高的汽温调节灵敏度。

混合式减温器有各种结构，根据喷水的方式分为喷头式、文丘里式、漩涡式、笛型管式四种。

(1) 喷头式减温器。喷头式减温器以过热器连接管或过热器联箱为外壳，插入喷嘴或喷管，减温水从数个 $\phi 3$ 的小孔喷出，如图 3-2-19 所示。为了避免水直接喷在管壁上而引起热应力，装有 3～5m 长的保护套管（或称为混合管）。该种减温器由于喷孔数有限、阻力较大，一般用于中、小容量的锅炉。

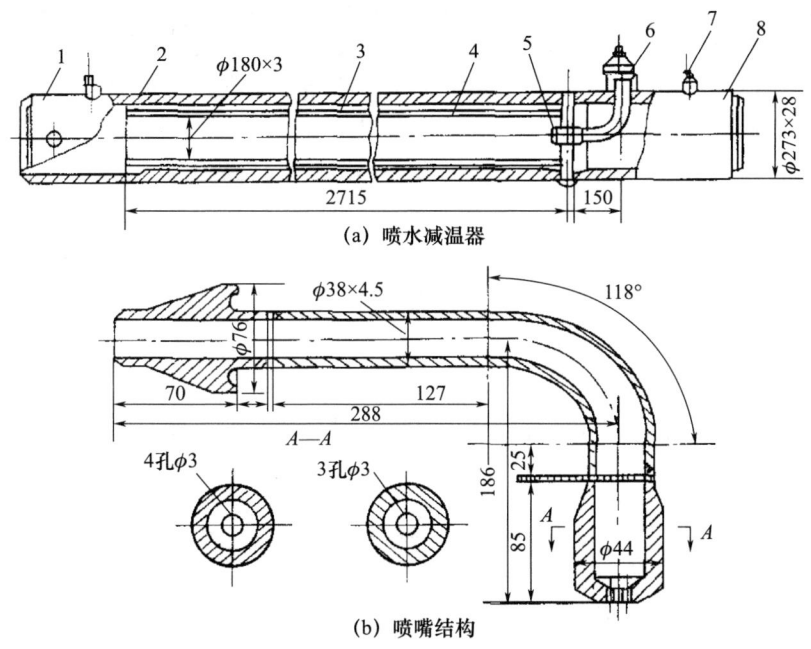

1，8—联箱；2，3—支撑环；4—保护套管
5—喷头；6—连接头；7—连接座。

图 3-2-19 喷头式减温器

（2）文丘里式减温器。文丘里式减温器由文丘里喷管、水室和混合管组成，如图 3-2-20 所示。在文丘里管的喉部，布置有多排 $\phi 3$ 的小孔，减温水经水室从小孔喷入蒸汽流中，孔中水速为 $1\sim2\text{m/s}$，喉部蒸汽流速达 $70\sim100\text{m/s}$，使水和蒸汽激烈混合而雾化。该种减温器由于蒸汽流动阻力小、水的雾化效果良好，在我国得到广泛应用。

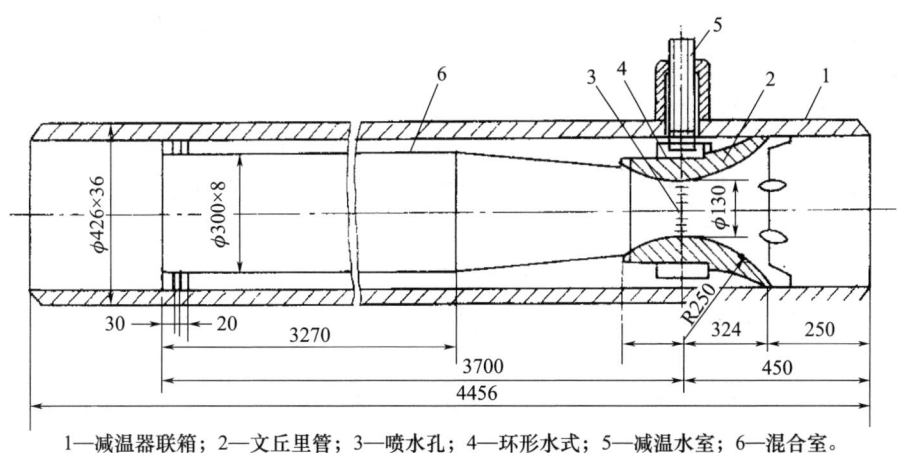

1—减温器联箱；2—文丘里管；3—喷水孔；4—环形水式；5—减温水室；6—混合室。

图 3-2-20 文丘里式减温器

（二）蒸汽旁通法

蒸汽旁通法用于再热蒸汽温度的调节。通常将再热器分成两级，第一级设在低烟温区，第二级设在高烟温区。

在低温再热器进口联箱前设置三通节阀，在炉外连接一旁通管道至低温再热器出口联箱。当再热汽温偏高时，调节三通阀，使旁通蒸汽流量增大、低温再热器内蒸汽流量减少，低温再热器出口汽温升高，烟温与低温再热器平均汽温之差降低，低温再热器吸热量减少；在低温再热器出口联箱内，低温再热器出来的蒸汽与未被加热的旁通蒸汽混合，使高温再热器入口汽温降低，由于高温再热器处于较高烟温区，进口汽温的降低对其传热温压的增加影响不大，吸热量增加不大，所以再热器的总吸热量降低，出口汽温下降。反之，当再热汽温偏低时，通过蒸汽旁通法可使再热汽温升高。

蒸汽旁通法结构简单，惯性小，对过热汽温没影响，但再热器金属耗量增加。

（三）烟气挡板调节汽温装置

烟气挡板调节汽温装置用来调节再热蒸汽温度，它有旁通烟道和平行烟道两种，平行烟道又可分为再热器与省煤器并联和再热器与过热器并联两种。如图 3-2-21 所示。

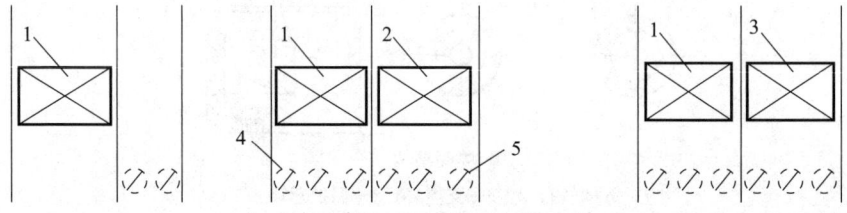

(a) 旁通烟道　　(b) 再热器与过热器并联的平行烟道　　(c) 再热器与省煤器并联的平行烟道

1—再热器；2—过热器；3—省煤器；4，5—烟气挡板。

图 3-2-21　烟气挡板调节汽温装置

烟气挡板调节汽温装置的原理是通过挡板改变再热器的烟气流量，使烟气侧的放热系数变化，从而改变其传热量，其出口汽温随之变化。

对于旁通烟道式，当锅炉负荷降低时，烟气挡板开度关小，再热器烟气流量增多，再热汽温上升至额定值。由于旁通烟道气通流量减少，进入省煤器的烟气温度下降，省煤器吸热量减少，使过热汽温升高。旁通烟道方式的缺点是烟气挡板温度高，进入省煤器的烟气温度不均匀，有较大的烟温偏差。

再热器与省煤器并联方式的调节汽温原理与旁通烟道方式相似。再热汽温升高的同时过热汽温也有所升高，但是它没有了旁通烟道的缺点，挡板位于烟温较低处，下级省煤器的进口烟温比较均匀。

再热器与过热器并联方式挡板调节汽温的原理如图 3-2-22 所示。锅炉负荷降低时，再热器侧挡板开大，过热器侧挡板关小，再热器烟气流量增加，过热器的烟气流量减小，前者使再热汽温升高，后者使过热汽温下降，形成反相调节，在调节负荷范围内，过热汽温都高于额定值，再用减温器降低其温度至额定值。

（四）改变燃烧器倾角的汽温调节

改变燃烧器倾角的汽温调节必须采用摆动式燃烧器。燃烧器的倾角在运行中可上下调节。倾角向上时火焰中心位置上移，炉膛出口烟气温度升高；倾角向下时火焰中心位置下移，炉膛出口烟气温度下降。炉膛出口烟气温度的变化，改变了炉膛辐射传热量和

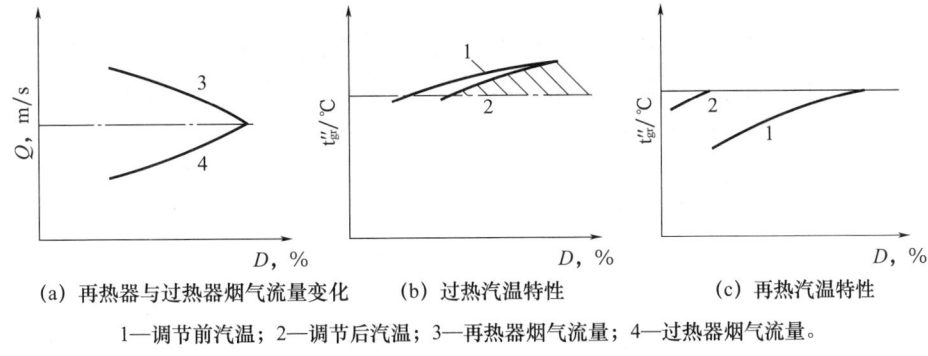

(a) 再热器与过热器烟气流量变化　　(b) 过热汽温特性　　(c) 再热汽温特性

1—调节前汽温；2—调节后汽温；3—再热器烟气流量；4—过热器烟气流量。

图 3-2-22　再热器与过热器并联方式挡板调节汽温原理

烟道对流传热量的分配比例。由于再热器与过热器都是以对流传热为主的受热面，所以在调节倾角时，它们的吸热量发生了相应的变化，出口汽温也随之改变。在相同的燃烧器倾角改变幅度下，受热面吸热量变化的大小主要取决于其布置位置，越靠近炉膛出口的受热面的吸热量变化越大。

现代大型锅炉一般都通过改变燃烧器倾角来调节再热汽温，在调节过程中对过热汽温的影响用改变混合式减温器的喷水量来修正。为了达到理想的汽温调节效果，在锅炉设计中应注意以下几点：

（1）再热器的主要受热面应尽可能布置在靠近炉膛出口处；

（2）燃烧器摆动角度与再热汽温的关系尽可能与再热器及过热器的负荷汽温特性相匹配，以减少过热器的减温喷水量。

此外，改变燃烧器的倾角将会直接影响炉膛内的燃烧工况。燃烧器倾角向上摆动时煤粉在炉内燃烧时间缩短，飞灰中碳量增加，还可能在炉膛出口处发生结渣；燃烧器向下摆动时可能发生炉底冷灰斗结渣。一般燃烧器的倾角改变范围为±30°，在运行中应该根据燃烧工况确定倾角上限值与下限值。

改变燃烧器倾角调节再热汽温的优点是调节方便，灵敏度高；缺点是锅炉热效率下降，炉膛出口可能发生结渣。

任务小结

（1）过热器的作用是将饱和蒸汽加热成具有一定温度的过热蒸汽，并送往汽轮机做功。再热器的作用是将汽轮机高压缸排出的蒸汽送回到锅炉，加热到与过热蒸汽相同温度的再热蒸汽后，送往中低压缸做功。

过热器按传热方式分为对流式、辐射式和半辐射式三种。对流式过热器根据烟气与管内蒸汽的相对流动方向，可分为逆流、顺流、双逆流和混合流四种方式。对流式过热器在水平烟道内采用立式顺列布置，在垂直烟道内采用卧式错列布置。辐射式过热器有顶棚式、屏式和包墙管式三种。半辐射过热器采用屏式。大型锅炉过热器采用"辐射—半辐射—对流"串联组合式。

（2）与过热器一样，再热器按照传热方式分为对流式再热器、辐射式再热器和半辐射式再热器三种基本形式。

超高压锅炉再热器大多采用对流式,在亚临界及以上压力的锅炉中则采用"墙式辐射再热器—屏式半辐射再热器—高温对流再热器"多级串联组合式。再热器结构多采用大管径、多管圈结构,以减小流动阻力。

(3) 在并列工作的管组中,个别管子的焓增超过整个管组平均焓增的现象称为热偏差。热偏差程度可用热偏差系数反映,热偏差系数越大,表示热偏差程度越严重。产生热偏差的原因主要是并列管的热负荷不均和蒸汽流量不均。减少热偏差的措施可从结构布置和运行两方面进行。结构布置方面的措施有受热面分级、级间混合,两级间蒸汽进行左右交换流动,采用较好的联箱引入、引出管的连接方式,采用定距装置,屏式过热器外圈管截断或短路,采用双 U 形屏,内外圈管子交叉或内外圈管屏交换等。在运行操作方面采取的措施有:燃烧器负荷均匀,切换合理,确保燃烧稳定,火焰中心位置正常,防止火焰偏斜,提高炉膛火焰充满度,健全吹灰制度,防止受热面局部积灰、结渣。

(4) 汽温特性是指蒸汽温度与锅炉负荷之间的关系。对流式过热器的蒸汽温度随锅炉负荷的增大而升高,随锅炉负荷的减小而降低;辐射式过热器汽温特性与对流式过热器相反;半辐射式和组合式过热器的蒸汽温度随锅炉负荷的变化不大。再热器汽温特性与过热器相似,但比过热器变化明显。

(5) 蒸汽温度是锅炉的重要运行参数之一,蒸汽温度过高或过低对锅炉汽轮机组的安全经济运行有重大影响。正常情况下,允许波动范围是额定汽温的 $-10℃\sim+5℃$。蒸汽温度的调节有蒸汽侧调节(如喷水减温器、汽—汽热交换器法、蒸汽旁通法等)和烟气侧调节(如烟气再循环、烟气挡板、调节燃烧火焰中心位置等)。过热汽温调节以蒸汽侧的喷水减温为主要手段,烟气侧调节为辅助手段;再热汽温调节以烟气侧的调节为主要手段,蒸汽侧的微量喷水减温为细调。喷水减温器设置时既要保证安全,又要调节灵敏。大型锅炉一般设置采用两级或三级喷水减温器。

任务三　省煤器和空气预热器

由于省煤器和空气预热器布置在锅炉对流烟道的下方,进入这些受热面的温度也较低,所以省煤器和空气预热器也称为尾部受热面或低温受热面。在锅炉承压的受热面中,省煤器金属温度最低,而在锅炉的所有受热面中,空气预热器的金属温度最低。

本任务着重介绍省煤器和空气预热器的工作原理、结构和布置特点,尾部受热面的布置及烟气侧工作过程。

知识点一　省煤器

一、省煤器的作用

省煤器是利用锅炉尾部烟道中烟气的热量来加热给水的一种热交换器。省煤器在锅炉中的主要作用如下:

(1) 节省燃料。在现代锅炉中,燃料燃烧生成的高温烟气,虽经水冷壁、过热器和再热器的吸热,但其温度还很高,如直接排入大气,将造成很大的热量损失。在锅炉尾部装设省煤器后，利用给水吸收烟气热量，可降低排烟温度，减少排烟热损失，提高锅炉效率，因而节省燃料。省煤器的名称也就由此而来。

（2）改善了汽包的工作条件。由于采用省煤器，提高了进入汽包的给水温度，减少了汽包壁与进水之间的温度差，也就减少了因温差而引起的热应力，从而改善了汽包的工作条件，延长了使用寿命。

（3）降低了锅炉造价。由于给水进入蒸发受热面之前，先在省煤器中加热，这样减少了水在蒸发受热面中的吸热量。这就由管径较小、管壁较薄、价格较低的省煤器受热面代替了一部分管径较大、管壁较厚、价格较高的蒸发受热面，从而降低了锅炉造价。

因此，省煤器已成为现代电站锅炉中必不可少的重要设备。

二、省煤器的分类

根据省煤器出口工质的状态，可将省煤器分为非沸腾式省煤器和沸腾式省煤器两种，即当出口工质为至少低于饱和温度 30℃ 的水时称之为非沸腾式省煤器；当出口工质为汽水混合物时称之为沸腾式省煤器，汽化水量不大于给水量的 20%。

现代大容量高参数锅炉均采用非沸腾式省煤器，这是由于随着锅炉压力的升高，水的蒸发吸收热量所占比例下降，水加热至饱和温度吸热比例增加。同时，保持省煤器出口水有一定的欠焓，可使水从下联箱进入水冷壁时不出现汽化，保持供水的均匀性，防止出现水循环的不良现象。而沸腾式省煤器常用于中压以下锅炉，现代大型电站锅炉已不采用。

省煤器根据所用材料不同，可分为铸铁式省煤器和钢管式省煤器两种。铸铁式省煤器耐磨损、耐腐蚀，但强度不高，所以只用于低压的非沸腾式省煤器。钢管式省煤器可用于任何压力和容量的锅炉，置于不同形状的烟道中。其优点是体积小、重量轻，布置自由，价格低廉，被现代大型锅炉广泛采用；缺点是钢管容易受氧腐蚀，给水必须除氧。

省煤器按结构形式分为光管式、鳍片管式、膜片管式（简称膜式）和螺旋肋片管式四种，如图 3-3-1 所示。

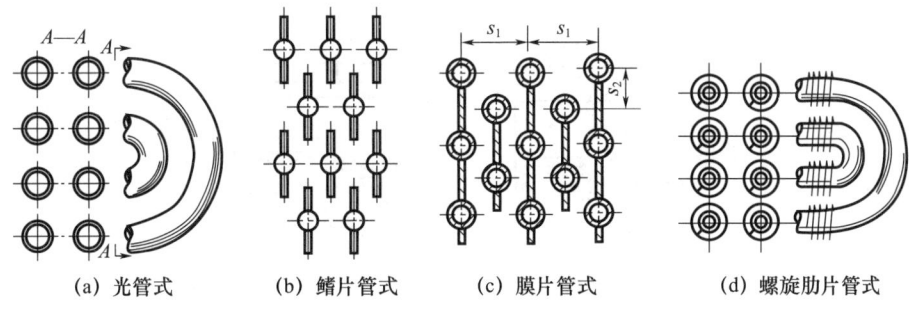

图 3-3-1　省煤器的结构

三、省煤器的结构及布置

大型电站锅炉所用钢管式省煤器由一系列平行排列的蛇形管组成。管外径 25～51mm，目前常采用 42～51mm 的管子以提高运行的安全性，管壁厚 3～6mm，通常为错列布置，结构紧凑，其横向节距 s_1 取决于烟气流速和管子支承结构，一般横向节距 $s_1/d=2\sim3$；纵向节距 s_2 受管子的弯曲半径限制，一般纵向相对节距 s_2/d 为 $1.5\sim2$，使用小弯曲半径弯管技术时可做到 $s_2/d=1\sim1.2$。

为了便于检修，省煤器管组高度应加以限制。当管子排列紧密时（$s_2/d\leqslant1.5$），管组高度不超过 1.0m；当管子排列稀疏时，管组高度不超过 1.5m。如省煤器分成几组时，管组之间应留出高度不小于 600～800mm 的空间，省煤器与空气预热器之间的空间高度应大于 800mm，以方便检修。

省煤器中的工质一般自下向上流动，以利于排除空气，避免造成局部的氧化腐蚀。烟气从上向下流动，既有利于吹灰，又与水形成逆向流动，增大传热温差。省煤器进口水的质量流速为 600～800kg/（m²·s）。水速过低不易排走气体，在沸腾式省煤器中会造成汽水分层；水速过高则使流动阻力增大。在非沸腾式省煤器及沸腾式省煤器的非沸腾部分水速不应小于 0.3m/s，在沸腾式省煤器的沸腾部分不应小于 1m/s。省煤器中的水阻力，在高压和超高压锅炉中不大于汽包压力的 5%，中压锅炉中不大于汽包压力的 8%。

蛇形管在烟道中的布置方向对水速影响很大，如图 3-3-2 所示。当蛇形管垂直于前墙时称为纵向布置，由于尾部烟道宽度大于深度，所以并联管子数量多，水速低，在大型锅炉中采用较易满足水速要求；当蛇形管平行于前墙时称为横向布置，当单面进水时，管排最少，宜在小容量锅炉中采用，大容量锅炉可用双面进水的连续方式使水速达到要求值。

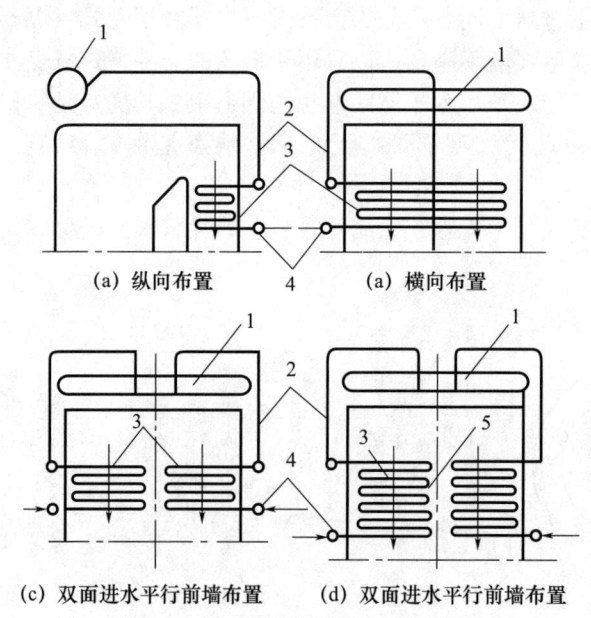

1—汽包；2—水连通管；3—省煤器蛇形管；4—进口集箱；5—连通管。

图 3-3-2　省煤器蛇形管的布置

由于烟道深度小，当蛇形管平面垂直于前墙时，支吊较简单，但每排蛇形管均受到飞灰磨损；当平行于前墙时，只有靠近烟道后墙的几根蛇形管磨损剧烈，损坏后只要换几根蛇形管即可。

省煤器可采用支承或悬吊两种方式来承重。可以将支承梁布置在两段省煤器管组中间（支承梁外敷耐火混凝土，中间通风进行冷却），联合使用悬吊和支托的方法支承其重量。当省煤器不重时也可直接以蛇形管或集箱作为支持件，集箱置于烟道内，减少了管子穿墙，炉墙的气密性要比集箱置于炉墙外好得多。

四、省煤器的启动保护

省煤器在锅炉启动时，常常是不连续进水的，但如果省煤器中水不流动，就可能使管壁温度超温，而使管子损坏，因此可以在省煤器与除氧器之间装一根带阀门的再循环管来保护省煤器，如图 3-3-3 所示。

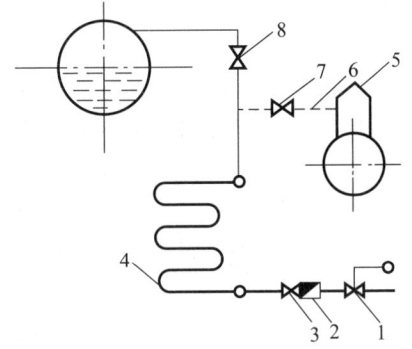

微课：省煤器的启动保护

1—自动调节阀；2—止回阀；3—进口阀；4—省煤器；
5—除氧器；6—再循环管；7—再循环门；8—出口阀。

图 3-3-3　省煤器与除氧器之间的再循环管

通常是在省煤器进口与汽包之间装有再循环管，如图 3-3-4 所示。再循环管装在炉外，是不受热的。在锅炉启动时，省煤器便开始受热，因而就在汽包—再循环管—省煤器—汽包之间，形成自然循环。省煤器内有水流动，管子受到冷却，就不会烧坏。但要注意，在锅炉汽包上水时，再循环阀门应关闭，否则给水将由再循环管短路进入汽包，省煤器又会因失水而得不到冷却。上完水以后，就可关闭给水阀，打开再循环阀。

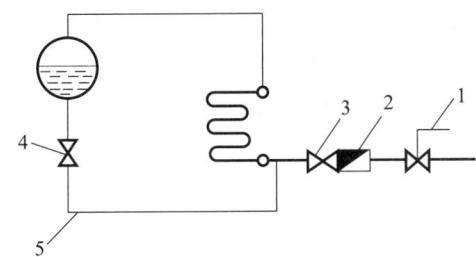

1—自动调节阀；2—止回阀；3—进口阀；4—再循环阀；5—再循环管。

图 3-3-4　省煤器的再循环管

知识点二　空气预热器

一、空气预热器的作用和分类

空气预热器是利用烟气余热加热燃烧所需的空气的热交换设备。其主要作用是：

(1) 降低排烟温度，提高锅炉效率。随着蒸汽参数提高，回热循环中用汽轮机抽汽加热的给水温度越来越高，单用省煤器难以将锅炉排烟温度降到适合的温度，使用空气预热器就可进一步降低排烟温度，提高锅炉效率。

(2) 改善燃料的着火条件和燃烧过程，降低不完全燃烧损失，提高锅炉热效率。尤其是着火困难的无烟煤等，需将空气加热到380～400℃，利于着火和燃烧。

(3) 热空气进入炉膛，减少了空气的吸热量，利于提高炉膛燃烧温度，强化炉膛的辐射传热。

(4) 热空气可作为煤粉锅炉制粉系统的干燥剂和输粉介质。

现代大容量锅炉中，空气预热器已成为锅炉不可缺少的部件。

根据传热方式不同，空气预热器可分为传热式和蓄热式（再生式）两大类。传热式空气预热器用金属壁面将烟气和空气隔开，空气与烟气各自有自己的管道，烟气通过传热壁面将热量传给空气。而蓄热式空气预热器是烟气和空气交替地流过一种中间载热体（金属板、钢球、陶瓷或液体等）来传热。当烟气流过载热体时将其加热；空气流过载热体时将其冷却，而空气吸热升温。这样反复交替，故又称为再生式空气预热器。

根据结构形式不同，空气预热器可分为管式空气预热器和回转式空气预热器。

二、管式空气预热器

管式空气预热器按布置形式可分为立式和卧式两种；按材料可分为钢管式、铸铁管式和玻璃管式等。立式钢管式空气预热器应用最多，其优点是结构简单、制造方便、漏风较小；缺点是体积大，钢材耗量大，在大型锅炉及加热空气温度高时，会因体积庞大而引起尾部受热面布置困难。

目前中小容量锅炉中用得较多的是立式钢管式空气预热器，其结构如图3-3-5所示。它由许多薄壁钢管焊在上下管板上形成管箱。烟气在管内流动，空气在管子外部横向流动，两者的流动方向互相垂直交叉。中间管板用来分隔空气流程。常用$\phi 40\times 1.5$mm有缝钢管错列布置，以便单位空间中可布置更多的受热面和提高传热系数。选用相对节距要从传热、阻力、振动等因素综合考虑，一般取$s_1/d=1.5\sim 1.9$，$s_2/d=1.0\sim 1.2$。管箱高度通常不超过5m，为使管箱具有足够刚度，用于制造和清灰。立式布置低温段的管箱宜在1.5m左右，方便维修和更换。

烟气速度对固体燃料为10～14m/s，对液体、气体燃料还可适当提高，空气速度应取为烟气速度的一半左右以提高传热效果，管子直径、节距和管子数目的选用应保证预热器具有合适的烟气速度和空气速度。

卧式钢管空气预热器中空气在管内流动，烟气在管外横向冲刷，其管壁温度可比立式布置提高10～30℃，有利于减轻烟气侧的低温腐蚀，但易堵灰，一般在燃用多硫重油的锅炉中采用，并需配以钢珠吹灰设备。一般烟气速度为8～12m/s，空气流速为6～10m/s。

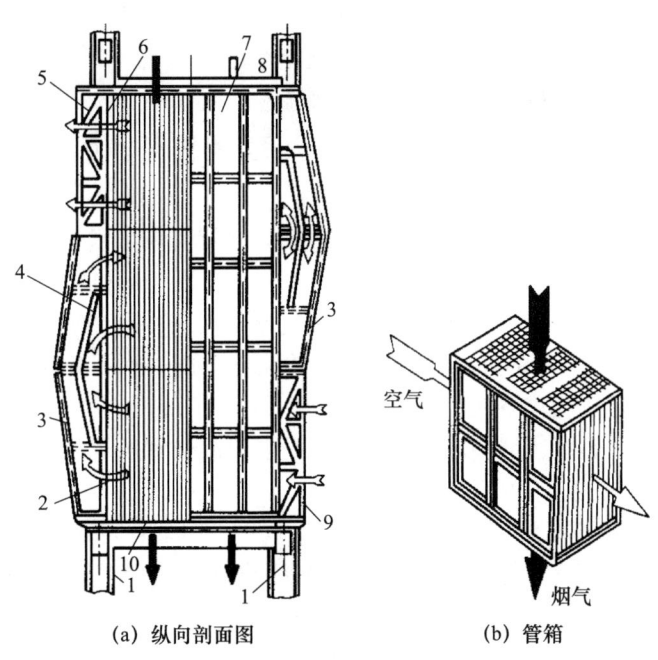

(a) 纵向剖面图　　(b) 管箱

1—锅炉钢架；2—管子；3—空气连通罩；4—导流板；5、9—出口进口法兰；
6、10—上下管板；7—墙板；8—膨胀节。

图 3-3-5　管式空气预热器

如图 3-3-6 所示为管式空气预热器在烟道中的几种典型布置。单道多流程如图 3-3-6（a）所示，流程数目越多，越接近于逆流传热，可以得到较大的传热平均温差，此外流程数目增多，空气流速增加，也有利于增强传热，不利的是会使流动阻力增加很多；单道单

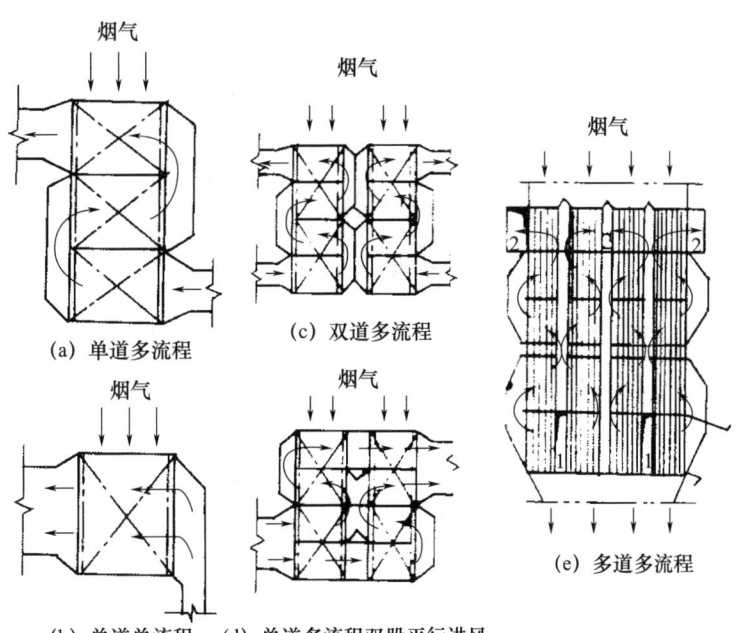

(a) 单道多流程　　(c) 双道多流程

(b) 单道单流程　　(d) 单道多流程双股平行进风

(e) 多道多流程

图 3-3-6　管式空气预热器的布置方式

流程如图 3-3-6（b）所示，烟气与空气一次交叉流动，此种布置方式简单，空气通道截面大，流动阻力小，但其缺点是传热平均温差小；在大型锅炉中，为了得到较大的传热温差，又不使空气流速过大，可采用双道多流程，如图 3-3-6（c）所示；或单道多流程双股平行进风，如图 3-3-6（d）所示；甚至多道多流程，如图 3-3-6（e）所示。

三、回转式空气预热器

回转式空气预热器结构紧凑，耗金属量少，可解决大型锅炉尾部受热面布置困难问题，故在大型锅炉中得到广泛应用，通常 300MW 及以上的机组就不再采用管式空气预热器。两者相比较，同等容量下，回转式空气预热器的体积是管式空气预热器的 1/10，金属消耗量为 1/3；同样的外界条件下，回转式空气预热器因其受热面金属温度高，因而低温腐蚀的危险较管式空气预热器轻些。

回转式空气预热器按部件旋转方式分为受热面旋转和风罩旋转两种。

1. 受热面回转式空气预热器

如图 3-3-7 所示为回转式空气预热器的结构图。其转子截面分为三部分：烟气流通部分、空气流通部分及密封区。转子截面的分配要达到尽量高的传热系数和受热面利用

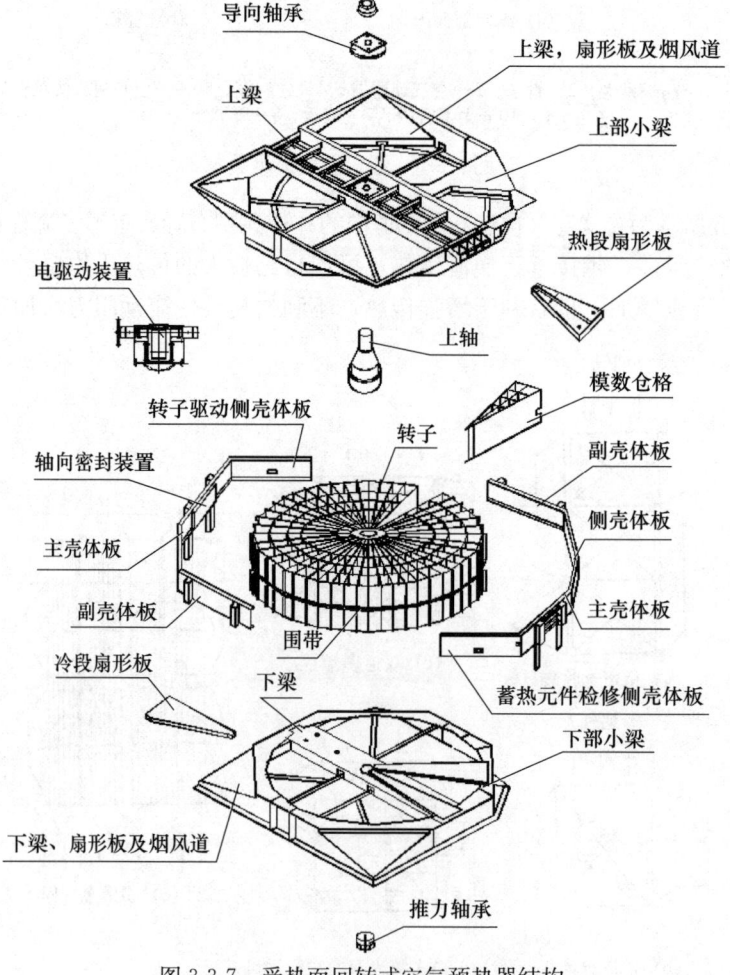

图 3-3-7　受热面回转式空气预热器结构

率，并要使通风阻力小，有效地防止漏风。由于锅炉中烟气的体积比空气的体积大，从技术经济要求烟气的流通面积占转子流动面积的 50% 左右，空气流通面积占 30%～40%，其余截面则为扇形板所遮盖的密封区。这样烟气和空气的速度相近，通常为 8～12m/s。

回转式空气预热器的传热元件主要由波形板组成。高温段主要考虑强化传热，低温段着重防止腐蚀、积灰。故波形板的形状和厚度都不同。高温段用 0.5～0.6mm 厚的低碳钢板制成密形波形板，低温段用 0.5～1.2mm 厚的低碳钢或低合金耐腐蚀钢板制成空隙大的波形板，如图 3-3-8 所示。低温段传热元件在需要更强的耐腐蚀性时可用陶瓷传热元件代替。波形板的形式对传热特性、气流阻力和积灰污染有很大影响，一般在 $1m^3$ 空间要放置 300～400m^2 的传热元件。

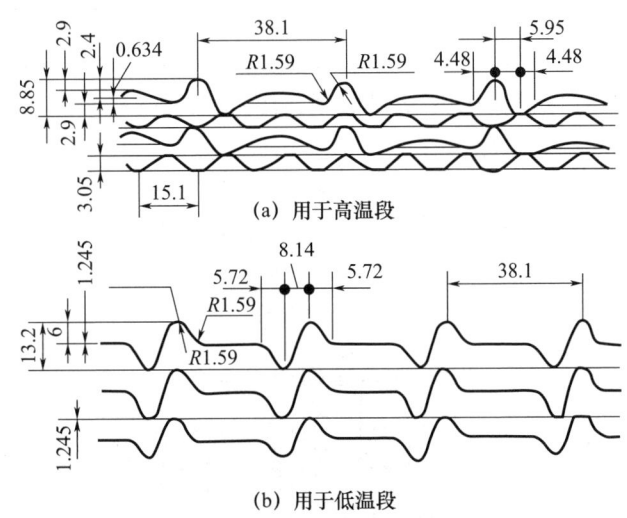

图 3-3-8 传热元件示例

当锅炉的一次风和二次风温度不同时，则可将转子的空气通道分成两部分，一次风、二次风通风道相接，称为三分仓回转式空气预热器，如图 3-3-9 所示。

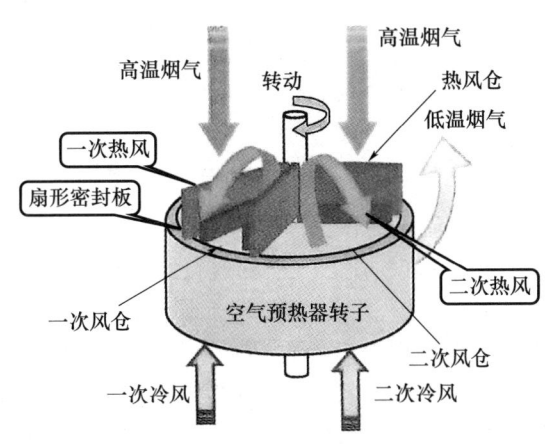

图 3-3-9 三分仓回转式空气预热器布置

微课：三分仓空预器结构及工作工程

2. 风罩回转式空气预热器

如图 3-3-10 所示为风罩回转式空气预热器,主要由定子、回转风罩和密封装置等组成。其优点是旋转部件的重量轻,特别是在大型空气预热器中可以避免笨重受热面旋转时产生受热面变形、轴弯曲等问题。可使用重量大、强度低,但是能防止腐蚀的陶质受热面,但其结构复杂。烟气在风罩外流经定子并加热受热面,空气在风罩内逆向以 0.75~1.4r/min 转速旋转。风罩与固定风道的接口为圆形,另一端在定子受热面上的为"8"字形风口,上下风罩结构相同,上下两个"8"字形风口互相对准且同步回转,两风罩用穿过中心筒的轴连成一体。回转风道与固定风道之间有环形密封,与定子之间也有密封装置。平面密封是回转风罩与定子上、下端面之间的密封,因此两个断面的平行度和平整度要高,要正确控制密封框架压向定子的密封力,弹簧在支撑控制密封框架压向定子的密封力,弹簧在支撑密封框架重量和烟气压差背后要能把密封块压紧。颈部密封是固定风道与回转风罩接口处的密封,动密封环和铸铁密封块的表面要求光滑,其间应留有一定的间隙,以保证在热胀和同心度有偏差时密封良好但又不会卡住。

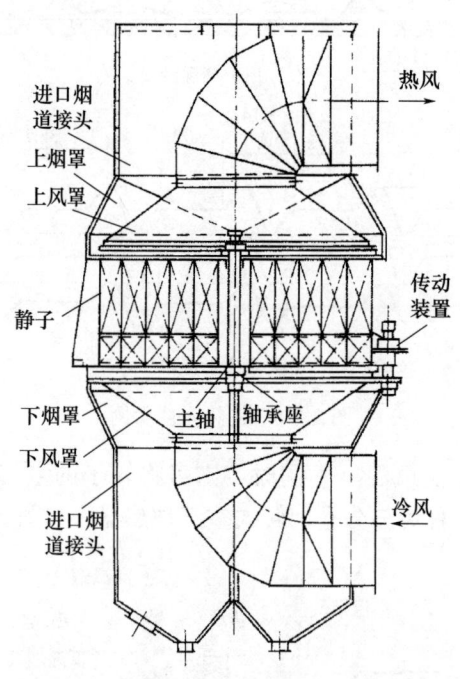

图 3-3-10 风罩回转式空气预热器

在定子整个截面上,烟气流通面积占 50%~60%,空气流通截面积占 35%~45%,密封区占 5%~10%。风罩每旋转一次,受热面进行二次吸热和放热。

回转式空气预热器由于其结构紧凑、重量轻,易于布置在锅炉的任何部位,故可用于各种布置形式的锅炉中。当热空气温度在 300~350℃以上时,可联合使用回转式及管式空气预热器,此时高温段采用管式空气预热器,低温段采用回转式空气预热器。

回转式空气预热器存在的主要问题是漏风量大。管式空气预热器的漏风量一般不超过 5%,而回转式空气预热器在设计良好时漏风量为 8%~10%,密封不好时可以达到 30%或更高。由于空气的压力较大,故漏风主要是指空气漏入烟气中。

由于回转式空气预热器的转速不高,故漏风量不高,其漏风是由于空气侧与烟气侧之间的压差造成的,其漏风大小与两侧压差的平方根成正比。漏风大的主要原因是转子、风罩和静子制造不良或受热变形,使漏风间隙增大所造成的。

回转式空气预热器存在的另一个问题是受热面上易积灰,这是蓄热板间烟气通道狭窄的缘故。积灰不仅影响传热,而且增加流动阻力,严重时甚至会将气流通道堵死,影响预热器的正常运行。因此,在预热器受热元件的上、下两端都装有吹灰装置,吹灰介质通常采用过热蒸汽或压缩空气,如积灰严重,亦可以采用压力水冲洗。

知识点三　尾部受热面的布置

在现代锅炉中,省煤器和空气预热器装在锅炉烟道的最后,进入这些受热面的烟温不高,故把它们系统地称为尾部受热面或低温受热面。

尾部受热面在尾部烟道中的布置方式有单级布置和双级布置两种。

一、单级布置

单级布置如图 3-3-11 (a) 所示,它由一级省煤器和一级空气预热器组成。一般总是把空气预热器布置在省煤器之后,即烟气先经过省煤器再经过空气预热器,这样可以得到较低的排烟温度,提高锅炉效率,同时又能节省价格较高的省煤器受热面金属并防止省煤器被腐蚀。尾部受热面的单级布置较为简单,但热风温度一般只能达到 300℃ 左右,再高则不可能,这是因为烟气的容积 V_y 和比热 C_y 均比空气的容积 V_k 和比热 C_k 大。因此,烟气的热容量大于空气的热容量,即 $V_yC_y > V_kC_k$,这样当烟气将热量传给空气时,烟气温度的下降值就小于空气温度的上升值。一般烟气温度下降 1℃,空气温

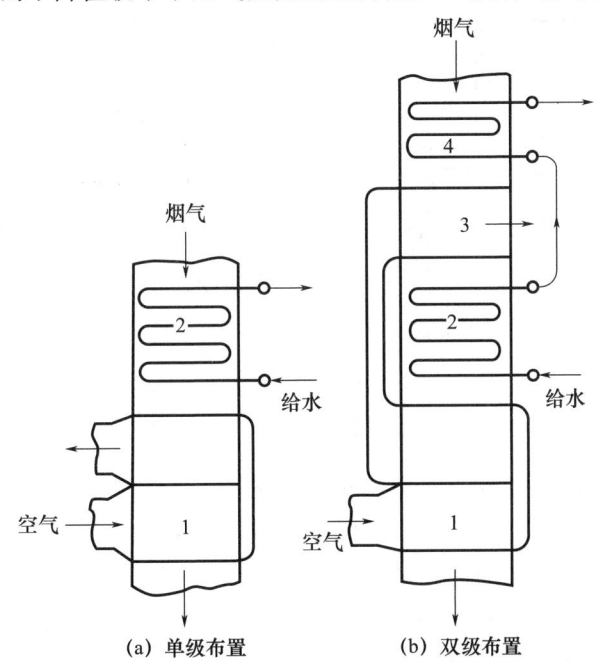

1、3—低温级和高温级空气预热器;2、4—低温级和高温级省煤器。

图 3-3-11　锅炉尾部受热面的布置

度升高 1.25～1.5℃。如需把空气从 20℃ 加热到 320℃，则烟气温度只需下降 200～240℃ 即可。若排烟温度保持在 120℃，那么这时预热器进口烟气温度应为 320～350℃。进口烟气温度与出口空气温度如此接近，即传热温差很小，这不可能将空气温度提高到更高的温度。因此，在一定排烟温度的限制下，采用单级布置时，热风温度就被限制在一定的范围内。如需要再提高热风温度，则需提高排烟温度，这是不经济的。为了得到较高的热风温度而不增加排烟热损失，可采用双级布置。

二、双级布置

双级布置如图 3-3-11（b）所示，它由两级省煤器和两级空气预热器组成。第一级空气预热器（按空气流向）与第二级空气预热器之间放置第一级省煤器（按水流向），第二级省煤器位于第二级空气预热器上方，即省煤器与空气预热器交错布置。由于把一部分空气预热器受热面，即第二级空气预热器置于烟气温度较高的地段，因此在排烟温度受到限制的情况下，也能将空气加热到比单级更高的温度。此外，这种布置使省煤器和空气预热器都具有较高的传热温压，增强了尾部受热面的传热，节省了受热面金属。

图 3-3-11 中的空气预热器均为管式空气预热器，若采用回转式空气预热器，其布置如图 3-3-12 所示，图 3-3-12（a）为单级布置，它由一级省煤器与一级回转式空气预热器组成，如 SG—400/13.7 型锅炉即属于此种布置形式。为了得到较高的热风温度，可采用如图 3-3-12（b）所示的双级布置，此时高温级采用管式空气预热器，低温级采用回转式空气预热器。由于回转式空气预热器直径较大，故多布置在锅炉尾部烟道的外面，见图 3-3-12。

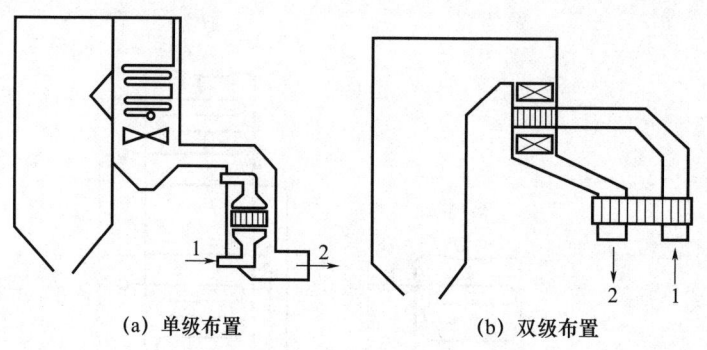

(a) 单级布置　　　　(b) 双级布置

1—空气；2—烟气。

图 3-3-12　回转式空气预热器的布置

在超高压以上锅炉中，尾部烟道除布置省煤器和空气预热器外，还布置再热器，有的还布置低温对流式过热器。其尾部受热面的布置特点为：

（1）由于尾部烟道中布置了再热器，有的还布置了低温对流式过热器，所以尾部受热面（即省煤器和空气预热器）大多采用单级布置；

（2）再热器与低温对流式过热器都布置在省煤器之前；

（3）再热器与低温对流式过热器在尾部烟道中按烟气流程可以串联布置（如 1000t/h 炉），也可以并联布置（如 400t/h 直流炉）。

知识点四　尾部受热面的积灰、磨损和低温腐蚀

一、尾部受热面的积灰

（一）积灰及其危害

当携带飞灰的烟气流经各个受热面时，部分灰粒会沉积到受热面上形成积灰。积灰会带来以下危害：

（1）由于灰的导热系数小，所以在锅炉对流受热面上一旦积灰，将会使受热面热阻增大，传热恶化，以致排烟温度升高，排烟热损失增加，锅炉效率降低；

（2）对于通道截面较小的对流受热面，积灰会堵塞烟气通道，甚至被迫停炉检修；

（3）由于积灰，导致烟气温度升高，还可能影响后面受热面的运行安全。

尾部受热面的积灰可分为松散积灰和低温黏结积灰两种。松散积灰是烟气携带的灰粒沉积在受热面上形成的；低温黏结积灰成硬结状，难以清除，对锅炉工作影响较大。低温黏结积灰与低温腐蚀是相互促进的，这是因为堵灰使传热减弱，受热面金属壁温度降低，而积灰又能吸附三氧化硫，使腐蚀加剧，腐蚀又将使堵灰加剧，以致形成恶性循环。尤其是在空气预热器腐蚀泄漏以后，这种恶性循环将更加严重。因此，应设法防止或减轻低温腐蚀，下面就松散积灰问题进行讨论。

灰粒在管子上的沉积情况与烟气流经管子的流动工况有关。如图 3-3-13 所示为烟气流横向冲刷省煤器管子的情况。当含灰烟气流由正面绕过管子流向后面时，管子的背风面积灰多，迎风面积灰很少，迎风面积灰少是由于迎风面受到气流和粗灰粒冲击的结果。而背风面积灰多是由于管子背风产生了漩涡区，使大量小于 $30\mu m$ 的灰粒子旋进了漩涡区并沉积在管子的背风面上。灰粒之所以能粘附到管子表面，主要是依靠分子引力或静电引力。灰粒越小，其分子引力或静电引力越容易超过灰粒自身重量而使它吸附在管子上。

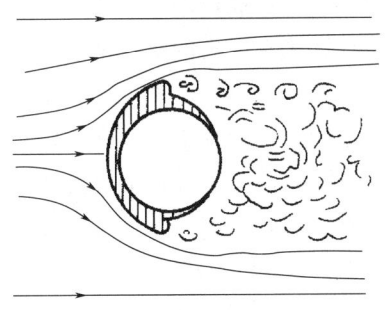

微课：尾部烟道

图 3-3-13　烟气流绕过管子的流动情况

飞灰的沉积情况还与烟速的大小有关。图 3-3-14 表示烟气流自上而下冲刷省煤器管子时，在三种不同烟速下的积灰情况。烟速很低时，不论是管子迎风面或背风面都将发生积灰；随着烟速的升高，积灰减小；当烟速增加到一定数值时，迎风面一般不沉积灰粒。

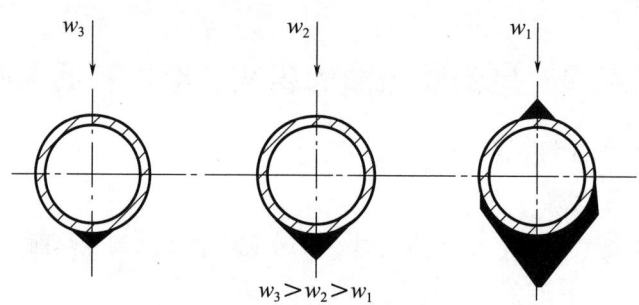

图 3-3-14 不同烟速下错列管束的积灰情况
W—烟速

（二）影响松散积灰的因素

由上可知，积灰与烟气流速、飞灰颗粒度、管束结构特性等因素有关。

1. 烟气流速

如图 3-3-14 所示，烟气流速越大，灰粒的冲击作用越大，积灰程度越轻；反之，则积灰较多。当烟气流速大于 8～10m/s 时，背风面积灰减轻，迎风面则一般不积灰。当烟速为 2.5～3m/s 时，不仅背风面积灰严重，迎风面也会有较多的积灰，甚至发生堵灰。

2. 飞灰的颗粒度

粗灰多，冲刷作用大，使积灰减轻；反之积灰就多。实践表明，液态排渣炉，由于烟气中细灰多，所以积灰比固态排渣炉严重。

3. 管束结构特性

错列布置的管束不仅迎风面受到冲刷，背风面也较易受到冲刷，故积灰较轻。顺列布置的管束背风面受冲刷少，从第二排起，管子的迎风面也不受冲刷，因此积灰较重。减小管束纵向节距 S_2 时，错列管束的背风面冲刷更强烈，可使积灰减轻；而顺列管束，却因相邻管子的积灰易搭积在一起，形成更严重的积灰。

积灰与管径有关。减小管径，飞灰冲击的机会增加，积灰减轻。

（三）减轻积灰的方法

（1）控制烟气流速。对燃用固体燃料的锅炉，在额定负荷时，为了减轻积灰，烟气流速不得低于 6m/s，一般可保持在 8～10m/s，烟气流速过大使磨损加剧。

（2）采用小管径、错列布置。对省煤器可采用 $\Phi25$～$\Phi42$ 的管子，管束的相对节距 $s_1/d=2.25$，$s_2/d=1$～1.5，这样积灰可减轻。

（3）定期吹灰。尾部受热面一般都装有吹灰装置，运行人员应定期吹灰，以减轻积灰。

（4）防止省煤器泄漏。

二、尾部受热面的磨损

（一）磨损及其危害

燃煤锅炉尾部受热面的飞灰磨损是一种常见的现象。当含有大量飞灰和未燃尽碳粒的烟气流经尾部受热面时，会造成受热面的飞灰磨损。磨损会使受热面管壁逐渐变薄，最终导致泄漏和爆破事故，直接威胁锅炉安全运行。停炉时更换磨损部件还要耗费大量工时和钢材，造成经济损失。

（二）磨损的机理

由于锅炉中的灰粒在700℃以下时，具有足够的硬度和动能，当这些灰粒长时间冲击受热面金属时，会不断地从金属上削去一些小的金属屑，使其逐渐变薄，从而造成了受热面的磨损。

气流对管子表面的冲击有两种。冲击角（气流方向与管子表面线方向之间的夹角）为90°时称为斜向冲击，如图3-3-15所示。垂直冲击引起的磨损叫作冲击磨损。斜向冲击受热面的冲击力可分解成法线方向（即垂直方向）的分力和切线方向的分力，法向分力引起冲击磨损，切向分力引起摩擦磨损。当灰粒斜向冲击受热面时，管子表面既受冲击磨损又受摩擦磨损，受热面的磨损主要由冲击磨损产生。

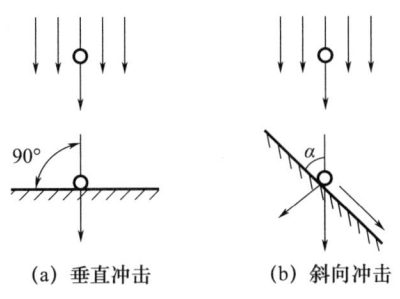

图 3-3-15 灰粒对管子表面的冲击

受热面的磨损是不均匀的，不仅烟道截面不同部位受热的磨损不均匀，而且沿管子周界的磨损也是不均匀的。试验表明，当烟气横向冲刷错列布置受热面（如省煤器）管子时，磨损情况如图3-3-16（a）所示，最大磨损发生在管子迎风面两侧30°～50°范围内。

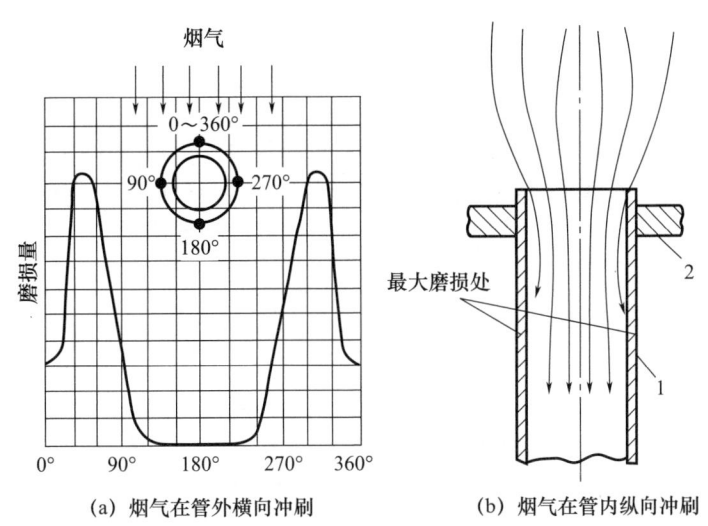

1—空气预热器管子；2—上管板。

图 3-3-16 受热面管子的飞灰磨损

烟气在管内纵向流动时（如管式空气预热器），磨损情况减轻了很多。这时只在距管口（1～3）d 的一段管子内，磨损较为严重，如图 3-3-16（b）所示。这是因为气流进入管口后先收缩再扩张，在气流扩散时灰粒由于离心力作用从气流中分离出来并撞击管壁的缘故。

（三）影响磨损的因素

1. 飞灰速度

受热管子金属表面的磨损正比于冲击管壁的灰粒动能和冲击次数。灰粒动能与烟气流速的平方成正比，冲击次数与烟气流速的一次方成正比。这样管子金属的磨损就与烟气流速的三次方成正比，可见烟气流速的大小对受热面磨损的影响是很大的。

2. 飞灰浓度

飞灰浓度大，则灰粒冲击次数多，磨损加剧。例如烧多灰燃料的锅炉，烟中飞灰浓度大，因而磨损严重。又如锅炉中转弯烟道外侧的飞灰浓度大，因而该处的管子磨损严重。

3. 飞灰撞击率

飞灰撞击管壁的几率与多种因素有关。研究表明，飞灰粒径硬度大、烟气流速高、烟气黏度小，则飞灰撞击率大。这是因为含灰烟气绕过管子流动时，粒径大、密度大、速度高的灰粒子产生的惯性力大于烟气黏性力，使灰粒不随烟气拐弯而撞击在管壁上，从而使飞灰撞击率大。

4. 灰粒特性

灰粒越粗、越硬，磨损越严重。此外，磨损与灰粒形状有关，具有锐利棱角的灰粒比球形灰粒磨损严重。

省煤器的磨损通常大于过热器，这是因为磨损除与管束错列布置有关外，还与省煤器的烟温低，灰粒变硬有关。又如燃烧工况恶化，灰中含碳量增加，由于焦炭的硬度大，磨损加重。

5. 管束的结构特性

烟气纵向冲刷管束的磨损要比横向冲刷轻得多，这是因为灰粒运动与管壁平行，只有靠近管壁的少量灰粒形成的摩擦磨损。

当烟气横向冲刷时，错列管束的磨损大于顺列管束。错列管束第二、三排磨损最严重，这是因为烟气进入管束后，流速增加，动能增大。经过第二、三排管子以后，由于动能被消耗，因而磨损减轻了。顺列管束第五排以后磨损变严重，这是因为灰粒有加速过程，到第五排达到全速。

（四）减轻磨损的措施

1. 控制烟气流速

降低烟气流速是减轻磨损的最有效方法，但烟气流速降低，不仅会影响传热，还会增加积灰和堵灰，所以烟气流速应控制适当。国内调查表明，省煤器中烟气流速最大不宜超过 9m/s，否则会引起较大的磨损。但管径较大（42～57mm）时，可将烟气流速提高 50% 左右。

为了不使局部地区（如从烟道内壁到管子弯头之间的走廊区）出现烟气流速过高的现象，可采取避免受热面与烟道墙壁之间的间隙过大，并使管间距离尽量均衡等措施。

2. 加装防磨装置

由于种种原因,烟气速度场和飞灰浓度场不可能做到均匀,所以局部烟气流速过高以及局部飞灰浓度过高的现象难以避免,应在管子易磨损的那些部位加装防磨装置。

三、尾部受热面的低温腐蚀

(一) 低温腐蚀及其危害

尾部受热面的低温腐蚀是指硫酸蒸汽凝结在受热面上而发生的腐蚀,这种腐蚀也称硫酸腐蚀,它一般出现在烟温较低的低温级空气预热器的冷端。低温腐蚀带来的危害是:

(1) 导致受热面破坏泄漏,使大量空气漏入烟气中,既影响锅炉燃烧,又使引风机负荷增大,电耗增加;

(2) 腐蚀的同时,还会出现低温黏结积灰,积灰使排烟温度升高,引风阻力增加,锅炉出力降低,甚至被迫停炉清灰;

(3) 腐蚀严重,还将导致大量受热面更换,造成经济上的巨大损失。

(二) 低温腐蚀的机理

由于锅炉燃用的燃料中都含有一定的硫分,燃烧时生成二氧化硫,其中一部分会进一步氧化生成三氧化硫。三氧化硫与烟气中的水蒸气结合形成硫酸蒸汽。当受热面的壁温低于硫酸蒸汽露点(烟气中的硫酸蒸汽开始凝结的温度,简称酸露点)时,硫酸蒸汽就会凝结成为酸液而腐蚀受热面。

烟气中三氧化硫的形成主要有两种方式:一是燃烧反应中火焰里的部分氧分子会离解成原子状态,它能与二氧化硫反应生成三氧化硫;二是烟气中二氧化硫经过对流受热面时遇到氧化铁或氧化钒等催化剂,会与烟气中的过剩氧反应生成三氧化硫。

烟气中三氧化硫量是很少的,但极少量的三氧化硫也会使酸露点提高到很高的程度。如烟气中硫酸蒸汽的含量为 0.005% 时,酸露点可达 130~150℃。

(三) 烟气露点 (酸露点) 的确定

烟气露点与燃料中的硫分和灰分有关,燃料中的折算硫分越高,燃烧生成的 SO_2 就越多,导致 SO_3 也增多,致使烟气露点升高;此外,烟气中的灰粒子含有钙镁和其他碱金属氧化物以及磁性氧化铁,它们可以部分地吸收烟气中的硫酸蒸汽,从而降低它在烟气中的浓度。由于硫酸蒸汽分压力减小,烟气露点也就降低。烟气中灰粒子数量越多,这个影响就越显著,烟气中灰粒子对烟气露点的影响可用折算灰分和飞灰份额来表示。

(四) 腐蚀速度

研究表明,腐蚀速度与管壁上凝结下来的硫酸浓度、管壁上凝结的酸量以及管壁温度有关,凝结酸量越多,腐蚀速度越快,但当凝结酸量大到一定程度时,再增加凝结酸量也不会影响腐蚀速度。金属壁温越高,腐蚀速度也越快;硫酸浓度与腐蚀速度不是成正比关系,图 3-3-17 表示碳

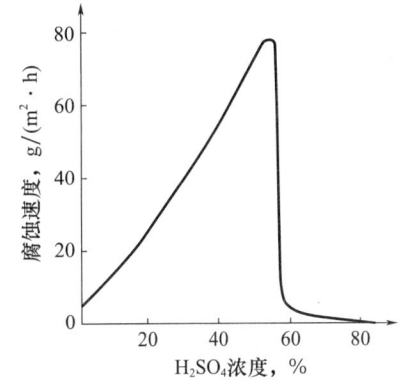

图 3-3-17 腐蚀速度与硫酸浓度的关系

钢的腐蚀速度与硫酸浓度的关系。由图可知,随着硫酸浓度的增大,腐蚀速度先是增加,到浓度为56%时达到一个相当低的数值。

在尾部受热面上,沿烟气流向,速度的变化是比较复杂的,它是管壁温度、凝结酸量与硫酸浓度三者的综合。如图3-3-18所示,在受热面壁温达到酸露点a时,硫酸蒸汽开始凝结,发生腐蚀。但由于此处硫酸浓度极高(80%以上),且凝结酸量少,所以虽然壁温较高,腐蚀速度却并不高。随着烟气流出,金属壁温逐渐降低,但凝结酸量逐渐增多,其影响超过温度降低的影响,因而腐蚀速度很快上升,至b点达到最大。以后壁温继续降低,同时凝结酸量开始减少,而硫酸浓度仍处于较弱腐蚀浓度区,硫酸浓度也在下降并逐渐接近于56%,因而腐蚀速度又上升。到d点壁温达到水蒸气露点(简称水露点),大量水蒸气会凝结在管壁上与烟气中的二氧化硫结合,生成亚硫酸溶液,严重地腐蚀金属。所以,在水露点d后,腐蚀速度急剧上升。实际上,受热面壁温不可能低于水露点,但有可能低于酸露点,因此避免尾部受热面受到严重腐蚀,金属壁温应避开腐蚀速度高的区域。

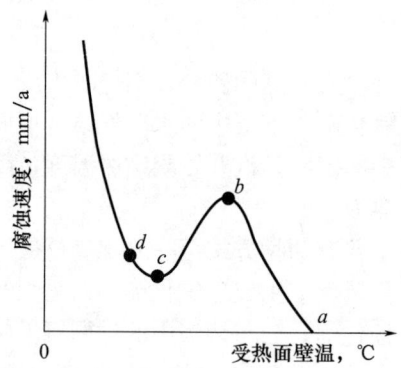

图3-3-18 金属壁温对腐蚀速度的影响

(五) 影响低温腐蚀的因素

影响低温腐蚀的主要因素是烟气中三氧化硫的含量。这是因为烟气中三氧化硫含量的增加,一方面会使烟气露点上升,另一方面会使硫酸蒸汽含量增加。前者使受热面结露引起腐蚀,后者使腐蚀程度加剧。

烟气中三氧化硫的含量与下列因素有关:

(1) 燃料中的硫分越多,则烟气中的三氧化硫越多;

(2) 火焰温度高,则火焰中的原子氧增多,导致三氧化硫增多;过量空气系数增加也会使火焰中的原子氧增多,致使三氧化硫增多;

(3) 氧化铁或氧化钒等催化剂含量增加时,烟气中三氧化硫的含量增加。

由以上分析可知,燃油炉的低温腐蚀可能很严重,因为油中有钒的氧化物,且燃油炉的燃烧强度大而飞灰少,所以燃油炉生成的三氧化硫较多,烟气露点高,腐蚀程度严重。

(六) 减轻低温腐蚀的措施

减轻低温腐蚀的措施可以从两个方面入手:一是减少烟气中三氧化硫的生成量;二是提高金属壁温或使壁温避开严重腐蚀的区域。此外还可以用抗腐蚀材料制作低温受热

面来防止或减轻低温腐蚀,具体措施如下:

1. 燃料脱硫

煤中黄铁矿可利用重力不同而设法分离出一部分硫,但有机硫很难除掉。

2. 低氧燃烧

对于燃用高硫分煤的锅炉,将过量空气系数保持在1.01~1.02,能使烟气露点大大降低,从而有效地减轻低温腐蚀及低温黏结积灰。低氧燃烧必须保证燃烧完全,否则不但经济性差,而且仍会有较多剩余氧,达不到降低三氧化硫的目的。低氧燃烧还必须控制漏风,否则氧量仍会增大。

3. 加入添加剂

用白云粉（$MgCO_3 \cdot CaCO_3$）作为添加剂加在燃油上已取得一定的效果。它能与烟气中的SO_3发生作用而生成$CaSO_4$,从而减轻低温腐蚀。但是烟气中将增加大量粉尘,使受热面积灰增多,故应加强吹灰和清扫。

4. 热风再循环

将空气预热器出口的热空气,送一部分回到送风机入口,称之为热风再循环。这种方法提高了金属壁温,但排烟温度升高,锅炉效率降低,同时还会使送风机耗电增加。

5. 采用暖风器

此方法是在汽轮机与空气预热器之间安装暖风器（即空气预热器）,利用汽轮机低压抽气加热冷空气,蒸汽凝结水返回热力系统。采用暖风器后,虽然排烟温度升高而降低了锅炉效率,但由于利用了低压抽气,减少了凝汽器结热损失,所以提高了热力系统的热经济性。比较下来,经济性有所提高。

6. 空气预热器冷端采用抗腐蚀材料

用于管式空气预热器的抗腐蚀材料有铸铁管、玻璃管、09钢管等；用于回转式空气预热器的抗腐蚀材料有耐酸的搪瓷波形板、陶瓷砖等。

采用抗腐蚀材料可减轻腐蚀,但不能防止低温黏结积灰,因而必须加强吹灰。

任务小结

(1) 省煤器和空气预热器布置在锅炉对流烟道的最后或下方,进入这些受热面的物质温度也较低,因此省煤器和空气预热器也称尾部受热面或低温受热面。

省煤器是利用锅炉尾部烟道中烟气的热量来加热给水的一种热交换器。根据其出口工质的状态,可将省煤器分为非沸腾式省煤器和沸腾式省煤器两种,现代大容量高参数锅炉中均采用非沸腾式省煤器。大型电站锅炉所用钢管式省煤器由一系列平行排列的蛇形管组成,其布置分为顺列布置和错列布置,单级布置和双级布置。现代大型锅炉一般都采用钢管非沸腾式省煤器。当出口工质水温至少低于饱和温度30℃时称为非沸腾式省煤器。

(2) 空气预热器是利用烟气余热加热燃烧所需要的空气的热交换设备,根据结构形式不同可分为管式空气预热器和回转式空气预热器。大型锅炉大都采用回转式空气预热器。回转式空气预热器有受热面旋转和风罩旋转两种。空气预热器可采用单级或双级布置,其取决于要加热的空气。

(3) 当携带飞灰的烟气流经各个受热面时，部分灰粒会沉积到受热面上形成积灰，尾部受热面的积灰可分为松散积灰和低温黏结积灰两种。磨损是指当携带大量固态飞灰的烟气以一定速度流过受热面时，灰粒撞击受热面，在冲击力的作用下会削去微小金属屑的现象。磨损分为冲击磨损和切削磨损。影响磨损的主要因素有烟气速度、飞灰浓度、灰粒特性、管束的结构特性、飞灰撞击率等。尾部受热面的低温腐蚀是指硫酸蒸汽凝结在受热面上而发生的腐蚀，这种腐蚀也称硫酸腐蚀，它一般出现在烟温较低的低温级空气预热器的冷端。影响低温腐蚀的主要因素是烟气中三氧化硫的含量。

积灰、磨损和低温腐蚀都对尾部受热面有危害，所以我们要尽量采取各种措施减轻对尾部受热面的危害。

项目四　烟气净化

项目描述： 掌握锅炉除尘、除灰及脱硫、脱硝设备及系统的设备组成及其工作原理。

项目目标：（1）能够辨识锅炉除尘、除灰及脱硫、脱硝设备及系统；
　　　　　（2）能说出主要设备的工作原理；
　　　　　（3）能初步分析影响设备运行主要因素。

项目素养： 培养学生认真、细致的工作作风和遵纪守时的职业素养。

锅炉烟气中含有大量的粉尘及有害气体，为了避免锅炉排出的烟气对人体及环境造成不可逆的伤害，同时保证烟气含量符合国家标准的要求，须在锅炉烟道中布置相应的除尘、除灰及脱硫、脱硝设备及系统。

知识点一　吹灰设备

一、锅炉吹灰的目的

燃煤中含有的灰分为不可燃物质，以飞灰的形式随着烟气流动，水冷壁上积灰或结渣，使炉膛受热面吸热量减少。而且，由于炉膛出口烟温的升高，引起过热汽温与再热汽温的升高，过热器及再热器管壁温度也升高；水冷壁严重结渣，影响锅炉工作安全。此外，当水冷壁管屏各管或各管屏的吸热严重不均时，还会导致水冷壁超温爆管。对流受热面积灰，不但会降低传热效果，使过热汽温、再热汽温降低，并使排烟温度升高、排烟热损失增大。如果产生局部积灰，会使过热器、再热器的热偏差增大，影响过热器、再热器的安全。积灰还会增加管束的通风阻力，使引风机电耗增加，严重时还会限制锅炉的出力。

为了清除受热面的结渣和积灰，维持受热面清洁，保证锅炉的安全经济运行，需对锅炉受热面进行定期清扫，现代大型电站锅炉采用成套的锅炉吹灰系统，对锅炉本体进行系统吹灰。

二、锅炉吹灰

（一）吹灰器的作用

吹灰器用于吹扫锅炉受热面上的积灰和结渣，主要用在清除水冷壁、过热器、再热器及省煤器上的积灰和结渣，也可用来清除炉顶和管式空气预热器的积灰。

（二）吹灰器的类型

在锅炉中常用的吹灰器有蒸汽吹灰器、燃气脉冲激波吹灰器、声波吹灰器及气体激波吹灰器。各种吹灰器的吹灰工作机理基本是相似的，都是利用吹灰介质在吹灰器喷嘴出口处所形成的高速射流，冲刷受热面上的积灰和焦渣。

1. 蒸汽吹灰器

蒸汽吹灰器是利用具有一定温度、压力的蒸汽流经截面连续变化的缩放喷头,增大焓降提高出口流速,产生较大冲击力,吹扫受热面上的积灰。采用蒸汽或压缩空气作为吹灰介质的常用吹灰器主要有短伸缩式吹灰器、长伸缩式吹灰器、半伸缩式吹灰器、回转式空预器吹灰器4种。

(1) 短伸缩式吹灰器:用于吹扫炉膛水冷壁管子表面的结渣和积灰。由于炉膛温度较高,一般工作温度超过700℃,为避免吹灰器被高温烟气烧坏,吹灰结束后吹灰管退出炉外,如图4-1-1所示。

微课:蒸汽吹灰装置的工作过程

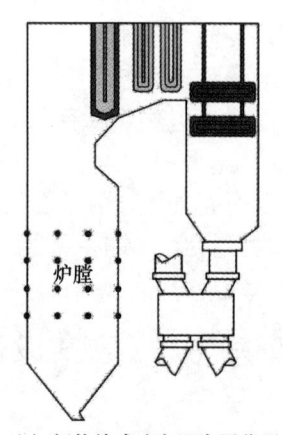

(a) 短伸缩式吹灰器布置位置

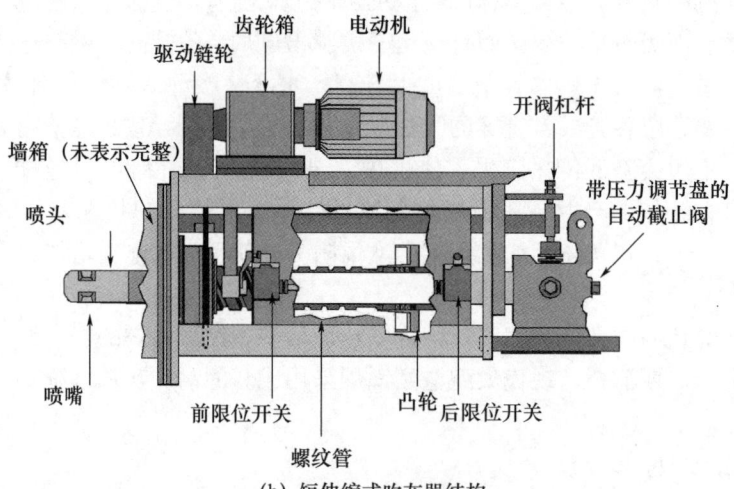

(b) 短伸缩式吹灰器结构

图 4-1-1 短伸缩式吹灰器示意

(2) 长伸缩式吹灰器:用于吹扫过热器和再热器(也有用于省煤器的)管束中的积灰。吹灰时吹灰管子和喷头一边旋转,一边伸入烟道。喷头用拉伐尔喷管式,蒸汽或空气的喷射速度超过声速,有效吹灰半径为1.5~2m,如图4-1-2所示。

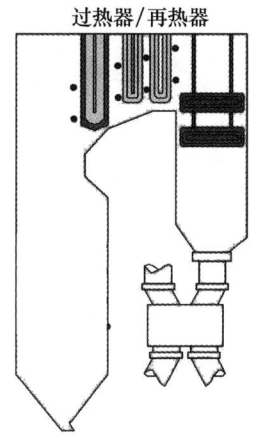

(a) 长伸缩式吹灰器布置位置

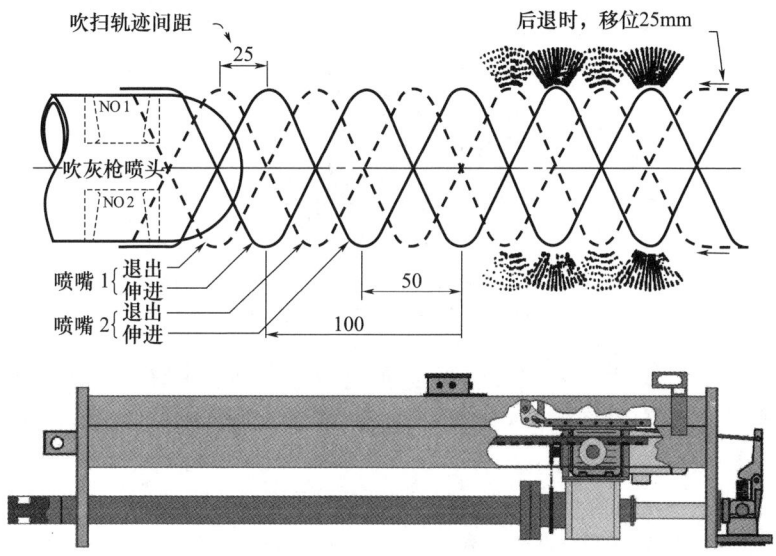

(b) 长伸缩式吹灰器结构

图 4-1-2 长伸缩式吹灰器示意

(3) 半伸缩式吹灰器：用于锅炉尾部省煤器或管式空气预热器，吹扫烟气温度低于 700℃ 的烟道中沉积在管束的积灰，吹灰管上装有许多喷嘴，吹灰时灰管转动，吹灰行程约为吹扫区间长度的一半，吹灰结束后部分吹灰管不退出炉外。由于这种吹灰管长期置于烟道内，为保证吹灰管不被烧坏，应根据装设点的烟气温度选用耐热钢材，如图 4-1-3 所示。

(4) 回转式空预器吹灰器：运行时，吹灰枪管只做伸缩运动，而回转式空气预热器作旋转运动，因此，每个喷嘴的吹灰轨迹是数圈阿基米德螺旋线，如图 4-1-4 所示，几个喷嘴一起完成对整个空预器的吹灰。用蒸汽吹灰时，为获得较好的吹灰效果，应保持蒸汽压力为 0.8~2MPa。

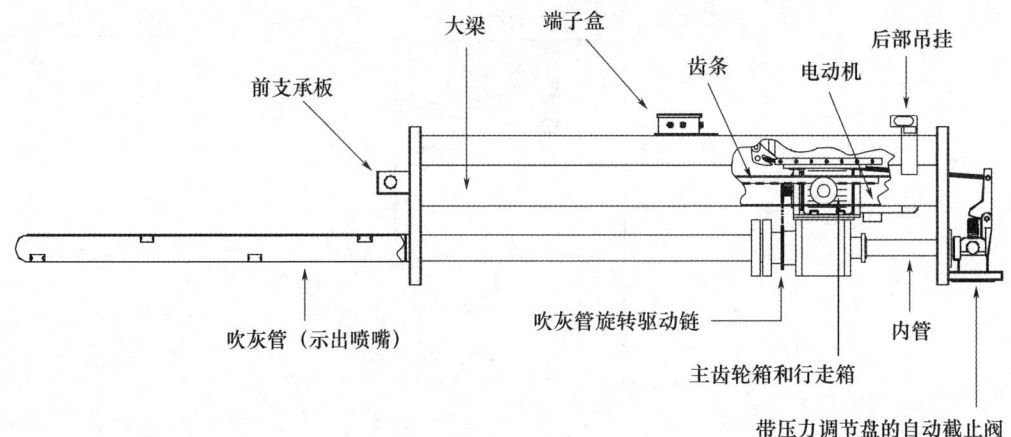

图 4-1-3 半伸缩式吹灰器示意

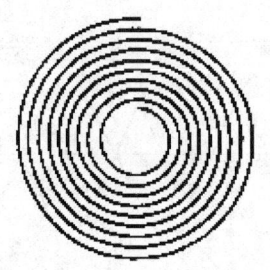

图 4-1-4 回转式空预器吹灰器吹灰轨迹

蒸汽吹灰作为一种传统的吹灰方式，高温高压蒸汽直接吹扫受热面，对清除受热面的积灰和挂渣都有较好的作用，对结渣性强、灰熔点低的灰效果也很好。其主要优、缺点如下：

优点：

（1）可以布置在锅炉各个部位，能对炉膛、水平烟边、尾部竖井的受热面直接进行吹灰。

（2）对结渣、灰熔点低和较黏的灰效果也很好。

（3）蒸汽直接从锅炉引接，按设定程序运行吹灰。

（4）短伸缩式吹灰器运行可靠，长伸缩式吹灰器运行也较为可靠。

缺点：

（1）吹灰耗费蒸汽，降低了烟气露点，增加了锅炉补给水。

（2）吹灰只能清除所吹到的受热面，吹灰有死角。

（3）长伸缩式吹灰器伸缩部分易变形卡涩，蒸汽吹伤受热面会引起爆管，且维护量大，结构尺寸大，占用较大的空间位置。

2. 燃气脉冲激波吹灰器

燃气脉冲激波吹灰器的工作原理是利用空气和可燃气体（如氢气、乙炔气、煤气、液化气和天然气等）以适当的比例在一特殊的容器中混合，经高频点火，产生爆燃，瞬间产生的巨大声能和大量高温高速气体，以冲击波的形式振荡、撞击和冲刷受热面管束，使其表面积灰飞溅，随烟气带走，如图 4-1-5 所示。

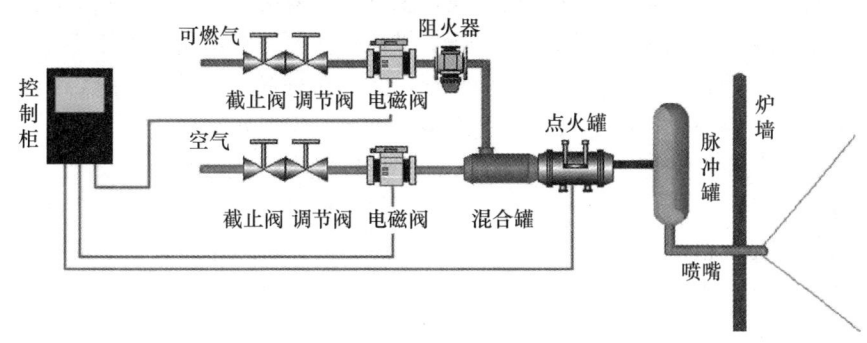

图 4-1-5　燃气脉冲激波吹灰器

3. 声波吹灰器

声波吹灰器有双音双频声波吹灰器和单音单频声波吹灰器两种，其发声原理不尽相同，双音双频声波吹灰器是将压缩空气流经一个高音高频发声哨产生的高音高频声波和一个低音低频声波发生罩反射形成的低音低频声波进行耦合叠加产生双音双频带状频率声波；单音单频声波吹灰器是将压缩空气或蒸汽流经金属膜片、旋笛、发声共振腔或其他声波发生组件产生很强的声音；声波在烟道或炉膛内传播，牵动烟气中的灰粒同步振动，在声波振动及疲劳反复累积作用下，使微小的灰粒难以靠近积灰面，也使沉积在受热面上的灰尘破坏剥离，从而达到清灰的目的，如图 4-1-6 所示。

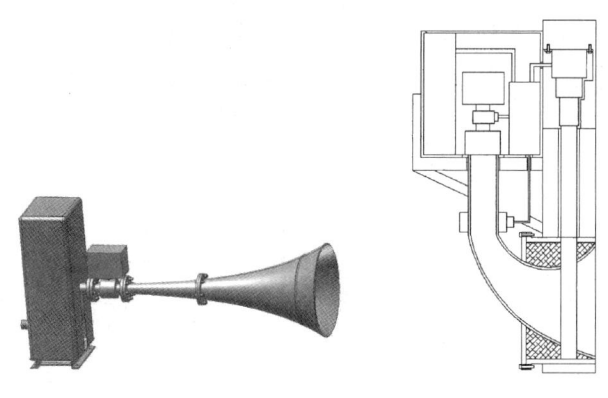

(a) 声波吹灰器外观　　　(b) 声波吹灰器结构

图 4-1-6　声波吹灰器示意

知识点二　除尘设备

一、除尘的意义

煤中灰分是不可燃的物质，煤在燃烧过程中经过一系列的物理化学变化，灰分颗粒在高温下部分或全部熔化，熔化的灰粒黏结形成灰渣。被烟气从燃烧室带出去，凝固的细灰及尚未完全燃烧的固体可燃物就是飞灰。一座 600MW 的燃煤电厂，每天排放数千吨的灰渣以及相当数量的二氧化硫、氮氧化物等气态污染物，其中粉尘、烟雾和二氧化硫（SO_2）、氮氧化物（NO_x）构成了燃料燃烧时对环境的四大污染。

粉尘会使锅炉受热面积灰，影响热交换；烟气中含有的微小颗粒对锅炉受热面、烟道、引风机造成磨损，缩短其使用寿命，增加维修工作量。粉尘落入周围工矿企业不但会加速机件磨损，而且可能导致产品质量下降，尤其对炼油、食品、造纸、纺织和电子元件等工业产品影响更大；粉尘落到电气设备上，可能发生短路，引起事故。

为保护我们的生存环境，实现电力工业的可持续发展，就必须对燃煤电厂和其他工业企业的烟气和粉尘等污染物进行处理，以达到排放标准。目前对烟气的处理方法主要是除尘、脱硫和发电机组低 NO_x 燃烧技术。而除尘是指在炉外加装各类除尘设备，净化烟气，减少排放到大气的粉尘，它是当前控制排尘量达到允许程度的主要方法。

二、除尘器

（一）除尘器的作用

火力发电厂锅炉都装有除尘器，其作用是将飞灰从烟气中分离并清除出去，减少它对环境的污染，并防止引风机的急剧磨损。

（二）除尘器的类型

火力发电厂的除尘器按工作原理不同可分为机械式除尘器和电气除尘器两大类。而机械式除尘器又可分为袋式除尘器和湿式除尘器两种。

1. 袋式除尘器

袋式除尘器是过滤式除尘器的一种，是利用纤维性滤袋捕集粉尘的除尘设备。滤袋的材质是天然纤维、化学合成纤维、玻璃纤维、金属纤维和其他材料。用这些材料制造成滤布，再把滤布缝制成各种形状的滤袋，如圆形、扇形、波纹形或菱形等。用滤袋进行过滤与分离粉尘颗粒时，可以让含尘气体从滤袋外部进入内部，把粉尘分离在滤袋外表面，也可以使含尘气体从滤袋内部流向外部，将粉尘分离在滤袋内表面。含尘气体通过滤袋过滤完成除尘过程，如图 4-1-7 所示。

微课：布袋除尘的工作过程

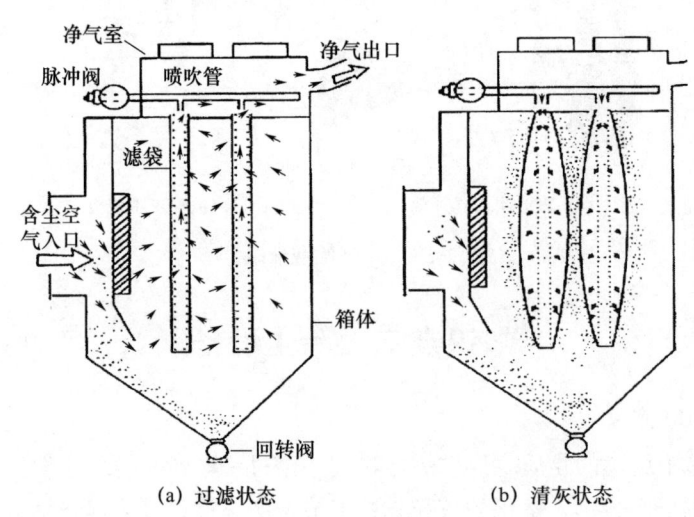

图 4-1-7 袋式除尘器工作原理

(1) 过滤原理。含尘气体由进风口进入，经过灰斗时，气体中部分大颗粒粉尘受惯性力和重力作用被分离出来，直接落入灰斗底部。含尘气体通过灰斗后进入中箱体的滤袋过滤区，气体穿过滤袋，粉尘被阻留在滤袋外表面，净化后的气体经滤袋口进入上箱体后，再由出风口排出。

(2) 清灰原理。随着过滤时间的延长，滤袋上的粉尘层不断积厚，除尘设备的阻力不断上升，当设备阻力上升到设定值时，清灰装置开始进行清灰。首先一个分室提升阀关闭，将过滤气流截断，然后电磁脉冲阀开启，压缩空气以极短促的时间在上箱体内迅速膨胀，涌入滤袋，使滤袋膨胀变形产生振动，并在逆向气流冲刷的作用下，附着在滤袋外表面上的粉尘被剥离落入灰斗中。清灰完毕后，电磁脉冲阀关闭，提升阀打开，该室又恢复过滤状态。各室清灰依次进行，从第一室清灰开始至下一次清灰开始为一个清灰周期。

(3) 粉尘收集。经过滤和清灰工作被截留下来的粉尘均落入灰斗，再由灰斗口集中排出。

袋式除尘器的突出优点是除尘效率高，属于高效除尘器，除尘效率一般大于99%。运行稳定，不受风量波动的影响，适应性强，不受粉尘比电阻值的限制。因此，应用中备受青睐。袋式除尘器的不足之处是处理潮湿、黏性粉尘效果不如湿式除尘器。

2. 湿式除尘器

湿式除尘器是利用水膜粘住或吸附烟气中的灰粒，或用喷雾的水使灰粒凝聚，灰粒随水被清洗下来。常用的有离心式水膜除尘器、文丘里湿式除尘器等。这类除尘器耗水量较大，我国的缺水地区不适用。

3. 电除尘器

电除尘器的基本工作原理是：在两个曲率半径相差较大的金属阳极和阴极（一对电极）上，通以高压直流电，维持一个足以使气体电离的静电场，使气体电离后所产生的电子、阴离子和阳离子吸附在通过电场的粉尘上，从而使粉尘获得电荷（粉尘荷电）。粉尘荷电在电场的作用下，便向与其电极极性相反的电极运动，并沉积在电极上以达到粉尘和气体分离的目的。电极上的积灰，经振打、卸灰、清出本体外，再经过输灰系统（有气力输灰和水力输灰）输送到灰场或者便于利用存储的装置中去。净化后的气体便从所配的烟筒中排出，扩散到大气中。电除尘器的工作原理可简单地概括为以下四个过程：①气体的电离；②粉尘获得离子而荷电；③荷电粉尘（的捕集）向电极运动而收尘；④振打清灰。

电除尘器由两部分构成：一部分是电除尘器本体，烟气通过这一装置完成净化过程，主要由放电极（电晕极、负极或阴极）、集尘极（正极或阳极）、槽板、清灰设备、外壳、进出口烟箱、贮灰系统等部件组成；另一部分是产生高压的直流电装置和低压控制装置。将380V、50Hz的交流电转换成60kV的直流电供除尘器使用，电除尘器包括高压变压器、绝缘子和绝缘子室、整流装置、控制装置等。S3F-220型电气除尘器结构参见图4-1-8。

微课：静电除尘的结构及工作过程

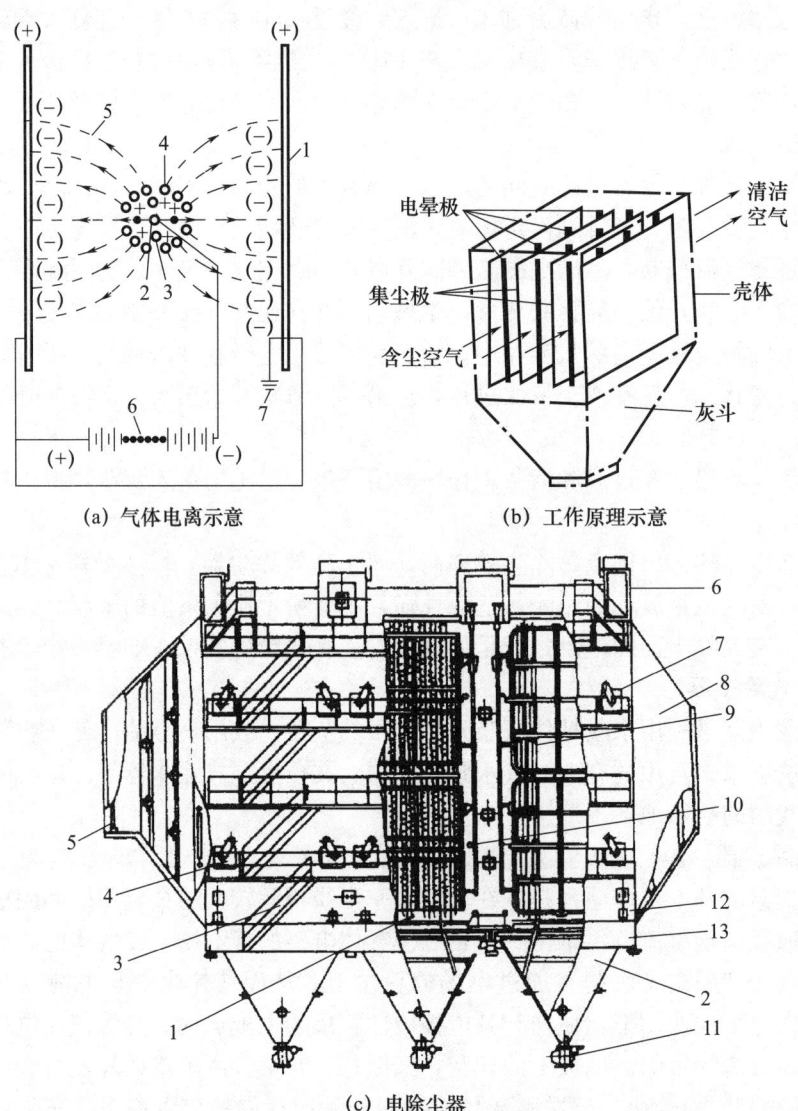

(a) 气体电离示意　(b) 工作原理示意

(c) 电除尘器

1—正极板（集尘极板）；2—灰斗；3—梯子平台；4—正极振打装置；5—进气烟箱；6—顶盖；
7—负极振打传动装置；8—出气烟箱；9—星形负极线；10—负极振打装置；11—卸灰装置；
12—正极振打传动装置；13—底盘。

图 4-1-8　S3F-220 电气除尘器结构

电除尘器与其他类型除尘器相比有如下优点：

（1）除尘效率高。能有效地清除超细粉尘粒子，达到很高的净化程度。一般来说，电除尘器最小可收集到 0.01μm 级的微细粉尘，而其他类型的除尘器则无能为力。电除尘器还可以根据不同的效率要求，使其设计效率达到 99.5%，甚至更高。

（2）能处理大流量、高温、高压或有腐蚀性的气体。

（3）电耗小，运行费用低。由于含尘气体的电除尘器对粉尘的捕集作用力直接作用于粒子本身，而不是作用于含尘气体，所以其气流速度低，所受阻力小，当烟气经过除尘器时，其阻力损失小，相应地，引风机的耗电量就小。

(4) 维修简单，费用低。一台良好的电除尘器的大修周期比锅炉长，日常维护简单，更换的零部件少。

电除尘器与其他类型除尘器相比也存在如下缺点：

(1) 占地面积大，一次性投资大。

(2) 对各类不同性质的粉尘，电除尘器的收尘效果是不相同的，它一般所适应的粉尘比电阻范围在 $1\times10^4 \sim 5\times10^{10}\,\Omega/cm$。

(3) 电除尘器对运行人员的操作水平要求比较高。与其他类型的除尘器相比较，电除尘器的结构较为复杂，要求操作工人对其原理和构造要有一定的了解，并且要有正确维护和独立排除故障的能力。

(4) 钢材的消耗量大，尤其是薄钢板的消耗量大。例如：一台四电场 $240 m^2$ 的卧式电除尘器，其钢材耗量达 1000t 以上。

电除尘器按不同的分类方法可分出不同的类型。

(1) 按对尘粒的处理方法分类。按电除尘器对尘粒的处理方法分，可分为干式和湿式两种类型。烟气中的尘粒以干燥的方式被捕集在电除尘器的收尘极板上，然后通过机械振打的方式从极板上振落下来的为干式；在电除尘器收尘极板的表面形成一层水膜，被捕集到极板上的尘粒通过这层水膜的冲洗而被清除的为湿式。

(2) 按烟气的流动方向分类。按烟气在电除尘器内部的流动方向分，可分为立式和卧式两种类型。气体在电除尘器中自下而上运动的称为立式，一般用于气体流量小、粉尘便于捕集、效率要求不高的场合；气体在电除尘器中沿水平方向流动的称为卧式。

(3) 按收尘极的结构分类。按电除尘器内部收尘极的结构分，可分为管式和板式两种类型。收尘极是由一根根截面呈圆环形、六角环形、方环形的钢管构成，放电极安装于管子中心，含尘气体自下而上地通过这些管内的电除尘器为管式结构；收尘极是板状，为了减少粉尘的二次飞扬和提高刚度，通常把断面做成各种形状，如 C 形、Z 形、波浪形等。

(4) 按收尘极与放电极的匹配形式分类。按收尘极与放电极在除尘器内部的匹配形式分，可分为单区式和双区式两种类型。粉尘粒子的荷电和捕集是在同一个区域内进行的，电晕极和收尘极都装在这个区域内是单区式；粉尘粒子的荷电和捕集分别在两个结构不同的区域内进行的是双区式，第一个区域内安装电晕极，第二个区域内安装收尘极。

近年来，电除尘器的发展很迅速，在我国的电力系统，特别是大型机组不断投运的背景下，电除尘器以它特有的优势已成为防止机组粉尘污染的一种重要手段。随着环境保护要求的日益加强，电除尘器的发展将更加迅速，应用范围将更加广泛，其性能、构造也将更进一步地得到完善。

知识点三 除灰除渣系统及设备

在燃煤电厂中，灰渣是由煤燃烧后的不可燃部分变成的。锅炉按排渣形态的不同一般可分为固态排渣炉和液态排渣炉两种。从锅炉中排出的灰渣是由炉膛冷灰斗的灰渣及省煤器灰斗、空气预热器灰斗、电除尘器捕集到的粗灰和细灰组成的。对煤粉炉而言，炉底冷灰斗的灰渣占 5%～15%，省煤器灰斗的灰占 2%～5%，空气预热器灰斗的灰占

1%～2%，电除尘器捕集到的灰占 92%～98%，如图 4-1-9 所示。

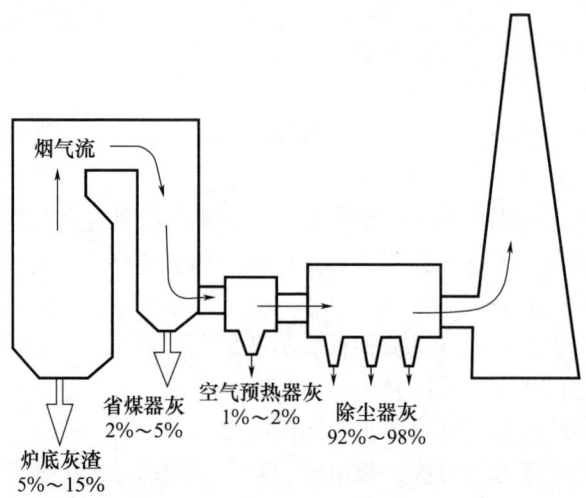

图 4-1-9　燃煤锅炉灰渣分布概况

发电厂收集、处理和输送灰渣的设备、管道及其附件构成发电厂的除灰系统。除灰方式有三种：水力、气力和机械除灰。具体选择何种除灰方式，一般是根据灰渣综合利用的要求、水量多少以及贮灰场的距离来确定，如采用一种方式不能满足除灰要求时，就需要采用两种除灰方式联合的除灰系统。

一、水力除灰方式

水力除灰是燃煤发电厂灰渣输送的一种典型方式，是以水为介质，通过部分设备、管道，完成灰渣输送。水力除灰是一种常用的输灰方式，在火力发电厂中占有相当大的应用比例。我国在水力除灰方面已积累了大量的实验研究和改进成果，并在采用高浓度水力除灰技术、高浓度高效除灰技术、冲灰水回收利用技术、管阀防磨防垢技术等方面都取得了成功的、可靠的运行检修维护经验。

水力除灰对输送不同的灰渣适应性强，各个系统设备结构简单、成熟，运行安全可靠，操作、检修、维护简单，灰渣在输送过程中不易扬散，且有利于环境清洁，从而能够实现灰浆远距离输送。

但是，水力除灰方式也存在以下缺点：

（1）不利于灰渣综合利用。灰渣与水混合后，将失去松散性能，灰渣所含的氧化钙、氧化硅等物质也要发生变化，活性将降低。

（2）灰浆中的氧化钙含量较高时，易在灰管内壁结垢，堵塞灰管，而且不易清除。

（3）耗水量较大。

（4）冲灰水与灰混合后一般呈碱性，pH 值超过工业"三废"的排放规定。

由于近年来水资源的严重短缺，所以使用水量较大的水力除灰的发展受到了极大的限制。

在我国现有电厂的水力除灰系统中，尤其是南方，水源充足，多数采用灰水比为 1∶15 的低浓度输灰系统。北方由于水资源缺乏，目前一些电厂采用灰水比为 1∶1～1∶2.5 的高浓度输灰系统。油隔离泵、水隔离泵和柱塞泵为高浓度输灰系统的主要设备。为了节约用水。许多缺水地区的电厂还采用浓缩池,将回收的废水用在除尘器中,使除灰系统耗水量大大降低。

水力除灰系统的基本组成及流程见图 4-1-10。

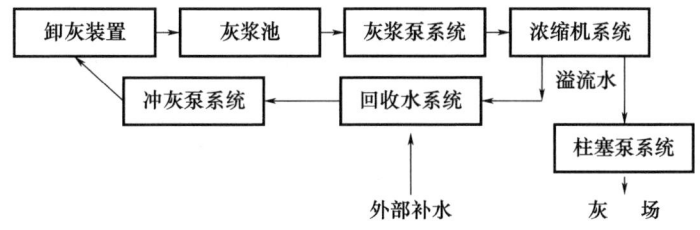

图 4-1-10 水力除灰系统的基本组成及流程

水力除灰系统一般由以下系统中的几个或全部组成。

(1)卸灰装置。借助于某一设计水力水流装置或搅拌装置,将飞灰与水充分混合,并送入输灰管道或灰沟内,其供料装置设在系统的始端、灰斗的底部。

(2)冲灰泵系统。为供料装置的冲灰动力源。

(3)灰浆泵系统。用来将供料装置排出的灰浆通过设备系统,输送到浓缩机,一般由灰浆泵、管道、阀门等组成。

(4)浓缩机系统。用来将灰浆泵输送到的灰浆进行沉淀浓缩,使灰浆中的大部分水分离出来,并将浓缩后的高浓度灰浆排到远距离输送系统。

(5)回收水系统。回收水系统的作用一方面是为供料装置提供水力动力源,另一方面将浓缩机分离出来的水进行循环利用。

(6)远距离输送动力装置。用来将浓缩机浓缩后的灰浆进行增压输送的设备系统,一般采用柱塞泵或渣浆泵多级提升。该装置布置在输送系统的终端。

(7)输灰管。包括输送介质的管道阀门装置及其附件等。

在水力除灰系统中,低浓度水力除灰系统比较简单,设备少。高浓度水力除灰系统设备较多,相对复杂些。

锅炉内部除灰系统的主要设备有捞渣机、碎渣机以及喷射泵,外部除灰系统的主要设备有灰浆泵、回水泵(渣水回收泵、灰水回收泵)、浓缩池、搅拌槽或湿式搅拌机、容积泵(包括水隔离泵、柱塞泵)、箱式冲灰器等。

如图 4-1-11 所示是我国采用较多的灰渣泵水力除灰系统。在这种系统中,锅炉排出的渣在灰渣室经碎渣机破碎成碎渣连同冲灰器排出的细灰,沿倾斜的灰沟被激流喷嘴的水冲入灰渣池。灰渣池中的灰水混合物通过灰渣泵增压后由压力输灰管道送往灰场。每吨灰耗水量为 15~16t(即灰水比为 15~16)或更大,耗电量为 15~20kW·h。输送距离为 1.5~2km,超过此距离还需要装设第二级灰渣泵,也就是用两级串联运行方式将灰送到灰场。

当电厂附近的灰场较小或没有灰场时,可以先用灰渣泵将灰渣送到沉灰池沉淀,然后用抓灰机把沉淀后的灰渣抓出,再用轮船或者火车运走。

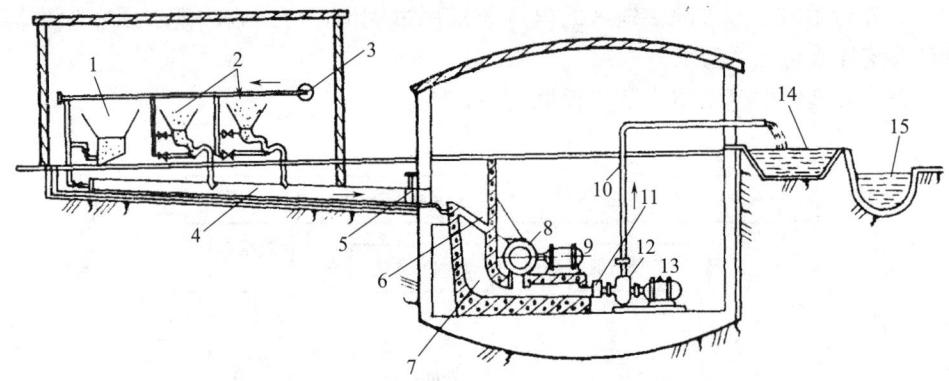

1—渣斗；2—灰斗；3—清水供给管；4—灰沟；5—提升式闸门；6—栅格；7—沉清池；
8—渣机；9、13—电动机；10—灰管；11—铁质分离器；12—灰渣泵；14—灰场；15—河流。

图 4-1-11　用灰渣泵水力除灰系统

二、气力除灰系统

气力除灰是一种以空气为载体，借助某种压力（正压或负压）设备和管道系统对粉状物料进行输送的方式。燃煤电厂的除灰系统是一种比较先进、经济、环保的科学技术。20 世纪 80 年代以后，特别是近十多年来，我国在一些大型电厂相继开始引进各类气力除灰设备和相关技术。由于环保、水资源等的要求和局限，我国极力倡导和推进这一技术的发展和应用，使得气力除灰在电力系统已逐渐成为一种趋势和强制要求，这就进一步促进了国内气力除灰技术的发展。

气力除灰在环保、节约水资源、实现自动控制等方面与传统的水力输灰及常规机械输灰方式相比，有着无可比拟的优越性，但也存在以下不足：

（1）由于气力除灰是以空气为载体，物料在系统中的流动速度相对较快，摩擦较大，这样某些设备及部件的耐磨性能难以满足工况要求，影响单纯运行的可靠性。

（2）粗大的颗粒、黏滞性粉体及潮湿粉体不宜使用气力输送，输送距离和输送量受到一定的限制。

气力除灰又可分为正压和负压两种系统，这里以正压除灰系统为例说明其工作过程。如图 4-1-12 所示为具有仓泵的正压气力除灰系统。灰斗中的灰定期排入仓泵，灰在仓泵中

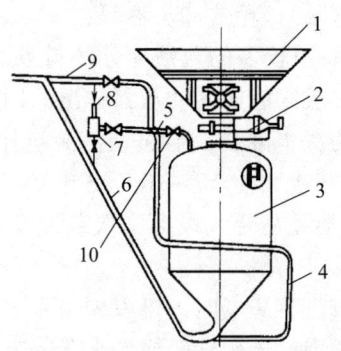

1—灰斗；2—锥形阀；3—仓泵；4—冲灰压缩空气管；5—压灰空气管；6—输灰管；
7—滤水管；8—压缩空气总管；9—冲洗压缩空气管；10—压灰空气门。

图 4-1-12　下引式仓泵结构

达到一定高度后,开启压缩空气阀门,压缩空气进入仓泵上部,又经冲灰压缩空气管引入仓泵下部进行除灰。从仓泵中吹出的灰沿输灰管直接送往目的地,以作灰渣综合利用。

三、机械除渣系统

燃煤发电机组的除渣系统,一般分为水力除渣和机械除渣两种。水力除渣是利用水力排出炉渣的方式,常用的设备主要有水力排渣槽、水封斗式排渣装置。随着现代电厂容量的增加、环保要求的提高,加之水资源的日益匮乏,目前大型火力发电厂主要以机械除渣为主。

机械除渣是由捞渣机、埋刮板机、斗轮提升机、渣仓和自卸运输汽车等机械设备组成。

机械固态排渣形式有以下特点和优势:

(1) 机械除渣不需要水力除渣用的自流沟,地下设施(如沟、管、喷嘴等)简化。

(2) 机械除渣对渣的处理比较简单,可减少向外排放的困难,输送方便,有利于渣的综合利用。

(3) 机械除渣不存在冲灰水的排放回收等问题。

正因为以上优势,现在新建电厂除渣形式越来越多地采用机械固态排渣设计,它是现代燃煤发电机组灰渣输送的发展趋势,机械固态排渣系统可以分成水冷除渣系统和风冷除渣系统。

(一) 水冷除渣系统

现代大型锅炉大多采用连续除渣方式,如图 4-1-13 所示。其工作过程是:炉膛内的灰渣落入冷灰斗后进入排渣槽,渣槽水深 1500mm,可兼作炉底水封。落入渣槽的灰渣被迅速冷却而易碎,并由设置在渣槽中的刮板式捞渣机连续将灰渣刮出,在通过渣槽斜坡时,灰渣脱水,落到碎渣机中,渣块经碎渣机粉碎后直接掉入灰渣沟,与激流喷嘴来的冲灰水混合,并被冲至灰渣泵的缓冲池内,再由灰渣泵通过灰管送至贮渣场或综合利用系统。这种除渣方式能连续运行,消耗水量少,可根据炉渣量的多少决定链条转速,电耗低,适用于远距离输送。但炉底结构复杂,维护工作量大。其流程是:

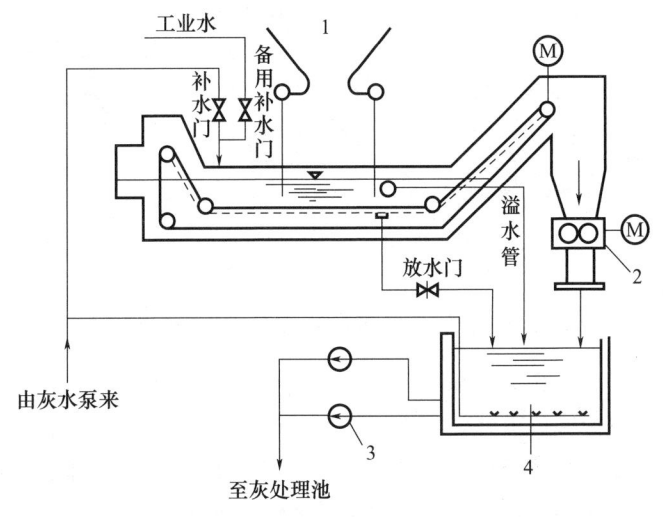

1—炉底渣口;2—碎渣机;3—灰渣泵;4—炉底灰渣池。

图 4-1-13 连续除渣排渣槽装置

微课:排渣槽和捞渣机结构及工作原理

炉渣→排渣槽→刮板式捞渣机→碎渣机→灰渣池→灰渣泵→灰场
　　　　　　　　　　　　↑←冲灰水

(二) 风冷除渣系统

锅炉炉膛中下落的热灰渣（850℃左右），经炉底排渣装置落到钢带式输渣机的输送钢带上，随输送钢带低速移动；在锅炉炉内负压作用下，通过钢带式输渣机壳体四周通风孔进入少量的冷空气，使热灰渣在输送钢带上逐渐被冷空气冷却，并逐渐再次燃烧，完成冷空气与高温炉渣间的热交换，冷空气受热升温到300～400℃（相当于二次风的送风温度）进入炉膛，灰渣被冷却到200℃以下，被液压破碎机破碎后进入钢带输渣机，再经碎渣机破碎后进入二级钢带输渣机，由中间渣仓出口经电动锁气给料机输送装汽车，或经过调湿机调湿以后装车，如图4-1-14、图4-1-15所示。

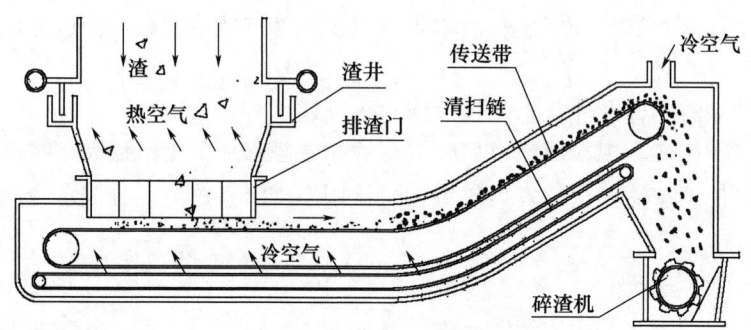

图4-1-14　风冷式除渣原理

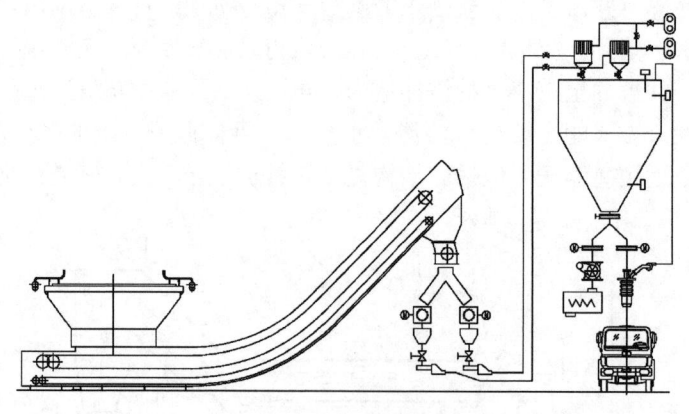

图4-1-15　风冷式除渣系统

知识点四　脱硫及脱硝技术概述

燃烧产物中的粉尘和SO_2、NO_x等有害气体，首先对锅炉本身产生不利影响。烟气中大量有害气体（如SO_2）还会限制排烟温度，增加排烟损失，降低锅炉效率。燃煤产生的SO_2、NO_x在一定物化条件下形成酸雨，造成金属腐蚀和房屋建筑结构破坏；大气中的NO_x则会产生光化学烟雾，危害人体健康和动植物生长，对大气环境及生态平衡造成严重影响。

一、脱硫技术

烟气脱硫技术按脱硫剂及脱硫反应产物的状态可分为湿法、干法及半干法三大类。

(一) 湿法脱硫工艺

世界各国的湿法烟气脱硫工艺流程、形式和机理大同小异,主要是以碱性溶液为脱硫剂吸收烟气中的 SO_2。这种工艺已有50年的历史,经过不断地改进和完善后,技术成熟,而且具有脱硫效率高(90%～98%)、机组容量大、钙硫比低、煤种适应性强、运行费用较低和副产品易回收等优点。但其工艺流程复杂、占地面积大、投资大,需要烟气再热装置,脱硫产物为湿态,且普遍存在腐蚀严重、运行维护费用高及造成二次污染等问题。

湿法脱硫工艺是世界上应用最多的,约占脱硫总装机容量的83.02%。据美国环保局(EPA)的统计资料,全美火电厂采用的湿法脱硫工艺中,石灰石/石灰—石膏湿法占87%,双碱法占4.1%,碳酸钠法占3.1%。目前,湿法脱硫工艺占据80%以上的烟气脱硫市场。

湿法脱硫工艺主要有石灰石/石灰—石膏法、海水法、双碱法、亚钠循环法、氧化镁法等。使用最多的是石灰石/石灰—石膏湿法工艺,约占全部FGD安装容量的70%,根据吸收塔形式不同又可分为三类:逆流喷淋塔、顺流填料塔和喷射鼓泡反应器,常用的为逆流喷淋塔形式湿法工艺。其工艺流程如图4-1-16所示。

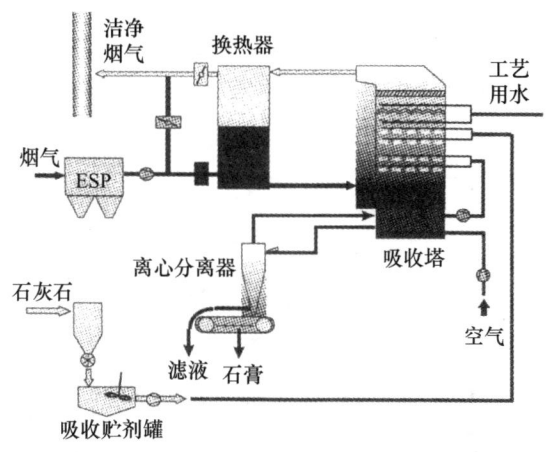

图4-1-16 石灰石/石灰—石膏湿法烟气脱硫工艺流程

从除尘器出来的烟气经气—气换热器降温后进入FGD吸收塔,在吸收塔内烟气和喷淋下的石灰石粉悬浮液充分接触,SO_2 与浆液中的碱性物质发生化学反应被吸收。新鲜的石灰石浆液不断加入吸收塔中,洗涤后的烟气通过除雾器再经气—气换热器升温后由烟囱引至高空排放。吸收塔底部的脱硫产物由排液泵抽出,送去脱水或作进一步处理。

该工艺的主要缺点是基建投资费用高、占地多、耗水量大、脱硫副产物为湿态,且脱硫产生的废水需处理后排放。但由于该工艺技术成熟、性能可靠、脱硫效率高、脱硫剂利用率高,且以常见的石灰石作脱硫剂,其资源丰富、价格低廉,加上脱硫副产品石膏有较高的回收利用价值,因此很适合在中、高硫煤(含硫率≥1.5%)地区使用。

(二) 干法脱硫工艺

干法脱硫工艺用于电厂烟气脱硫始于 20 世纪 80 年代初，使用固相粉状或粒状吸收剂、吸附剂或催化剂，在无液相介入的完全干燥的状态下与 SO_2 反应，并在干态下处理或使用再生脱硫剂。该工艺优点是：脱硫产物为干态，工艺流程相对简单、投资费用低；烟气在脱硫过程中无明显降湿，利于排放后扩散；无废液等二次污染；设备不易腐蚀、不易发生结垢及堵塞。其缺点是：要求钙硫比高，反应速度慢，脱硫效率及脱硫剂利用率低；飞灰与脱硫产物相混可能影响综合利用；对干燥过程控制要求很高。

干法脱硫工艺主要有荷电干法吸收剂喷射脱硫法、电子束照射法、吸附法等。

(三) 半干法脱硫工艺

半干法脱硫工艺融合了湿法、干法脱硫工艺的优点，具有广阔的应用前景。它利用热烟气使 $Ca(OH)_2$ 吸收烟气中的 SO_2，在反应生成 $CaSO_3 \cdot 0.5H_2O$ 的同时进行干燥，使最终产物为干粉状。该工艺通常配合袋式除尘器使用，能提高 10%～15% 的脱硫效率。

半干法脱硫工艺主要有喷雾干燥法、炉内喷钙炉后增湿活化法、循环流化床法、增湿灰循环法、烟道喷射法等。现分别介绍如下：

1. 喷雾干燥法烟气脱硫工艺

喷雾干燥法脱硫工艺从 20 世纪 20 年代开始就被许多工业部门应用，但直到 70 年代才在电厂烟气脱硫系统中得到应用，成为控制 SO_2 排放的一种重要工艺，其工艺流程如图 4-1-17 所示。

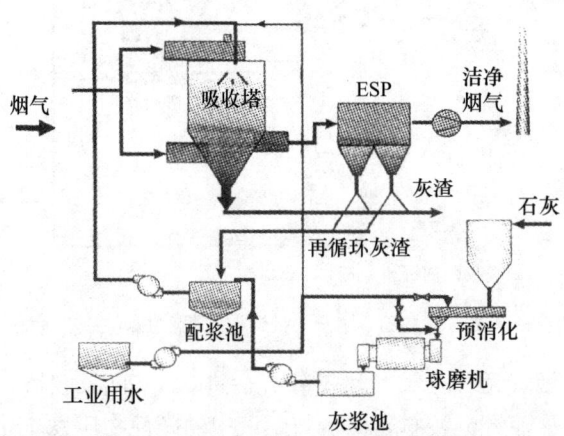

图 4-1-17 喷雾干燥法烟气脱硫工艺流程

该工艺以石灰作为脱硫剂，首先把石灰消化制成消石灰浆。消石灰浆液经旋转喷雾装置或两相流喷嘴雾化成非常细的液滴，在吸收塔内与处理的烟气充分混合。通过气液传质，烟气中的 SO_2 与脱硫剂反应生成 $CaSO_3$ 而被去除，粉末状的脱硫副产物随烟气一起排出，由下游的除尘器收集，收集的固体灰渣一部分排入配浆池循环利用，一部分外排。净化后的烟气由引风机引至烟囱排放。

与石灰石/石灰—石膏湿法工艺相比，该工艺投资费用低、能耗小、脱硫产物呈干态，便于处理。一般用于燃用中、低硫煤（含硫量 1.0%～2.5%）的电厂烟气脱硫系统，在 Ca/S 为 1.1～1.6 时，脱硫效率可达 80%～90%。其主要缺点是利用消石灰浆液作脱硫剂，系统较易结垢和堵塞，而且需要专门设备进行脱硫剂的制备，雾化装置容易磨损，脱硫效率和脱硫剂利用率也不如石灰石/石灰—石膏湿法高。该工艺目前已基本成熟，在欧洲应用较多，法国、奥地利、丹麦、瑞典、芬兰等国家均研制和生产这种设备。

2. 炉内喷钙炉后增湿活化工艺

炉内喷钙脱硫技术早在 20 世纪 50 年代中期就已开始研究，但由于脱硫效率不高（只有 15%～40%），钙利用率低（15%）而被搁置。到 70 年代又开始重新研究，80 年代初，芬兰的 Tampella 动力公司以炉内喷钙为基础，开发附加尾部增湿活化的烟气脱硫工艺，即炉内喷钙炉后增湿活化工艺（LIFAC），使脱硫效率和脱硫剂利用率都有了较大提高，其工艺流程如图 4-1-18 所示。

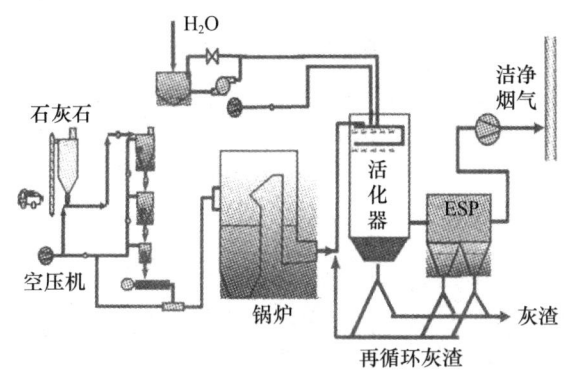

图 4-1-18　LIFAC 法烟气脱硫工艺流程

该工艺与炉内喷射工艺区别的关键在于把简单的烟道增湿过程改造为气、固、液三相接触的增湿活化塔，以增加脱硫剂与烟气的接触时间并改善反应条件，同时采用脱硫灰再循环以提高脱硫剂的利用率。该工艺优点是设备简单、占地面积小、安装工期短、投资和运行费用较低，缺点是需要改动锅炉炉膛且要损失部分热能，脱硫效率难以达到 80% 以上。这种工艺适用于燃用中、低硫煤（含硫量 1.0%～2.5%）的现有锅炉脱硫改造。

3. 循环流化床烟气脱硫工艺

循环流化床烟气脱硫工艺（CFB-FGD）以循环流化床原理为基础，通过脱硫剂的多次再循环，延长脱硫剂与烟气的接触时间，大大提高了脱硫剂的利用率，其工艺流程如图 4-1-19 所示。

锅炉烟气进入脱硫塔底部的文丘里管状入口段，在此烟气被加速并均匀分布于塔内，同时在此处加入适量的脱硫剂和雾化水。由于流化床反应塔内呈流化状态，气固相互运动剧烈，混合均匀，烟气中的 SO_2 与脱硫剂快速反应，大部分 SO_2 及其他酸性气体被脱除。脱硫后的反应物连同飞灰及未反应的脱硫剂被烟气携带进入返料除尘器，除尘器分离下的固体产物一部分返回塔内循环利用，另一部分外排。净化后的烟气由引风机排至烟囱，实现达标排放。

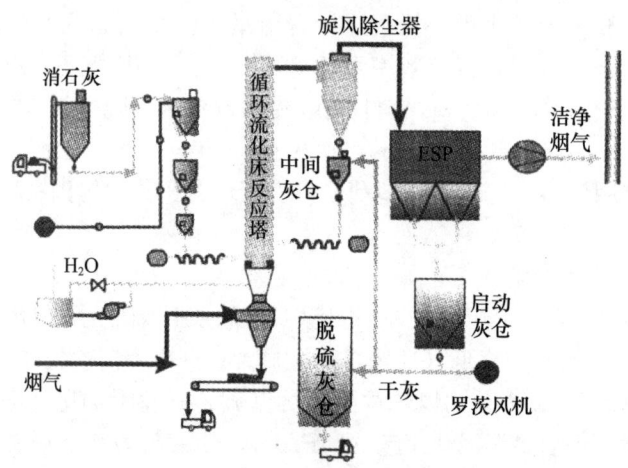

图 4-1-19　循环流化床烟气脱硫工艺流程

该工艺的主要优点是脱硫剂反应停留时间长，对锅炉负荷变化适应性强。由于床料有98%参与循环，脱硫剂在反应器内停留时间累计可达30min以上，提高了脱硫剂利用率。循环流化床烟气脱硫工艺由于设备流程简单、技术水平成熟，目前已广泛运用于国内大型火力发电机组。

（四）脱硫工艺比较

目前，我国已有石灰石/石灰—石膏湿法、循环流化床法、海水脱硫法、脱硫除尘一体化、半干法、旋转喷雾干燥法、炉内喷钙尾部烟气增湿活化法、活性炭吸附法、电子束法等10多种烟气脱硫工艺技术得到应用。在火电厂大、中容量机组上得到广泛应用并继续发展的主流工艺有4种：石灰石/石灰—石膏湿法脱硫工艺（WFGD）、喷雾干燥脱硫工艺（LSD）、炉内喷钙炉后增湿活化脱硫工艺（LIFAC）和循环流化床脱硫工艺（CFB-FGD）。这四种烟气脱硫工艺技术指标见表4-1-1。

表 4-1-1　四种脱硫工艺技术指标比较

工艺	石灰石/石灰—石膏湿法	喷雾干燥	炉内喷钙炉后增湿活化	循环流化床
适用煤种含硫量	>1.5%	1%～3%	<2%	低，中，高硫均可
Ca/S比	1.1～1.2	1.5～2	<2.5	1.2左右
脱硫效率	>90%	80%～90%	60%～80%	>85%
工程投资占电厂总投资的百分数	15%～20%	10%～15%	4%～7%	5%～7%
钙利用率	>90%	50%～55%	35%～40%	>80%
运行费用	高	较高	较低	较低
设备占地面积	大	较大	小	小
灰渣状态	湿	干	干	干
是否成熟	成熟	较成熟	成熟	较成熟

续表

工艺	石灰石/石灰—石膏湿法	喷雾干燥	炉内喷钙炉后增湿活化	循环流化床
适用规模及场合	大型电厂高硫煤机组	燃用中、低硫煤的现有中小型机组改造	燃用高、中、低硫煤的现有中小型机组改造	受场地限制、新建的中小型机组

二、脱硝技术

从 NO_x 的生成途径可以看出，降低 NO_x 排放的主要措施有两种，一是控制燃烧过程中 NO_x 的生成，即低 NO_x 燃烧技术；二是对生成的 NO_x 进行处理，即烟气脱硝技术。

（一）低 NO_x 燃烧技术

为了控制燃烧过程中 NO_x 的生成量，所采取的措施为：

(1) 降低过量空气系数和氧气浓度，使煤粉在缺氧条件下燃烧；

(2) 降低燃烧温度，防止产生局部高温区；

(3) 缩短烟气在高温区的停留时间等。

1. 空气分级燃烧

燃烧区的氧浓度对各种类型的 NO_x 生成都有很大影响，当过量空气系数 $\alpha<1$，燃烧区处于"贫氧燃烧"状态时，对于抑制在该区域中 NO_x 的生成量有明显效果，即降低过量空气系数和氧浓度。根据这一原理，把供给燃烧区的空气量减少到全部燃烧所需空气量的70%左右，从而即降低了燃烧区的氧浓度，也降低了燃烧区的温度水平。因此，第一级燃烧区的主要作用就是抑制 NO_x 的生成并将燃烧过程推迟。燃烧所需的其余空气则通过燃烧器上面的燃尽风喷口送入炉膛与第一级所产生的烟气混合，完成整个燃烧过程。

炉内空气分级燃烧将燃烧所需的空气分两部分送入炉膛：一部分为主二次风，占总二次风量的70%～85%，另一部分为燃尽风，占总二次风量的15%～30%。炉内的燃烧分为三个区域，即热解区、贫氧区和富氧区。径向空气分级燃烧是在与烟气流垂直的炉膛截面上组织分级燃烧，它是通过将二次风射流部分偏向炉墙来实现的。

锅炉正常运行时，当燃烧煤种改变，主二次风和燃尽风的配比也不同，如果控制不当，容易出现主二次风风量不足，使不完全燃烧损失增大；同时炉膛中还原性气氛的区域容易出现结渣和高温腐蚀。

2. 燃料分级燃烧

在主燃烧器形成的初始燃烧区上方喷入二次燃料，形成富燃料燃烧的再燃区，NO_x 进入本区将被还原成 N_2；为了保证再燃区不完全燃烧产物的燃尽，在再燃区上面还需布置燃尽风喷口；改变再燃区的燃料与空气之比是控制 NO_x 排放量的关键因素。

燃料分级燃烧技术是利用超细化煤粉的分级再燃技术，可能使氮氧化物的排放量减少30%～50%。该技术存在的问题是为了减少不完全燃烧损失，需加空气对再燃区烟气进行三级燃烧，配风系统比较复杂，目前尚未在大型锅炉中应用。

3. 烟气再循环

烟气再循环技术是把空气预热器前抽取的温度较低的烟气与燃烧用的空气混合，通过燃烧器送入炉内,从而降低燃烧温度和氧的浓度,达到降低 NO_x 生成量的目的。

目前该技术存在的问题是由于受燃烧稳定性的限制,一般再循环烟气率为15%～20%,投资和运行费较大,占地面积大。

4. 低 NO_x 燃烧器

通过特殊设计的燃烧器结构及改变通过燃烧器的风煤比例,以达到在燃烧器着火区空气分级、燃烧分级或烟气再循环法的效果。在保证煤粉着火燃烧的同时,有效抑制 NO_x 的生成。如燃烧器出口燃料分股,浓淡煤粉燃烧。在煤粉管道上的煤粉浓缩器使一次风分成水平方向上的浓淡两股气流,其中一股为煤粉浓度相对高的煤粉气流,含大部分煤粉;另一股为煤粉浓度相对较低的煤粉气流,以空气为主。

我国低 NO_x 燃烧技术起步较早,国内新建的 300MW 及以上火电机组已普遍采用低 NO_x 燃烧技术,对现有 100～300MW 机组也开始进行低 NO_x 燃烧技术改造,采用低 NO_x 燃烧技术,只需用低 NO_x 燃烧器替换原来的燃烧器,燃烧系统和炉膛结构不需作任何更改。

综上所述,为了控制燃烧过程中 NO_x 的生成量,所采取的低 NO_x 燃烧技术措施为:

(1) 降低过量空气系数和氧气浓度,使煤粉在缺氧条件下燃烧;

(2) 降低燃烧温度,防止产生局部高温区;

(3) 缩短烟气在高温区的停留时间等。

其中空气分级技术在锅炉燃烧中应用最广,如低氮燃烧器的采用,较好地降低了 NO_x 的生成量,还原效率达15%～20%。

(二) 烟气脱硝技术

1. 炉膛喷射法

其实质是向炉膛喷射还原性物质,在一定温度条件下可使已生成的 NO_x 还原,从而降低 NO_x 的排放量。该方法包括:喷水法、二次燃烧法(喷二次燃料即前述燃料分级燃烧)、喷氨法等。

喷氨法也称选择性非催化还原法(SNCR),是在无催化剂的条件下向炉内喷入还原剂氨或尿素,将 NO_x 还原为 N_2 和 H_2O。还原剂喷入锅炉折焰角上方水平烟道(温度为900～1000℃),在 NH_3/NO_x 摩尔比为2～3的情况下,脱硝效率为30%～50%。在反应温度在950℃左右时,反应式为:

$$4NH_3 + 4NO \rightarrow 4N_2 + 6H_2O \tag{4-1-1}$$

当温度过高时,则会发生如下副反应,又会生成NO。

$$4NH_3 + 5O_2 \rightarrow 4NO + 6H_2O \tag{4-1-2}$$

当温度过低时,又会减慢反应速度,所以温度的控制是至关重要的。该工艺不需要催化剂,但脱硝效率低,高温喷射对锅炉受热面的安全有一定影响。存在的问题是:由于水平烟道处的温度随锅炉负荷和运行周期而变化,另外锅炉中 NO_x 浓度具有不规则性,因而使该工艺应用变得较复杂。在同等脱硝率的情况下,该工艺的 NH_3 耗量要高于 SCR 工艺,从而使 NH_3 的逃逸量增加。

选择性催化还原法(SCR)是还原剂(NH_3 或尿素)在催化剂作用下,选择性地与 NO_x 反应生成 N_2 和 H_2O,而不是被 O_2 所氧化,故称为"选择性"。主要反应如下:

$$4NH_3 + 4NO + O_2 \rightarrow 4N_2 + 6H_2O \qquad (4\text{-}1\text{-}3)$$

$$4NH_3 + 2NO_2 + O_2 \rightarrow 6N_2 + 6H_2O \qquad (4\text{-}1\text{-}4)$$

其原理是在催化剂（使用钛和铁氧化物类催化剂）的作用下，向温度为 300～420℃ 的烟气中喷入氨，将 NO_x 还原成 N_2 和 H_2O。

2. 烟气处理法

烟气脱硝技术有电子束法、脉冲电晕法、选择性非催化还原法（SNCR）、选择性催化还原法（SCR）等。脉冲电晕法可以同时脱硫脱硝，但如何实现高压脉冲电源的大功率、窄脉冲、长寿命等问题还有待解决；电子束法技术能耗高，并且有待实际工程应用检验；SNCR 法氨的逃逸率高，影响锅炉运行的稳定性和安全性等。目前脱硝效率高、最为成熟的技术是 SCR 技术。

（三）原理及流程

在众多脱硝技术中，SCR 是脱硝效率最高、最为成熟的脱硝技术。SCR 方法已成为目前国内外电站脱硝比较成熟的主流技术。但其投资和运行费用大，同时还存在 NH_3 泄漏等问题。

SCR 技术是还原剂（NH_3、尿素）在催化剂作用下，选择性地与 NO_x 反应生成 N_2 和 H_2O，而不是被 O_2 所氧化，故称为"选择性"。主要的反应式见式（4-1-3）和式（4-1-4）。

SCR 系统包括催化剂反应室、氨储运系统、氨喷射系统及相关的测试控制系统。SCR 工艺的核心装置是脱硝反应器，水平气流和垂直气流两种布置方式如图 4-1-20 所示。在燃煤锅炉中，由于烟气中的含尘量很高，所以一般采用垂直气流布置方式。

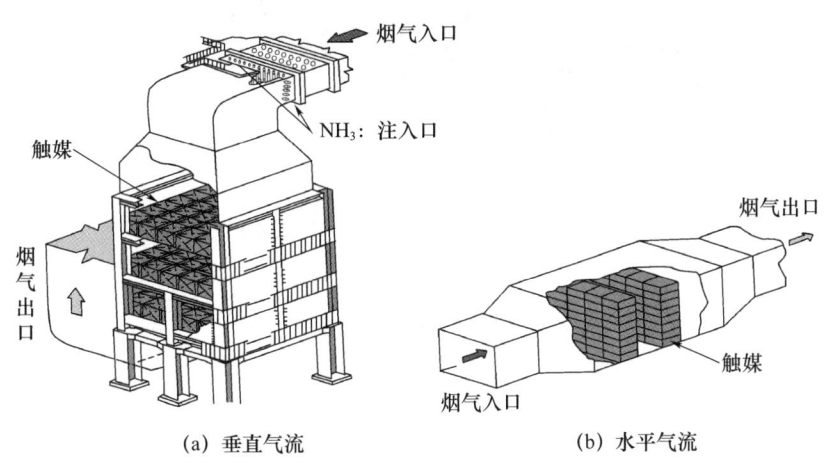

(a) 垂直气流　　(b) 水平气流

图 4-1-20　脱硝反应器

按照催化剂反应器安装在烟气除尘器之前或之后，则可分为"高飞灰"或"低飞灰"脱硝，SCR 布置方式如图 4-1-21 所示。采用高尘布置时，SCR 反应器布置在省煤器和空气预热器之间。优点是烟气温度高，满足了催化剂反应要求。缺点是烟气中飞灰含量高，对催化剂防磨损、堵塞及钝化性能要求更高。采用低尘布置时，SCR 反应器布置在烟气脱硫系统和烟囱之间。烟气中的飞灰含量大幅降低，但为了满足温度要求，需要安装烟气加热系统，造成系统复杂，运行费用增加，故一般选择高尘布置方式。

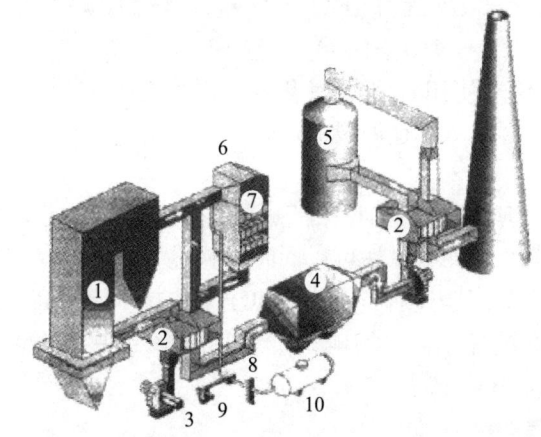

1—锅炉；2—换热器；3—空气；4—电除尘器；5—SO$_2$吸收塔；
6—SCR反应器；7—催化剂；8—雾化器；9—氨空气混合器；10—氨储罐。

(a) 高尘布置

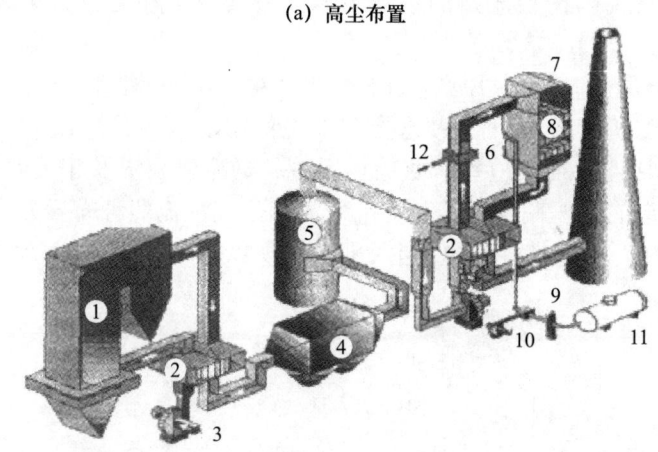

1—锅炉；2—换热器；3—空气；4—电除尘器；5—SO$_2$吸收塔；6—加热器；7—SCR反应器；
8—催化剂；9—雾化器；10—氨/空气混合器；11—氨储罐；12—燃料/蒸汽。

(b) 低尘布置

图 4-1-21　SCR 布置方式

任务小结

（1）吹灰器主要用于清除水冷壁、过热器、再热器及省煤器上的积灰和结渣。锅炉中常用的吹灰器有蒸汽吹灰器、燃气脉冲激波吹灰器、声波吹灰器及气体激波吹灰器，其中采用蒸汽或压缩空气作为吹灰介质在电厂中使用频率最高，常用蒸汽吹灰器主要有短伸缩式吹灰、长伸缩式吹灰器、半伸缩式吹灰器、摆动式吹灰器 4 种，按吹灰器不同的特性应用于锅炉的各部位。

（2）为了控制锅炉燃烧后的飞灰对环境的造成粉尘污染，并防止飞灰对尾部烟道的设备磨损，火力发电厂锅炉都装有除尘器，其作用是将飞灰从烟气中分离并清除出去。火力发电厂的除尘器按工作原理不同可分为机械式除尘器和电除尘器两大类，而机械式除尘器又可分为袋式除尘器和湿式除尘器两种。大型火力发电厂一般以采用电除尘和袋式除尘为主，也会多种除尘方式配合使用。

（3）在燃煤电厂中，煤燃烧后的不可燃部分变成灰渣。锅炉中排出的灰渣主要由炉膛冷灰斗的灰渣及省煤器灰斗、空气预热器灰斗、除尘器捕集到的粗灰和细灰组成。锅炉按排渣形态的不同一般可分为固态排渣炉和液态排渣炉两种，电厂以固态排渣为主。除灰方式有三种，分别是水力除灰、气力除灰和机械除灰。

（4）锅炉燃烧产物中的粉尘和 SO_2、NO_x 等有害气体，会对环境及人体造成伤害，为了除掉烟气中的 SO_2、NO_x，在锅炉烟道中不同位置分别设置了脱硫系统和脱硝系统，其中烟气脱硫系统按脱硫剂及脱硫反应产物的状态可分为湿法、干法及半干法三大类，其中应用最为广泛的是石灰石—石膏湿法脱硫。脱硝主要措施有两种，一是控制燃烧过程中 NO_x 的生成，即低 NO_x 燃烧技术；二是对生成的 NO_x 进行处理，即烟气脱硝技术。在众多的烟气脱硝技术中，以 SCR 脱硝效率最高，同时也是目前最为成熟的脱硝技术。

项目五　锅炉机组的运行

项目描述：了解各类锅炉的启动、停运和锅炉停炉保护；熟知各类锅炉的运行特点，掌握锅炉在不同工况下的特性以及相应的运行调节策略；掌握锅炉典型事故处理。

项目目标：能说出锅炉运行调节和故障处理方法。

项目素养：（1）培养严谨的科学思维，能分析不同工况下锅炉的运行状态变化。

（2）培养敏锐的问题洞察与应急处理素养，迅速判断问题根源，冷静、果断地采取有效措施解决。

（3）通过学习锅炉事故的处理，培养学生"安全第一、预防为主"的安全生产意识。

任务一　锅炉的启动与停运

锅炉机组的启动和停运对锅炉的安全性和经济性有至关重要的影响，存在许多需要重点解决的问题，而且大型火力发电机组都采用单元制运行方式，锅炉机组运行启停的好坏，在很大程度上决定了整个单元机组运行启停的安全性和经济性。

锅炉由静止状态转变成运行状态的过程称为启动。停运是启动的反过程，即由带负荷状态转变成静止状态。锅炉启停的实质就是冷热态的转变过程。

锅炉启动就是投入燃料对锅炉进行加热，使工质建立循环，产生蒸汽并使其参数不断升高。在启动过程中，锅炉受热面金属的温度不断升高。锅炉的启动分为冷态启动、温态启动、热态启动和极热态启动，根据停炉时间（T）的不同具体划分见表5-1-1。所谓冷态启动，是指锅炉的初始状态为常温和无压时的启动，这种启动通常是新锅炉、锅炉经过检修或者经过较长时间停炉备用后的启动。温态启动、热态启动和极热态启动则是指锅炉还保持有一定的压力和温度，启动时的工作内容与冷态启动大致相同，它们是以冷态启动过程中的某一阶段作为启动的起始点，而起始点以前的某些工作内容在这里可以省略或简化，因而它们的启动时间可以较短。对单元制机组而言，锅炉的启动时间是指从点火到机组带到额定负荷所花的全部时间。锅炉的启动时间，除了与启动前锅炉的状态有关外，还与锅炉机组的类型、容量、结构、燃料种类、电厂热力系统的形式及气候条件等有关。

表 5-1-1　锅炉启动状态划分

启动状态	停炉时间 T（小时）	启动状态	停炉时间 T（小时）
冷态启动	$T>72$	热态启动	$1<T<10$
温态启动	$10<T<72$	极热态启动	$T<1$

锅炉停运就是停投燃料，对锅炉进行冷却，蒸汽的流量不断下降，蒸汽参数也相应变化。在停运过程中，锅炉受热面金属的温度是不断下降的。锅炉机组的停运一般分为正常停炉和事故停炉两种。锅炉运行一定时间后，为了恢复或提高锅炉机组可靠性和预防事故的发生，须停止锅炉运行并对其进行有计划的检修工作，或由于调峰的需要调度要求机组转入备用状态，都属于正常停炉。正常停炉方式有两种：一种是额定参数停炉，另一种是滑参数停炉。所谓额定参数停炉（又称高参数停运），是指在机组停运过程中汽轮机前蒸汽的压力和温度不变或基本不变的停运。如果机组是短期停运，进入热备用状态，可用额定参数停运，因为锅炉熄火时蒸汽的温度和压力很高，有利于下一次启动。滑参数停炉是在整个停运过程中，锅炉负荷及蒸汽参数的降低按照汽轮机要求进行，待汽轮机负荷快减完时，蒸汽参数已经很低，锅炉即可停止燃烧，进入冷却阶段。现代大型机组锅炉停运一般采用滑参数停炉方式。无论由于锅炉机组内部原因还是外部原因发生事故，必须停止锅炉运行时，叫作事故停炉。根据事故的严重程度，需要立即停止锅炉运行时，称为紧急停炉。若事故不是非常严重，但为了锅炉设备的安全运行又不允许继续长时间运行下去，须在一定的时间内申请停止其运行，则称为故障停炉。

锅炉的启停过程是一个不稳定的变化过程，过程中锅炉工况的变化很复杂，存在着各种矛盾。如锅炉启动与停运过程中为了保护锅炉的受热面和汽包等厚壁部件而需要一定的加热时间和冷却时间与为了节约启停费用和尽早并网发电而要求尽量缩短启停时间的矛盾；启动与停运必须要消耗一定的燃料（特别是柴油等轻质油）和工质与节能的矛盾；要求金属元件温度场均匀、减少热应力与提高锅炉加热、冷却速度的矛盾；受热面工作温度较高与金属材料许用温度之间的矛盾。因此，锅炉启动和停运是锅炉机组运行的重要阶段，必须进行严密监视，优化各种工况，建立最佳的启动和停运指标，以保证锅炉安全经济启停。

知识点一　汽包锅炉的启动与停运

一、汽包锅炉启动

（一）汽包锅炉启动的特点

汽包锅炉启动包括汽包锅炉的上水，炉膛吹扫和点火，升温升压直到蒸汽参数达到额定值的过程。自然循环的汽包锅炉围绕汽包构建汽水循环，不管是汽包上水环节，还是升温升压过程，水温和汽包壁温差、汽包上下壁温差一般要求不超过50℃，以防汽包遭受热冲击出现裂纹，避免温差过大引发的热应力致使汽包变形。

（二）汽包锅炉启动的基本程序

自然循环汽包锅炉滑参数压力法冷态联合启动的基本程序如下：

1. 准备工作

准备阶段应对锅炉各系统和设备进行全面检查，并使其处于启动状态；为确保启动过程中的设备安全，所有检测仪表、连锁保护装置（主要是MFT功能、重要辅机连锁跳闸条件）及控制系统（主要包括FSSS系统和CCS系统）均经过检查、试验，并全部投入，其他准备工作包括：

（1）厂用电送电。

(2) 机组设备及其系统处于准备启动状态，投入遥控、程控、联锁和其他热工保护。

(3) 制备存贮化学除盐水，水系统启动。

(4) 启动循环水泵，建立循环水虹，对凝汽器、低压加热器水侧、除氧器等进行水冲洗，直至水质合格。

(5) 汽轮机、发电机启动准备。

2. 锅炉上水

锅炉上水一般用经过除氧器除过氧的热水。上水时使用带有节流装置的给水旁路进行，以防止给水主调节阀的磨损，便于流量控制。在上水开始时，稍开上水阀门，进行排气暖管，并注意给水压力的变化情况和防止水冲击。

为了保护汽包，应该控制上水的时间（速度）。上水的终了水位，对于自然循环汽包锅炉，一般只要求到水位表低限附近，以方便点火后炉水的膨胀；对于控制循环汽包锅炉，由于上升管的最高点在汽包标准水位线以上很多，所以进水的高度要接近水位表的顶部，否则在启动炉水循环泵时，水位可能下降到水位表可见范围以下。

3. 锅炉点火

(1) 启动回转式空气预热器及其吹灰器，投入炉底密封装置。

(2) 启动一组送、引风机，进行炉膛吹扫。

(3) 锅炉点火，投燃油燃烧，注意风量的调节和油枪的雾化情况，逐渐投入更多油枪，建立初投燃料量（汽轮机冲转前应投燃料量），一般为 $10\%\sim25\%MCR$。

4. 锅炉升温升压

汽包压力为 $0.2\sim0.3MPa$ 时冲洗水位计、热工表管，并进行炉水检查和连续排污。汽包压力为 $0.5MPa$ 时进行定期排污，拧紧螺母，$1MPa$ 时进行减温器反冲洗。

主蒸汽参数达到冲转参数时开始冲转汽轮机，冲转参数一般为压力 $2\sim6MPa$（新型大机组可以达到 $4\sim6MPa$），蒸汽过热温度为 $50℃$ 以上。

锅炉在升温升压阶段的主要工作是稳定汽压、汽温，以满足汽轮机冲转后的要求。锅炉的控制手段除燃烧外，还可以利用汽轮机高、低压旁路系统，必要时可投入减温装置和进行过热器疏水阀放汽。

当锅炉炉膛温度和热空气温度达到要求时启动制粉系统，炉内燃烧完成从投粉到断油的过渡。

相应启动除灰渣系统，投入煤粉燃烧，然后逐渐停止燃油。

5. 投入自动控制装置

如图 5-1-1 所示为某 2208t/h 自然循环锅炉冷态启动曲线。控制循环汽包锅炉点火前应投入炉水循环泵，借助炉水循环泵的动力，在点火开始前水就在水冷壁系统进行循环流动，启动程序与自然循环锅炉基本相同。

（三）启动过程中应注意的问题

1. 锅炉承压部件的寿命

在锅炉的启停和变负荷时，汽包壁温不断变化；在锅炉启动过程中，各受热面中工质的流动还不正常，在某些受热面内工质的流量很少，甚至在某段时间内工质不流动或受热面内没有工质，从而使受热面得不到正常的冷却。这些都可能造成汽包损伤和受热面管壁超温，故此时要采取措施避免出现该问题。

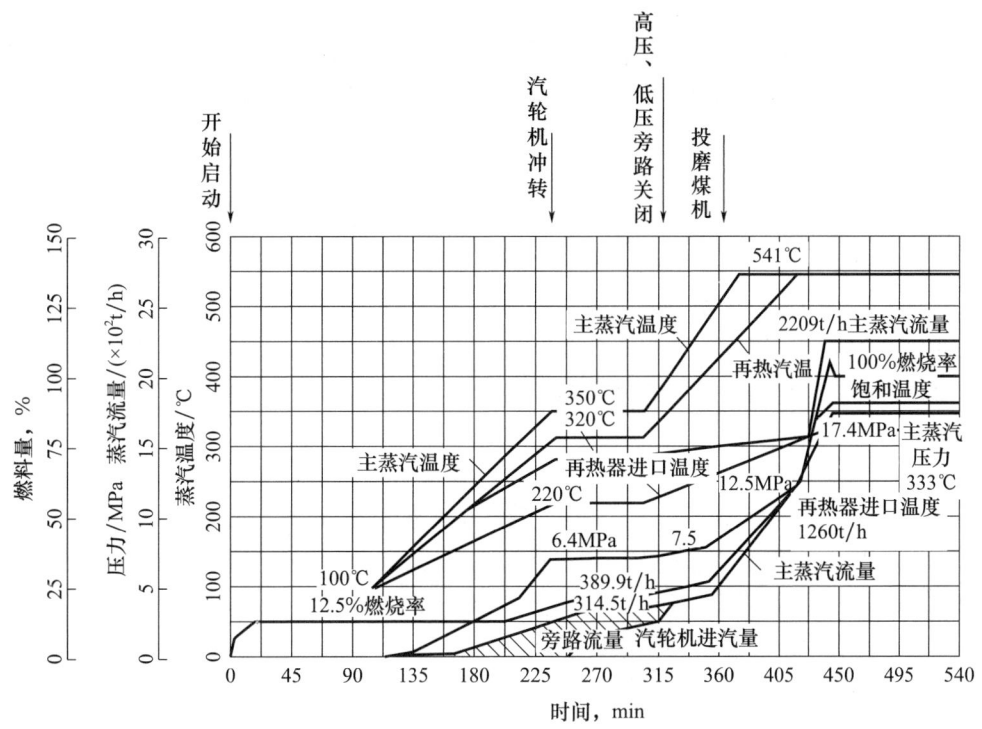

图 5-1-1 某 2208t/h 自然循环锅炉冷态滑参数启动曲线

2. 燃料着火的稳定性

锅炉点火时，炉膛内的温度很低。在锅炉点火后较长一段时间内，为了控制锅炉各部件的加热速度，防止厚壁部件产生过大的温度差和某些受热面金属超温，燃料投入量的增加很缓慢，所以炉膛温度不高；此时一、二次风温度也很低。在这种情况下，如果控制不当容易灭火，因而要注意燃料着火的稳定性。

3. 工质及热量的损失

锅炉启动过程中所消耗的燃料，除了用于加热工质和锅炉各部件的金属，还有相当一部分用于排掉蒸汽和水的加热，造成工质和热量损失。另外，在低负荷燃烧时，由于过量空气系数较大，导致排烟热损失、化学未完全燃烧热损失和机械未完全燃烧热损失也较大，会使锅炉效率降低。

（四）锅炉启动过程中主要设备的保护与监视

1. 汽包的保护和监督

汽包为单向受热的厚壁部件，在启动过程中将产生很大的应力，考虑汽包的安全，故在锅炉启停过程中要严格控制压力的变化，并进行有效监控。

（1）汽包启动应力。锅炉在启动、停运与变负荷过程中将出现汽包机械应力、热应力、附加应力、峰值应力。

（2）低周疲劳破坏。汽包金属在远低于其抗拉强度的循环应力作用下，经过一定的循环次数后会产生疲劳裂纹以至破裂，这种现象称为低周疲劳破坏。达到低周疲劳破坏的应力循环总次数称为寿命，运行中应力循环次数占寿命的百分数称为寿命损耗，一般通过控制壁温差和峰值应力幅值来减小启停过程中汽包低周疲劳寿命损耗。

(3) 启动过程中汽包壁温的监视。为保护汽包，整个启停过程必须不断监视汽包上、下壁温差以及内、外壁温差。在大型锅炉的汽包壁上，安装有若干组温度测点。由于汽包内壁金属温度不能直接测量，故常以饱和蒸汽引出管外壁温度代替汽包上部的内壁温度，以集中下降管外壁温度代替汽包下部的内壁温度。

(4) 汽包启动应力控制。启动应力控制的重要标志是汽包上、下壁温差和内、外壁温差，实际操作中以控制压力的变化率作为控制壁温差的基本手段。

锅炉启停中防止汽包壁温差过大的措施有：①启动中严格控制升压速度，尤其在低压阶段时，升压速度要尽量缓慢；②尽快建立正常的水循环；③初投燃料量不能太少，炉内燃烧、传热应均匀；④控制降压速度；⑤严格控制锅炉进水参数。

2. 过热器的保护

锅炉在冷炉启动前，直立的过热器管内一般都有停炉时留下的积水，点火后，这些积水将逐渐蒸发；锅炉起压后，部分积水也会被蒸汽流排除。在积水全部蒸发或排除前，某些管内没有蒸汽流过，管壁温度不会比烟气温度低很多，如不采取措施，将发生金属超温现象。因此，一般规定在锅炉蒸发量小于10%额定值时，必须限制过热器入口烟温，控制烟温的手段主要是限制燃烧率和调整炉膛内火焰中心的位置。

3. 再热器的保护

中间再热单元机组启动时，采用旁路系统和控制再热器处的烟温来保护再热器。

4. 省煤器的保护

省煤器的保护可通过保持省煤器连续进水的方法进行，常用方法有省煤器再循环法和连续放水法。连续进水法一般采用小流量给水连续经省煤器进入汽包的方式，同时通过连续排污或定期排污系统放水维持汽包水位，克服了省煤器再循环法循环压头低等缺点，常被采用。

5. 燃烧器的过热保护

点火后，未投入的燃烧器要注意冷却。一般只要送额定风量的5%就可以保证燃烧器喷口不被破坏。对于已投入运行的燃烧器，通过对一次风和二次风的调整，使煤粉气流的着火点在喷口的适宜距离，防止将燃烧器烧坏。

二、汽包锅炉的停运

(一) 汽包锅炉停运的特点

由运行状态转变为停止状态的过程称为锅炉停运，包括减少燃料及蒸发量，投油助燃，炉膛熄火和降压冷却过程。停炉是一个冷却过程，在停炉过程中要使机组缓慢冷却，防止由于冷却过快而使锅炉部件产生过大的热应力，甚至造成部件的损坏。对于汽包锅炉来说，汽包热应力仍是限制停炉、冷却、降压速度的核心问题。停炉过程中汽包下部与锅水接触，其内壁温度与当时压力下的饱和温度相同。外壁的温度高于内壁，汽包上部与蒸汽接触，因压力降落，汽包内壁向蒸汽放热，在近壁面处是一层带有过热度的蒸汽，它的放热系数小，其结果是汽包上部壁温较下部为高，外壁温度较内壁为高，使汽包上部受压、下部受拉，与进水时的情况相同，因此降压冷却速度同样是受汽包上、下壁温差和内、外壁温差的限制。

(二) 汽包锅炉停运基本程序

单元机组滑参数的联合停运根据机组停运时的参数又可分为低参数停机（见图5-1-2）和中参数停机两种。主蒸汽压力降至1.5～2MPa，汽温250℃，在对应汽轮机负荷下的停机称为低参数停机，用于检修停机。主蒸汽压力降至4.9MPa，在对应汽轮机负荷下的停机称为中参数停机，用于热备用停机。

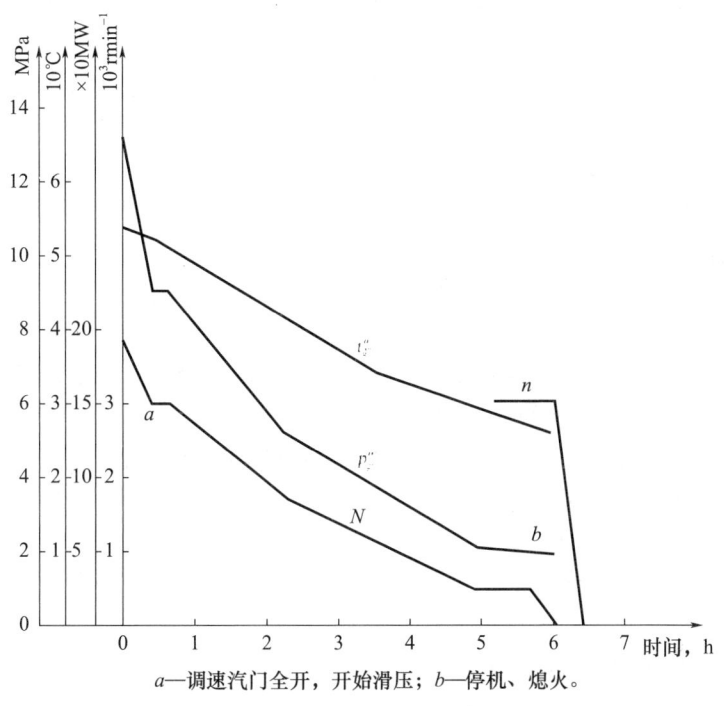

a—调速汽门全开，开始滑压；b—停机、熄火。

图 5-1-2　某 200MW 机组滑参数停运曲线

滑参数停运基本程序可分为五个阶段。

1. 停运准备

低参数停机在停运前要做好"六清"工作，即清原煤仓，清煤粉仓，清受热面（吹灰），清锅内（水冷壁下联箱排污），清炉底（冷灰斗清槽放渣一次），清灰斗。中参数停机在停运前不一定全面进行"六清"工作，一般只清受热面、清锅内、清炉底。汽轮机做好停机准备。

2. 滑压准备

在额定工况下运行的机组，锅炉先降压降温，使机组负荷降低到80%～85%MCR，汽轮机逐步开大调速汽门至全开。

3. 滑压降负荷

在汽轮机调速汽门全开条件下，锅炉降低燃烧率，降压降温，机组按照一定的速率（如1.5%MCR/min）降负荷，同时，用汽轮机旁路平衡锅炉与汽轮机之间的蒸汽流量。

煤粉锅炉的煤粉燃烧器和相应的磨煤机按照拟定的投停编组方式（燃烧器一般应自上而下切除）减弱燃烧，在低负荷时及时投入相应层的油枪助燃，防止灭火和爆燃，最后完成从燃煤到燃油的切换。随着燃料量的不断减少，送风量也相应减少，但最低风量不应少于总风量的30%。

对于中间储仓式制粉系统,要注意煤粉仓粉位下降对给粉机出粉均匀性的影响,此时应及时测量粉位,根据粉位偏差调整各给粉机的负荷分配,维持燃烧稳定。对于直吹式制粉系统,在各给煤机给煤量随锅炉负荷减少时,应同时减少相应燃烧器的风量,使一次风煤粉浓度保持在不太低的限度内,以使燃烧稳定。

随着负荷的降低,燃料量和风量逐渐减少,当负荷降到30%MCR以下时,风量维持在35%左右的吹扫风量,直至停炉。

另外,低负荷下,为稳定燃烧和防止受热面的低温腐蚀,应通过调整暖风机的出口风量或投入热风再循环的方法,提高入炉的热风温度,同时,及时投入点火油枪。

4. 汽轮机停机、锅炉熄火

降压降负荷至停机参数时汽轮机脱扣停机,锅炉熄火。熄火后燃油炉必须开启送、引风机,通风扫除可燃质,时间不少于10min,燃煤炉只用引风机通风5~10min。然后停止送、引风机,并密闭炉膛和关严各烟风道风门、挡板,避免停炉后冷却过快。

5. 锅炉降压冷却

低负荷停机后,锅炉进入自然降压与冷却阶段,这一阶段总的要求是保证锅炉设备的安全,所以要控制好降压和冷却速度,当排烟温度降到80℃时可以停止回转式空气预热器。停炉4~6h后,开启引风机入口挡板及锅炉各入孔、检查孔,进行自然通风冷却。停炉18h后可启动引风机进行冷却。当锅炉降压至零时可放掉炉水,若锅炉有缺陷,放水温度小于或等于80℃。

中参数热备用停机应保持锅炉热量不散失,各处风门应关闭严密,但要防止管壁金属超温。

三、锅炉的停用保护

当锅炉停止运行后,进入冷备用或检修状态,如保护不当会发生金属腐蚀(水中溶解氧或漏入空气造成的氧化腐蚀),称为锅炉停用腐蚀。锅炉停用期间为防止锅内金属腐蚀而采取的措施称为停用保护。主要的原则为:

(1) 不使空气进入锅炉的汽水系统。

(2) 保持停运后锅炉汽水系统金属表面的干燥。

(3) 在金属表面形成具有防腐作用的薄膜,以隔绝空气。

(4) 使受热面充满含有除氧剂或其他保护剂的水溶液。

保护方法应当简便、有效和经济,并能适应运行的需要,使锅炉在较短时间内就可投入运行。停用保护方法有气体防腐(充氮法)、湿式防腐(加热充压法、氨及联氨法),干式防腐(热炉放水烘干法、抽真空干燥法)等。大容量锅炉一般采用湿式防腐法和充氮法。湿式防腐法比较简单、监视方便,但在冬季必须要有防冻措施,而充氮法使用较为方便,但需要有操作经验和技术。

1. 充氮或充气相缓蚀剂防腐

(1) 向锅炉内充入氮气或气相缓蚀剂,将氧从锅炉受热面内驱赶出来,使金属表面保持干燥且与空气隔绝,防止金属腐蚀。

(2) 充氮防腐时,氮气压力宜为0.020~0.049MPa,使用的氮气纯度宜大于99.9%。

(3) 锅炉充氮或充气相缓蚀剂期间,宜经常监视压力的变化和定期进行取样分析,压力降低时宜及时补充。

(4) 此法可用于锅炉的长期防腐。

2. 压力防腐

(1) 短时停炉热备用可用压力防腐法保养。

(2) 停炉后维持汽包压力大于 0.3MPa，以防止空气进入锅炉，达到防腐的目的。汽包压力降至 0.3MPa 时，点火升压或投入水冷壁下联箱蒸汽加热，在整个保护期间保证炉水品质合格。控制循环锅炉应保持一台炉水循环泵运行。

3. 热炉放水、余热烘干防腐

(1) 自然循环锅炉正常停炉后，待汽包压力降至 0.8~0.5MPa 时，开启放水阀进行全面快速放水。压力降至 0.2~0.15MPa 时，全开空气门、向空排汽阀、疏水阀，对锅炉进行余热烘干。

(2) 直流锅炉短时间停炉宜采用加氨结合热炉放水余热烘干法进行保养，要求炉水 pH 值为 9.0~9.5。

4. 抽真空干燥防腐

(1) 真空干燥是在锅炉采用热炉放水，余热干燥后，再利用汽轮机的真空系统对锅炉受热面抽真空，使其中残余的水分进一步蒸发和抽干，从而达到防止金属腐蚀的目的。

(2) 采用带压放水余热烘干法、真空干燥法防腐时，在烘干过程中，禁止启动引风机、送风机通风冷却。

(3) 对于停炉时间较长的大修机组，宜采用抽真空干燥防腐或化学保养。

知识点二　直流锅炉的启动与停运

一、直流锅炉的启动

(一) 直流锅炉启动特点

1. 直流锅炉受热面启动工况

直流锅炉启动时，由于没有水冷壁循环回路，水冷壁冷却的唯一方法是从锅炉开始点火就不断进水，并保持一定的工质质量流速。纯直流锅炉启动过程中受热面的工质流速是靠维持一定的给水流量来实现的，这个流量称为启动流量。一定的启动流量可保证水冷壁中具有最低安全质量流速。

纯直流锅炉的启动流量一般为 25%~30%MCR。具有辅助循环泵的螺旋管圈式直流锅炉，启动过程中靠辅助循环泵保持水冷壁内最低安全质量流速，给水流量等于蒸发量，但不小于 5%MCR。超临界直流锅炉的启动流量通常为 30%~35%MCR。

直流锅炉启动压力如何建立，何时建立，压力应多大，这些问题与直流锅炉的种类、结构特点、系统及阀门、启动给水泵特性等有关。

自然循环锅炉水冷壁内工质流动和启动压力都是由炉内水冷壁受热面产汽后才逐步形成的。可见 UP 型直流锅炉的启动工况与自然循环锅炉完全不同，螺旋管圈内置分离器的直流锅炉介于自然循环锅炉与直流锅炉之间，水冷壁内工质流动靠强制循环，炉内压力升高靠燃烧产汽。

2. 直流锅炉启动速度

限制锅炉升温速度的主要因素是受压厚壁容器的热应力。直流锅炉没有汽包,工质在水冷壁并联管中的流量分配合理,工质流速较快,故允许升温速度比自然循环汽包锅炉快得多。但是现代高参数直流锅炉的联箱、混合器、汽水分离器等部件的壁也比较厚,升温速度也受到一定的限制。不同类型锅炉的允许升温速度见表 5-1-2。

表 5-1-2　不同类型锅炉的允许升温速度

名称	允许温度速度（℃/min）
自然循环锅炉汽包内工质	1~1.5
UP 型直流锅炉下辐射出口工质	约 2.5
控制循环锅炉汽包内工质	约 3.7

3. 直流锅炉启动水工况

直流锅炉给水在受热面中一次蒸发完毕,给水中的杂质大部分将沉积在锅炉受热面管子内壁或随同蒸汽进入汽轮机,沉积在汽轮机叶片上。

水中的杂质除了来自给水本身,还来自管道系统及锅炉本体内部,因此,新投入运行的机组在正式启动前要对管道系统及锅炉本体进行有效的化学清洗和蒸汽吹扫,在每次启动中还要进行冷热态循环清洗。

在启动过程中,给水品质必须达到要求。冷态循环清洗时,先进行给水泵之前的低压系统清洗,再进行包括锅炉本体在内的高压系统清洗。清洗用 104℃ 除氧水进行,流量为额定流量的 1/3,后期可增加到 100% 的额定流量,循环清洗水质合格后才允许点火。

点火后,随着水温升高,受热面中氧化铁等杂质会进一步溶解于水中,同时还进行着铁在受热面上的沉积过程,相应的温度范围大致为 260~290℃。例如,300MW 的 UP 型直流锅炉,水温达到 288℃ 后水中铁在受热面上沉积过程迅速增加,416℃ 达到最大值。因此,蒸发受热面出口水中含铁超过 100μg/L 时水温应限制在 288℃ 以下,只有当水中含铁量低于此值时才允许继续升温超过 288℃,这个过程称为热态清洗。

4. 受热面各区段变化及工质膨胀

直流锅炉各区段受热面相互串联连接,虽然在结构上有固定的省煤器、过热器及水冷壁等,但是从受热面中工质状态看就没有固定的分界面,它随着运行工况的变化而变化。

在启动过程中,受热面内工质加热、蒸发、过热三个区段是逐步形成的,整个过程要经历三个阶段。

第一阶段:启动初期,全部受热面用于加热水,称为第一阶段。在这阶段中工质温度逐步升高,而工质相态没有变化,从锅炉流出的是热水,其质量流量等于给水质量流量。

第二阶段:最高热负荷处的水冷壁的工质温升最快,该处工质首先达到饱和温度并产生蒸汽,但是其后受热面的工质仍为水。由于蒸汽密度比水小很多,由水变成汽使局部压力升高,将饱和温度点后部的水挤压出去,使锅炉出口工质流量大大超过给水流量,这种现象称为直流锅炉工质膨胀。当饱和温度点后部的受热面中的水全部被汽水混合物代换后，锅炉出口工质流量才恢复到和给水流量一致，此时就形成了水的加热和汽化两区段，进入了第二阶段。

第三阶段：当锅炉出口工质变成过热蒸汽时，锅炉受热面形成了水的加热、汽化与蒸发三个区段，即进入了第三阶段。

工质膨胀是直流锅炉启动过程中重要的过渡阶段。汽包锅炉也有类似工质膨胀的现象，如水冷壁内工质温度升到饱和温度时就有部分水变成蒸汽，体积膨胀，水位升高。但是由于汽包具有大容器的吸收作用和汽水分离作用，汽包排气量和压力仅发生轻微的变化。直流锅炉无汽包，无有效的吸收容器，其膨胀过程的自然变化规律为水冷壁内局部压力迅猛上升，锅炉出水量大幅度增加，如果没有系统方面和运行方面的措施，将会造成严重事故。

影响直流锅炉工质膨胀的因素主要有启动流量、锅炉受热面中贮水量大小、燃料量及燃料量的增加速度。

启动流量越大，工质膨胀量越大；工质膨胀贮水量越大，工质膨胀量越大，膨胀持续时间也越长。工质膨胀时燃料投入量越多，工质膨胀量越大，并且更猛烈。在相同燃料量下，燃料投入速度越快，膨胀量越大，膨胀开始时间也提前。

5. 工质与热量回收

如前所述，直流锅炉点火前要进行循环清洗，点火后要保持一定的启动流量，故在启动过程中锅炉排放水量是很大的，而且排放水中含有热量。为了节约能源，应尽可能对排放的工质和热量进行回收。对于亚临界压力直流锅炉，水中含铁量小于 $80\mu g/L$ 时可回收入除氧器水箱，水中含铁量大于 $80\mu g/L$ 时可回收入凝汽器，再经除盐后进入除氧器。当水中含铁量大于 $1000\mu g/L$ 时不回收排入地沟。水进入除氧器，可回收工质和热量；水进入凝气器，只回收工质不回收热量；水排入地沟，热量与工质都不回收。对排放工质扩容产生的蒸汽可用来加热除氧器中的水和高压加热器的给水等。

热量回收除了经济收益外，还可提高给水温度，改善除氧效果，有利于启动过程的安全。

6. 机炉配合

工质膨胀前锅炉排出的为欠热的水，工质膨胀后流出的为汽水混合物，而后为过热蒸汽。在启动过程中如何把锅炉排出的工质转化为汽轮机启动过程中需要的一定参数的蒸汽，这是启动系统和启动运行操作中的重要任务。

（二）旁路系统

带直流锅炉的单元机组的启动系统由锅炉旁路系统和汽轮机旁路系统两大部分组成。汽轮机旁路系统和汽包锅炉单元机组相同。锅炉旁路系统是针对直流锅炉一系列启动特点而专门设置的，其主要作用是建立启动流量、汽水分离和控制工质膨胀等，它的关键设备是启动分离器。启动分离器的作用是在启动过程中分离汽水以维持水冷壁启动流量，同时向过热器系统提供蒸汽并回收疏水的热量和工质。

按照直流锅炉运行时分离器是否退出系统，直流锅炉过热器旁路系统分为外置式和内置式两种。我国 300MW UP 型直流锅炉配置外置式分离器启动系统，600MW 超临界螺旋管圈式直流锅炉配置内置式分离器启动系统。

1. 外置式分离器启动系统

在配 300MW UP 型直流锅炉单元机组的启动系统中，锅炉旁路系统为外置式启动旁路系统，汽轮机为两级旁路系统。如图 5-1-3 所示为 1000t/h 亚临界压力直流锅炉外置式启动旁路系统的示意图。外置式启动旁路系统的分离器布置在低温过热器与高温过热器之间，能对锅炉的整个过热器系统或者单独对低温过热器与高温过热器进行保护，具有相当的灵活性。在高、低温过热器之间同时并列串接低温过热器出口阀门及其旁路调节阀门。在低温过热器进口和出口各有一管路通至外置式分离器。在高温过热器进口（即低温过热器出口阀门之后）有一管路与外置式分离器汽侧连接。

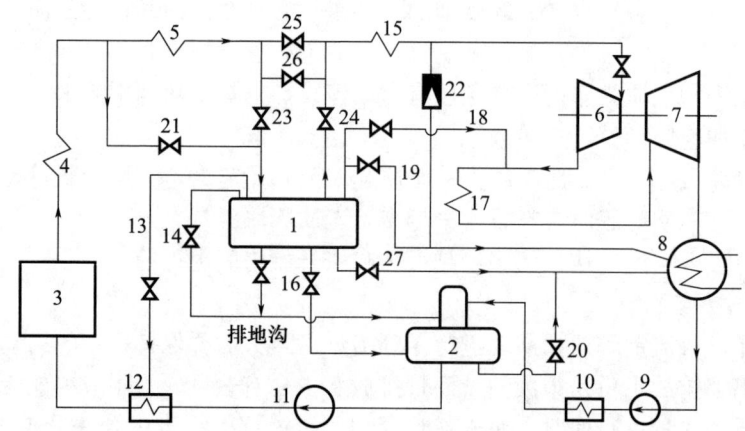

1—启动分离器；2—除氧器；3—锅炉；4—水冷壁、顶部过热器、包覆过热器；5—低温过热器；6—汽轮机高压缸；7—汽轮机中低压缸；8—凝汽器；9—凝升泵；10—低压加热器；11—给水泵；12—高压加热器；13—分离器至高压加热器的汽管路；14—分离器至除氧器的汽管路；15—高温过热器；16—分离器至除氧器的水管路；17—再热器；18—分离器至再热器的汽管；19—分离器至凝汽器的汽管路；20—除氧器至凝汽器的放水门；21—启动调节门；22—大旁路；23—低温过热器出口入分离器的调节门；24—分离器出口入高温过热器的通汽门；25—低温过热器出口门；26—低温过热器出口门的旁路门；27—分离器至凝汽器的水管路。

图 5-1-3 外置式启动旁路系统示意

启动中，使用调节门 21 或 23 进行节流，可使分离器的压力低于其流程前锅炉汽水受热面的压力，有利于这些受热面的水动力稳定并减小工质的膨胀量。而分离器内的压力（即输出蒸汽的压力）可以灵活地根据汽轮机进汽参数要求和工质排放能力加以调节。

在分离器中工质进行汽水分离后，汽的输出管路有去高温过热器、去再热器、去高压加热器、去除氧器、去凝汽器等，其中至除氧器、凝汽器和高压加热器的管路用于回收蒸汽及其热量；水的输出管路有去除氧器、去凝汽器，去地沟等，用于回收水及其热量。水的回收途径与水质指标有关，一般有下列几种情况：

（1）当水中含铁量小于 $80\mu g/L$ 时，可回收入除氧器的水箱，回收水及其热量。

（2）当水中含铁量大于 $80\mu g/L$ 时，可回收入凝汽器，只能回收水，同时给水泵电耗比去除氧器要大。

（3）当水中含铁量大于 $1000g/L$ 时，应排入地沟，无法回收。

外置式分离器启动系统解决了锅炉汽轮机启动工况不同要求的矛盾，它既能保证锅炉的启动压力和启动流量，又能保证汽轮机所需的一定流量、压力与温度的蒸汽，还能回收启动中排放的工质和热量。

由于外置式分离器只是在启动初期投入运行,待发展到一定阶段就要从系统中切除,故又称为"启动分离器"。

2. 内置式分离器启动系统

如图 5-1-4 所示为 1900t/h 超临界压力螺旋管圈直流锅炉内置式启动旁路系统的示意图。分离器布置在炉膛水冷壁出口,在分离器与水冷壁、过热器之间的连接无任何阀门,以适应锅炉变压运行的要求。一般负荷在 35%～37%MCR 以下,锅炉为湿态运行,由水冷壁进入分离器的工质为汽水混合物,在分离器中进行汽水分离,蒸汽直接进入过热器,分离器疏水通过疏水系统回收工质、热量或排放进入大气、地沟。当负荷大于 35%～37%MCR 时,由于水冷壁进入分离器的工质为干蒸汽,锅炉为干态运行,分离器只起通道作用,蒸汽通过分离器进入过热器。此时,内置式分离器相当于一个蒸汽联箱,必须能够承受锅炉全压,这是其与外置式分离器的最大不同点。

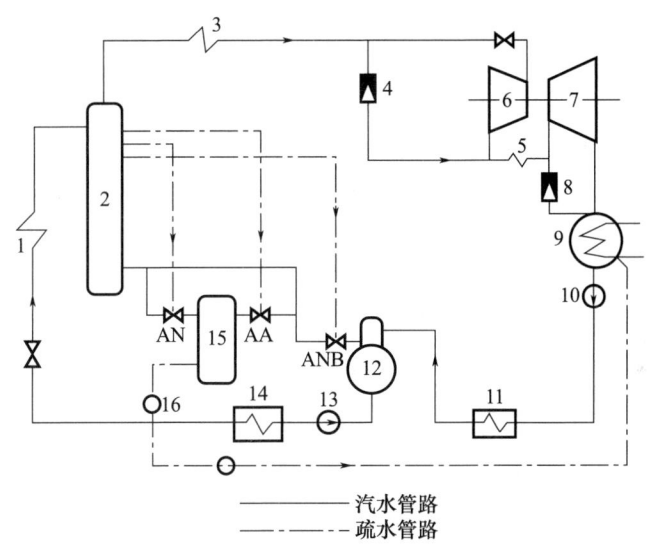

1—水冷壁;2—启动分离器;3—过热器;4—高压旁路减温减压阀;5—再热器;
6—汽轮机高压缸;7—汽轮机中、低压缸;8—低压旁路减温减压阀;9—凝汽器;
10—凝升器;11—低压加热器;12—除氧器;13—给水泵;14—高压加热器;
15—疏水扩容器;16—疏水箱。

图 5-1-4 内置式启动旁路系统示意

系统中的疏水阀(AA、AN、ANB 阀)用于控制分离器的水位和疏水的流向。锅炉湿态运行时,分离器水位由 ANB 阀自动维持,当水位高于 ANB 阀的调节范围时(如工质膨胀阶段),再相继投入 AA、AN 阀参与水位调节。AA 阀的通流量设计可保证工质膨胀峰值流量的排放。

我国第一台 600MW 超临界螺旋管圈式直流锅炉就配用了内置式分离器启动旁路系统,100%MCR 汽轮机高压旁路和 65%MCR 汽轮机低压旁路,过热器出口不装安全阀门,再热器进出口装置 100%MCR 安全阀门。该锅炉启动系统能保证冷热态启动工况所要求的汽轮机冲转参数,能满足各种事故工况的处理,并能在较低负荷下运行。

(三) 直流锅炉的启动程序

600MW 机组超临界压力螺旋管圈式直流锅炉的启动过程包括：

1. 锅炉进水

为了保证高压加热器在进水时不发生过大热应力，启动给水泵进水时水温为 80℃、流量为 10%MCR。当高压加热器出水温度为 70℃时停止进水，待除氧器加热到 120℃后再启动给水泵进水。从除氧器出口到分离器的水容积为 300m³，只要保证给水水温为 120℃、流量为 10%MCR，进水约 300m³ 后，分离器温度可达 40～50℃，此时就可以点火了。

点火时启动流量控制为 35%MCR，启动压力为零，即所谓零压点火。点火前给水量在几分钟内突升至 35%MCR，其目的是加速空气排尽并增加水洗效果。

2. 循环清洗

锅炉点火前进行冷态循环清洗，它分为低压系统循环清洗和高压系统循环清洗两阶段，低压系统循环清洗水质合格后再进行高压系统循环清洗。低压系统循环清洗流程为：凝汽器—凝结水泵—低压加热器—除氧器—凝汽器（或地沟）；高压系统循环清洗流程为：凝结水泵—低压加热器—除氧器—给水泵—高压加热器—省煤器—水冷壁—启动分离器—疏水扩容器—疏水箱—凝汽器（或地沟）。

高压系统循环清洗水质合格后允许点火，点火后分离器进水温度在 288℃以下进行热态循环清洗，水质合格后才能进一步升温。

3. 工质膨胀

由于锅炉零压启动，工质膨胀量大，估算膨胀峰值超过启动流量的 12 倍，工质膨胀时分离器疏水通过 AA、AN 阀门排放。

4. 分离器水位控制

当锅炉负荷小于 35%MCR 时，分离器为湿态运行，其水位由高程不同的三个阀门控制。分离器水位为 1.2m 时，低位阀门 ANB 开启，直至水位 4m 时达到全开；中位阀门 AN 在水位 3.4m 时开启，直至水位 7.2m 时全开；高位阀门 AA 在水位 6.7m 时开启，直至水位 11.2m 时全开。三阀门在开度与水位关系上有一定的重叠度，有利于疏水排放。

启动过程中压力逐渐升高，故水位测量要进行压力修正，才能正确控制三阀门开度。

通过 ANB 阀门的疏水是排入除氧器的，为防除氧器超压，在 ANB 阀门及其隔绝阀门上都加上了联锁保护，当除氧器压力大于 1.45MPa 时强制关闭 ANB 阀门，并当除氧器压力降至 1.1MPa 以下才允许重新开启。

5. 分离器湿、干态的转换

当锅炉负荷小于 35%MCR 时，分离器为湿态，负荷大于 35%MCR 时，分离器转换成干态。在湿态运行过程中，锅炉控制方式为分离器水位控制及维持启动给水量；在干态运行过程中，锅炉控制方式为温度控制与给水流量控制。在分离器两态转换过程中可能会发生汽温变化。

6. 启动中的相变过程

锅炉从点火升压到超临界压力（25.4MPa），经历了中压、高压、超高压、亚临界、超临界五个阶段。锅炉负荷升到78%MCR左右则达到临界压力22.1MPa，此时水的汽化潜热为零，汽水密度差为零，当水温达374.15℃时即全部汽化。工质在临界点附近的大比热区密度急剧降低、工质焓迅速增加、定压比热达到最大值。

二、直流锅炉的停运

直流锅炉的正常停炉，也要经历停炉前准备、减负荷、停止燃烧和降压冷却等阶段。与汽包锅炉相比，主要不同的是，当锅炉燃烧率降低到30%左右时，由于水冷壁流量仍要维持启动流量而不能再减少，所以在进一步减少燃料、降低负荷过程中，包覆管过热器出口工质由微过热蒸汽变为汽水混合物。为了避免前屏过热器进水，锅炉必须投入启动分离器，保证进入前屏过热器的工质仍为干饱和蒸汽，防止前屏过热器管子损坏。

启动分离器投入运行的方法，对于外置式分离器（见图5-1-3），是开启"分出"阀24，逐渐开大"分调"阀23，关小"低出"阀25，锅炉本体及分离器压力维持不变，直至"低出"阀25全关，高温过热器全部由启动分离器供气；对于内置式分离器（见图5-1-4），在35%MCR以下为湿态运行，是开启ANB、AN、AA阀门，控制分离器的水位。

三、直流锅炉的热应力控制

由于直流锅炉没有汽包，所以在启停过程中，主要出现分离器及末级过热器出口联箱的热应力问题。

分离器是直流锅炉中壁厚最大的承压部件，末级过热器出口联箱处于高温高压的运行条件中，由于均属于对温度变化十分敏感的厚壁部件，它们都容易产生热应力损坏的事故，所以必须加以保护。为此，需要在其金属壁上安装内外壁温度测点，外壁温度直接取自于金属表面，内壁温度则要在金属上打一深至壁厚2/3处的孔，用此处金属温度代表金属内壁温度。测量出金属内、外壁的温差，就可以监视其热应力。

在锅炉启停过程中，如果上述热用力超过规定值，则会发出报警，以提示运行人员予以注意。在正常运行，即机组投入负荷协调控制方式时，此热应力则决定了锅炉允许加减负荷的裕度，并且对于不同的工作压力其允许的热应力是不同的。例如600MW超临界压力锅炉在零压力启动时，分离器允许的热应力对应的允许温差为−23℃；而末级过热器出口联箱允许热应力对应的允许温差，出现在满负荷状态下开始减负荷时，其值为7℃。

任务二　锅炉的运行调节

一、概述

锅炉在运行中的各种条件组成了运行工况，其工况总是处于不断变化之中。比如锅炉的负荷、炉膛负压、给水温度及过量空气系数等，一般都在一定范围内波动、变化，从而引起锅炉蒸汽参数和运行指标的相应变化，这些工况变化可以用锅炉的运行特性来描述。锅炉的变工况运行特性有静态特性和动态特性两种。

锅炉从一个工况变动到另一个工况的过程中，各状态参数是不稳定的。状态参数随着时间而变化的过程，称为动态特性。动态特性描述的是各状态参数随着时间变化的方向、速度和历程。例如锅炉燃料量发生变化后，蒸汽流量、压力、温度都相应地以不同的速度和方向发生变化，最终达到新的平衡与稳定状态。

锅炉在各个稳定状态下，各种状态参数都有确定的数值。各参数（或指标）与锅炉工况的对应关系称为静态特性。它与到达稳定状态之前的历程无关。一定的燃料量就有一定的蒸汽流量、一定的炉膛出口烟温、一定的受热面吸收量、一定的汽温与汽压等，这些就是锅炉的静态特性。

研究锅炉的动态特性，着眼于工况变化的过程；而研究锅炉的静态特性，则着眼于变化的结果。

锅炉运行中，各状态参数变化是绝对的，稳定是相对的，因为锅炉随时受到各种内外因素的干扰，在一个动态过程尚未结束时，往往又来了另一个干扰。锅炉的静态特性与动态特性表明各种状态参数的变化和偏离设计值的规律。

在锅炉运行中，要求各状态参数不论在静态或动态情况下都应保持锅炉的安全性、经济性，即各状态参数都应在规定的允许范围内波动，这需要通过调节手段才能实现。锅炉调节可分为人工调节和自动调节，现代大型锅炉要采用高质量的自动调节才能确保在大多数运行工况下各状态参数控制在允许范围内，同时也要求运行人员掌握锅炉的静态特性和动态特性，能及时分析、正确判断，并在手动情况下能作出正确的操作。

锅炉运行调节的任务可以概括如下：

（1）保证蒸发量（负荷）满足机组或外界负荷的需要。

（2）均匀地给水并保持汽包的正常水位（汽包炉），在较大的负荷范围内维持正常的汽温、汽压，并保证过热蒸汽品质。

（3）调整燃烧并保证燃烧的稳定，减少热损失，提高锅炉机组的热效率。

（4）及时处理和消除各种故障、异常及事故，提高锅炉运行的安全性和可靠性。

二、锅炉的运行调节

由锅炉外部原因引起的对锅炉工作的扰动称为外扰，它主要是汽轮机改变调速汽门开度而发生的进汽流量的变化。由锅炉内部原因引起的扰动称为内扰，它主要是水冷壁吸热量的变化。

在实际工作中，可从锅炉运行参数的综合分析来判断内扰和外扰。如果汽压与蒸汽流量的变化方向是相反的，则是由于外扰引起的。例如，汽轮机调速汽门开大，蒸汽流量增大，汽压下降；反之，汽轮机调速汽门关小，蒸汽流量减小，汽压上升，这些都属于外扰。如果汽压与蒸汽流量的变化方向是相同的，汽轮机调速汽门并未动作，则是由于内扰引起的。

锅炉运行调节的任务可以概括如下：

（1）保证蒸发量（负荷）满足机组或外界负荷的需要。

（2）在较大的负荷范围内维持正常的汽温、汽压，并保证过热蒸汽品质。

（3）调整燃烧并保证燃烧的稳定和经济，尽量减少燃烧系统的厂用电消耗。

（4）及时处理和消除各种故障、异常和事故，提高锅炉运行的安全性和可靠性。

（一）锅炉负荷与汽压的调节

在锅炉运行中，负荷与汽压的调节通常是由单元机组负荷控制系统，即称协调控制系统 CCS（Cooperating Control System）来实现的，负荷控制系统的作用是根据机组设备的运行状况对外界要求机组承担的负荷进行处理后，指挥机炉进行合理调节，共同来适应负荷的需要，并保证机组安全经济的运行。

单元机组的汽压调节有汽轮机跟随锅炉、锅炉跟随汽轮机和汽轮机、锅炉协调负荷调节三种方式。锅炉跟随汽轮机的方式是把汽轮发电机负荷放在首位，要求负荷响应快。例如，电网要求增加负荷，先开大调速汽门，增大汽轮机进汽流量，锅炉根据汽压信号调节燃料量，稳定汽压；发生内扰，用调节燃料量稳定汽压。汽轮机跟随锅炉的方式是把稳定锅炉运行放在第一位，负荷响应较慢；例如，电网需要增加负荷，锅炉根据负荷信号先增加燃料量，再由汽压信号开大汽轮机调速汽门，维持汽压稳定；如果发生内扰，用调节汽轮机调速汽门的方法稳定汽压。上述两种负荷控制方式都不能达到既能快速响应外界负荷要求，又可保证主汽压力波动较小的基本要求。为克服锅炉跟随方式下过多调用蓄热而导致汽压的较大波动和汽轮机跟随方式下不用蓄热而导致负荷响应慢的缺点，可形成汽轮机、锅炉协调负荷调节系统。它的特点是功率偏差信号、压差信号同时作用到汽轮机控制器和锅炉控制器，以便在实际负荷和主汽压力偏离各自的给定值时，机、炉同时动作。

汽包锅炉热惯性较大，汽压变化速度较小，适用于锅炉跟随汽轮机的方式，但是这方式还必须配置调节响应较快的燃烧系统。

（二）锅炉燃烧调整

1. 燃烧调整的任务

锅炉燃烧调整的任务可以归纳如下：

（1）保证燃烧供热量以适应外界负荷的需要，并维持蒸汽压力、温度在正常范围内。

（2）保证着火和燃烧的稳定，火焰中心适当、分布均匀，不烧损燃烧器，炉内不结渣，煤粉燃烧完全。

（3）对平衡通风的锅炉，应当维持一定的炉膛负压。

锅炉燃烧调整的好坏，直接影响锅炉运行的安全性和经济性。如果燃烧不稳定，将引起锅炉参数的波动；炉膛火焰偏斜会造成炉内温度场和热负荷不均匀，引起水冷壁局部区域温度过高，出现结渣甚至超温爆管，也可能引起过热器因热偏差过大而产生超温损坏；炉膛温度较低造成燃烧不稳定，容易引起炉膛灭火爆燃。

在燃烧过程中，如果风粉配合不当，一、二、三次风配合不好，煤粉细度、炉膛出口过量空气系数调整不当等都会引起燃烧效率下降，使锅炉效率下降。

2. 燃烧控制系统简介

在锅炉运行中，燃烧调整通常由燃烧控制系统来完成。燃烧控制系统由燃料量控制系统、风量控制系统和炉膛风压控制系统三大部分组成。燃烧控制系统的任务是根据机炉主控制器来调节燃料量、送风量和炉膛风压，使锅炉在安全、经济条件下调节至负荷指令的要求。

增减燃料量信号同时调节燃料量与送风量，使风煤流量匹配。送风量作为炉膛风压调节的前馈信号，使引风量跟随送风量增减，燃料量、烟气氧量、炉膛风压作为反馈信号用来改善调节品质，燃料量反馈信号用以平衡燃料量增减指令，以防止过调。烟气氧量反馈信号用以纠正送风量,使风煤流量配合最佳。炉膛风压反馈信号用以纠正引风量,使炉膛风压达到最佳状态。

3. 给水控制系统

大型锅炉一般配置两台调速汽动给水泵和一台调速电动给水泵。两台汽动给水泵容量各为50%MCR,电动给水泵容量为30%~50%MCR。机组启动先投用电动给水泵,并在最低转速运行,给水流量由给水调节阀调节;当达到一定给水流量后,给水调节阀全开,转用给水泵转速调节;机组负荷约为25%MCR时,第一台汽动给水泵投用,处于电动、汽动给水泵并联运行状态;负荷为50%MCR时,第二台汽动给水泵投用;两台汽动给水泵都投运后,电动给水泵手动减速停运。

大型锅炉给水调节常用单冲量和三冲量两种调节方式。启动过程给水流量用单冲量调节,给水流量大于30%MCR时转换到三冲量调节,这种调节方式称为全程给水调节。

根据水位一个信号调节给水流量的方式称为单冲量调节。单冲量调节不能克服"虚假水位"引起的给水流量调节偏差。三冲量调节就是将水位作为主信号,蒸汽流量作为前馈信号,以制止"虚假水位"调节偏差;给水流量作为反馈信号,以克服给水流量变化到水位响应的时滞,并且给水流量自身发生扰动;给水流量又作为前馈信号迅速消除内扰。但锅炉启动过程中,蒸汽流量测量误差大,蒸汽流量与给水流量之间的差值也大,故不能采用三冲量调节给水流量。

4. 汽温调节

锅炉过热器出口蒸汽温度称为主蒸汽温度,主蒸汽温度和再热蒸汽温度统称为蒸汽温度。正常运行时,应保证锅炉出口过、再热汽温在合格的范围之内,两侧的偏差亦应控制在合格的范围内;过热汽温主要依靠煤水比粗调,一、二级减温水的喷水量来细调,要尽量将其投入"自动"运行,经常检查其调节质量;再热汽温应以改变烟气挡板开度调节为主,事故减温水尽量不用;手动调节汽温时,一定要慎重,喷水量变化均匀,必须保证减温后的蒸汽符合过热度要求,汽温控制应严格按规定执行,允许波动范围一般为+5~-10℃。电站锅炉出口蒸汽温度的允许偏差值见表5-2-1。

表5-2-1 电站锅炉出口蒸汽温度的允许偏差值

出口蒸汽额定压力(MPa)	锅炉负荷变化范围(%)	出口蒸汽额定温度(℃)	温度允许偏差值(℃)	
			+	-
2.5	75~100	400	10	20
3.9	70~100	450	10	25
9.8	70~100	540	5	10
13.7	70~100	540/540	5	10
16.7~18.3	70~100	540/540	5	10
25.3	70~100	541/541	5	10

在规定允许偏差值的同时,还应规定偏差值下运行的持续时间和汽温变化时允许的变化速度。目前我国对此尚无统一规定,而大多数锅炉沿用如下规程:每次允许偏差值下运行的持续时间不得大于2min,在24h内允许偏差值下运行的累计时间不得大于10min,蒸汽温度允许变化速度应不大于3℃/min。

大型锅炉主蒸汽温度常用喷水调节，再热汽温常用烟气旁路挡板调节或燃烧器摆动角度调节，必要时使用喷水。喷水调节汽温有较大的滞迟时间和时间常数，一般情况下，滞迟时间为30~60s，时间常数为40~100s，它会引起喷水过调，汽温偏差大，甚至发生汽温振荡。为了改善调节品质，可采用主蒸汽温度作为主信号，减温器后的汽温或汽温变化率作为反馈信号。有的单元机组还采用燃料指令、汽轮机调节级后的汽压信号等作为汽温调节的前馈信号。

三、直流锅炉的运行特点

（一）直流锅炉的运行特性

1. 静态特性

（1）汽温特性。直流锅炉由省煤器、水冷壁、过热器串联而成，汽水状态无固定的分界点，由此而形成了直流锅炉不同于汽包锅炉的汽温静态特性，即通过维持直流锅炉燃料和给水流量比值就能使汽温保持不变。

（2）汽压特性。直流锅炉内的汽水工质串联通过各级受热面流动，其工质压力由系统的质量平衡、能量平衡以及管路系统的流动压力降等因素决定，下面进行详细分析。

①燃料量变化。在给水流量与汽轮机调速阀门开度不变时，给水压力、汽轮机前汽压随燃料量变化的静态特性是：给水压力、汽轮机前汽压都随燃料量增大而上升。在给水压力不变、汽轮机调速阀门相应开大时，汽轮机前汽压随燃料量变化的静态特性是汽轮机前汽压随燃料量增大而下降。

②给水流量变化。给水流量增加并稳定在一个新工况后，蒸汽流量也相应增加一个数值。在新的稳定工况下蒸汽温度低于原来的数值，蒸汽压力由汽温、流量综合决定，在汽轮机调速阀门开度不变时汽压有所上升。

2. 动态特性

（1）燃料量扰动。燃料量扰动时动态特性表现为：

①锅炉蒸发量先上升后下降至等于给水流量。

②给水流量由于汽压上升而略有下降。

③蒸汽温度开始时由于锅炉蒸发量上升而下降，后来由于燃料量增加而升高。

④蒸汽压力开始时由于锅炉蒸发量上升而上升，后来由于蒸汽温度上升而上升。

（2）给水流量扰动。给水流量增加时的动态特性如下：

①锅炉蒸发量过一段时间后才逐渐上升至等于给水流量。

②蒸汽温度开始时不变，后来由于锅炉蒸发量上升而下降。

③蒸汽压力开始时由于锅炉蒸发量上升而上升，后来由于蒸汽温度下降而下降。

（3）汽轮机调速阀门开度扰动。汽轮机调速阀门开度特性如下：

①调速阀门开度扰动增加时，蒸汽流量迅速增大，汽压迅速下降。如果给水压力不变，给水流量就会自动增加。最终蒸汽流量等于给水流量。

②因为燃料量不变，给水流量略有增加，使蒸汽温度略有下降。

（二）直流锅炉参数调节特点

直流锅炉参数调节的要求与汽包锅炉相同，燃烧调节也与汽包锅炉一样。下面主要分析直流锅炉参数调节方法与特点。

1. 燃料量/给水流量比值

直流锅炉负荷改变时应同时改变燃料量与给水流量的比值，保持燃料量与给水流量的比例，才能维持蒸汽温度与压力不变。如果只改变给水流量，虽然给水流量与蒸汽流量间的质量能平衡，但是由于能量不平衡，汽温发生变化，汽压也有所变化；如果只改变燃料量，由于受热面内工质质量的变化，能暂时适应负荷的变化，但是由于质量不平衡，很快会产生汽压下降，汽温上升。因此，直流锅炉负荷调节的关键是在不同的负荷下保持燃料量/给水流量比例。

2. 汽温信号

直流锅炉发生燃料量或给水流量搅动时，由于受热面金属蓄热变化、受热面内工质质量变化及流动时间等因素的影响，其延迟时间、飞升时间都较长，延迟时间达到250～440s，飞升时间达到320～940s，对汽温调节很不利。

为了改善直流锅炉过热汽温调节品质，取靠近过热器进口端的微过热蒸汽作为燃料量/给水流量调节的依据，因为微过热蒸汽的延迟时间、时间常数相对较小，分别为40～100s和100～300s。作为调节依据的微过热汽温称为中间点温度。选择合适的中间点温度，对汽温调节品质很重要。

任务三　锅炉运行事故与处理

锅炉因设备原因或运行操作原因，使蒸发量或参数不能满足电网负荷指令要求或发生人身伤亡的都称为事故。火力发电厂事故中有相当一部分（约70%）是由锅炉事故引起的。发电厂事故不仅使发电厂本身遭受到重大的损失，而且对用户和社会也会造成严重危害。锅炉发生事故的原因大致有设备制造、安装、检修的质量问题，运行人员失职，技术水平低以及管理不善等。

一旦发生事故，运行人员要沉着冷静，判断正确，处理迅速，把事故消灭在萌芽状态。处理事故的基本原则是：

（1）正确判断事故发生的原因，按有关规定迅速消除事故根源，限制事故的发展，解除对人身、设备的威胁，在上述前提下，尽可能保持机组的运行。

（2）威胁人身或设备安全时应就事故申请停炉。

（3）尽最大的努力保持厂用电源的正常供给。

锅炉事故主要有锅炉停炉事故、制粉系统事故、风烟系统事故、汽水系统事故、其他事故等。

一、锅炉停炉事故

1. 锅炉MFT的条件

MFT（主燃料跳闸）是指锅炉的安全运行条件得不到满足、需要紧急停炉而发出指令快速切断所有通往炉膛的燃料并引发必要的连锁动作，避免对锅炉的潜在危害，以保护锅炉炉膛、其他设备及运行人员的安全。引起主燃料跳闸的部分条件（不同的锅炉，MFT条件不完全一样）如下，只要其中任意一条成立，则引发MFT动作：

（1）两台送风机全停。

（2）两台引风机全停。

(3) 两台空气预热器全停。

(4) 两台一次风机全停。

(5) 炉膛压力极高。

(6) 炉膛压力极低。

(7) 汽包水位极高。

(8) 汽包水位极低。

(9) 炉水泵全停。

(10) 锅炉总风量低于 30%。

(11) 主燃料失去（丧失燃料）。

(12) 全炉膛灭火（黑炉膛）。

(13) 失去火检冷却风。

(14) 手按"MFT"按钮。

(15) 汽轮机主汽门关闭。

(16) 发变组主保护动作，发电机主开关和励磁开关跳闸。

微课：炉膛灭火

2. 紧急停炉的条件

遇有下列情况之一时，应紧急停炉：

(1) 锅炉受热面、主蒸汽管道、再热蒸汽管道、给水管道等严重爆破，无法维持锅炉正常上水时。

(2) 锅炉尾部烟道再燃烧，使空气预热器出口烟温不正常地升至 250℃时。

(3) 锅炉安全阀动作，无法使其回座或压力超限所有安全阀拒动时。

(4) 炉管爆破，威胁人身或设备安全。

(5) 锅炉热控仪表电源中断，无法监视、调整锅炉主要运行参数。

(6) 所有引风机/送风机或回转式空气预热器停止。

(7) 再热蒸汽突然中断。

(8) 锅炉灭火。

3. 故障停炉的条件

遇有下列情况之一时，应请示值长停止锅炉运行：

(1) 锅炉给水、蒸汽品质严重恶化，经多方处理无效时。

(2) 锅炉承压部件泄漏，运行中无法处理时（依具体情况、具体部位决定是否申请停炉）。

(3) 锅炉结焦严重，经多方处理难以维持正常运行时。

(4) 锅炉烟道积灰严重，经采取措施仍无法维持炉膛正常负压时。

(5) 锅炉汽温和受热面壁温严重超温，经多方调整无法降低时。

(6) PCV 阀有缺陷，不能正常动作时。

4. 紧急停炉的处理

(1) MFT 动作，将自动进行紧急停炉，否则应手动 MFT。

(2) 检查下列联动动作，应为正常状态，否则立即手动操作：

①所有磨煤机、给煤机、一次风机、密封风机均跳闸。跳闸磨煤机自动充惰。

②燃油跳闸阀关闭，所有油枪进油阀关闭，油枪吹扫闭锁。

③磨煤机热风挡板、冷风挡板、一次风挡板、喷燃器关断挡板和磨煤机、给煤机密封风挡板关闭。

④过热器一、二级喷水调阀及前后隔离阀，再热器减温水总门、调阀及前后隔离阀均关闭。

⑤MFT时以下的强制动作将自动进行：汽机主控站强制手动→机组控制方式强制切换到"手动方式"→过热器喷水调节阀强制关闭→再热器喷水调节阀强制关闭→过热器和再热器烟气挡板控制站强制手动→送风机强制保持送风机叶片在上一次位置，引风机叶片控制在自动状态，5分钟后，送风机叶片控制释放强制→风箱入口挡板控制强制保持。（5分钟后释放）

⑥闭锁吹灰。若发生MFT时锅炉正吹灰，则吹灰中止。就地确认吹灰器退出。

⑦汽轮机跳闸。

⑧电除尘器跳闸。

⑨锅炉强制通风吹扫5分钟。

（3）其他操作按正常停炉及相关事故处理规定进行。

二、制粉系统事故

（一）磨煤机着火、爆炸

1. 现象

①磨煤机出口温度高，报警，温度急剧上升；②磨煤机外壳金属温度异常高；③石子煤斗有火星出现；④磨煤机附近有烟味。

2. 原因

①磨煤机出口温度控制过高；②风温、风量控制系统故障；③易燃物质进入磨煤机；④一次风腔室内石子煤量多或煤尘沉积在一次风室、一次风进口风道；⑤给煤机故障或给煤机进出口堵煤造成磨煤机断煤；⑥停磨时未吹扫干净，积聚的煤粉自燃。

3. 处理

①发现磨煤机着火，立即手动紧急停止磨煤机，关闭入口一次冷、热风气动插板门及出口气动插板门、密封风门。②开启磨煤机灭火蒸汽门进行灭火，5分种后，启动磨煤机进行石子煤排放；确认磨煤机灭火成功，关闭灭火蒸汽门，停止磨煤机运行。③当磨煤机外壳温度冷却至室温时，联系检修部门和人员进行内部检查和清理工作。④当检查清理工作结束并确认设备正常和修复后，方可投入磨煤机运行；⑤当发现备用磨煤机内部着火时，要立即关闭其所有的出入口风插板门以隔绝空气，并用蒸汽进行灭火。

（二）磨煤机堵煤

1. 现象

①磨煤机出口温度降低；②磨煤机进、出口压差升高；③磨煤机电流增加；④磨煤机一次风量异常降低；⑤磨煤机密封风与一次风压差降低，有可能报警。

2. 原因

①磨煤机出口温度控制太低；②给煤量过多或给煤机参数标定不正确；③一次风量过低或一次风量标定不正确；④原煤湿度大或磨煤机进水；⑤旋转分离器故障或转速过快；⑥石子煤斗堵塞或满料，造成一次风腔室内大量积煤；⑦液压加载系统工作失常。

3. 处理

①发现磨煤机磨碗压差不正常上升,减少给煤量或停用给煤机;②解除一次风量自动,手动增加一次风量;③检查石子煤斗排放情况;④降低旋转分离器的转速,适当降低煤粉细度;⑤适当降低磨煤机的加载力;⑥若多方调整仍无效果,则停止磨煤机运行;⑦必要时,对一次风量和给煤机重新标定。

(三) 磨煤机出口温度高

1. 原因

①磨煤机内部着火;②风温自动控制系统故障,冷、热风调节门故障;③原煤仓空仓或棚煤;④给煤机故障导致煤量突减、断煤或落煤管堵。

2. 处理

①若因断煤或磨内煤量低引起出口温度高时,应立即排除断煤故障,增加给煤量;②若风温自动控制系统发生故障,及时解除自动,手动调节关小热风调节门,开大冷风调节门,恢复磨煤机出口温度;③若磨煤机着火,按磨煤机着火处理;④若属风门、挡板本身的故障,磨煤机出口温度无法控制,应停止磨煤机运行。

(四) 磨煤机事故跳闸

1. 现象

①磨煤机跳闸声光报警发出,磨煤机电流到零;②对应给煤机停止,煤量到零,总煤量突降,投自动给煤机煤量上升;③锅炉氧量上升,汽温下降,锅炉负压波动;④RB有可能动作。

2. 原因

①电动机电气保护动作;②人员误碰;③其他热工保护动作。

3. 处理

①磨煤机发生跳闸,确认相应的给煤机联跳;②维持炉膛压力、汽温的稳定。适当降低机组负荷,投油稳燃;③磨煤机跳闸后,检查冷、热风气动插板门及出口气动插板门、密封风门是否关闭,严密监视磨煤机出口温度的变化,如发现内部着火时,投入磨煤机灭火蒸汽,待磨煤机内自燃煤粉熄灭后,联系检修部门和人员对磨煤机进行内部清理检查;④增大其他制粉系统的出力并启动备用磨煤机,维持机组负荷稳定;⑤如果各给煤机煤量处于自动情况,应防止其他各给煤机煤量自动增加过多而造成磨煤机堵煤;⑥根据跳闸现象及时报警,确认其跳闸原因,迅速排除故障。故障排除后,应尽早安排投运,以防磨煤机内存煤自燃着火,如短时间无法投运,应将磨煤机内存煤排净;⑦如磨煤机RB动作,监视RB动作过程是否正确,否则手动干预;⑧重新启动跳闸磨煤机前,先缓慢开启磨煤机冷风调节门,对磨煤机吹扫后,启动磨煤机,继续冷风吹扫运行数分钟,待磨煤机内存煤吹干净后开启热风门,调节磨煤机出口温度为正常,启动给煤机;⑨锅炉MFT导致跳闸的磨煤机在重新启动前应进行磨煤机吹扫,冷风调节门应手动控制,并缓慢开大,防止大量煤粉冲入炉膛而引起爆燃。

(五) 给煤机跳闸、断煤

1. 现象

①给煤机跳闸信号发出;②总煤量突降,断煤,给煤机煤量到零,投自动给煤机煤

量上升；③磨煤机电流下降；④磨煤机磨碗压差下降；⑤磨煤机出口温度升高；⑥锅炉氧量上升，汽温下降。

2. 原因

①煤仓棚煤或原煤仓空仓；②给煤机出口堵塞；③给煤机皮带断裂；④煤质潮湿或结冰；⑤电气保护动作。

3. 处理

①如果磨煤机出口温度上升较快，应全开冷风调节门，关闭热风调节门及入口热风气动插板门，维持磨煤机出口温度在正常值；②通知燃料值班员确认煤仓煤位，如果空仓应要求其立即上煤；③如煤仓棚煤，立即进行敲打疏通；④如果是下煤管被杂物堵塞无法消除，则停止该磨煤机运行；⑤处理期间应适当增加其他制粉系统给煤量以免汽温下降过多，如果负荷低或燃烧不稳，则投入对应油枪稳燃，同时将给煤机指令减至最小，防止突然来煤时对燃烧扰动太大且对皮带及电机冲击过大；⑥如果各给煤机煤量在自动情况下应防止其他各给煤机煤量自动增加过多而造成堵煤，同时应注意控制好对应磨煤机出口温度，并防止因低风量而跳磨；⑦处理期间应注意调节汽温，断煤时防止汽温过低，来煤后应防止蒸汽超温；⑧如果一时无法恢复供煤，应启动备用制粉系统。

三、风烟系统事故

（一）单台空气预热器跳闸

1. 现象

（1）DCS 显示空气预热器跳闸（设备颜色由红变绿），主电机电流到零。

（2）光字牌报警显示该空气预热器跳闸，报警器铃声响。

（3）停运侧排烟温度升高，一、二次风温降低。

（4）停运空气预热器的辅助电机应联动，空气预热器进出口风烟挡板应联锁关闭，风烟道联络门应开启。

2. 原因

（1）机械传动部分故障，转子与外壳之间有杂物造成转子卡死或卡涩引起电机过负荷跳闸。

（2）电气部分故障跳闸。

（3）人为或控制部分误动。

（4）轴承损坏或轴承温度超过限额，保护动作启动。

（5）受热面严重堵灰。

3. 处理

（1）若空气预热器辅助电机联动正常，则可根据具体情况少量减负荷，同时密切监视排烟温度变化趋势，立即查明跳闸原因，消除故障后，迅速恢复其正常运行。若短时间无法恢复，应申请停炉。

（2）若空气预热器辅助电机未能正常联动，在跳闸前无电流过大现象或机械部分产生故障，可强合主电机一次，成功则正常运行，否则应人工盘车，降负荷至 50%MCR 运行，控制排烟温度不超过规定值。若短时间无法恢复，应申请停炉。

（3）若因空气预热器卡死，轴承烧坏，则应申请停炉。

(4) 经处理排烟温度仍上升超过规定值（250℃）时，应立即紧急停炉。

（二）单台引（送）风机跳闸

1. 现象

(1) DCS 画面显示引（送）风机跳闸（设备颜色由红变绿），该风机电流指示到零。

(2) 光字牌报警显示引（送）风机跳闸，报警铃声响。

(3) 炉膛压力波动，或上升或下降。

(4) 控制系统 RunBack 动作，FSSS 自动切除上二层（或三层）粉，并自动投入下层油枪，汽轮机快速减负荷至 50%MCR。

(5) 不同机组由于控制系统联锁保护设计上的不同，引（送）风机跳闸后，有的会联锁跳闸同侧送（引）风机，抑或联锁关闭引风机入口（送风机出口）挡板，有的则不然。

2. 原因

(1) 电气原因跳闸。

(2) 引（送）风机事故按钮闭合。

(3) 引（送）风机喘振延时超过规定值。

(4) 引（送）风机轴承温度高。

(5) 引（送）风机润滑油压低。

3. 处理

(1) 注意调整汽温、汽压、炉膛压力和汽包水位，尤其要注意虚假水位的影响。

(2) 复位跳闸引（送）风机或同侧的送（引）风机。

(3) 检查下层油枪投入是否正常，防止低负荷锅炉燃烧不稳，造成全炉膛灭火。

(4) 查明引（送）风机跳闸原因，待故障消除后，重新启动引（送）风机或同侧的送（引）风机。

（三）引（送）风机喘振

1. 现象

(1) 引（送）风机电流、入口负压大幅度波动。

(2) 炉膛负压大幅度波动或变正。

(3) 喘振时，引（送）风机调节失控。

(4) "引（送）风机喘振"光字牌报警。

2. 原因

(1) 两台风机调整不平衡，致使风机运行进入喘振区。

(2) 系统中有风门误关，烟道阻力急剧增大，致使风机运行进入喘振区。

3. 处理

(1) 关小未喘振引（送）风机动叶，减小引（送）风机入口处负压，待引（送）风机喘振消失后，再开大引（送）风机动叶，加负荷至正常工况。

(2) 降低机组负荷，减少燃料量和送风量，维持炉膛负压，必要时投油助燃。

（四）引（送）风机出力不足

1. 现象

(1) 引风机入口负压下降（送风机出口压力下降）。

(2) 炉膛压力难以维持或变正（负压增大）。

(3) 炉内燃烧不完全，汽压下降。

2. 原因

(1) 风机叶片磨损。

(2) 风机断叶片。

(3) 风机选型不当。

3. 处理

(1) 减少送（引）风量和燃料量，机组降负荷运行。

(2) 查明故障原因，必要时机组维持一半负荷运行，将风机与系统隔离检修。

（五）风机轴承温度高

1. 现象

(1) 轴承温度不正常升高。

(2) 轴承温度高，报警。

2. 原因

(1) 风机轴承系统润滑油泄漏，造成轴承润滑油量不足。

(2) 润滑油质不良或油箱油位过低。

(3) 冷油器冷却水量不足、中断，或冷油器内粘附污物。

(4) 对引风机而言，冷却风机发生故障。

(5) 轴承出现振动或轴承内有异物。

3. 处理

(1) 发现油压低时，检查是否油管路泄漏、油箱油位过低，或滤网堵塞，根据具体情况采取相应措施，若是滤网堵塞，应切换工作滤网，使油压恢复正常。

(2) 若是油质不良，应更换润滑油。

(3) 若是冷油器冷却水量不足或中断，应查明是否管路泄漏或阀门误关，尽快恢复冷却水的正常供应；

(4) 若轴承温度已过限，应停止风机运行。

四、汽水系统事故

（一）锅炉水位事故

1. 发生水位事故的原因

(1) 汽包水位计故障或水位指示不准确，造成误判断、引发误操作。

(2) 给水自动调节装置失灵，给水调节阀、给水泵调整系统发生故障。

(3) 负荷突然变化，控制调整不当。

(4) 炉管爆破造成缺水。

微课：汽包炉
水位事故

2. 水位事故的处理

1) 汽包低水位异常的处理

(1) 发现汽包低水位异常，应对照汽、水流量，校对汽包水位计指示是否正确。

(2) 证实汽包水位低时，将给水自动切至手动，开大给水调节阀或提高给水泵转速，增加锅炉进水量；若正在排污，应立即停止。

(3) 若给水压力低，应提高给水压力或起动备用给水泵。

(4) 若汽包水位降至低限，应紧急停炉。

2) 汽包高水位异常的处理

(1) 发现汽包高水位异常，应对照汽、水流量，核对汽包水位计指示是否正确。

(2) 证实汽包水位高时，将给水自动切至手动，关小给水调节阀或降低给水泵转速；开启事故放水阀，水位正常后关闭。

(3) 若汽包水位升至高限，应紧急停炉，全开事故放水阀并关闭给水、减温水阀，必要时开启过热器集汽联箱疏水阀。

(4) 查明原因，消除故障后保持正常汽包水位，重新点火恢复运行。

（二）锅炉受热面管损坏

锅炉受热面管损坏是指过热器、再热器、水冷壁、省煤器管的损坏事故，是锅炉常见事故。

1. 锅炉受热面管损坏的原因

(1) 管材质量不良，制造、安装、焊接质量不合格。

(2) 锅炉给水、锅水品质长期不合格造成管内结垢、垢下腐蚀；管外高温腐蚀；受热面工质流量分配不均或管内有杂物堵塞，产生热偏差，致使局部管壁过热；飞灰冲刷使受热面磨损；受热面膨胀不良，热应力增大造成受热面管损坏。

(3) 运行中调整不当，受热面结渣、积灰使局部管壁过热。蒸汽吹灰时吹损受热面。

(4) 锅炉严重缺水使水冷壁管过热，过热器、再热器管壁温度长期超温运行，启、停炉时对再热器、省煤器保护不好等，使受热面管损坏。

2. 受热面管损坏的处理

1) 水冷壁及省煤器管损坏的处理

(1) 若泄漏不严重，可以维持锅炉运行，给水自动切至手动操作，汽包锅炉维持汽包水位，降低锅炉蒸汽压力及负荷，申请停炉。

微课：省煤器泄漏

(2) 若损坏严重，达到事故停炉条件，应紧急停炉。停炉后保留一台引风机运行，维持炉膛压力，待炉内蒸汽基本消失后，停止引风机运行。

(3) 停炉后汽包锅炉应继续上水，维持汽包水位。不能维持汽包水位时应停止上水，禁止开启省煤器再循环阀。

(4) 停炉后停止电气除尘器运行。

2) 过热器、再热器管损坏的处理

微课：水冷壁管泄漏

(1) 过热器、再热器损坏不严重时，应降压、降负荷，并维持各参数稳定；加强监视，申请停炉。

(2) 出现严重泄漏或爆破时，应紧急停炉，保留一台引风机运行，维持炉膛压力，待炉内蒸汽消失时停止引风机运行。

（三）蒸汽温度过高

1. 蒸汽温度过高的原因

(1) 减温水系统或蒸汽温度自动调节装置出现故障，造成减温水量减

微课：过热蒸汽管爆管

少；烟气调温挡板开度不当。

（2）燃烧调整不当，上组煤粉燃烧器负荷过大或锅炉增负荷过快。

（3）送风量过大或炉膛漏风严重。

（4）煤质过差或煤粉过粗。

（5）炉膛结渣严重。

（6）配风工况不当或煤粉燃烧器摆角偏高，造成火焰中心上移。

（7）汽包锅炉给水温度降低。

（8）制粉系统故障，造成燃烧量不正常增加。

（9）烟道内有可燃物二次燃烧。

（10）再热器进口安全阀启座。

2. 蒸汽温度过高的处理

（1）将蒸汽温度调节由自动切至手动，增大减温水量；再热汽温过高时可投用事故喷水。

（2）调整燃烧，设法降低火焰中心，减少炉膛漏风。

（3）上述方法无效时，降低锅炉负荷。

（4）蒸汽温度超限造成汽轮机事故停机时，汽包锅炉压力过高，可根据情况开启旁路系统或开启向空排汽阀；迅速降低锅炉热负荷，投油维持运行。消除故障后，重新起动汽轮机。

（四）蒸汽温度过低

1. 蒸汽温度过低的原因

（1）减温水系统或蒸汽温度自动调节装置出现故障，使减温水量增加。

（2）燃烧调整不当造成锅炉热负荷降低，火焰中心下移。

（3）制粉系统故障使燃料量不正常地减少；煤粉燃烧器摆角过低。

（4）汽包锅炉给水温度升高。

（5）蒸汽压力大幅度下降，过热器、再热器严重结渣或积灰。

2. 蒸汽温度过低的处理

（1）将减温水调节阀自动切至手动，关小或关闭减温水阀；调整烟气挡板。

（2）调整燃烧，设法提高火焰中心。必要时开启过（再）热器有关疏水阀，加强过（再）热器吹灰。

（3）将蒸汽温度低至限额，造成汽轮机事故停机时，汽包锅炉压力过高，可根据情况开启旁路系统或开启向空排汽阀；迅速降低锅炉热负荷，投油维持运行。消除故障后，重新启动汽轮机。

（五）给水流量骤降或中断

1. 给水流量骤降或中断的原因

（1）给水泵故障，备用给水泵未能正常投用。

（2）给水自动调节装置失灵，造成给水调节阀自动关小或关闭。

（3）给水管道泄漏或爆破。

（4）高压加热器出现故障时，系统阀门误动作。

（5）汽动给水泵在机组负荷骤降时出力下降。

2. 给水流量骤降或中断的处理

（1）若因给水自动调节装置失灵，应立即将给水调节阀自动切至手动，开大给水调节阀，维持正常给水流量。

（2）当汽包锅炉给水流量骤降或中断，造成汽包水位下降时，应立即减少燃料量，降低过热蒸汽压力及机组负荷，维持炉内燃烧稳定，迅速提高并恢复正常给水压力。

（3）给水流量骤降或中断，使汽包锅炉水位达到低限时，应紧急停炉。

五、其他事故

（一）燃油管道爆破

（1）燃油管道爆破时，立即将爆管处与系统隔离，必要时停止供油泵，清除积油，修复管道，恢复正常供油。

（2）若发生火灾，立即用消防器材灭火，并报火警。若威胁锅炉安全运行，应立即停炉。

（二）锅炉热控仪表电源中断

1. 锅炉热控仪表电源中断的原因

（1）电气系统及母线出现故障。

（2）开关或刀闸出现故障，备用电源未投入。

2. 锅炉热控仪表电源中断的处理

（1）将自动切换至手动。若锅炉灭火，应按锅炉灭火处理；若锅炉未灭火，应尽量维持机组负荷稳定，同时监视汽包就地水位计、压力表。参照汽轮机有关参数值综合分析，不可盲目操作。

（2）尽快恢复电源，不能恢复时应申请停炉。

（三）电气甩负荷

1. 电气甩负荷的原因

电力系统出现故障、发电机或汽轮机出现故障。

2. 电气甩负荷的处理

（1）根据机组负荷情况，迅速减少燃料量和给水量，及时调整，稳定燃烧，保持各参数正常。

（2）蒸汽压力过高，投入高、低压旁路系统或打开向空排汽阀。

（3）对配汽包锅炉的机组，若汽轮机或发电机发生故障并跳闸时，锅炉应维持最低负荷运行，做好汽轮机冲转准备。

任务小结

1. 锅炉启动与停运

启动：启动过程是从静止到运行，涉及工质加热、循环建立和蒸汽参数提升。根据停炉时间，启动分为冷态、温态、热态和极热态。启动时间受锅炉状态、类型、容量等多种因素影响。汽包锅炉启动包括上水、吹扫、点火、升温升压等环节，要严控汽包壁温差；直流锅炉启动有其特点，如需特定启动流量保证水冷壁冷却，启动过程经历工质膨胀等阶段，还设有旁路系统用于启动流量建立和汽水分离。

停运：停运过程是从带负荷到静止，分为正常停炉和事故停炉。正常停炉有额定参数和滑参数两种方式，现代大型机组常用滑参数停炉。汽包锅炉停运要控制冷却速度，防止汽包热应力过大；直流锅炉正常停炉阶段与汽包锅炉类似，但负荷降低时需投入启动分离器，防止前屏过热器进水。

停用保护：停用保护旨在防止锅炉停用期间金属腐蚀，遵循避免空气进入、保持表面干燥、形成防腐薄膜、充满保护液等原则。按停运时长，有湿法保养、热炉放水余热烘干法保养、热炉放水余热烘干充氮法保养等措施。

2. 锅炉运行调节

运行特性：运行工况不断变化，其特性分为静态特性和动态特性。静态特性关注稳定状态下参数与工况的对应关系，动态特性描述参数随时间的变化过程。

调节任务：保证蒸发量满足负荷需求，维持汽温、汽压、水位正常，调整燃烧以提高效率，及时处理故障以确保锅炉安全可靠运行。

调节方式：包括负荷与汽压调节、燃烧调整、给水控制和汽温调节。负荷与汽压调节由CCS实现，有汽轮机跟随锅炉、锅炉跟随汽轮机和协调调节三种方式；燃烧调整由燃烧控制系统完成，涉及燃料量、风量、炉膛风压控制；大型锅炉给水调节有单冲量和三冲量两种方式，启动时用单冲量，给水流量大于30%MCR时转换为三冲量；汽温调节方面，过热汽温靠煤水比和减温水调节，再热汽温以烟气挡板调节为主。

直流锅炉调节特点：负荷改变时需保持燃料量与给水流量比例，以维持蒸汽参数稳定；取靠近过热器进口的微过热蒸汽（中间点温度）作为汽温调节依据，改善调节品质。

3. 锅炉运行事故与处理

事故类型：包括锅炉停炉、制粉系统、风烟系统、汽水系统及其他事故。锅炉停炉事故分为MFT、紧急停炉和故障停炉，各有对应条件。

事故处理原则：正确判断原因，迅速消除根源，限制事故发展，保障人身和设备安全，尽力维持厂用电源。

事故处理方法：针对不同事故类型，如磨煤机着火爆炸、堵煤，风机跳闸、喘振，水位异常，受热面管损坏等，均有相应的处理措施。

项目六 循环流化床锅炉

项目描述： 掌握循环流化床锅炉工作原理及特点、循环流化床锅炉的启动、停炉和运行相关知识及运行过程中的事故处理。

项目目标： （1）能够辨识循环流化床锅炉的主要设备及系统；
（2）能说出循环流化床锅炉的工作原理及特点；
（3）能对循环流化床锅炉运行的简单事故做出分析并处理。

项目素养： 培养学生自我学习、思维拓展能力，通过学生爱国情怀的共鸣引导学生奋发图强。

任务一 循环流化床锅炉认知

循环流化床锅炉（Circulating Fluidized Bed Boiler）简称 CFB 锅炉，采用的是工业化程度最高的洁净煤燃烧技术。其工作原理基于煤粒在流态化床中的高效燃烧，即将颗粒燃料控制在特殊的流化状态下燃烧，细小的固体颗粒以一定速度携带出炉膛，再由气固分离器分离后在距离布分板一定高度处送回炉膛，形成足够的固体物料循环，并保持比较均匀的炉膛温度。这一过程中，燃料经破碎机破碎至合适的粒度后，由给煤机送入燃烧室，与炽热的沸腾物料混合并迅速着火燃烧。在较高气流速度的作用下，燃料充满炉膛，并有大量固体颗粒被携带出炉膛，经过气固分离、物料回送等步骤后，继续参与燃烧。

知识点一 循环流化床锅炉的工作原理

一、流态化过程

流态化是固体颗粒在流体作用下表现出类似流体状态的一种现象。固体颗粒、流体以及完成流态化的设备称为流化床。流体作为流化介质，一般有气体和液体两大类，在锅炉燃烧中，流化介质为气体，固体煤颗粒以及煤燃烧后的灰渣（床料）被流化，称为气固流态化。流化床锅炉与其他类型燃烧锅炉的根本区别在于燃料处于流态化运动状态，并在流态化过程中进行燃烧。

当气体通过颗粒床层时，该床层随着气流速度的变化会呈现不同的流动状态。随着气流速度的增加，固体颗粒分别呈现出固定床、起始流态化、鼓泡流态化、节涌、湍流流态化及气力输送等状态，如图 6-1-1 所示。

在流速较低时，气流仅是在静止颗粒的缝隙中流过，这时称为固定床，如图 6-1-1（a）所示。

微课：循环流化床五种流化状态

当气体速度增加到一定程度时，颗粒被上升的气流托起，床层开始松动，气体对颗粒的作用力与颗粒的重力相平衡，通过床层任意两个截面的压力降与在此两截面间单位面积上颗粒和气体的重量之和相等，这时床层开始进入流态化，如图 6-1-1（b）所示，对应的气流速度称为最小流化速度或临界流态化速度。

当气流速度超过最小流化速度时，除了非常细而轻的颗粒床会均匀膨胀外，一般床料内将出现大量气泡，气泡不断上移，聚集成较大的气泡穿过料层并破裂。此时气—固两相强烈混合，犹如水被加热至沸腾状，这样的床层称为鼓泡流化床。鼓泡流化床床层有明显的床层表面，如图 6-1-1（c）所示。鼓泡流态化状态下，整个流化床分两个区域：一个是下部的密相区，又称沸腾段，它有明显的床层表面；另一个是上部的稀相区（床层表面至流化床出口区域），称为自由空间或悬浮段。

当气流速度达到一定数值时，颗粒将被夹带流动，此时对应的气流速度称为该颗粒的终端速度。在该状态下，床层表面基本消失，颗粒夹带变得相当明显，如果不及时向床内补充颗粒，床中颗粒最终将全部被吹空。在该状态下，由于存在某些颗粒的大量返混，床层底部颗粒浓度较大，上部空间颗粒浓度要小很多，可以观察到不同大小和性质的颗料团（乳化相）和气流团（气泡相）的紊乱运动，此时床层呈现湍流床状态，见图 6-1-1（e）。

当气流速度进一步增大，颗粒就由气体均匀带出床层，我们称这种状态为颗粒气体输送的稀相流化床，如图 6-1-1（f）所示。此时气流速度大于颗粒的终端速度，床内颗粒浓度上下基本均匀分布。在湍流和稀相流态化状态下，有大量的颗粒被携带出床层、炉膛。为了稳定操作，必须用分离器把这些颗粒从气流中分离出来，然后再返回床层，这样就形成了循环流化床。

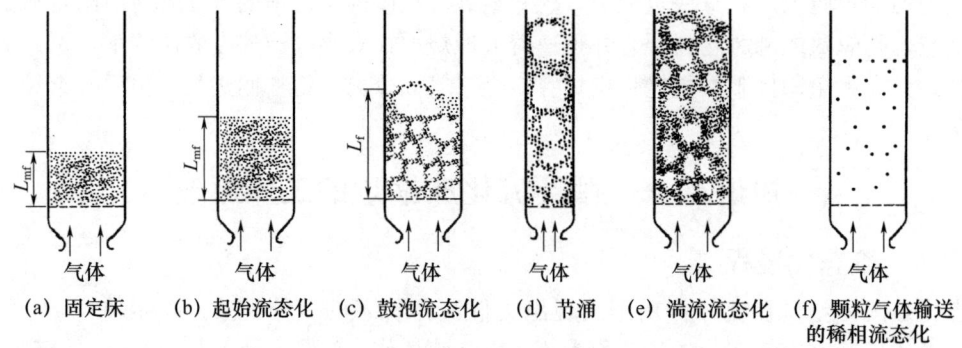

(a) 固定床　　(b) 起始流态化　　(c) 鼓泡流态化　　(d) 节涌　　(e) 湍流流态化　　(f) 颗粒气体输送的稀相流态化

图 6-1-1　不同气流速度下固体颗粒床层的流动状态

上述流态化状态仅仅对单一尺寸颗粒而言。对于燃煤流化床锅炉，由于床内为一定尺寸范围的宽筛分颗粒，在床的下部形成主要由较大颗粒组成的湍流流化床，而较细颗粒则由气流携带进入输送状态，经分离器和返料器构成颗粒的循环。另外，某些小颗粒在上行过程中产生凝聚、结团，以及与壁面的摩擦碰撞而沿壁面回流，从而形成循环流化床的内部循环。

二、流态化的动力特性

从直观形态来看，密相气体流态化与处于沸腾状态的液体非常相像，并且在许多方面具有与液体一样的特性，主要有以下几点：

(1) 在任一高度的静压近似于在此高度以上单位床截面内固体颗粒的重量。

(2) 无论床层如何倾斜，床表面总是保持水平，床层的形状也保持容器的形状。

(3) 床内固体颗粒可以像流体一样从底部或侧面的孔口中排出。

(4) 密度高于床层表观密度（如果把颗粒间的空体积也看作颗粒体积的一部分，这时单位体积的燃料质量就称为表观密度）的物体在床内会下沉，密度小的物体会浮在床面上。

(5) 床内颗粒混合良好，因此，当加热床层时，整个床层的温度基本均匀。

三、循环流化床锅炉的工作过程

流化床燃烧是床料在流化状态下进行的一种燃烧，其燃料可以为化石燃料、工农业废弃物和各种生物质燃料。一般粗重的粒子在燃烧室下部燃烧，细粒子在燃烧室上部燃烧。被吹出燃烧室的细粒子采用各种分离器收集之后，送回床内循环燃烧。图 6-1-2 给出了循环流化床锅炉的工作过程。

在燃煤循环流化床锅炉的燃烧系统中，燃料煤首先被加工成一定粒度范围的宽筛分煤，然后由给料机经给煤口送入循环流化床密相区进行燃烧，其中许多细颗粒物料将进入稀相区继续燃烧，并有部分随烟气飞出炉膛。飞出炉膛的大部分细颗粒由固体物料分离器分离后经返料器送回炉膛，再参与燃烧。燃烧过程中产生的大量高温烟气，经过热器、再热器、省煤器、空气预热器等受热面，进入除尘器进行除尘，最后由引风机排至烟囱进入大气。循环流化床锅炉燃烧在整个炉膛内进行，而且炉膛内具有很高的颗粒浓度，高浓度颗粒通过床层、炉膛、分离器和返料装置，再返回炉膛，进行多次循环，颗粒在循环过程中进行燃烧和传热。

锅炉给水首先进入省煤器，然后进入汽包，后经下降管进入水冷壁。燃料燃烧所产生的热量在炉膛内通过辐射和对流等传热形式由水冷壁吸收，用以加热给水生成汽水混合物。生成的汽水混合物进入汽包，在汽包内进行汽水分离。分离出的水进入下降管继续参与水循环；分离出的饱和蒸汽进入过热器系统继续加热变为过热蒸汽。

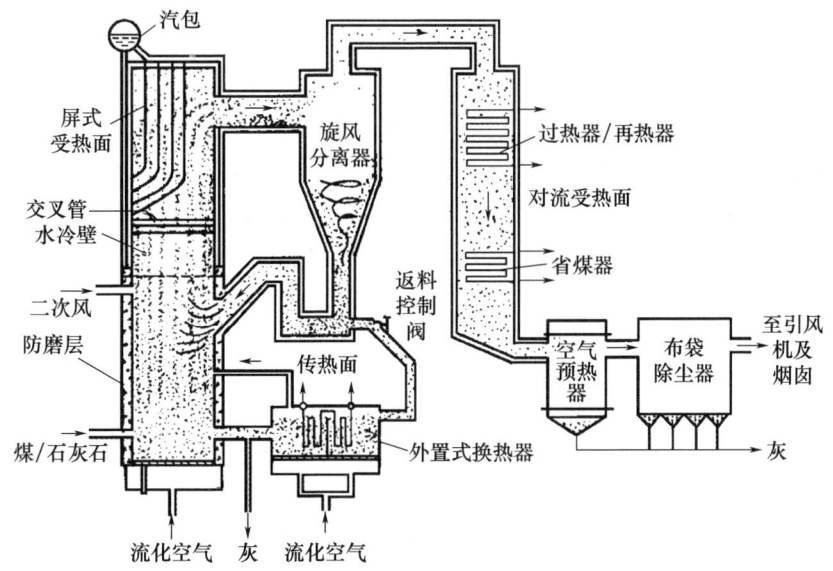

图 6-1-2　循环流化床锅炉的工作过程

锅炉生成的过热蒸汽引入汽轮机做功,将热能转化成汽轮机的机械能。一般125MW及以上机组锅炉布置有再热器,这些机组中的汽轮机高压缸排汽进入锅炉再热器进行加热,再热后的蒸汽进入汽轮机中、低压缸继续做功。

四、循环流化床锅炉的基本构成

循环流化床锅炉可分为两个部分。第一部分由炉膛(流化床燃烧室)、气固分离设备(分离器)、固体物料再循环设备(返料装置、返料器)和外置换热器(有些循环流化床锅炉没有该设备)等组成,上述部件形成了一个固体物料循环回路。第二部分为尾部对流烟道,布置有过热器、再热器、省煤器和空气预热器等,与常规火炬燃烧锅炉相近。

图 6-1-3 为典型循环流化床锅炉燃烧系统的示意。燃料和脱硫剂由炉膛下部进入锅炉,燃烧所需的一次风和二次风分别从炉膛的底部和侧墙送入,燃料的燃烧主要在炉膛中完成。炉膛四周布置有水冷壁,用于吸收燃烧所产生的部分热量。由气流带出锅炉的固体物料在分离器内被分离和收集,通过返料装置送回炉膛,烟气则进入尾部烟道。

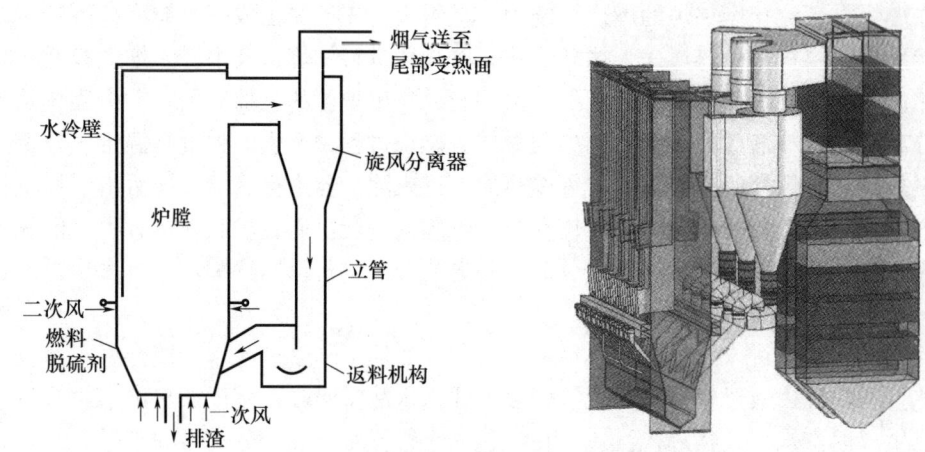

图 6-1-3 典型的循环流化床锅炉燃烧系统示意

1. 炉膛

炉膛的燃烧以二次风入口为界分为两个区。二次风入口以下为大粒子还原气氛燃烧区,二次风入口以上为小粒子氧化气氛燃烧区。燃料的燃烧过程、脱硫过程、NO_x 和 N_2O 的生成及分解过程主要在燃烧室内完成。燃烧室内布置有受热面,它完成大约 50% 燃料释热量的传递过程。流化床燃烧室既是一个燃烧设备,也是一个热交换器和脱硫、脱氮装置,集流化过程、燃烧、传热与脱硫、脱硝反应于一体,所以流化床燃烧室是流化床燃烧系统的主体。

2. 分离器

循环流化床分离器是循环流化床燃烧系统的关键部件之一。它的形式决定了燃烧系统和锅炉整体布置形式及紧凑性,它的性能对燃烧室的空气动力特性、传热特性、物料循环、燃烧效率、锅炉出力和蒸汽参数,对石灰石的脱硫效率和利用率,对负荷的调节范围和锅炉启动所需时间以及散热损失和维修费用等均有重要影响。

国内外普遍采用的分离器包括由高温耐火材料内砌的绝热旋风分离器、水冷或汽冷旋风分离器、各种形式的惯性分离器和方形分离器等。

3. 返料装置

返料装置是循环流化床锅炉的重要部件之一。它的正常运行对燃烧过程的可控性、对锅炉的负荷调节性能起决定性作用。

返料装置的作用是将分离器收集下来的物料送回流化床循环燃烧，并保证流化床内的高温烟气不经过返料装置短路流入分离器。返料装置既是一个物料回送器，也是一个锁气器。如果这两个作用失常，物料的循环燃烧过程建立不起来，锅炉的燃烧效率将大为降低，燃烧室内的燃烧工况变差，锅炉将达不到设计蒸发量。

流化床燃烧系统中常用的返料装置是非机械式的。设计中采用的返料器主要有两种类型：一种是自动调整型返料器，如流化密封返料器；另一种是阀型返料器，如L形阀等。自动调整型返料器能随锅炉负荷的变化自动改变返料量，不需调整返料风量。阀型返料器要改变返料量则必须调整返料风量，也就是说，随锅炉负荷的变化必须调整返料风量。

4. 外置换热器

部分循环流化床的锅炉采用外置换热器。外置换热器的作用是使分离下来的物料部分或全部（取决于锅炉的运行工况和蒸汽参数）通过它，并将其冷却到500℃左右，然后通过返料器送至床内再燃烧。外置换热器内可布置省煤器、蒸发器、过热器、再热器等受热面。

外置换热器的实质是一个细粒子鼓泡流化床热交换器，硫化速度是0.3~0.45m/s，它具有传热系数高、磨损小的优点。采用外置换热器的优点如下：

（1）可解决大型循环流化床锅炉床内受热面布置不下的难题；

（2）为过热蒸汽温度和再热蒸汽温度的调节提供了很好的手段；

（3）增加循环流化床锅炉的负荷调节范围；

（4）增加同一台锅炉对燃料的适应性；

（5）节约锅炉受热面的金属消耗量。

其缺点是它的采用使燃烧系统、设备及锅炉整体布置方式比较复杂。

德国鲁奇型FW和Alstom-CE型循环流化床燃烧系统均采用了外置换热器。我国目前开发的220t/h以下循环流化床锅炉均没有采用，大型循环流化床锅炉拟采用外置换热器。

知识点二 循环流化床锅炉的特点

一、循环流化床锅炉的工作条件

循环流化床锅炉的典型工作条件可归纳为表6-1-1。

表6-1-1 循环流化床锅炉的工作条件

项目	数值	项目	数值
床层温度（℃）	850~950	床层压降（kPa）	6~12
流化速度（m/s）	4~8	炉内颗粒浓度（kg/m³）	150~600（炉膛底部）
床料粒度（μm）	100~700		3~40（炉膛上部）
床料密度（kg/m³）	1800~2600	Ca/S摩尔比	1.5~3
燃料粒度（mm）	0~13	壁面传热系数[W/（m²·K）]	130~250
脱硫剂粒度（mm）	0~2		

二、循环流化床燃烧过程的特点

循环流化床燃烧是一种在炉内使高温运动的烟气与其所携带的湍流扰动极强的固体颗粒密切接触,并具有大量颗粒返混的流态化燃烧反应过程;同时,在炉外将绝大部分高温的固体颗粒捕集,并将它们送回炉内再次参与燃烧过程,反复循环地组织燃烧。显然,燃料在炉膛内燃烧的时间延长了。在这种燃烧方式下,炉内温度水平因受煤中灰的变形温度和脱硫最佳温度的限制,一般在850℃左右。这样的温度远低于普通煤粉炉中的温度水平。这种"低温燃烧"方式好处很多,炉内结渣及碱金属析出均比煤粉炉中要改善很多,对灰特性的敏感性减低,也无须很大空间去使高温灰冷却下来,氮氧化物生成量低,可在炉内组织廉价而高效的脱硫工艺等。从燃烧反应动力学角度来看,循环流化床锅炉内的燃烧反应在动力燃烧区或过渡区内。由于相对来说循环流化床锅炉内的温度不高,并有大量固体颗粒的强烈混合,这种情况下的燃烧速率主要取决于化学反应速率,也就是取决于温度水平,而物理因素不再是控制燃烧速率的主导因素。循环流化床锅炉内燃烧的燃尽度很高,通常性能良好的循环流化床锅炉燃烧效率可达98%~99%,甚至更高。

从图6-1-3可看出,循环流化床锅炉内的固体物料(包括燃料、残灰、灰、脱硫剂和惰性床料等)经历了从炉膛、分离器和返料装置返回炉膛的循环运动,整个燃烧过程以及脱硫过程都是在循环运动的动态过程中逐渐完成的。

在循环流化床锅炉中,大量的固体物料在强烈的湍流下通过炉膛,通过人为操作可改变物料循环量,并可改变炉内物料的分布规律,以适应不同的燃烧工况。在这种组织方式下,炉内的热量、质量和动量传递过程十分强烈,从而使整个炉膛高度及水平方向上的温度分布非常均匀。同时,强烈的动量、质量传递使循环流化床内的颗粒产生磨损和碎裂,进一步强化了燃烧。

三、循环流化床锅炉的优点

循环流化床锅炉独特的流体动力特性和结构使其具有许多独特的优点。

1. 燃料适应性广

这是循环流化床锅炉的主要优点之一。在循环流化床锅炉中,按质量百分比计,新加入的燃料仅占床料的1%~3%,其余是未燃尽的焦炭和不可燃的固体颗粒,如脱硫剂、灰渣或砂。这些炽热物料为新加入燃料提供了稳定充足的点火热源。循环流化床锅炉的特殊流体动力特性使得气—固和固—固混合非常好,因此燃料进入炉膛后很快与大量灼热床料混合,燃料被迅速加热至高于着火温度,而床层温度没有明显降低。循环流化床锅炉既可燃用优质煤,也可燃用各种劣质燃料。不同设计的循环流化床锅炉,可以燃烧高灰煤、高硫煤、高灰高硫煤、高水分煤、低挥发分煤、煤矸石、煤泥、石油焦、尾矿、煤渣、树皮、废木头、垃圾等。

2. 燃烧效率高

国外循环流化床锅炉燃烧效率一般高达99%。我国自行设计、投运的循环流化床锅炉效率也可高达95%~99%。该炉型燃烧效率高的主要原因是煤粒燃尽率高。煤粒燃尽率可分三种情况分析:较小的颗粒(<0.04mm)随烟气一起流动,在飞出炉膛前就完全燃尽了,在炉膛有效高度范围内,

微课:炉排炉、循环流化床炉和煤粉炉对比

它们燃烧的时间是足够的；对于较大一些煤粒（>0.6mm），其终端速度高，只有当通过燃烧或相互摩擦而碎裂，其直径减小时，才能随烟气逸出，较大颗粒则停留在燃烧室内燃烧；对于中等粒度的颗粒，循环流化床锅炉通过分离装置将这些颗粒分离下来，送回燃烧室进行循环燃烧，给颗粒燃尽提供了足够时间，以达到燃尽的目的。运行锅炉的实测数据表明，该型锅炉的炉渣可燃物仅有1%~2%，锅炉效率可达88%~90%。

3. 高效脱硫

流化床低温燃烧的特点使其能够与多数天然石灰石的最佳燃烧脱硫温度相一致。普通鼓泡流化床锅炉添加石灰石后有较好的炉内脱硫效果，循环流化床锅炉的脱硫比鼓泡流化床锅炉更有效。循环流化床锅炉在结构设计合理、运行操作适当以及添加合适品种和粒度的石灰石等条件下，脱硫剂化学当量比（钙硫比）为1.5~2.5时，可以达到90%的脱硫效率，而鼓泡流化床锅炉和其他燃烧方式的锅炉则很难达到该指标。

与燃烧过程不同，脱硫反应进行得较为缓慢。为了使氧化钙（石灰石燃烧后的产物）充分转化为硫酸钙，烟气中的二氧化硫气体必须与脱硫剂有充分长的接触时间和尽可能大的反应比表面积。事实上，脱硫剂颗粒的内部还不能完全反应，越小的颗粒越能得到高利用率。鼓泡流化床锅炉中，气体在燃烧区域的平均停留时间为1~2s，在循环流化床锅炉中则为3~4s。循环流化床锅炉中石灰石颗粒粒径通常为0.1~0.3mm，而鼓泡流化床锅炉中则为0.5~1mm。0.1mm颗粒的反应比表面积是1mm颗粒的数十倍，再加上石灰石颗粒也参与循环，可反复使用。因此，无论是脱硫剂的利用率还是二氧化硫的脱除率，循环流化床锅炉都比鼓泡流化床锅炉优越。

4. 氮氧化物（NO_x）排放低

氮氧化物排放低是循环流化床锅炉另一个非常吸引人的特点。运行经验表明，循环流化床锅炉的NO_x排放范围为50~150ppm或40~120mg/MJ。循环流化床锅炉NO_x排放低的主要原因：一是低温燃烧，燃烧温度一般控制在850~950℃，此时空气中的氮一般不会生成NO_x；二是分段燃烧，抑制燃料中的氮转化为NO_x，并使部分已生成的NO_x得到还原。

5. 燃烧强度高，炉膛截面积小

炉膛单位截面积的热负荷高是循环流化床锅炉的主要优点之一。循环流化床锅炉的截面热负荷为3~6MW/m²，接近或高于煤粉炉。同样热负荷下鼓泡流化床锅炉需要的炉膛截面积要比循环流化床锅炉大2~3倍。

6. 燃料预处理及给煤系统简单

循环流比床锅炉的给煤粒度一般小于13mm，因此与煤粉锅炉相比，燃料的制备破碎系统大为简化。此外，循环流化床锅炉能直接燃用高水分煤（水分可达到30%以上），当燃用高水分燃料时也不需要专门的处理系统。循环流化床锅炉的炉膛截面积较小，同时，良好的混合使所需的给煤点数大大减少。在循环流化床锅炉中，燃料还可以加入返料管内，这样在进入炉膛前经历一个预热过程，既有利于燃烧，也简化了给煤系统。

7. 负荷调节范围大，调节速度快

当负荷变化时，只需调节给煤量、空气量和物料循环量，不必像鼓泡流化床锅炉那样采用分床压火技术。一般而言，循环流化床的负荷调节比可达（3~4）:1。此外，由于截面风速高和吸热容易控制，循环流化床锅炉的负荷调节速度也很快，一般可达每分钟4%~5%。

8. 易于实现灰渣综合利用

循环流化床锅炉的燃烧属于低温燃烧，同时，炉内优良的燃尽条件使得锅炉的灰渣含碳量低，低温燃烧的灰渣易于实现综合利用，如灰渣作为水泥掺合料或建筑材料。同时，低温燃烧也有利于灰渣中稀有金属的提取。脱硫后含有硫酸钙的灰渣还可以用来制作膨胀水泥。

四、循环流化床锅炉存在的问题

经过十多年不断深入的研究、实践和改进，我国的循环流化床锅炉已经进入稳步发展阶段。早期普遍存在的磨损、结渣、出力不足等问题现在已经基本得到解决。但随着锅炉自身的发展以及锅炉容量的增大，在用户对锅炉可靠性、可控性、自动化程度等要求越来越高的同时，也出现了一些新的问题。

循环流化床锅炉自身的缺点有：

（1）厂用电率高。由于循环流化床锅炉独有的布风板、分离器结构和炉内料层的存在，烟风阻力比煤粉炉大得多，通风电耗也相应较高，因此，一般循环流化床锅炉用电比率比煤粉炉至少高4%~5%。

（2）锅炉部件的磨损较严重。由于流化床锅炉内的物料具有高浓度、高风速的特点，故锅炉部件的磨损比较严重。虽然采取了耐火耐磨浇注料处理、喷涂处理、密稀相区让管等防磨措施处理，但实际运行中循环流化床炉膛内的受热面磨损速度仍远大于煤粉锅炉。

（3）点火启动时间长。循环流化床锅炉点火启动时间除受汽包升温速率的影响外，还受到耐火防磨层内衬材料温升和能承受的热应力限制。温升过快，耐火防磨层内衬材料热应力将超过允许热应力出现开裂。所以对循环流化床锅炉点火启动时间和升温速率有严格要求。

（4）N_2O排放较高。流化床燃烧技术可有效地抑制NO_x、SO_x的排放。但是，又产生了另一个环境问题，即N_2O的排放问题。N_2O俗称笑气，是一种对大气臭氧层有着非常强的破坏作用的有害气体，同时具有干扰人的神经系统的作用。近年来一系列研究结果表明，流化床低温燃烧是产生最大污染源N_2O的方式，因此，控制循环流化床锅炉氮氧化物的排放必须同时考虑NO_x和N_2O。

（5）耐火耐磨层磨损、开裂和脱落是流化床锅炉比较棘手的问题。流化床锅炉使用耐火材料的部位和数量比煤粉炉要多许多，而由于耐火耐磨材料选择不当，或者施工工艺不合理，或者烘炉和点火启动中温度控制不当，升温、降温过快，导致耐火材料中蒸发的水汽不能及时排出，或者热应力过大，造成耐火材料内衬破裂和脱落。

循环流化床锅炉的优点非常适合我国现阶段对节能和环境保护的要求，近年来得到迅速发展。但循环流化床锅炉发展历史还比较短，还存在这样那样的问题。相信经过我国各科研单位、制造厂、用户的共同协作，充分发挥各自的优势，一定能解决尚存在及以后可能出现的问题。

知识点三　典型循环流化床锅炉介绍

一、循环流化床锅炉的应用与发展

1921 年 12 月德国人温克勒发明了第一台流化床，温克勒所发明的流化床使用粗颗粒床料。1938 年 12 月麻省理工学院的刘易斯和吉里兰发明了快速流化床。直到 20 世纪 50 年代末期，鼓泡流化床一直占主要地位。循环流化床真正成为具有工业实用价值的新技术是在 20 世纪 60 年代末，德国 Lurgi 公司发展并运行了 Lurgi/VAW 循环流化床氢氧化铝焙烧反应器，随后由于分子筛、高活性、高选择性催化剂的出现，提升管流化催化裂化反应器很快又取代了鼓泡流化床而得到推广应用。1979 年芬兰 Ahlstrom 公司生产了 20t/h 循环流化床锅炉，1982 年德国 Lurgi 公司生产的第一台 50t/h 商用循环流化床锅炉投入运行，这标志着作为煤燃烧设备的循环流化床锅炉进入商业化阶段。1995 年，250MW 循环流化床锅炉（700t/h、16.3MPa、565/565℃）在法国 Gardanne 电站投入运行，是循环流化床锅炉技术实现大型化的重要标志。2003 年由美国 FW 公司生产的 460 MW 超临界压力循环流化床锅炉在波兰开工建设。FW 型循环流化床锅炉具有不少技术特点，例如锅炉中采用的汽水冷高温旋风分离器、INTREX（整体式）外置换热器、方形高温分离器等均为其特有专利。

目前，循环流化床已被广泛地应用于石油、化工、冶金、能源、环保等工业领域。表 6-1-2 汇总了应用循环流化床的主要工艺过程。

表 6-1-2　应用循环流化床的主要工艺过程

	工艺过程	规模	温度（℃）		工艺过程	规模	温度（℃）
气相加工	费-托合成	工业化	320～360	固相加工	页岩燃烧	工业化	约 700
	流化床催化裂化（FCC）	工业化	450～540		煤燃烧	工业化	约 850
	丁烯氧化脱氢制丁二烯	中试	355～365		生物质及木材燃烧气化	工业化	800～900
	裂解木质素	中试	650～930		硫酸盐分解		950～1050
					煤气化	中试	850～1150
					硼酸热分解	中试	约 250
					FCC 催化剂再生	中试	640～800
固相加工	氢氧化铝焙烧	工业化	约 1000	气体净化	电解氧化铝废气	工业化	约 70
	水泥生料预焙烧	工业化	约 850		煤粉锅炉排气	工业化	约 100
	黏土的焙烧	工业化	约 650		焚烧炉废气（HCl、HF、SO_2）	工业化	150～250
	磷酸矿石焙烧	工业化	630～850		煤气	中试	400～950
	AlF_3 的合成	工业化	约 530				
	$SiCl_4$ 的合成	工业化	约 400				
	碳酸盐分解	工业化	约 850				

我国对流化床技术的研究开始于 20 世纪 40 年代末，一度处于世界领先地位，主要用于化工材料的合成和冶金材料的焙烧。50 年代末，中国科学院化工冶金研究所开始对循环流化床进行研究。此后，60 年代中期开始流化床锅炉的研究，并相继投运了大量流化床锅炉（早期称沸腾炉）。但循环流化床锅炉的起步却较晚，1981 年国家计划委

员会下达了"煤的流化床燃烧技术研究"课题，清华大学与中国科学院工程热物理研究所分别率先开展了循环流化床燃烧技术的研究，标志着我国循环流化床的研究和产品开发技术正式启动。

国产135MW等级的超高压再热循环流化床锅炉主要由三大锅炉厂即哈尔滨锅炉厂有限公司（以下简称哈锅，HG）、东方锅炉（集团）股份有限公司（以下简称东锅，DG）、上海锅炉厂有限公司（以下简称上锅，SG）生产，它们在技术特点上各有特色。

HG-440/13.7-L.PM4型循环流化床锅炉是哈尔滨锅炉厂引进德国Alstom的EVT技术制造。EVT技术是在芬兰Ahlstrom技术的基础上，改进了猪尾形风帽和布风板，采用回料阀给煤以及布风板上点火方式。哈锅将自身已有的技术同引进技术相结合，形成了独具特色的循环流化床锅炉。2003年2月，哈锅首台440t/h再热循环流化床锅炉建于河南新乡火电厂，为国产首台超高压再热循环流化床锅炉。

为了推进循环流化床锅炉技术的发展，国家发展改革委员会组织三大锅炉厂及设计院共同引进了Alstom公司的亚临界300~350MW循环流化床锅炉技术。2006年4月，第一台引进型300MW CFB锅炉在四川白马电厂投运成功后，给用户采用同容量等级循环流化床发电带来了信心。

由于Alstom引进型锅炉存在炉膛和外置式换热器系统复杂，设计、制造、安装、维护成本较高，同时高昂的知识产权费用也阻碍了引进型300MW级CFB锅炉的大规模应用。这些问题促生了自主型300MW循环流化床锅炉的设计开发。

上锅自主研制了300MW、330MW两种CFB锅炉型号。首台自主型300MW CFB锅炉2008年7月在山西平朔煤矸石电厂投产，首台自主型330MWCFB锅炉2011年在山西右玉煤矸石电厂投产。

从2000年起，中国与世界同步启动了超临界压力直流循环流化床锅炉的研究。我国的前期理论与工程实践为超临界压力循环流化床开发打下了坚实的理论与工业制造基础。在国家的支持下，采用产学研合作方式，集合了国内最有经验的研究单位，实施世界最大容量超临界压力循环流化床示范工程。

2008年，国家发改委批准四川白马循环流化床示范电站建设1×600MW超临界压力循环流化床锅炉示范工程。国内三大锅炉厂均针对四川白马项目提出循环流化床锅炉设计方案。2009年，东方锅炉厂设计的600MW超临界压力循环流化床锅炉中标白马循环流化床示范电站项目。

2013年4月，白马600MW超临界压力循环流化床锅炉正式投运，同时也是世界上首台600MW等级的超临界压力循环流化床锅炉。它的成功投运，对我国重大技术装备制造企业全面掌握600MW超临界循环流化床原始设计技术，提高自主创新和自主开发能力，实现能源发展与环境保护具有划时代的重大意义，在世界循环流化床锅炉发展史上具有里程碑的意义，也表明我国在大容量、高参数循环流化床工程技术应用上真正走在了世界前列。

二、国外循环流化床锅炉的主要形式

在20多年里，为了开发、完善循环流化床燃烧技术，世界上各工业国家在技术、人力、财力等各方面都作了大量投入，而走在世界前列的仍然是几个比较发达的工业国家。早期国外主要开发研制单位和生产厂家有德国Lurgi公司、芬兰Ahlstrom公司、美国 FW 公司、德国 Babcock 公司、美国 Battelle 研究中心、瑞典 Studsvik 公司等，经过不断地发展和兼并、重组，目前法国 Alstom 和美国 FW 公司已成为当今世界上循环流化床锅炉生产能力最强的两个厂家。厂商较多，但从循环流化床锅炉设计结构特点上主要有以下几种类型。

1. 以德国 Lurgi 公司为代表的 Lurgi 型循环流化床锅炉

Lurgi 公司是世界上开发循环流化床锅炉最早的公司之一。在长期大量试验和生产的基础上，该公司逐步形成了较有特色的循环流化床技术，在循环流化床锅炉研究和设计上处于世界领先地位。其结构如图 6-1-4 所示。Lurgi 型循环流化床的特点主要有：

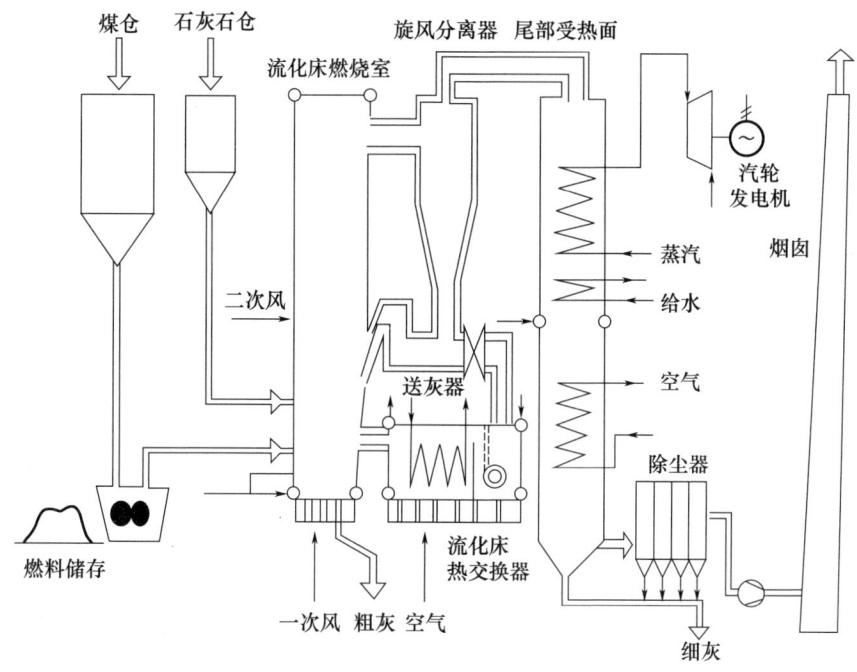

图 6-1-4　Lurgi 型循环流化床锅炉

（1）循环系统内设主床燃烧室和外置鼓泡床换热器，在主床上部布置少数屏式受热面；再热器和过热器受热面布置在外置换热器和对流烟道之间，运行时，通过调节燃料量和经过外置换热器的热灰流量，控制炉膛温度和蒸汽温度。

（2）根据燃料特性差异，循环速度在 4.9～9m/s 变化，炉膛出口烟气中的固体物料含量在 5～30kg/m^3，相应的循环倍率在 30～40 以上。

（3）采用分段送风燃烧方式，一次风从布风板下部送入燃烧室，二次风从布风板上部一定高度送入炉膛中，一、二次风量比为 4∶6，过量空气系数 α＝1.15～1.20。这样可以做到，在燃烧室下部的密相区为低氧燃烧，形成还原气氛；在二次风口上部为富氧燃烧，形成氧化性气氛，通过合理地调节一、二次风量比，可维持较理想的燃烧效率并有效地控制 NO_x 的生成量。

（4）炉膛出口布置高温旋风分离器，分离器入口处烟温约 850℃。分离器采用钢壳结构，内衬耐火和防磨衬里，分离效率可达 99%。

（5）燃煤粒度细，一般在 3mm 以下，平均粒径 200～320μm，可燃用各种燃料，如烟煤、褐煤、无烟煤、次烟煤、高硫煤、木质废料、洗煤尾料等。

(6) 通过高温旋风分离器下方的高温机械分配阀来调节循环物料返回量，以调节炉温和传热。

(7) 负荷调节比为 3∶1 或 4∶1，负荷变化率为 5%/min，它在低负荷工况的优势显而易见。

德国 Lurgi 公司较早地开发出了采用保温、耐火及防磨材料砌装成筒身的高温绝热式旋风分离器的循环流化床锅炉，分离器入口烟温在 850℃ 左右。Lurgi 公司、Ahlstrom 公司以及由其技术转移的 Stein、ABB-CE、AEE、EVT 等公司设计制造的循环流化床锅炉均采用了此种形式。这种分离器具有相当好的分离性能，使用这种分离器的循环流化床锅炉又有良好的运行机动性、经济性、燃料适应性，污染物排放量也较低。但这种分离器也存在一些问题，主要是旋风筒体积庞大，因而钢耗较高，锅炉造价高，占地面积较大；旋风筒内衬厚、耐火材料及砌筑要求高、用量大、费用高；启动时间长、运行中易出现故障；密封和膨胀系统复杂；在燃用挥发分较低或活性较差等难以着火的煤种时，旋风筒内的燃烧导致分离后的物料温度上升，引起旋风筒内及料筒、回料阀内超温结焦。我国循环流化床锅炉制造和运营厂家通过积累的大量设计和制造经验，以及不断的运行调整，这些问题已经基本得到解决。

2. 美国 FW 公司的循环流化床锅炉

美国 FW 公司是美国三大锅炉公司（B&W、ABB-CE、FW）之一，制造锅炉已有百余年历史，在生产循环流化床锅炉以前，已有多年生产流化床（FBC）锅炉的经验。虽然该公司比 Lurgi 公司和 Ahlstrom 公司开发循环流化床技术起步稍晚，但其进步跨度较大。为发展循环流化床锅炉技术，该公司先在技术开发中心建了容量 1.0t/h、蒸汽压力为 0.7MPa 的试验台，在 1986 年投入运行后，测试了大量数据，2 年后就设计制造了 140t/h、10.5MPa、510℃ 的循环流化床锅炉，该公司设计、生产的 300MW 机组循环流化床锅炉已投入运行，目前可生产最大容量为 460MW 超临界循环流化床锅炉。燃料各种各样，从煤矸石、无烟煤、石油焦、烟煤、垃圾到天然气都有。

该公司认为他们开发的循环流化床锅炉是在鼓泡床技术上的自然延伸和发展，集煤粉炉、鼓泡床炉与循环流化床的长处于一体，当锅炉为再热锅炉时，还带有整体化循环物料换热床（Integrated Recycle Heat Exchange Bed，简称 INTREX），其主体结构如图 6-1-5 所示。FW 循环流化床锅炉的特点主要体现在以下几个方面：

(1) 为保持绝热旋风筒循环流化床锅炉的优点，同时有效地克服 Lurgi 炉型的缺陷，FW 公司设计了水（汽）冷旋风分离器。这种分离器既是加热部件，又起分离作用，分离器壁面用膜式水冷或汽冷鳍片管弯制、焊装制成，焊有较密的抓钉，取消绝热旋风筒的高温绝热层，用磷酸盐烧结的刚玉（氧化铝）进行涂层，厚度在 50~70mm，仅是 Lurgi 公司和 Ahlstrom 公司绝热分离器衬里壁厚（350~450mm）的 1/5~1/6。耐火层薄，耐火层内外温差小，冷炉启动快，适合变负荷运行。启动时间同一般煤粉炉，4~5h 即可，同时其运行寿命也较长。在冷却介质为水时，分离器与炉膛水冷壁一起膨胀，可省去膨胀节。壳外侧覆以一定厚度的保温层。水（汽）冷旋风筒可吸收一部分热量，分离器内物料的温度不会上升，甚至略有下降，较好地解决了旋风筒内的结焦问题。该公司投入运行的循环流化床锅炉从未发生回料系统结焦的问题，也未发生旋风

项目六　循环流化床锅炉

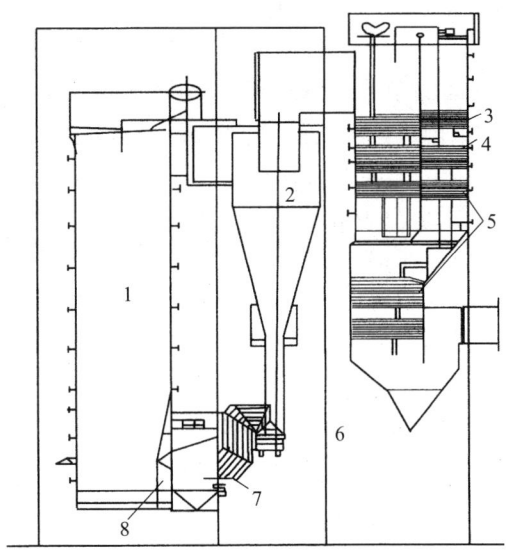

1—炉膛；2—分离器；3—过热器；4—再热器；
5—省煤器；6—钢架；7—返料装置；8—INTREX。

图 6-1-5　FW 型循环流化床锅炉

筒内磨损问题，充分显示了其优越性。这样高温绝热型旋风分离循环流化床的优点得以继续发挥，缺点则基本被克服。

（2）在炉膛内设有整体化循环物料换热床（INTREX），INTREX 中装有一部分过热、再热受热面。这有利于炉子大型化，可多布置受热面，该公司目前正在用此技术设计 250MW 机组的循环流化床锅炉。

（3）整个分离器在结构和热膨胀方面与锅炉为一体，构成外壳的水冷壁或汽冷壁，与锅炉水循环系统或过热器系统相连，结构紧凑。其优点是可充分利用空间布置受热面，简化和减少了高温管道和热膨胀点，降低了造价和设备维修费。水冷（或汽冷）壁外壳可采用标准的绝热材料和外护板，有效降低辐射热损失，减少设备质量，简化支吊系统，还可节省安装时间和成本。

（4）由分离器分离出的固体颗粒采用一个流化速度很低的（J 形阀）送回主床或 INTREX。采用 J 形阀可使物料在流化中利用虹吸效果自动排入主床或 INTREX，不用人为调节。回料系统用溢流量来调节循环物料量。这种系统具有自平衡功能，并充当旋风分离器与主床之间的密封。

（5）炉膛截面沿高度无变化，炉膛中不装任何对流管屏，因此，磨损问题小，寿命长。炉下部密相区、顶部、出口与旋风分离器连接烟道都有用抓钉固定的耐火保护层，防止磨损。

（6）床底风帽采用定向风帽，可有目的地使床内物料向一定方向流动，大颗料由排渣系统排出。

由于 FW 型循环流化床锅炉具有以上特点，结构紧凑，不易磨损，可靠性较高，启动快，调节灵敏，所以受到用户欢迎。在美国循环流化床锅炉订货中，根据 FW 公司的介绍，Lurgi 型约占 25%，Ahlstrom 型与 FW 型各占约 37.5%。

FW 循环流化床锅炉的主要缺点是旋风分离器结构复杂，抓钉极多，制造费用较高。

1995 年 6 月 FW 公司收购了芬兰 Ahlstrom 的 Pyropower 公司，这样 FW 公司不仅拥有自己的汽冷分离器的 CFB 技术，而且拥有 Ahlstrom 的 CFB 技术，在中国以外的市场份额中占 40% 以上，在世界各地都有它的 CFB 在运行。不断增长的市场份额和技术上的优势使 FW 公司在国际 CFB 市场中占有领先地位。

目前各种类型的循环流化床锅炉还在不断地进行改进和完善，正在向高参数、大型化发展。与此同时，增压循环流化床燃烧技术也在开发试验之中，增压流化床燃气—蒸汽联合循环发电，可大大提高电厂的热效率，因此循环流化床燃烧技术必将引起火力发电技术领域内一场深刻的变革。

三、国内循环流化床锅炉的主要类型

20 世纪 90 年代开始，国家有关部门组织了完善化的 75t/h 示范工程，此后相继成功开发了 130、220、410、440、480t/h 循环流化床锅炉。尽管这些锅炉当中还存在相当程度的模仿，但是有的单位已经形成了比较完整的设计理论体系。在大量经验的基础上，国内相关研发部门总结了循环流化床锅炉的基本原理和定量计算，使得锅炉设计建立在更加可靠的规范基础上。采用国内技术的循环流化床锅炉的可用率、可靠性、效率已经达到国际先进水平。大量工程实践积累了很多经验，使我国成为世界上拥有循环流化床锅炉最多、技术示范最多的国家。

1. 东方锅炉（集团）股份有限公司 1110t/h CFB 锅炉

该公司作为国内生产电站锅炉的一级骨干企业之一，藉本公司开发研究鼓泡流化床锅炉的实践经验，早在 20 世纪 90 年代初期就成功地开发研制出 20、35、65t/h 容量等级循环流化床锅炉。为了满足我国电力事业对更大容量等级循环流化床锅炉的要求，东方锅炉厂于 1994 年与美国 FW 公司签订 50、100MW 容量等级的循环流化床锅炉技术转让合同，技术引进范围包括整个锅炉岛系统及锅炉本体。通过对引进的大型循环流化床锅炉设计、制造、调试和控制等先进技术的消化、吸收，并结合其公司在循环流化床燃烧技术方面取得的试验研究成果，开发设计出 20、35、65、75、120、220t/h 循环流化床锅炉系列产品，并设计出了 200、300、600MW 循环流化床锅炉。目前已具备独立开发和承接高压、亚临界、超临界参数以及非标准参数系列循环流化床锅炉的技术和生产能力。

DG 1110/25.4 II 1 为东方锅炉（集团）股份有限公司设计的 M 形超临界直流炉，锅炉采用单布风板、单炉膛、M 形布置、平衡通风、一次中间再热、循环流化床燃烧方式，采用高温冷却式旋风分离器进行气固分离，如图 6-1-6 所示。

锅炉主要由一个膜式水冷壁炉膛，三台冷却式旋风分离器和一个由汽冷包墙包覆的尾部竖井三部分组成。

锅炉采用不带再循环泵的内置式启动循环系统，由启动分离器、储水罐、储水罐水位控制阀、疏水扩容器、疏水泵等组成。在负荷大于或等于 30%BMCR 后，直流运行，一次上升，启动分离器入口具有一定的过热度。为避免炉膛内高浓度灰的磨损，水冷壁采用全焊接的垂直上升膜式管屏，炉膛四周水冷壁采用光管，中隔墙水冷壁采用内螺纹管。

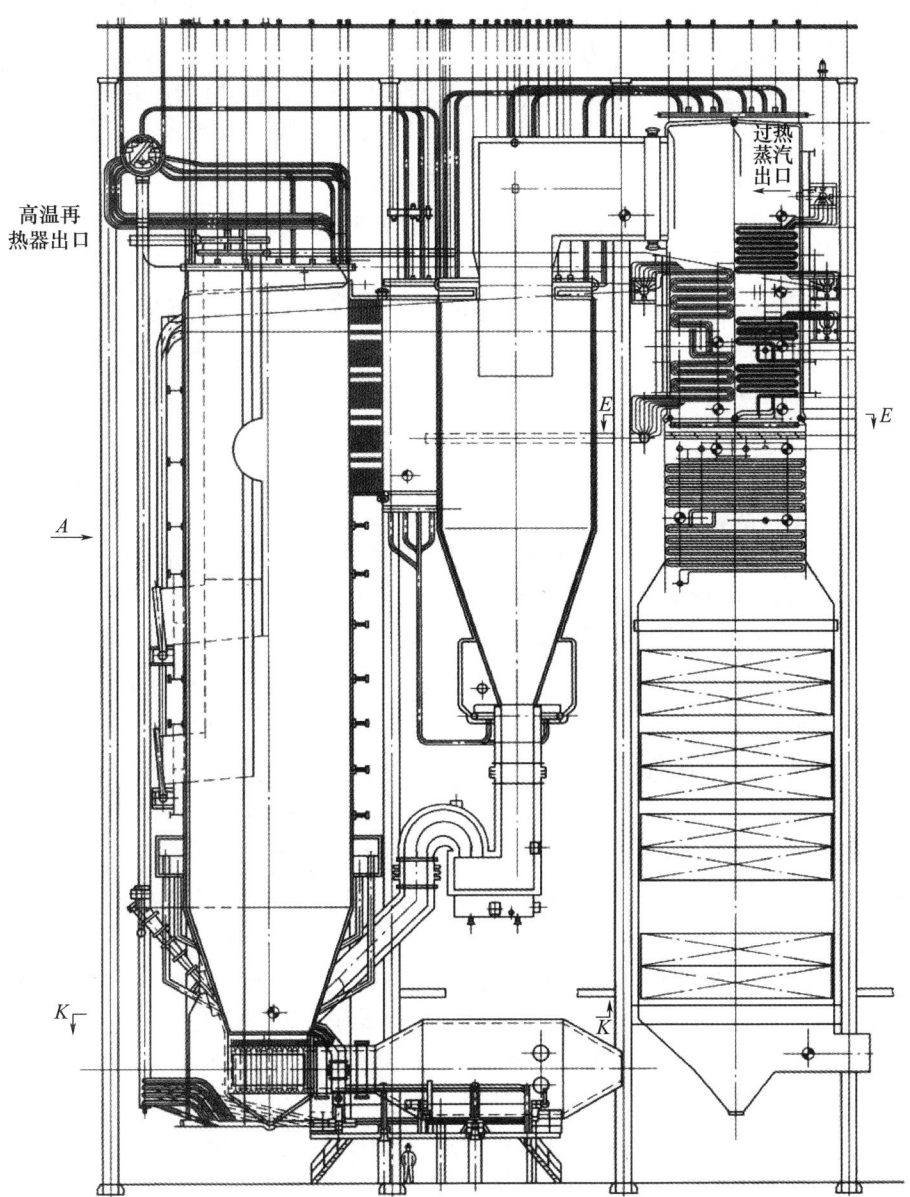

图 6-1-6 DG 1110/25.4 Ⅱ 1 型 CBF 锅炉

炉膛内前墙布置 6 片二级中温过热器管屏、6 片高温过热器管屏、8 片高温再热器管屏，还在前墙布置了 3 片隔墙水冷壁，后墙布置了 8 片隔墙水冷壁。管屏采用膜式壁结构，垂直布置，在下部转弯段、密相区及穿墙处的受热面管子上均敷设有耐磨材料，防止受热面管子的磨损。

锅炉共布置 8 个给煤口，全部布置于炉前，在前墙水冷壁下部收缩段沿宽度方向均匀布置。炉膛底部是由水冷壁管弯制围成的水冷风室，水冷风室两侧布置一次热风道，进风方式为风室两侧进风。炉膛下部左右侧的一次风道内分别布置两台点火燃烧器用于点火和助燃。6 个排渣口布置在炉膛后水冷壁下部，分别对应 6 台滚筒式冷渣器。

在炉膛与尾部竖井之间布置3台冷却式旋风分离器，其下部各布置一台U形阀回料器，回料器为一分为二结构，保证了沿炉膛深度方向上回料的均匀性。

尾部采用双烟道结构，前烟道布置三组低温再热器，后烟道布置两组低温过热器和两组一级中温过热器，向下前后烟道合成一个，依次布置烟气调节挡板和省煤器，烟气调节挡板布置在H形鳍片管式省煤器上方，省煤器底下设置有冷灰斗，烟气经尾部烟道流经回转式空气预热器烟气侧，将热量传递给转动的模数仓格来加热送风机送入空气预热器的空气。

锅炉通过三级喷水减温控制过热器汽温和主汽温度，三级喷水减温分别布置在低温过热器和中温过热器1、中温过热器1和中温过热器2、中温过热器2和高温过热器之间。再热器汽温通过尾部烟气调节挡板控制，低温再热器与高温再热器间布置一级微量喷水减温器。

2. 哈尔滨锅炉厂有限责任公司1025t/h CFB锅炉

该公司是国内较早开发研制循环流化床锅炉的企业之一，从20世纪80年代末开始，就积极参与循环流化床锅炉产品的开发和研制。1990年开始循环流化床锅炉技术的开发研究。1991年分别与西安交通大学、哈尔滨工业大学合作，设计制造35t/h循环流化床锅炉、75t/h低倍率循环流化床锅炉，开始参与国内循环流化床锅炉产品的市场竞争。1992年与美国PPC公司合作生产国内首台220t/h Pyroflow型循环流化床锅炉，该产品获国家新产品证书。1998年引进美国ABB-CP（原CPC）公司获得专利的FICIRCTM细粒子循环流化床技术，设计20～130t/h循环流化床锅炉。1999年，与Ahlstrom能源系统GMBH（原德国EVT）签订220～410t/h等级（含100MW等级中间再热机组）循环流化床锅炉技术引进合同，获得山东兖州燃煤泥220t/h循环流化床锅炉合同；为河南林州电力股份有限公司开发了130t/h水冷异型分离器型中温中压循环流化床锅炉。2000年，为山东新汶矿业集团开发了130t/h高温高压循环流化床锅炉；与国家电力公司热工研究院合作为江西分宜电厂开发了拥有自主知识产权的国内首台410t/h循环流化床锅炉；与Ahlstrom公司合作开发了440t/h中间再热（135MW）循环流化床锅炉，目前300MW级循环流化床锅炉也已有多台投入运行。

目前，哈尔滨锅炉厂有限责任公司已经形成了以下几种不同方式发展循环流化床锅炉燃烧技术，开发循环流化床锅炉产品：引进Ahlstrom公司220～410t/等级（包括中间再热）循环流化床锅炉技术；引进美国ABB-CP公司35～130t/h细粒子循环流化床锅炉技术；与国外拥有成熟循环流化床技术的锅炉制造商（包括美国PPC、奥地利AE等）合作；与国内研究循环流化床燃烧的高校及科研院所合作。目前哈尔滨锅炉厂有限责任公司设计生产的50MW以上等级循环流化床，在国内市场的占有率约为50%。

哈尔滨锅炉厂有限责任公司开发的HG1025/17.5CBF锅炉如图6-1-7所示。炉膛下部为裤衩腿结构，炉内布置二级过热屏和高温再热器屏，4个绝热旋风分离器（内径为8.45m），无外置换热器。

回料器为一分为二的分路回料阀；尾部为双烟道结构，前烟道布置了低温再热器，后烟道从上到下依次布置有高温过热器、低温过热器。下部绝热烟道内布置H型省煤器，H型省煤器的结构如图6-1-7所示。H型省煤器是一种高扩展系数的鳍片管，具有抗损性好、结构紧凑的优点。

再热器采用烟气挡板调节再热汽温。

空气预热器采用管式空气预热器或一台四分仓回转式空气预热器,锅炉采用高、低温回料管给煤,8个给煤口布置在回料斜管上。

点火系统为床下设置2台风道燃烧器,床上设置8个启动燃烧器,布置在炉的两侧墙,6个排渣口布置在裤衩腿炉膛的内侧墙上,左、右各3个,接在6个滚冷渣器上。

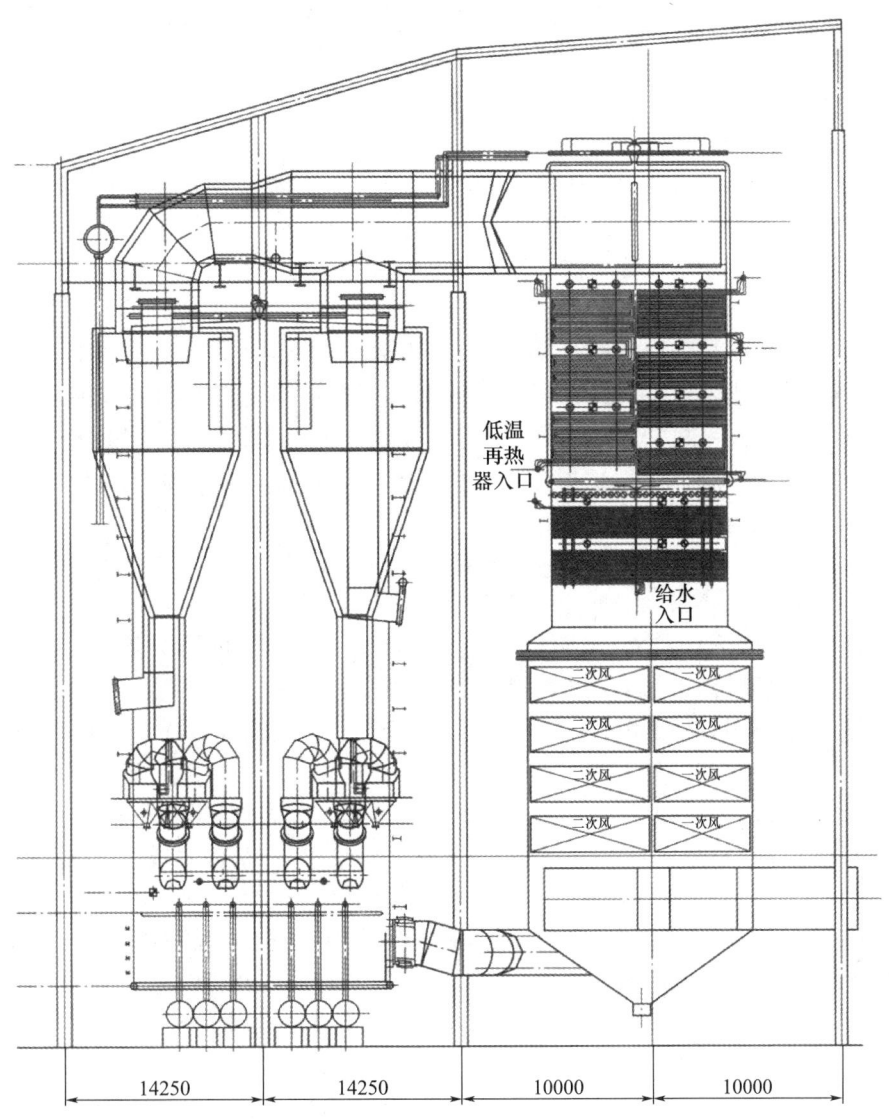

图6-1-7　HG 1025/17.5 CBF 锅炉

四、循环流化床锅炉向大容量、高参数高质量发展的趋势

75t/h循环流化床锅炉是国产循环流化床锅炉中最具代表性的产品,国内几乎所有的A级、B级以及部分C级锅炉制造厂家都在积极开发自己的产品,1000多台75t/h循环流化床锅炉分布在全国各地。在商业运行中,由于各方面的原因,运行效果相差很大,从锅炉启动、锅炉运行、辅机运行以及相关技术方面表现的差异都很大。

早期投运的循环流化床锅炉存在以下几个方面的问题:

1. 锅炉主体方面

①水冷壁及炉墙磨损严重,使锅炉最大连续运行时间很短;②锅炉内结焦,锅炉启动时和运行中均出现不同程度的结焦;③锅炉效率普遍不高,除少数锅炉热效率达到90%以外,多数锅炉效率都比较低,不能同煤粉锅炉竞争;④某些锅炉出现冷渣管堵塞现象;⑤设备磨损情况比较普遍;⑥锅炉整体密封性能较差,特别是密封区与稀相区的交界处。20世纪90年代末期以后投入运行的锅炉燃烧室性能都比较好,而90年代中期投运的锅炉性能稍差。

2. 循环回路方面

①旋风分离器内衬脱落现象比较普遍,阻力与效率的矛盾比较突出;②惯性分离器的问题较多,如烧毁、脱落、磨损等都很严重,性能有待提高,材料还需要研究;③料腿有堵灰现象发生;④旋风分离器、料腿及返料系统有再燃现象。

3. 辅机方面

①多数锅炉的给煤采用螺旋给煤机,初始选取的直径偏小,不得不加粗。这种情形在其他容量锅炉上也曾发生。②破碎系统出力设计不足,环锤破碎机的磨损严重,每年都要更换环锤。③多数用户采用16号送风机,但所配电机的功率相差较大,小的250kW,大的500kW。一、二次风总风量约$1.1\times10^5\,\mathrm{m^3/h}$,按照50:50分配,一次风机实际出力差别很大。高者70%,低者35%;二次风机实际出力是30%~65%,虽然可以满足燃烧用风,但对循环有非常大的影响,甚至导致实际运行呈现鼓泡床特点。

从我国20世纪90年代末期后的循环流化床锅炉运行来看,锅炉可以达到额定出力,并能达到110%负荷能力,效率可以达到90%,在炉膛温度控制合适,并采用合适石灰石脱硫剂,钙硫比为1.5~2时,脱硫效率可以达到80%。

如济南锅炉集团有限公司生产的YG75/5.29型循环流化床锅炉,设计入炉煤粒径0~13mm,密相床层高度约为4m,循环倍率为20~25。采用床下点火技术,冷态启动时间4~6h、热态启动时间1~1.5h,压火时间约8h。测试结果表明:炉膛出口烟气氧含量为4%~5%,飞灰份额40%~60%,飞灰含碳量3%~5%,炉渣含碳量小于2%,厂用电13%,最大连续运行时间4000h,检修周期为4个月。

循环流化床的运行实践已经充分证实其能在电站锅炉范围内成功应用,现在的主要挑战是扩大机组容量,提高蒸汽参数,使其能在电站锅炉中更加具有竞争力。

Ahlstrom公司认为,Pyroflow型循环流化床锅炉容量增大到400MW比较合适,建议600MW机组采用增压流化床PFBS。

采用外置换热器(EHE)以及采用整体化循环物料换热床(INTREX)的循环流化床,可以解决锅炉高参数、大容量带来的水冷壁布置困难以及过热器、再热器金属材料的高温腐蚀问题,用于600MW高参数、大容量循环流化床锅炉是有前途的。

大型循环流化床锅炉燃烧室的特点是有多个高温旋风子,并采用水冷壁屏,燃烧室呈矩形布置,这种布置方式可以增加面积容积之比,更容易布置多个旋风子,同时也使得燃料和二次风更容易扩散和渗透。

为了获得更高的电厂效率,各循环流化床公司正在研究联合循环,分析指出,一般联合循环可提高效率3.7%,而用高参数循环流化床锅炉组成的最佳联合循环,可提高效率 7.0%。增压循环流化床（PFBC）尚有不少技术问题待解决，如密封、分离等。因而大型循环流化床的发展方向应为部分气化联合循环（PGCC）。PGCC 是将流化床气化装置放在压力壳内，适应各煤种，在低温下将煤 30% 气化，余下的焦灰可送到常规循环流化床锅炉燃烧，气化效率要求不高，整套装置要比全部联合循环 IGCC 简单、价廉，运行操作方便，排放性能好。

现今，国内外在超大型循环流化床锅炉设计总体上还未脱离模块叠加或放大的阶段，这样锅炉大型化后对锅炉制造成本和运行费用的总和降低作用不大。应该进一步开发锅炉结构新技术，使超大容量循环流化床锅炉能设计成一种新型整体化的锅炉类型，这样才能在发电设备市场上与超大型煤粉锅炉相竞争，因为目前单炉膛煤粉燃烧电站锅炉的容量已达 1300MW 等级。

总之，循环流化床锅炉作为高效清洁的燃烧技术，用户日益增加，正在向高参数、大容量方向发展，且作为蒸汽—燃气联合循环的主要设备而备受青睐。

任务小结

循环流化床锅炉（Circulating Fluidized Bed Boiler）简称 CFB 锅炉，作为一种高效且环保的燃烧技术，近年来在电力、化工、冶金、建筑等行业得到了广泛应用。以下是对循环流化床锅炉的认知小结。

1. 工作原理与特点

循环流化床锅炉的核心在于流态化燃烧原理，即利用气体通过底部的风室和气体分布板进入炉膛，使固体燃料（如煤粉、生物质等）呈现出类似流体的状态。这种状态下，燃料颗粒之间的传热和传质效果更好，有利于燃料的充分燃烧。循环流化床锅炉的特点包括低温动力控制燃烧、高速度、高浓度、高通量的固体物料流态循环过程，以及高强度的热量、质量和动量传递过程。

2. 结构与组成

循环流化床锅炉由锅炉本体和辅助设备组成。本体部分主要包括启动燃烧器、布风装置、炉膛、气固分离器、物料回送装置以及布有受热面的烟道、汽包、下降管、水冷壁、过热器、再热器、省煤器和空气预热器等。辅助设备则包括送风机、引风机、返料风机、冷渣器和烟囱等。这些设备和部件共同构成了循环流化床锅炉的完整系统，确保了锅炉的高效、稳定运行。

3. 循环流化床特点

循环流化床锅炉在环保方面表现出色，能够有效地减少二氧化硫、氮氧化物等污染物的排放。通过调整锅炉受热面分配、炉内喷入石灰石粉以及结合高效的分离器等措施，循环流化床锅炉的脱硫效率可达 90% 以上，氮氧化物排放浓度也可控制在较低水平。此外，循环流化床锅炉还具有燃烧效率高、用途广泛、操作维护方便等优势，能够实现稳定运行和节能减排的目标。

4. 应用领域与发展前景

循环流化床锅炉在电力、化工、冶金、建筑等行业具有广泛的应用前景。特别是在环保和能源领域，循环流化床锅炉由于其高效、环保的特点，被广泛地应用于污染治理、节能减排等方面。随着技术的不断进步和政策的持续推动,循环流化床锅炉的应用领域将进一步拓展,为推动我国能源结构的优化和环保事业的发展作出更大贡献。

任务二 循环流化床锅炉的启动与运行

循环流化床锅炉因其特有的颗粒循环、气固流动特性,使其结构与链条炉、煤粉炉有较大差别,因此在冷态试验、点火启动及运行调节等方面也有较大不同。例如循环流化床锅炉具有外部分离器、返料系统、布风系统等,因此它的布风特性、流化特性、物料循环特性、燃烧调整和负荷控制特性等都有其独特的一面。循环流化床锅炉在我国投入运行时间虽然较短,但以其易实现低 SO_x、NO_x 排放和可燃烧劣质燃料等明显优势而得到迅速发展,目前已具有保证锅炉安全、经济运行的成功经验。

本任务就循环流化床锅炉独特的一面,介绍与其燃烧系统有关的启动与运行部分,如有关的布风流化特性、点火启动、燃烧运行调节、变工况运行特性及常见问题与处理方法等。与煤粉炉相同的部分,可参考煤粉锅炉运行方面的有关资料。

知识点一 循环流化床锅炉的启动与停运

一、循环流化床锅炉的冷态试验

循环流化床锅炉在第一次启动之前和检修后,必须进行锅炉本体和有关辅机的冷态试验,以了解各运转机械的性能、布风系统的均匀性及床料的流态化特性等,为热态运行提供必要的数据与依据,保证锅炉顺利点火和安全运行。

循环流化床锅炉冷态试验的内容主要包括:①一、二次风道和分支风道的风量标定试验;②空床阻力特性试验;③布风均匀性试验;④料层阻力特性试验;⑤临界流化风量测定;⑥循环回路冷态特性试验;⑦风机出力检查试验;⑧油枪出力标定及雾化特性试验。

锅炉如果配有流化床式冷渣器,还应对冷渣器进行冷态流化试验。

为了保证冷态试验的顺利进行,在试验前必须做好充分准备,具备试验所必需的条件。试验条件包括:①安装好必要的试验测点,如风量标定测孔、静压测孔等。②各种测试表计,如风量表、差压计、风室静压表等齐全完好。③合适粒度的床料。床料粒度一般为 0～8mm 的 CFB 锅炉底渣,也可用粒度小于 1mm 的砂子作床料。④布风板上的风帽安装牢固、高度一致,风帽小孔无堵塞;耐磨耐火材料性能达到设计要求。⑤风室内无杂物,风道已吹扫干净,风门开闭灵活,指示开度和实际一致。⑥测量风量及压力的仪表管路已吹扫。总之,要求循环流化床锅炉燃烧设备处于能正常运行的状态。

(一) 布风均匀性试验

布风板布风均匀与否是循环流化床锅炉能否正常运行的关键。布风的均匀性直接影响着料层的阻力特性及运行中流化质量的好坏,流化不均匀时床内会出现局部死区,进而引起温度场的不均匀,以致引起结渣。

目前在大、中型循环流化床锅炉中检查布风均匀性时,首先是在布风板上铺上一定厚度的料层(常取 500～800mm),依次开启引风机、送风机,然后逐渐加大风量,并注意观察料层表面是否同时开始均匀地冒小气泡,并慢慢开大风门。试验中要特别注意哪些地方的床料先动起来,对于床料不动的地方可用火钩去探测一下其松动情况。然后继续开大风门,等待床料大部分都流化时,观察是否还有不动的死区。所有那些出现小气泡较晚、松动情况较差,甚至多数床料都已流化时该处床料仍不松动的地方,都是布风不良的地方。这时应注意检查此处床料下是否有杂物或风帽是否堵塞,查明原因后及时处理并使其恢复正常。

待床料充分流化起来后,维持流化1~2min,再迅速关闭鼓风机、引风机,同时关闭风室风门,观察料层情况。若床内料层表面平整,说明布风基本均匀。如床层高低不平,则料层厚的地方风量较小,料层低洼的地方表明风量偏大。发现这种情况时,检查一下风帽小眼是否被堵塞或挡风板局部地方是否有漏风。一般来说,只要布风板设计、安装合理,床料配制均匀,会出现良好的流化状态,床层也会比较平整。当然即使通过冷态试验检查认为布风已经均匀后,在锅炉点火启动时还要特别注意床内流化不太理想的地方,以免引起结焦。

(二) 流化床锅炉空气动力特性试验

流化床锅炉空气动力特性试验,包括布风板阻力、料层阻力特性测定和绘制有关特性曲线,并确定临界流化风量(或风速),进而确定热态运行时的最小风量(或风速)。

1. 布风板阻力特性试验

布风板阻力是指布风板上无床料时的空气阻力。它是由风帽进口端的局部阻力、风帽通道的摩擦阻力及风帽小孔处的出口阻力组成的,前两项阻力之和约占布风板阻力的几十分之一,因而布风板阻力主要是由风帽小孔处的出口阻力决定的。

2. 料层阻力特性试验

料层阻力是指气体通过布风板上料层时的压力损失。当布风板阻力特性试验完成后,在布风板上铺上要求粒度的床料(选用流化床锅炉炉渣时一般粒度为0~6mm,有时也可选用粒度为0~3mm的黄砂)作料层,其厚度H可根据具体要求而定。一般需要做3个或3个以上不同料层厚度的试验,试验可从低料层做到高料层,也可以反方向进行。试验用的床料要干燥,不能潮湿,否则会给试验结果带来很大的误差。床料铺好后,将表面整平,用标尺量其准确厚度,然后关好炉门,开始试验。

3. 临界流化风量测定

床层从固定状态转化到流化状态时的空气流量,称为临界流化流量Q_{mf};以此风量并按布风板面积计算成空气流速,称为临界流化风速u_m。

由于在宽筛分物料的料层阻力特性曲线上不存在明显的拐点(临界流化风速点),所以对于宽筛分物料的临界流化风速,一般是用流态化与固定床的两条特性曲线的切线交点来确定,如图6-2-1中的u_{mf}即为临界流化风速。

有一点必须注意,由于锅炉在冷态和热态两种工况下的炉内温度差别很大,所以其临界流化风速也有很大差别。热态运行时的临界流化风速比冷态时高约1.8倍,换言之,热态时所需风量仅为冷态时的45%~52%就可达到同样的流态化效果。

对于宽筛分物料的流化速度,最好不要以临界流化速作为基准,因为宽筛分物料的大小粒度相差较大,在临界流化速度下,虽然小颗粒已经流化,但大颗粒并未流化,从而造成床层中固定床和流化床共存,大颗粒也完全流化时,整个料层才进入流化状态。

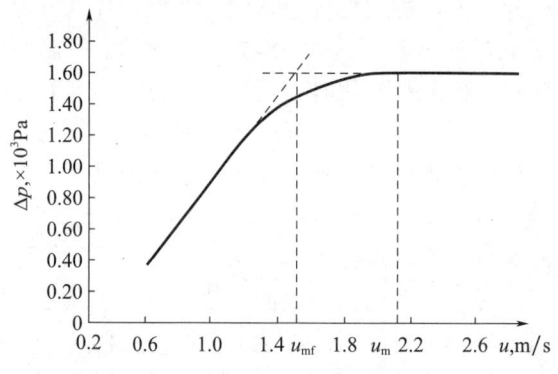

图 6-2-1 宽筛分河砂流化特性曲线

过渡区和流化区的交点所对应的速度叫作最低允许流化速度，用 u_m 表示。选择运行风速时，最好以最低允许流化速度作为基准，u_m 通过试验确定。

确定最低允许流化速度 u_m 之后，为保证宽筛分物料的良好流化，其流化速度必须大于 u_m。对于鼓泡床或湍流床来说，为避免过大的扬析夹带，其流化速度不宜选得过大，一般推荐在额定负荷下的流化速度为临界流化风速的 1.5~2 倍。而对于快速床来说，在额定负荷下其流化风速要比临界流化风速大很多，只是在低负荷时，炉子过渡到鼓泡运行状态，其流化速度不太大，因此这时要特别注意最低流化风速的限制，否则床内会因流化不良而出现结焦现象。

（三）循环回路冷态特性试验

物料循环系统如图 6-2-2 所示。该系统的输送性能试验主要是指返料装置的输送特性试验。返料器的结构不同，输送特性也不一样。下面以常用的非机械式流化密封阀（U 形阀返料器）为例，说明其冷态试验情况。

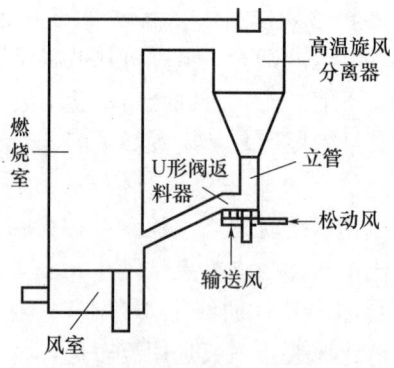

图 6-2-2 物料循环系统

在返料器的立管上设置一供试验用加灰漏斗，试验前将 0~1mm 的细灰由此加入，并首先使细灰充满返料器，以保持与实际运行工况基本相同。试验时，缓慢开启送风门，密切注视床内的下灰口。当观察到下灰口处有少许细灰流出时，说明返料器已开始工作，记下此时的输送风量（启动风量）、风室静压、各风门开度等参数。然后可继续开大风门并不断加入细灰，继续记录相关参数，当送灰风量约占总风量的 1% 时，此时的送灰量已很大。试验中一般可采用计算时间和对输送灰量进行称重的方法求出单位时间内的送风量、气固输送比等。试验中应注意连续加入细灰量以维持立管中料柱的高度,并保持试验前后料柱高度,这样试验中加入的细灰量即为该时间内送入炉内的固体物料量。

通过该系统输送性能的冷态试验,可以了解返料器的启动风量、工作范围、风门的调节性能及气固输送比,这对热态运行具有重要的指导意义。

二、循环流化床锅炉的点火

(一) 循环流化床锅炉的点火

循环流化床锅炉的点火是锅炉运行的一个重要环节。许多电厂在这方面都积累了大量经验。循环流化床锅炉的点火,实质上是在冷态试验合格的基础上,将床料加热升温,使之从冷态达到正常运行温度的状态,以保证燃料进入炉膛后能稳定燃烧。

1. 点火底料的配制

配制点火底料是点火过程的重要环节。因为底料是进行点火的物质条件,预热时间、配风大小、给煤时机等操作都是以此为依据的。底料不同,操作方式就要随之改变。一般底料是根据煤的发热量,按一定比例由煤与炉渣配制而成。

2. 点火方式

对床中的点火底料加热首先需要外来热量,该外来热量是由点火装置提供的。加热底料的基本方法有:用木柴或木炭加热,用油燃烧器加热,用燃气喷嘴加热和用高温烟气进行加热等。下面就常用的几种基本点火方式和应用方法予以介绍。

(1) 固定床点火技术。固定床点火是在小型流化床锅炉的点火方式中普遍采用表面加热固定床料的方法。此法简单易行,不需要外加点火系统。

点火前,用木柴或木炭在料层燃烧,加入木柴的多少根据燃烧的时间视具体情况而定。对于新投运的锅炉和操作技术不够熟练的公司人员,应该用多一点的木柴或木炭,使炭火层厚一点,反之可相应少一点。一般是燃烧木柴或木炭使已燃表面的炭火层达100~150mm时,便可拔出未燃尽的木料,平整炭火层表面,然后向炉内炭火层表面投撒少许引火烟煤。启动送、引风机,微开调节风门,向炉内送入少量空气。这时炭火层膨胀,表面的引火烟煤开始着火燃烧,发出蓝色的火焰。此时可用钩子轻轻松动炭火层表面,根据火势逐渐加大风量,并不断向炉内抛撒烟煤,使床内温度不断上升,并逐渐过渡到流态化燃烧状态。当温度达到800℃左右时,启动给煤机,向炉内慢慢送煤。此时可逐渐减少人工抛撒的引火烟煤直至停止,并关闭点火炉门,调整给煤机转速,当流化床床层温度维持在850~950℃时,点火成功。

(2) 燃油流态化点火技术。对于容量较大的循环流化床锅炉,一般不用木柴点火,而是采用点火油枪在床内加热床料的点火方式,整个床料在流态化状态加热并完成点火过程。

点火油枪的容量视锅炉容量的大小而定,在设计时一般要考虑留有足够的余量。如果用床上油点火,由于大部分热量会被流化气体带走,所以这种加热床料的方式其热量仅有20%左右的利用率。

为节省点火用油、缩短点火时间,流态化点火时常在底料中加入一定数量的烟煤,且底料的粒度也应比较小（可取 0～5mm）。如床料太粗，则需要较大的风量才能流化，这显然会增加点火的时间和燃油的耗量。

在流态化油点火过程中，首先启动送、引风机，并逐渐开大送风门，使料层处于临界流态化状态。然后引燃点火油枪，调节油枪油压、燃油风量及油枪火焰，使之具有较大的加热容积，一般应使其覆盖火床面积的 2/3 以上。同时，油枪火焰与床料间应有一定的倾角（可向下倾斜 8°左右），使之均匀而稳定地加热床料。

当床温达到约 650℃时，即可向床内少量进煤。随着床温的逐渐升高，进煤量也相应增加，同时可慢慢减小点火油枪的燃油量。当床温达到 900℃左右时，可停运点火油枪，调整给煤、送风，使之在正常工况下稳定运行。

（3）热烟气流态化点火技术。热烟气加热床料流态化点火是目前应用较好的点火方式，已得到大力推广。下面以热烟气床下点火为例，对该点火方式进行介绍。

在主风道旁增加一个小型燃油热烟气发生器，经它产生的热烟气从床下送入，并使床料处于流化状态，将床料加热点火。热风炉产生热烟气的点火系统如图 6-2-3 所示。

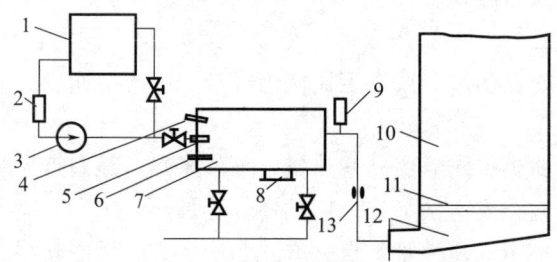

1—油箱；2—油过滤器；3—油泵；4—电弧点火器；5—油燃烧器；6—窥视孔；7—热风炉；
8—人孔门；9—热电偶；10—循环流化床燃烧室；11—布风板；12—等压风室；13—风量计。

图 6-2-3 循环流化床锅炉热烟气点火系统

该系统主要由油箱、油泵、电弧点火器、热风炉本体、油燃烧器及阀门、管路等组成，点火燃料用柴油。油燃烧器的最大燃油量约为 500kg/h。热风炉外形尺寸为直径 1200mm、长 2000mm。热风炉本体上装有看火孔及人孔门。管路上装有热电偶和笛形管流量计，以测量热风温度和流量。

热风炉产生的高温烟气通过风道、风室、布风板及风帽等，送入流化的床料中，由于烟气温度较高，所以在相关设计时应允分考虑上述部件的受热、高温下的强度、膨胀等问题。特别是布风板，因其面积较大且承受着风帽、耐火层及床料的重量，上下受热工作条件较差，更应仔细考虑其支撑、膨胀以及耐高温等问题。

采用燃油热烟气发生器时，首先启动一次风机，全关总风门及点火调节风门，而旁路风门全开。启动油泵，待油压达到约 2.0MPa 时，即准备点火，打开进入燃烧器前的调油阀门，立即按下电弧点火器的启动按钮，这时从看火孔的视镜中若能看到橘红色的火焰，说明油燃烧器已经点燃；若看不到火焰，应立即关闭调油阀门，开大点火调节风门，清扫热风炉内的油雾，同时检查油路系统和电弧点火器，分析、找出不能正确点火的原因，并及时处理。待 3～5min 后，热风炉的烟雾基本清扫干净时，可按上述操作重新点火。燃烧器点着后，逐渐加大总风门和点火调节风门，密切注视热风炉的燃烧状况、排出的热风温度和风室压力的变化，并逐渐加大风量使床料进入流化状态，以均匀加热床料。同时，要注意调节燃烧器的给油量和风量，使热风炉内燃烧良好，以防热风炉被破坏，并使排出的热风温度逐渐满足床料点火的要求。

热风温度的高低随燃用煤种的不同而差别较大。如燃用褐煤时，热风温度控制在600℃左右已足够；燃用低挥发分的无烟煤时，则应把温度控制得高一些。当床料加热到800℃左右时，即可向床内投煤，煤量逐渐增加，这时应注意温升速度，并可适当减小热风量。当床温上升到930℃左右且较稳定后，即可停止油燃烧器的运行，进一步调整给煤量，使燃烧投入正常运行。

采用热烟气加热床料点火技术，安全方便。因为床料在流态化状态下加热，迅速而均匀，可以很快地将床温提升到着火的温度，从而有效利用了热风的热量，降低了点火能耗、缩短了点火时间，特别是提高了点火的成功率，基本上100%成功。热风炉流态化点火方式为循环流化床锅炉点火自动化和大型循环流化床锅炉点火打下了良好基础。

(4) 分床点火启动技术。分床点火启动技术是对大型化的需要。对大容量的循环流化床锅炉，由于床层面积很大，在点火启动时直接加热整个床层较为困难。分床点火启动是先将部分床面（床料）加热至着火温度，再利用已着火的分床提供热源来加热其余的床面。从点火启动速度和成功率以及对点火装置容量的考虑，分床点火启动是必要的。在采用这种方法时，床面被设计成由几个相互间可以有物料交换的分床组成，其中某个分床作为点火启动床，在实际启动过程中首先将该床加热到煤的着火温度。

在利用分床点火启动技术时，整个床层的分床点火启动依赖几种关键的技术。它们是床移动技术、床翻滚技术和热床传递技术。

床移动技术就是将冷床的风量调节到稍高于临界流化所需的风量水平上，待分床点火（一般是利用油枪通过燃油加热）后，使已着火的热床料缓缓移动到冷床。当冷床全部流化后，可慢慢给煤，并逐渐将其床温调整到正常运行工况。这种床移动技术的优点是热料与冷料间的混合速度较慢，因而启动区可以较小，而不至于使点火分床急速降温并导致熄火。

床翻滚技术是利用流化床内的强烈物料混合，在点火启动区数次进行短时流化而使床温均匀。这种方法可用来较快地提高整个床温，同时避免局部超温结焦。因为床上油枪加热床料相对困难，所以在床料中往往混入精煤，使床料平均含碳量在5%左右，加热时的静止床高约为400mm。

热床传递技术的实现过程是：点火启动床的静止床高取1000mm左右，冷床静止床高约为200mm，从而在两床之间形成一个较大的床料高度差。首先将点火启动床的温度在流化状态下提高到850℃左右，并使冷床处于临界流化状态，接着将冷热床之间的料闸（如滑动门）打开，使热床床料流向冷床。注意，这时冷床的风量不要太大，以免热料进入时被吹灭。一般来说，滑动门的流通截面积为最大分床面积的0.5%~2%，就可满足热料传递的需要，此时，只需不到2min时间就可以使冷热床面持平。

3. 点火需注意的问题

(1) 设计上需注意的问题：要有均匀的布风装置、灵活的风量调节手段、可靠的给煤机构、适当的受热面和边角结构设计，并具有可靠的温度和压力调节手段。

(2) 配风、给煤和停煤中需注意的问题：配风对点火十分重要。底料加热和开始着火时，风量应较小，只要保证微流化即可。床温达到600~700℃时可加入少量精煤；

760~800℃时可逐渐增加给煤、慢慢关闭油枪；达到800℃时，可考虑正常给煤，同时注意灵活调节风量以防超温。在点火过程中，炉膛出口的氧浓度监视是极为重要的，氧浓度比床温更能及时正确地反映点火过程后期床内的实际情况。

（3）床料调整中需注意的问题：注意保持床层流化质量和床高。为此，除适当配风外，无论是全床还是分床点火方式，加热过程中都要以短暂流化或钩火方法使床层加热均匀，防止低温结焦。短暂流化（又称松动或翻滚），一般需多次重复。另外，在开始投煤后，应注意及时放渣。

（4）投返料时需注意的问题：锅炉点火稳定一段时间后，即可启动返料装置，逐步增大返料量，并投入二次风。由于锅炉点火中对风量调节要求较高，影响因素也很多，调节相对困难。适时投入返料往往能更好地控制床温，但要注意返料量不能增加太快，因为点火时突然加入大量返料容易造成熄火。

（二）循环流化床锅炉的点火升温过程

点火中的升温过程、升温速度对循环流化床锅炉的顺利启动，以及对其耐火耐磨内衬都有重要影响，因此，点火中一定要控制升温曲线以保证锅炉安全成功启动，以下是点火升温过程的几个温度值、升温速率值和保温时间值。

(1) 以 25℃~35℃/h 的速率从室温加热到 130℃；
(2) 以 50℃/h 的速率加热到 300℃，保温 6h；
(3) 以 50℃/h 的速率加热到 360℃，保温 2h；
(4) 以 50℃/h 的速率加热到 500℃，保温 2h；
(5) 以 50℃/h 的速率加热到 670℃，保温 4h；
(6) 以 50℃/h 的速率加热到流化床锅炉正常运行温度，如 850~900℃。

其点火升温过程曲线如图 6-2-4 所示。

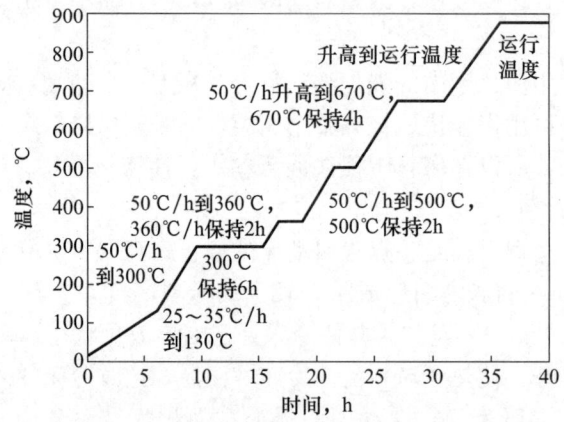

图 6-2-4　循环流化床锅炉点火升温过程曲线

（三）投煤操作

达到投煤温度之后，可启动一台给煤机，给煤量约为锅炉额定给煤量的 10%，90s 后，停止 3min，这时应观察两个指标：一是床温变化率是否为 2~5℃/min；二是燃烧室出口氧量是否有所下降。如果这两个指标均满足要求，表明加入的煤已经着火。按此法断续投煤三次，床温应上升为20～30℃，出口氧量下降为2%～3%，这时给煤系统就可转为连续运行，然后根据锅炉启动温升曲线投其他给煤机。与此同时，由于床料增加，风室压力明显增加，燃烧室中、上部压力由负值转为正值。当床温达到800℃左右时，可切除油枪。

图6-2-5给出了锅炉投煤温度随燃煤挥发分的变化曲线。一条是国外公司的推荐值，另一条是我国已投运的几台循环流化床锅炉的实测值。可以看出，两条曲线的趋势是一致的，但具体值有一定差距。国外公司将投煤温度定得较高，以确保有足够的点火能量支持，投入给煤机后就能连续给煤运行，这样的操作较简单、安全，但点火耗油较大。国内是将投煤温度定得较低，通过数次断续给煤，视点火方式而不断升高床温，然后转入连续给煤，这种点火方式不仅可减少点火设备的容量，还可节省点火用油。

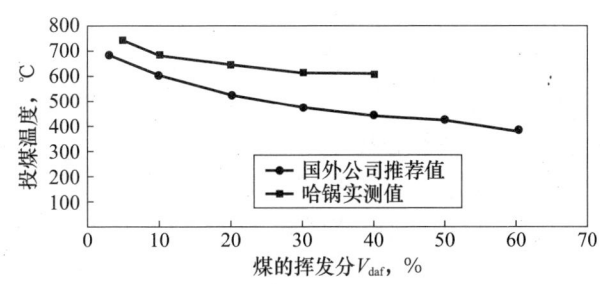

图 6-2-5 投煤温度与煤挥发分的关系

三、循环流化床锅炉的启动

根据启动前设备及内部工质的初始状态，可把循环流化床锅炉的启动分为冷态启动、温态启动和热态启动三种。冷态启动是指启动前设备及内部工质的初始温度与环境温度相同时的启动，温态启动和热态启动分别是指床温在600℃以内和600℃以上时对锅炉进行的启动。

1. 循环流化床锅炉的启动步骤

循环流化床锅炉的冷态启动一般包括：启动前的检查和准备、锅炉上水、锅炉点火、锅炉升压、锅炉并列等方面。启动步骤可简述如下（以某台床上油枪点火的220t/h循环流化床锅炉为例）：

（1）检查并确认各有关阀门均处于正确的开关状态。

（2）检查并确认风机风门、进总风箱的风门、二次风门、返料装置风门等处于关闭状态。

（3）确认锅炉各种门孔、锁气装置严密关闭。

（4）检查并确认控制检测仪表、各机械转动装置和点火装置均处于良好状态。

（5）煤仓上煤，化验锅水品质，电气设备送电，给水管送水，关闭所有的水侧疏水阀门，开启汽包和过热器所有排气阀，将过热器、再热器管组及主蒸汽管道中的凝结水排出。

（6）确认给水温度与汽包金属壁温相差不超过110℃，经省煤器向锅炉缓慢上水，至水位计-100～-50mm处停止；若汽包里已有水，则应验证水位显示的真实性。

（7）将配好的底料搅拌均匀后填入流化床，底料静止高度400～500mm，启动引风机和送风机,并逐渐增大风量,使床层充分流化几分钟后关闭送、引风机,以备点火。

(8) 启动送、引风机(投入连锁)并缓慢增大风量,使床层达到确定的流化状态(如微流化状态),其他风机(如二次风机、返料风机)的开启视具体情况而定。

(9) 启动点火油泵,调整油压后进行点火,并调整油枪火焰。

(10) 待底料预热到 400~500℃时,可缓慢增大风量,使床层达到稳定流化状态,确保底料温度平稳上升。

(11) 当底料温度达到 600~700℃时,可往炉内投入少量的引燃煤,适当增大风量,使床层充分流化。

(12) 当床温达 800℃左右时,启动给煤机少量给煤,并视床温变化情况适当调整风量和给煤量。给煤开始 5min 后停运,监视床温应先下降而后上升,应确认炉膛氧浓度值在下降,给煤 90s 后炉温应逐渐上升,否则表明给煤没有着火,应立即停止给煤,并进行吹扫。在这一过程中,之所以要在给煤开始 90s 后读数,是因为给煤入炉后将出现很短的吸热阶段,所以床温会出现先略降低,然后重新上升的现象。

(13) 调整投煤量和风量,逐渐使床温稳定在合适的水平上(如 850~900℃)。

(14) 投入二次风和返料系统,并逐步增加返料量,稳定工况。

(15) 锅炉缓慢升压,并监视床温、蒸汽温度和炉体膨胀情况,保证水位指示真实,水位正常。

(16) 当汽包压力上升至额定压力的 50% 左右时,应对锅炉机组进行全面检查;如发现不正常情况应停止升压,待故障排除后再继续升压。

(17) 检查并确认各安全阀处于良好的工作状态,并进行动作试验。

(18) 对蒸汽母管进行暖管,暖管时间:对冷态启动不少于 2h,对温态启动和热态启动一般为 30~60min。

(19) 锅炉并列前应确认:蒸汽温度和压力符合并炉条件且符合汽轮机进汽要求,蒸汽品质合格,汽包水位约为 −50mm。

(20) 锅炉并列,注意保持汽温、汽压和汽包水位;如发现蒸汽参数异常或蒸汽管道有水冲击现象,则应立即停止并列,加强疏水,待情况正常后重新并列。

(21) 关闭省煤器与汽包间的再循环阀,使给水直接通过省煤器。

温态启动的基本步骤是:炉膛吹扫后,启动点火预燃器,按正常燃烧方式加热床层,检查床温;当床温达到 600~700℃时,可开始给煤、调风,使床温逐渐达到稳定状态,并逐步进行升压、暖管和并列等,自点火起各有关步骤与冷态启动时相同。

热态启动比较方便,启动引、送风机后,在很多情况下可以直接给煤来提高床温和汽温。为了不使炉温进一步下跌,所有启动步骤都应越快越好。热态启动一般只需 1~2h,就可达到稳定运行状态。

2. 影响循环流化床锅炉启动速度的因素

影响循环流化床锅炉启动速度的主要因素有床层的升温速度、汽包等受压部件金属壁温的上升速度,以及炉膛和分离器耐火材料的升温速度。只有缓慢地加热才能使汽包的金属壁和炉内耐火层避免出现过大的热应力。有研究表明,上述因素中汽包金属壁温的上升速度最为关键,因为过高的汽包金属壁升温速度是导致应力急增、影响锅炉安全运行的主要原因,但在温态启动和热态启动的情况下,限制因素会转移成蒸汽和床温的合理升温速度。

温态启动一般经 2~4h 即可达到锅炉的最低安全运行负荷。此时限制启动速度的主要因素是过热汽温和床温的上升速度,这时应合理控制投油、投风、投煤和停油的时间及速度,保证过热汽温和床温的上升速度在要求的范围内。

四、循环流化床锅炉的压火备用与停炉

1. 压火及压火后的再启动

压火是锅炉的一种热备用方式,一般用于锅炉按计划停运并准备在若干小时内再启动的情况。当短期事故抢修、短期停电或负荷太低而需短期停止供汽时,也常采用压火方式。根据锅炉的性能,压火时间一般为数小时至一、二十小时不等。对于较长时间的热备用,也可以采用压火、启动、再压火的方式解决。

压火操作之前,应先将锅炉负荷降至最低。通常压火操作的主要步骤是:先将床温提高至 950℃,然后再停止给煤,待床温降至 900℃ 以下,并且使给煤挥发分在炉内的残留量基本抽干净后(这一过程持续若干分钟),再将所有送、引风机停掉并关闭风门。一般可根据床温下降程度及氧量读数来完成上述操作。将风机风门关闭,是为了保持床温与耐火层温度不致很快下降,从而有效地缩短再启动时间。需要注意的是,在正常运行时床料中的残留碳含量不超过 3%,因此在切断主燃料后,由于床温仍很高,剩余的碳在几分钟内即可消耗完。床料中有碳存在并不意味着就有害,但决不允许挥发分在炉内累积。试验表明,燃料入炉后很短时间就有挥发分析出。切断给煤与关掉风机之间的短时间延迟,加上风机停机所需的时间,足以吹净床上存留的挥发分气体。

炉内物料静止后,要密切监视料层温度。若料层温度下降过快,应查明原因,以避免料层温度太低使压火时间缩短。为延长压火备用时间,应使压火时物料温度高些,物料浓度大些,这样就需静止料层厚些,以保证有足够的蓄热。料层静止后,在上面撒一层细煤粒效果更好(具体操作:在停风机 20min 左右,打开炉门。根据压火时间的长短,在料层上铺设一层 10~60mm 厚的煤,然后关严炉门,这样最长压火时间可大于 20h)。

压火后的再启动,可根据床温水平分为热态启动和温态启动两种。由于给煤品质的差别,再启动的步骤也不相同。

(1) 若压火时间在 2h 以内,可直接启动引风机和一次风机,开启给煤机,调节一次风量和给煤量来控制床温,注意启动时一次风量不能太大,只需略高于最低流化风量,以后再根据床温的变化,适当增加风量和给煤量。

(2) 当压火时间在 2~5h,床温保持在 650℃ 以上或给煤质量较好时,可先打开炉门,根据底料烧透的程度,向床内加少量引火烟煤,启动送、引风机,逐渐开启风门到运行风量,同时开始给煤。

(3) 床温在 500~600℃、给煤质量一般时,需先抛入适量烟煤,启动风机慢慢增加风量至点火风量,待床温达到给煤着火点后,再加大风量,投入给煤。

以上这三种情况属于热启动。

(4) 床温 500℃ 或更低时,属于温态启动。温态启动的基本步骤是:炉膛吹扫后,启动点火预燃器,按正常启动方式加热床层,检查床温;当床层开始着火时,可以开始逐步给煤并慢慢达到正常值。

当煤质不同时,以上界定的温度可能不同。温态和热态启动的差别主要在于床温能

否允许直接投煤。实践表明，床温为 760℃ 以上时，可直接开始给煤，而床温低于 480℃ 时，则必须投入油枪加热床层。压火后的热启动中，除非床温已低于 480℃，否则一般不必进行炉膛吹扫。注意，在温态或热态启动时，如果在 3 次脉冲给煤后仍未能使床温升高，必须停止给煤，然后对炉膛进行吹扫，以便按正常启动程序重新启动。当床温降至 600℃ 以下时，应启动点火预燃室使床温上升到 600℃ 以上。

2. 循环流化床锅炉的停炉

停炉分正常停炉和事故停炉两种。正常停炉时，首先慢慢降低锅炉出力，慢慢放出循环灰，在出力降到 50% 以下时，根据需要，可以考虑停止二次风机，并继续降低出力。在循环灰放完后，停止给煤，调整一次风量，使床温慢慢下降。在床温降到约 800℃ 时，停止引风机和一次风机，关严所有风门，打开放渣口放渣，直到放不出为止，关严放渣口，使锅炉缓慢降温；事故停炉一般是因为锅炉或其他系统出现问题，需要紧急处理时进行。这时应立即停止给煤，并开始放循环灰，在炉温降到 900℃ 时，可考虑停止二次风机，炉温降到 800℃ 时，停一次风机和引风机，关严所有风门和返料风阀门，放循环灰和床料，直到放不出为止，关严放渣口。下面以某 220t/h 循环流化床锅炉的正常停炉程序为例简单介绍其主要步骤：

（1）减少燃料量和风量，降低锅炉负荷。这一般是通过调节锅炉主调节器的设定值来实现的。调节过程中注意保持正常床温，避免蒸汽温度和压力有大的波动，必要时可通过减温器喷水调节过热器出口温度。当不需要减温时，关闭减温器截止阀。在降负荷中可慢慢放出循环灰。

（2）在负荷降到 50% 和锅炉停止运行以前，进行吹灰。

（3）负荷降至最小，维持最小稳定负荷 30min，以使旋风分离器内的耐火材料逐渐冷却，并严密监视旋风分离器内受热面壁温差不超过要求值。

（4）在降负荷中，注意保持蒸汽温度要高于饱和温度，并注意控制降负荷速度不超过限定值（如 7t/h）。

（5）保持石灰石给料处于自动状态，直至固体燃料停止加料为止。

（6）根据负荷与燃烧情况分别解列，由自动转为手动控制状态。

（7）停止燃料的输入，停止锅炉的石灰石给料和床料的排出。

（8）停炉过程中，维持汽包水位正常，可保持汽包水位在汽包玻璃水位计可见范围的上限；注意保证汽包上下壁温差不超过 50℃。

（9）停止燃料的输入后，继续流化床料，这时受压部件可以允许的最大可能速度降温。

（10）待锅炉停火后，引风机、一次风机和二次风机等仍需继续运行，以吹扫炉内的可燃物。当床温降至 400℃ 以下时，关闭一次风机和二次风机入口的控制挡板。

（11）风机入口挡板关闭后，停止风机运行，放净循环灰。

（12）送、引风机停运后，返料风机应继续运行，直至返料器被冷却到 260℃。

知识点二　循环流化床锅炉的运行与调节

锅炉设备运行的目的就是生产合格的蒸汽，然而在其生产过程中，反映运行工况的各状态参数会因一些外部或内部因素的变化而发生变化。为了保证锅炉运行的各状态参数能在其安全、经济的范围内波动,就需要通过适当的调节来满足。循环流化床锅炉的广泛应用为我们提供了丰富的经验和有关运行调节的参考依据。下面就循环流化床锅炉运行过长的影响因素做一些基本介绍。

一、循环流化床锅炉的变工况运行特性

锅炉运行的主要任务就是在安全经济条件下满足负荷要求。然而实际生产过程中,蒸汽负荷不可能固定不变。即使担任基本负荷的机组,其负荷也会有些变动。担负调峰的机组,负荷波动情况更为急剧。

为了适应外界负荷的变动,在锅炉运行中就要采取一定的措施,如改变燃料量、空气量以及给水量等。另外,燃料性质、风量及风速、床温及床高等的变动也都会影响循环流化床锅炉的工作。在工况改变时,运行人员或自动调节机构就要及时进行调整,使各种指标和参数均在一定限度内变动。为了准确及时地进行调节,运行人员首先必须正确理解锅炉的运行特性。

二、燃煤性质对锅炉运行的影响

燃煤性质主要取决于煤中挥发分、灰分、水分的含量及发热量和燃煤粒度的大小等。运行中,当这些参数变化时,煤的燃烧特性必然发生变化,从而导致其他一些运行参数的变化。

1. 燃煤发热量的影响

循环流化床燃烧技术具有广泛的煤种适应性,但对给定的循环流化床锅炉而言,并不能燃用所有煤种。首先,当燃料发热量改变时,床内热平衡的改变将影响床温,这不仅会影响燃烧、传热和负荷,还会产生其他负面效应。

2. 挥发分和固定碳的影响

挥发分含量对煤的燃烧特性有着决定性影响,挥发分越高,煤的着火越有利,燃烧速度越快,燃烧效率也越高。固定碳由于其性质比较稳定,燃烧相对困难,一般煤中固定碳含量增高时,其燃烧效率就降低。所以对于不同种类的煤,通常用固定碳与挥发分之比作为影响燃烧效率的主要因素。从褐煤、烟煤到贫煤、无烟煤,由于固定碳与挥发分之比越来越大,所以对同一锅炉而言其燃烧效率按这个顺序依次减小。

对于低倍率循环流化床而言,随着挥发分含量的变化,其密相区与稀相区燃烧份额发生相应变化。通常挥发分含量高的煤,其密相区燃烧份额减小,稀相区燃烧份额增大,从而使炉膛出口烟温增高。

3. 灰分与灰熔点的影响

煤中灰分含量对循环流化床锅炉的运行性能具有重要影响。灰分越高,投煤量越大,从而燃烧生成的烟气量也相应增大。同时,由于灰分增高使飞灰浓度增大,分离器的分离效率会有所提高,返料量也会增多,这些都将使炉内颗粒浓度增大,使传热效果增强。但与此同时,受热面的磨损也随着灰分的增加而加剧。

灰熔点的高低对流化床的安全运行影响很大,因此,在流化床锅炉运行中最忌讳的问题就是结焦,结焦后将难以维持正常的流化状态,更无法保证燃煤在炉膛内的有效燃烧,最终将造成被迫停炉,因此,在循环流化床锅炉运行中一定要注意及时进行燃烧调控,保证床温控制在850℃~900℃,并且低于其灰的软化温度ST。

由于灰熔点随煤种的变化而不同,为了保证循环流化床锅炉的安全运行,在煤种变化时,运行厂家应该对其灰熔点进行测定,这一般由厂内的煤分析室完成,以确定安全运行的床温。

4. 水分的影响

煤中水分含量与黏着性有很大关系。水分在8%以下时,基本上相当于干料;而水分超过12%时,黏着性很大,堆积角也很大,这时,煤斗倾角要大于80°才能保证给料流畅。特别是高水分细颗粒条件下煤的流动性明显变差,用常规方法给料时很容易导致碎煤机和给料机中的堵塞;给煤水分与排烟热损失成正比,而水分对床层温度的影响可用床内热平衡来考虑。

5. 给煤粒度的影响

当运行风速一定时,给煤量及床料粒度决定了颗粒在床内的行为。燃烧和脱硫效率都受粒度影响。由于小颗粒煤的比表面积较大,其燃烧反应速度也要比大颗粒大,然而小颗粒参加循环的可能性小、在炉内的停留时间较短、燃尽率较低。所以,提高燃烧效率的关键在于提高颗粒的燃尽率。

给煤粒度分布对运行影响的具体表现为:一方面,给煤粒度过大时,飞出床层的颗粒量减少,这时锅炉往往不能维持正常的返料量,造成锅炉出力不够;另一方面,给煤粒度过大,会使密相区燃烧份额增大,导致床温升高,从而造成结焦,影响锅炉安全运行。此外,当燃煤粒度增大时,为保证正常的流化状态,运行风速必然增大,这又会造成风机电耗增加,运行经济性降低。

粒度对传热的影响也很明显,一般来说,小颗粒床的传热系数比大颗粒的大,小颗粒床对埋管和水冷壁的传热系数高于大颗粒床。对于中低倍率循环流化床锅炉,给煤粒度越小,则床层膨胀越大,这意味着更多的受热面浸没于床内,使受热面的总平均传热系数增加。

三、风量和风速对锅炉运行的影响

1. 运行风量的影响

运行风量通常用过量空气系数来表示。在一定范围内,提高过量空气系数可改善燃烧效率,因为燃烧区域氧浓度的提高增加了燃烧速率和燃尽度,但过量空气系数超过1.15后继续增加它对燃烧效率几乎没有影响;另外,过量空气系数很高时,将导致床温下降,CO浓度升高,总的燃烧效率略有下降。测试发现:炉膛出口氧浓度由3%提高到10%时,燃烧效率始终维持在较高的水平上,且基本上不发生变化,过量空气系数变化对燃烧效率的影响见图6-2-6。

一、二次风量的比例对燃烧效率也有

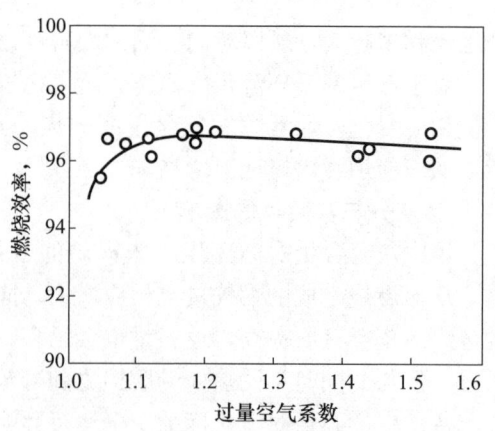

图6-2-6 过量空气系数与燃烧效率的关系

影响。一般来说，当一次风率提高时，燃烧效率也提高。但对于不同的煤种，燃烧效率提高的幅度是不同的，本书不做进一步讨论。

2. 流化风速的影响

流化风速是循环流化床锅炉运行中的主要控制变量之一，但它的影响是多方面的。在考虑床层换热时，人们通过机理性研究发现，风速对传热系数的影响不是决定性的。但许多运行经验表明，至少在一定范围内，床层对受热面的传热量随风速增加而增加。随着风速增加，炉膛热流密度将增加，因此使传热效果增强。

就风速对燃烧效率的影响，一般可以认为，随着表观风速增加，气相和细颗粒在炉内停留时间都减少了，同时使床温降低，所以燃烧效率有所降低，但总体上流化风速增加造成的燃烧效率下降的倾向是很小的。测试表明：对高循环倍率下运行的循环流化床，可以认为风速对其燃烧效率没有实质性影响，见图 6-2-7。

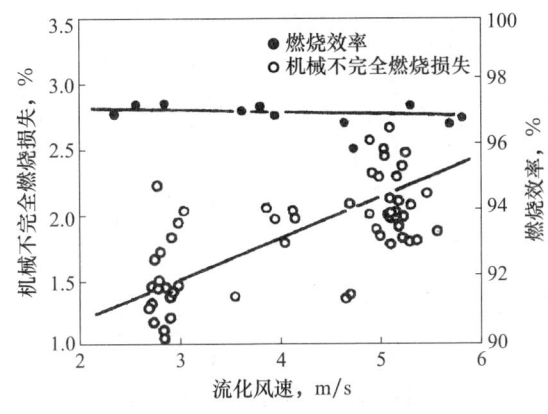

图 6-2-7　风速对燃烧效率的影响

运行风速改变带来的变化是多样的。例如随着风速增加，更多的颗粒将被抛向床层上方，改变了炉内颗粒浓度分布，当然也提高了分离器入口的颗粒浓度和分离效率。因此，对于给定的床料粒度，风速决定了循环物料量的上限。

改变风速的另一个作用是可以用来调节床温，尽管风量改变的范围是有限的，但一旦突然中止给煤或给煤不均，小风速运行时床层温度将更容易保持在适宜的水平上，而不致造成燃烧很快熄灭。

四、循环倍率的影响

与鼓泡床相比，循环流化床燃烧技术的优势之一是固体物料循环延长了细颗粒在炉内的停留时间，提高了燃烧效率，同时也提高了脱硫效率，而且燃烧效率是随着循环倍率的增加而增加的，这在循环倍率处于 0~5 的范围内尤为明显。尽管如此，从能量平衡的角度，增加循环倍率并不总是经济的，因为提高循环倍率的同时增加了风机电耗。由于燃烧倍率的提高是有限度的，而且提升循环物料所付出的功与循环倍率成正比，这意味着锅炉系统存在一个能量的最优循环倍率，超过该范围后，提高循环倍率不总是经济的。

提高循环倍率可以借助悬浮空间颗粒浓度的增加，使炉膛上部燃烧份额得以增加，这样可以大大减轻在密相区布置埋管的压力。研究表明，炉膛上部的燃烧份额可能高达

50%。事实上，很多循环流化床锅炉没有埋管受热面，这无疑有助于将燃烧与传热分离，从而有利于运行控制。随着循环倍率的提高，炉膛内的传热效果将大大改善，这样可以节省受热面。由于循环倍率对炉膛内，尤其是对悬浮空间内的颗粒浓度有重大影响，随着颗粒浓度的增加，水冷壁的对流和辐射换热系数都将增加。另外，物料循环常也作为调节负荷床温的手段而被广泛应用。然而不利的是，受热面的磨损也将加剧，因为磨损量基本与灰浓度成正比关系。

综合考虑各种因素，可以定性地给出一个最优循环倍率范围。

五、主要运行参数的调节

循环流化床锅炉运行参数的调节主要包括汽包、汽温、给水流量及燃烧调节和负荷调节等几个方面，因汽温和给水流量的调节与煤粉锅炉基本相同，在此不再介绍。

（一）蒸汽压力的变化与调节

蒸汽压力是锅炉安全经济运行的最重要指标之一。一般规定，过热蒸汽的工作压力与额定值的偏差仅为 0.05~0.1MPa。当出现外部或内部扰动时，汽压发生变动。如汽压变化速度过大，不仅使蒸汽质量不合格，还会使水循环恶化，影响锅炉安全及经济运行。汽压的稳定与否取决于锅炉蒸发设备输入和输出能量之间是否平衡，输入能量大于输出能量时，蒸发设备内部能量增多，汽压上升；反之，汽压下降。蒸发设备输入能量包括水冷壁吸热量，汽包进水热量；输出能量主要是蒸汽热量，其他还有连续排污、定期排污等。

蒸汽变动的速度取决于两个因素，一是锅炉蒸发区蓄热能力的大小，二是引起压力变化不平衡趋势的大小。蒸发区的蓄热量越大，则发生扰动时蒸汽压力的变动速度就越小；引起压力变化的不平衡趋势越大，压力变动的速度也越大。

蒸汽压力的调节是通过燃烧调节来实现的，当蒸汽压力升高时，应减弱燃烧；当蒸汽压力降低时，应加强燃烧。

（二）燃烧调节

由于燃烧方式的不同，循环流化床锅炉的燃烧调节方法与煤粉炉和火床炉有着很大差别。循环流化床锅炉的燃烧调节，主要是通过对给煤量、返料器、一次风量以及一、二次风分配比例、床温和床高等的控制和调节，来保证锅炉稳定、连续运行以及脱硫脱硝。

1. 给煤量调节

锅炉运行中，当燃煤性质一定时，给煤量总是与一定的锅炉负荷相适应，当锅炉负荷发生变化时，给煤量也成比例发生变化。再者，运行中若煤质发生变化，给煤量也相应变化。改变给煤量和改变风量应同时进行。为了减少热损失，在增加负荷时，通常是先加风后加煤；而在减小负荷时，应先减煤后减风，以减少燃烧损失。

2. 风量调节

对于循环流化床锅炉的风量调节，不仅包括一次风量的调节、二次风量的调节，有时还包括一次风上、下段以及播煤风和回料风的调节与分配等。

（1）一次风量的调节。一次风的主要作用是保证物料处于良好的流化状态，同时为燃料燃烧提供部分氧气。基于这一点，一次风量不能低于运行中所需的最低风量。实践表明，对于粒径为 0~10mm 的煤粒，所需的最低截面风量约为 1800$m^3/h/m^2$。风量过低，燃料不能正常流化，影响锅炉负荷，还可能造成结焦；风量过大，不仅会影响脱硫，而且炉膛下部难以形成稳定燃烧的密相区，对于鼓泡流化床锅炉还会造成大量的飞灰损失；对于循环流化床锅炉，大风量增大了不必要的循环倍率，使受热面磨损加剧，风机电耗增大。因此，无论在额定负荷还是在最低负荷，都要严格控制一次风量，使其保持在良好流化风量范围内。

一次风量的调节对床温会产生很大影响，给煤量一定时一次风量增大，床温将会下降；反之，床温将上升。因此调整一次风量时，必须注意床温的变化。

运行中，通过监视一次风量的变化，可以判断一些异常现象。如果风门未动、送风量自行减小，说明炉内物料增多，可能是物料返回量增加的结果；如果风门不动、风量自动增大，表明物料层变薄，阻力降低，原因可能是煤种变化，含灰量减少或料层局部结渣，风从料层较薄处通过也可能是物料回送系统回料量减少等。当一次风量出现自行变化时，要及时查明原因进行调节。

(2) 一、二次风量的配比与调节。燃烧中所需要的空气常分成一次风和二次风，它们从不同位置分别送入流化床燃烧室，这被称作分段送风。分段送风不仅可以在密相区内造成缺氧燃烧形成还原性气氛，大大降低热力型 NO_x 生成，还可控制燃料型 NO_x 的生成。另外，一次风比（一次风所占风量的份额）直接决定着密相区的燃烧份额。在同样的条件下，一次风比大，必然导致高的密相区燃烧份额，此时就要求有较多的低温循环物料返回密相区，带走燃烧释放的热量，以维持密相区温度。如果循环物料量不足，必然会导致床温过高，无法多加煤，负荷带不上去。根据煤种不同，一般一次风量占总风量的 40%～60%，二次风量占 40%～60%，播煤风及回料风约占 5%。若二次风分段布置，上、下二次风也存在分配问题。

二次风一般在密相床的上部喷入炉膛，其作用有：一是补充燃烧所需的空气；二是起到扰动作用，加强气、固两相混合；三是改变炉内物料的浓度分布。二次风口的位置很重要，如设置在密相区上部过渡区灰浓度较大的地方，就可将较多的碳粒和物料吹入上部空间，增大炉膛上部的燃烧份额和物料浓度。

一、二次风量的配比，对流化床锅炉的运行非常重要。启动时，先不启动二次风，燃烧所需的空气由一次风供给。实际运行时，当负荷在正常运行变化范围内下降时，一次风量按比例下降，当降至临界流化流量时，一次风量基本保持不变，而去降低二次风量。这是循环流化床锅炉进入鼓泡床锅炉的运行状态。

在运行中，一次风量主要根据料层温度来调整，料层温度高时应增加一次风量，反之，应减少。但一次风量在任何情况下，不能低于临界流化风量，否则，易发生结焦；二次风量主要根据烟气的含氧量来调整，氧量低说明炉内缺氧，应增加二次风量，反之，则应减少二次风量，一般二次风量调整的参考依据是控制过热器后烟气含氧量在 3%～5%。

如果二次风分段送入，第一段的风量必须保证下部形成一个亚化学当量的燃烧区（过量空气系数小于 1.0），以便控制 NO_x 的生成量，降低 NO_x 的排放。

(3) 播煤风和回料风调节。播煤风和回料风是根据给煤量和回料量的大小来调节的。负荷增加，给煤量和回料量必须增加，播煤风和回料风也相应增加。因此，播煤风和回料风是随负荷增加而增大的。这样，只要设计合理，在实际运行中可根据给煤量和回料量的大小来做相应调整。

3. 料层高度的调节

维持相对稳定的床高或炉膛压降在循环流化床锅炉运行中是十分必要的，通常把循环流化床锅炉中某处作为压力控制点，监测此处压力，并用料层压降来反映料层高度的大小。有时料层高度也会用炉床布风板下的风室静压表来反映。冷态试验时，风室静压力是布风板阻力和料层阻力之和。从设计角度考虑，布风板压降一般是炉膛总压降的20%～25%，少数情况下可适当增减，这是保证流化质量所要求的。由于布风板阻力相对较小，所以运行中利用风室静压力可大致估计出料层阻力，也就是说，根据静压力的变化情况，可以了解运行中沸腾料层的高低与流化质量的好坏。风室静压增大，说明料层增厚；风室静压降低，说明料层减薄。良好的流化燃烧状态下，压力表指针摆动幅度较小且频率高；如果指针变化缓慢且摆动幅度加大，说明流化质量较差。

运行中，床层过高或过低都会影响流化质量，甚至引起结焦。放底渣是常用的稳定床高的方法，在连续放底渣的情况下，放渣速度是由给煤速度、燃料灰分和底渣份额决定的，并与排渣机构或冷渣器本身的工作条件相协调。在定期放渣时，通常的做法是设定床层压降值或用控制点压力的上限作为开始放底渣的基准，而设定的压降或压力下限则作为停止放渣的基准。这一原则对连续排渣也是适用的。如果流化状态恶化，大渣沉积，将很快在密相区底部形成低温层，故监测密相区各点温度可以作为放渣的辅助判断手段。

风机风门开度一定时，随着床高或床层阻力的增加，进入床层的风量将减小，故放渣一段时间后风量会自动有所增加。

4. 炉膛压差的调节

炉膛压差是指燃烧室上部区域与炉膛出口之间的压力差。它是一个反映炉膛内循环物料浓度量大小的参数。炉内循环物料越多，炉膛压差越大，反之越小。炉内循环物料的上下湍动，使炉膛内传热不仅有对流和辐射传热，还有循环物料与水冷壁之间的热传导，这就大大提高了炉内的传热系数。此炉膛压差越大，炉内传热系数越高，锅炉负荷也越高，反之亦然。一般情况下，炉膛压差应控制在 0.3～6.0kPa。在运行中应根据不同负荷保持不同的炉膛压差。压差太大时应从放灰管中放掉部分循环物料以降低炉膛压差。

此外，炉膛压差还是一个反映返料装量工作是否正常的参数，当返料装置堵塞，返料停止后，炉膛炉膛压差会突然降低，甚至为零，因此运行中需特别注意。

5. 床层温度的调节

维持正常床温是循环流化床锅炉稳定运行的关键。一般来说，床温是通过布置在密相区和炉膛各处的热电偶来监测的。目前国内外研制和生产的循环流化床锅炉，密相床温度大都选在 800～1000℃，温度太高，不利于燃烧脱硫，当床温超过灰的变形温度时就可能产生高温结焦；温度过低，对煤粒着火和燃烧不利。若在安全运行允许的范围内，一般应尽量保持床温高些，燃烧无烟煤时，床温可控制在 900～1000℃；当燃用较易燃烧的烟煤时，床温可控制在 850～950℃。

对于加脱硫剂进行炉内脱硫的锅炉，床温最好控制在 800～900℃。选用这一床温主要基于该床温是常用石灰石脱硫剂的最佳反应温度，能最大程度地发挥脱硫剂的脱硫效率。

(三) 负荷调节

循环流化床锅炉因炉型、燃料种类、性质的不同，负荷变化范围和变化速度也各不相同。一般循环流化床锅炉的负荷可在25%～110%范围内变化，升负荷速度为每分钟5%～7%，降负荷速度为每分钟10%～15%，变负荷运行能力比煤粉炉要大得多，所以负荷调节灵敏度较好。因此，在调峰电站和供热负荷变化较大的中小型热电站，循环流化床锅炉有很好的应用前景。

循环流化床锅炉的变负荷调节过程，是通过改变给煤量、送风量和循环物料量或外置换热器（EHE）冷热物料流量分配比例来实施的，这样可以保证在变负荷中维持床温基本稳定。在负荷上升时，投煤量和风量都应增加，如果总的过量空气系数及一、二次风比不变，则预期密相区和炉膛出口温度将稍有变化，但变化最大的是各段烟速及床层的颗粒浓度，研究表明，采取上述措施后各受热面传热系数将会增加，排烟温度也会稍有增加。如某220t/h的循环流化床锅炉，负荷率由70%开始，每增加10%，床温上升10～20℃，炉膛出口烟温上升30～40℃，排烟温度上升约6℃，同时，减温水量也将上升。对于无外置式换热器的循环流化床锅炉，变负荷调节一般采用如下方法：

(1) 负荷改变时，改变给煤量和总风量，这是最常用，也是最基本的负荷调节方法。

(2) 改变一、二次风比，以改变炉内物料浓度分布，从而改变传热系数，控制对受热面的传热量，达到调节负荷的目的。炉内物料浓度改变，传热量必然改变。一般随着负荷增加，一次风比减小，二次风比增加，炉膛上部稀相区物料浓度和燃烧份额都增大，炉膛上部及出口烟温升高，从而增加相应受热面的传热量，满足负荷增加的需要。

(3) 改变床层高度。提高或降低床层高度，以改变密相区与受热面的传热，从而达到调节负荷的目的。这种调节方式对于密相区布置有埋管受热面的锅炉比较方便。

(4) 改变循环灰量。利用循环灰收集器或炉前灰渣斗，在增负荷时可增加煤量、风量及灰渣量；减负荷时可减少煤量、风量和灰渣量。

(5) 采用烟气再循环，改变炉内物料流化状态和供氧量，从而改变物料燃烧份额，达到调节负荷的目的。

对有外置式换热器的循环流化床锅炉，可通过调节冷热物料流量比例来实现负荷调节。负荷增加时，增加外置换热器的热灰流量；负荷降低时，减少外置换热器的热灰流量。外置换热器的热负荷最高可达锅炉总热负荷的25%～30%。

在锅炉变负荷过程中，汽水系统的一些参数也发生变化，所以在进行燃烧调节的同时，必须同时进行汽压、汽温、水位等的调节，以维持锅炉的正常运行。

六、流化床锅炉的运行监测与连锁保护

为确保循环流化床锅炉的安全运行，应重点考虑如下方面的保护方案。

1. 炉膛燃烧监测

循环流化床锅炉内温度分布均匀，炉膛径向和轴向温度波动很小。因此，一般循环流化床锅炉多采用温度检测方式进行炉膛监测。首先，必须在炉膛内适当位置安装热电偶，通过观察温度的变化间接了解炉膛火焰的状况，有时也可通过观察炉膛出口处氧浓度来监视炉膛内的燃烧状况。

2. 主燃料的跳闸（MFT）系统

循环流化床锅炉主燃料的跳闸（MFT）是指当锅炉的安全运行条件不满足或炉内燃烧工况恶化时，保护系统立即切断所有通往炉膛的燃料，并引发必要的连锁动作，以保护锅炉本体、其他设备和人员的安全。如果床温未达到预定的最低值，应防止主燃料进入床区，该最低值可根据经验设置，一般可取760℃。此外，在下列情况之一发生时，即应紧急停炉，实行强制性主燃料跳闸。

（1）所有送风机或引风机不能正常工作；
（2）炉膛压力大于制造商推荐的正常运行上限；
（3）床温或炉膛出口温度超出正常范围；
（4）床温低于允许投煤温度，且辅助燃烧器火焰未被确认。

主燃料跳闸后，应根据现场情况决定是否关停风机。在不停风机时，应慎重控制入炉风量，而不应盲目地立即减小风量。

3. 连锁保护

连锁系统的基本功能是在装置接近于不合理或不稳定的运行状态时，依靠预设顺序限定该装置的动作，或是驱动跳闸设备产生一个跳闸动作。对于循环流化床锅炉，当流化床燃烧室内达到正压极限时，锅炉连锁保护将动作，停止输入燃料并切断所有送、引风机。在引风机后面的闭式挡板维持开启位置的同时，风机导向挡板全开，在引风机惰走作用下炉膛减压。

但是，由于流化床燃烧室是密闭的，所以存在由于引风机惰走而迅速达到负荷极限的危险。为此，在引风机后面装了闭式挡板，其关闭时间为2s。当达到炉膛负压极限时，闭式挡板即可关闭，切断引风机的全部气流。

4. 吹扫

循环流化床锅炉在下列情况下需要进行吹扫：
（1）冷态启动之前；
（2）运行中主燃料跳闸使床温低于760℃；
（3）运行中给煤机故障使床温低于650℃；
（4）进行热态或温态启动之前。

吹扫时应使足够的风量进入炉膛，以便将可燃气体从炉膛带走，并防止一切燃料入炉。吹扫时应确认入炉风量符合吹扫要求，执行吹扫程序，直到达到规定时间。

七、固体物料循环系统的运行

固体物料循环系统能否正常投入运行，对循环流化床锅炉运行，特别是对锅炉负荷和燃烧效率，具有十分重要的影响。

1. 返料装置的运行

图6-2-8为循环流化床锅炉上常用的返料装置。它由耐火材料与不锈钢钢板制成，将其分成Ⅰ灰室和Ⅱ灰室。其布风系统由风帽、布风板和两个独立的风室组成。风量由一次风管或单独的返料风管引来，由阀门控制。根据需要可分别调节Ⅰ灰室和Ⅱ灰室的风量，达到改变回送灰量的目的。锅炉点火投运一段时间后（如4h），返料装置中便积满了灰，这时可投入飞灰循环系统。投运前，先从返料装置底部的放灰管排放一部分沉灰，然后逐渐缓慢开启Ⅰ灰室的风门，使其中的灰有所松动，再逐渐开启Ⅱ灰室的风

门，将飞灰送入炉内。开启阀门时，要特别仔细，由于启动过程中物料惰性及摩擦阻力的影响，送风开始时飞灰不能送入。在风量加大到某一临界值后，飞灰则大量涌入炉内，致使床温骤降，甚至炉床熄火。所以，在准备投运飞灰循环时，可将床温调整到上限区内，以承受床温骤降的影响，同时返料装置的风量控制阀门应密封良好，开启灵活，调节性能好。

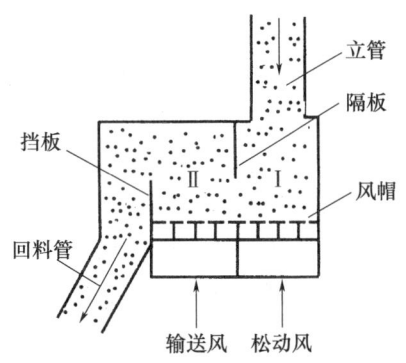

图 6-2-8 返料装置示意

飞灰循环系统投入运行后，要适当调整返料装置的送灰量。通过适当调整两个送风阀门的开度，可以方便地控制循环灰量的大小。

2. 物料循环系统的工作特性

物料循环系统正常投入运行后，返料装置与分离器相连的立管中应有一定的料柱高度，这样一方面可阻止床内的高温烟气反窜进入分离器，破坏正常循环，另一方面具有压力差，使之维持系统的压力平衡。当炉内运行工况变化时，返料装置的输送特性能自行调节。如锅炉负荷增加，飞灰夹带量增大，分离器捕灰量增加；如返料装置仍维持原输送量，则料柱高度亦随之减小，物料输送量亦自动减小，飞灰循环系统达到新的平衡。因此，在正常运行中，一般不需调整返料装置的风门开度，但要经常监视返料装置及分离器内的温度状况。当炉膛压差过大时，可从返料装置下灰管排放一部分灰，以减轻尾部受热面的磨损和减少后部除尘器的负担；也可排放沉积在返料装置底部的粗灰粒以及因磨损而使分离器壁面脱落下来的耐火材料，因为这些脱落物会对返料装置的正常运行构成危害。

知识点三　循环流化床锅炉运行中的常见问题及处理方法

在循环流化床锅炉的运行中常常出现各种各样的问题，包括循环流化床锅炉所特有的燃烧方面的问题，与其他锅炉相同的汽水系统方面的问题，耐火材料、辅机及控制方面的问题等。下面就循环流化床锅炉所特有的一些问题，比如锅炉达不到额定出力、受热面及耐火材料磨损、床内结焦、回料阀堵塞、耐火层脱落和炉墙损坏等问题及处理方法进行介绍。

一、锅炉达不到额定出力问题

循环流化床锅炉在运行中有时达不到额定出力，分析其原因，主要有两方面的问题，即运行调节方面的问题和设计制造方面的问题，下面就几个主要方面进行简要分析。

1. 分离器运行达不到设计要求

分离器运行效率达不到设计要求是造成锅炉出力不足的重要原因。由于分离器运行效率受多方面因素的影响，例如气体速度、温度、颗粒浓度与大小、二次夹带以及负荷变化等，一旦某个因素发生变化，就可能影响分离器的运行效率。若分离器运行效率低于设计值，将导致小颗粒物料飞灰损失增大和循环物料的不足，因而造成悬浮段载热质（细灰量）及其传热量不足，使锅炉出力达不到额定值，另外还可能造成飞灰可燃物含量增大，影响锅炉燃烧效率。

2. 燃烧份额分配不合理

燃烧份额与设计值不相符或设计分配不合理，将影响循环流化床锅炉正常运行中的物料平衡和热量平衡，从而影响锅炉的额定出力。

所谓物料平衡，是指炉内物料与锅炉负荷之间的对应平衡关系。物料的平衡包括三个方面的含义：一是物料量与相应物料量下锅炉负荷之间的平衡关系；二是物料的浓度梯度与相应负荷之间的平衡关系；三是物料的颗粒特性与相应负荷之间的平衡关系。即对于循环流化床锅炉的每一负荷工况，均对应着一定的物料量、物料浓度梯度分布和物料的颗粒特性。炉内物料量的改变，必然影响炉内物料的浓度、传热系数，从而使负荷发生改变。如果仅仅在量上达到了平衡，而浓度的分布不合理，也会影响炉内温度场的均匀性和热量的平衡。另外，即使上述两个条件均满足，但物料的颗粒特性达不到设计要求，也很难使负荷稳定（如颗粒分布影响燃烧份额、传热系数等）。反过来说，在物料的颗粒特性与负荷不平衡的条件下要达到物料和浓度分布的平衡是很难的。仅仅通过改变一、二次风比的方法来调整物料的浓度分布，必然会影响炉内的动力特性，而且物料的颗粒大小对炉内传热系数也会产生影响。

所谓热量平衡，是指燃料在燃烧室内沿炉膛高度上、中、下各部位所放出的热量与受热面所吸收热量之间的平衡。只有达到这种平衡时，炉内才能有一个较均匀、理想的温度场。一般来说，循环流化床锅炉燃烧室内横向、纵向温度差都不会超过 50℃（一般在 20℃左右）。只有在一个较理想的温度场下，炉内各部分才能保证实现设计的放热系数，工质才能吸收所需的热量，从而达到各部位热量的平衡，保证锅炉出力。

热量平衡与物料平衡是相辅相成的，要达到这两种平衡，必须使进入燃烧室内的燃料在上、中、下各部位的燃烧份额具有合理的分配值。如果在各部位的燃烧份额分配不合理，就必然造成局部温度过高，或温度场不均匀，从而使受热面吸收不到所需的热量，进而影响锅炉出力。因此，若要保证锅炉出力，首先要保证物料平衡。

3. 燃料的粒径分布不合理

为了维持循环流化床锅炉的正常燃烧与物料循环，要求入炉煤中所含大、中、小颗粒的比例有一个合理的数值，也就是要求燃料有合适的粒度级配，这主要是由于不同粒径的颗粒具有不同的燃烧、流化和传热等特性。然而在我国目前投产的部分循环流化床锅炉中，由于燃料来源不同、燃料制备系统选择不同，不能按燃料的破碎特性去选择合适的工艺系统和破碎设备，也做不到燃料制备系统设计合理且适合设计煤种，实际运行时，经常出现由于煤种的变化而影响燃料颗粒特性及其级配的情况，进而造成锅炉出力下降。

4. 受热面布置不匹配

悬浮段受热面与密相区受热面布置不恰当或有矛盾，特别是在燃烧煤种与设计煤种差别较大时，受热面布置会不匹配，锅炉负荷变化时导致灰循环系统的各处温度变化，从而影响其安全经济运行，因此限制了锅炉的负荷。

5. 锅炉配套辅机的选择不合理

循环流化床锅炉能否正常运行，不仅是锅炉本体自身的问题，锅炉辅机和配套设备是否与锅炉相配套也会对锅炉能否正常运行产生很大影响。特别是风机，如果它的流量、压头选择不当，将影响锅炉的燃烧与传热，同样也会影响锅炉的出力。

如何使循环流化床锅炉能够满负荷运行，这是设计、制造、使用单位需要共同解决的问题。经过几年来的实践，随着对循环流化床锅炉的工艺技术过程和运行特性的深入了解，并通过细致地进行原因分析后，提出了一些切实可行的改善措施，例如，改进分离器结构设计，提高其分离效率；改进燃料制备系统，改善级配；在一定的燃烧份额分配下，采取有效的措施以保证物料平衡和热平衡；正确地设计和选取辅机及其外围系统；增设飞灰回燃系统和烟气再循环系统等。上述措施为循环流化床锅炉的满负荷运行打下了一定的基础。

二、磨损问题

流体或固体颗粒以一定的速度和角度对受热面和耐火材料表面进行冲击所造成的磨伤和损坏称为磨损。在循环流化床锅炉中，磨损是其受热面事故的第一大原因。现就运行中应注意的几个问题进行说明。

1. 循环流化床锅炉中易磨损的主要部位

在循环流化床中，由于炉内固体物料的浓度、粒径比煤粉炉要大得多，所以循环流化床锅炉受热面的磨损要严重得多，但炉内的磨损并不是均匀的，一般磨损严重的部位有以下几处：

（1）布风装置中风帽磨损最严重的区域位于循环物料回料口附近。

（2）水冷壁磨损最严重的部位是炉膛下部炉衬、敷设卫燃带与水冷壁过渡的区域、炉膛角落区域以及一些不规则管壁等，这些不规则管壁包括穿墙管、炉墙开孔处的弯管、管壁上的焊缝等。

（3）二次风喷嘴处和热电偶插入处。

（4）炉内的屏式过热器。

（5）旋风分离器的入口烟道及上部区域。

（6）对流烟道受热面的某些部位，如过热器、省煤器和空气预热器的某些部位等。

2. 磨损的主要危害

循环流化床锅炉的磨损主要是受热面磨损、耐火材料磨损及布风装置磨损。在受热面磨损中，不管是水管、汽管、烟管的磨损还是风管的磨损，轻者导致热应力变化、使其受热不均，重者造成爆管或使受热面泄漏，严重时导致锅炉停炉；耐火材料磨损会使耐火层脱落、锅炉漏风或加重磨损受热面；布风装置磨损将导致布风不均，严重时会使锅炉结焦。这些都将不同程度地影响锅炉正常及安全经济运行。

3. 磨损问题的处理

对于可能磨损或已经磨损的部位，检修中要进行认真检查并及时处理。如更换已磨损的风帽、防磨瓦及换热管，补修已磨耐火材料等，也可换成更合适的耐磨材料或加装防护件等，采取措施如下：

（1）适合于循环流化床的防磨材料；

（2）采用金属表面热喷涂技术和其他表面处理技术；

（3）受热面加装防磨构件，安装防磨瓦等；

（4）某些特殊部位改变其几何形状，炉膛内表面的管子和炉墙做到"平""滑""直"，不要有凸起部位。

在运行中发现某些已严重磨损部件时，如受热面特别是承压部件的受热面发生爆管、泄漏等时，应及时停炉维修，防止事故扩大。

三、结焦问题

结焦在循环流化床锅炉运行中较为少见，一般只在点火或压火过程中发生。但若在运行中出现以下现象，如风室静压波动很大、有明亮的火焰从床下窜上来、密相区各点温差变大等，这多半是发生了结焦。

1. 结焦的分类

结焦的直接原因是局部或整体温度超出灰熔点或烧结温度。一般将结焦分为高温结焦和低温结焦两种。

当床层出现局部温度超过灰渣的变形温度时，会出现局部超温或低温烧结引起的结焦。低温焦块的特点是带有许多嵌入的未烧结的颗粒。低温结焦不仅会在启动过程或压火时出现在床层内，有时也可能出现在炉膛以外，如高温旋风分离器的灰斗内，外置换热器及返料机构内。灰渣中碱金属钾、钠含量较高时较易发生低温结焦。要避免此种结焦，最好的方法是保证易发地带流化良好，颗粒均匀迅速地混合，或处于正常的移动状态（指分离器和返料机构内）。有些场合，向床内加入石灰石进行床内脱硫，有助于避免低温结焦。高温结焦是指床层整体温度水平较高而流化正常时所形成的结焦。当床料中含碳量过高而未能及时调整风量或返料量时，就有可能出现高温结焦。高温结焦的特点是面积大，甚至波及整个床，而且从高温焦块表面来看基本上是熔融的，冷却后呈深褐色，质坚块硬，并夹杂少量气孔。

2. 结焦的原因

（1）运行操作不当，造成床温超温而产生结焦。

（2）运行中一次风量保持太小，如低于最小流化风量，使物料不能很好地流化而堆积，悬浮段燃烧份额下降，这改变了整个炉膛的温度场，使锅炉出力降低。这时若盲目加大给煤量，会造成炉床超温而结焦。

（3）燃料制备系统的选择不当。燃料级配不合理，如粗颗粒份额较大，这样就会造成密相床超温而结焦。

（4）煤种不合适。对循环流化床锅炉运行来说，燃煤中挥发分含量低是一个不利条件，因为低挥发分煤会使炉膛下部密相区产生过多热量。解决这一问题的办法是将一部分煤磨细，使之在悬浮段燃烧。然而对既定的燃料制备系统来说，一般都是根据某一设计煤种来选取的，如果煤种的变化范围过大，就会使这种破碎系统不适合锅炉的要求，比如这种煤恰恰是挥发分含量低的煤，运行人员又没及时发现，就可能导致局部温度过高而发生结焦。

3. 结焦的防止与处理

为防止结焦的发生，在锅炉运行过程中，要特别注意：如合理控制床温在允许的范围内；运行风量不低于最小流化风量，保持相应稳定的料层厚度；控制燃料粒度在规定范围内，进行合理的风煤配比等。

无论是运行中还是点火中，一旦出现结焦，焦块就会迅速增长。由于烧结是个自动加速的过程，所以焦块长大速度往往越来越快。这样及早发现结焦并予以清除是运行人员必须掌握的原则，因为炽热焦块相对容易打碎，即使在运行或点火中也能及时处理。一旦出现严重结焦时，应立即停炉，实施打焦和清除小焦块操作，否则，残留的小焦块将对重新启动后的运行产生不利影响。

四、燃烧熄火

流化床燃烧是介于层状燃烧与煤粉悬浮燃烧之间的一种燃烧方式，其燃烧发生熄火的危险处于层状燃烧和煤粉燃烧之间。

1. 断煤造成的熄火

循环流化床锅炉燃烧熄火多是由断煤引起的。流化床燃烧时，床中有大量灼热的床料，床温一般为 $850\sim1050℃$，床料中 95% 以上是热灰渣，5% 左右是可燃物质（主要是焦炭），而每分钟加入燃烧室中的新燃料仅占床料的 1% 左右。基本上为惰性物质的热床料——灰渣，其不仅不与新加入的燃料争夺氧气，相反为新燃料的加热、着火燃烧提供了丰富的热量。因此，在循环流化床燃烧过程中，新加入燃料的着火和燃烧条件是很好的。当循环流化床发生短时断煤时，床料中 5% 左右的可燃物质仅能维持 $3\sim5min$ 的正常燃烧。可见，循环流化床不燃烧过程中，只要保持连续给煤并根据负荷变化、煤种变化适当调节给煤量，一般是不会熄火的。

造成断煤的主要原因是煤的水分大于 8%，使得煤在煤仓内搭桥、堵塞、不下煤等，这时如果运行人员不能及时发现、及时消除，就可能造成断煤熄火。

解决煤中水分过大的方法是设计合适的干燥棚，控制煤水分低于 8%，并加强给煤监视，如设置断煤报警器或语音提醒，及时提示运行人员注意。

2. 锅炉负荷大幅度变化时，燃煤调整不合理造成熄火

一般来说，当锅炉负荷增加时，要加风、加煤；相反，当锅炉负荷减小时，要减风、减煤。如果运行人员没有按规程进行这样的操作，在负荷增加的情况下，由于不及时加风、加煤，会造成燃烧室温度不断降低，最终导致熄火。在负荷减小的情况下，会造成燃烧室温度不断上升，最终导致高温结渣而停炉。因此，当锅炉负荷大幅度变化时，运行人员应严格按运行规程进行操作。

3. 返料投入运行时控制不当，造成将火压灭、熄火

对于中小容量的循环流化床锅炉，投返料不当、控制不合适，也可能会将燃烧室的火压灭，造成熄火。有的运行人员经常习惯于在锅炉运行一段时间之后再投入返料，当返料量控制不好时，会造成大量返料进入燃烧室，这样容易将燃烧室的火压灭。因此，在投入返料时一定要严格监视，控制返料量，保证在床料正常燃烧的情况下，逐渐投入适当的返料量。

4. 煤的发热量变化较大时，调整不及时造成熄火

一般来说，当燃煤热值变低时，必须加大给煤量；当燃煤热值变高时，需要减少给

煤量。如果不及时进行燃烧调整，在燃煤热值变低的情况下，燃烧室的温度会越来越低，最终导致熄火。相反，在燃煤热值变高的情况下，燃烧室温度会越来越高，最终导致高温结渣而被迫停炉。因此，当煤的发热量变化较大时，运行人员应严格按运行规程进行操作。

5. 床底渣排放失控，造成流化床熄火

一定的床料量和一定的燃烧温度对应一定的锅炉负荷。较高的床料量和燃烧温度对应较高的锅炉负荷。一般来说，循环流化床锅炉底渣的排除方式有两种：一种是连续式排底渣（大容量锅炉采用），另一种是间断式排底渣（中、小容量锅炉采用）。连续式排底渣能够维持床料量不变，间断式排底渣只能使床料量维持在一定范围内。无论采用哪种排底渣方式，如果锅炉出现排底渣失控，例如床料量排放太多时，会使床料大大减少，床层厚度太薄，以至于不能维持稳定的燃烧温度，发生燃烧灭火。相反，如果底渣不能顺畅排除，造成床料量越来越多，床层厚度越来越高，使一次风机的压头不足，不能将床料流化起来，也会出现燃烧熄火。所以，在锅炉运行特别是负荷变化时，运行人员应注意控制好底渣排放量，使床料量与锅炉负荷相适应。

6. 点火过程中，油枪撤除过早造成熄火

采取床下预燃室和床上油枪点火，若撤油枪操作不当，很容易引起熄火。一般来说，当燃烧室温度达到850～900℃时，在逐渐撤除油枪的同时，要逐渐增加给煤量。确认加入的煤着火、燃烧温度有上升趋势时，再撤除最后一支油枪。撤除油枪时，流化介质温度由预燃烟气温度降到比环境温度稍高的温度，这时对燃烧带来较大冲击，如果油枪全部撤除后，发现燃烧温度下降较快、有熄灭危险，应迅速重新投入油枪助燃。

五、返料装置堵塞问题

返料装置是循环流化床锅炉的关键部件之一，如果返料装置突然停止工作，将会造成炉内循环物料量不足，汽温、汽压急剧降低，床温难以控制，危及锅炉的负荷与正常运行。

一般返料装置堵塞有两种情况：一是出于流化风量控制不足，造成循环物料大量堆积而堵塞。二是返料装置处的循环灰高温结焦而堵塞。造成结焦的原因有以下几方面：

(1) 返料装置下部风室落入冷灰，使流通面积减小；
(2) 风帽小孔被灰渣堵塞，造成通风不良；
(3) 循环物料含碳量过高，在返料装置内二次燃烧；
(4) 回料系统发生故障；
(5) 风量不够；
(6) 返料装置处的温度过高。

上述因素都是有可能造成物料流化不良而最终使返料装置发生堵塞。返料装置堵塞应及时发现，及时处理，否则，堵塞时间一长，物料中可燃物质可能会再次燃烧，造成超温、结焦，扩大事态，从而给问题的处理增加了难度。一般处理这种问题时，需要先关闭流化风，利用下面的排灰管放掉冷灰，然后在采用间断送风的方式投入回料。

由循环灰结焦而产生的堵塞与循环物料的流化程度、循环物料的温度、循环物料量的多少都有关系。如循环倍率太高、返料装置处漏风等，都会造成局部超温结焦而堵塞。为避免此类事故的发生，应对返料装置进行经常性检查，监视其中的物料温度，从观察孔看返料灰的流动情况，对采用高温分离器的回料系统，要选择合适的流化风量和松动风量，随着工况的变化经常对其进行调节，并注意防止返料装置处漏风。

六、耐火层脱落问题

长期在高温条件下运行的循环流化床锅炉，启停及负荷变化容易造成反复热冲击，炉内又有大量高速启动的高温固体物料的冲击，因此在燃烧室中需要使用耐火材料对受热面等进行保护。另外，在高温分离器、外置式换热器、烟道及物料回送管路等处也要大量使用耐火材料。然而运行中，耐火材料经常会出于种种原因造成脱落，在锅炉事故中，因耐火层脱落而造成的事故约占15%，它是仅次于受热面磨损的第二大事故原因。

1. 循环流化床锅炉耐火材料破坏的主要原因

（1）由于温度波动和热冲击以及机械应力造成耐火材料产生裂缝和剥落。温度波动时，耐火材料骨料和黏合料间热膨胀系数不同而形成内应力，从而破坏耐火材料层，造成耐火材料内衬的裂缝和剥落。温度快速变化造成的热冲击（如启动过程中）可使耐火材料内的应力超过抗拉强度而剥落。机械应力所造成的耐火材料的破坏则主要是由于耐火材料与穿过耐火材料内衬处金属件间热膨胀系数不同而造成的，在设计时若不考虑适当的膨胀空间，就会造成耐火材料的剥落。

（2）由于固体物料对耐火材料的冲刷而造成耐火材料的破坏。循环流化床锅炉内耐火材料易磨损区域包括边角区、旋风分离器和固体物料回送管路等。试验数据表明，耐火材料的磨损随冲击角的增大而增加，因此在进行旋风分离器、烟道等设计、施工时，应使冲击角尽量小。

除上述两种原因外，在循环流化床锅炉中还会因碱金属的渗透而造成耐火材料渐衰失效和因渗碳而造成耐火材料的变质破坏。

2. 耐火层脱落的防止措施

要防止耐火层脱落，一方面应从设计角度选用性能良好的耐火材料，在敷设时采用几种不同材料进行分层敷设，并可在衬里内添加金属纤维增加其刚性和抗冲击能力。另一方面，在锅炉启停过程中，应限制升温或降温的速度，防止产生过大的热应力。

任务小结

循环流化床锅炉因其特有的颗粒循环、气固流动特性，使其结构与链条炉、煤粉炉有较大差别，因此在冷态试验、点火启动及运行调节等方面也有较大不同。

（1）循环流化床锅炉由于采用炉膛燃料流化的方式进行燃烧，启动前需进行一系列冷态试验，包括一、二次风道和分支风道的风量标定试验、空床阻力特性试验、布风均匀性试验、料层阻力特性试验、临界流化风量测定、循环回路冷态特性试验、风机出力检查试验、油枪出力标定及雾化特性试验等。

（2）锅炉启动过程中，首先启动风烟系统，接着进行炉膛吹扫，以带走可燃气体，防止点火时爆燃。然后，按照特有的点火方式点火，使火焰在炉膛中形成。在点火过程中，需注意床料厚度、床料筛分特性以及床料性质与配比，以确保点火成功率。

锅炉启动后，需检查炉膛内的燃烧情况，确保火焰稳定，并检查烟气排放和锅炉各个部件及系统的工作情况，确保运行正常。同时，根据床温上升速率，逐渐加大给煤量,注意过、再热汽温的上升,适时投入减温水。

(3) 在停炉操作时,首先需逐渐降低负荷,减少供煤量和风量。在负荷停止后,随即停止供煤、进风、引风,关闭主汽阀,对蒸汽管路疏水。停炉后,需保持锅炉水位稍高于正常水位线,以应对炉膛温度下降过程中炉水的继续蒸发。

在停炉过程中,还需注意调整风量和燃烧,使汽温汽压均匀下降,不允许突降。此外,当锅炉负荷降到额定负荷的 10% 以下时,需打开高温过热器出口集箱上及主蒸汽管管道上的疏水阀,控制锅炉的冷却速度。停炉后,还需对锅炉进行清理和维护,包括清理炉膛、烟道和烟气净化设备,对锅炉进行定期维护和检修,确保设备的长期稳定运行。

在循环流化床锅炉的启停操作中,还需注意一些常见问题及解决方法。例如:点火时需注意床料厚度、床料筛分特性以及床料性质与配比;运行过程中需防止结焦现象,确保流化良好,颗粒混合迅速均匀;同时,还需注意旋风分离器的运行效率、锅炉金属部件的磨损以及烟气反窜等问题,及时采取措施进行解决。

参 考 文 献

[1] 赵玉莲，崔艳华，黄建荣. 电站锅炉设备及运行［M］. 北京：中国电力出版社，2023.
[2] 华能国际电力江苏能源开发有限公司. 发电企业新员工入职培训教材［M］. 北京：中国电力出版社，2022.
[3] 冯德群. 锅炉设备及系统［M］. 北京：中国电力出版社，2022.
[4] 火力发电职业技能培训教材编委会. 锅炉设备运行［M］. 北京：中国电力出版社，2020.
[5] 杨宏民，李文举. 锅炉设备及运行［M］. 北京：中国电力出版社，2024.
[6] 陈曲进，周慧. 电厂锅炉设备［M］. 北京：中国电力出版社，2013.
[7] 容銮恩，袁镇福，刘志敏，等. 电站锅炉原理［M］. 北京：中国电力出版社，1997.
[8] 周强泰. 锅炉原理［M］. 3版. 北京：中国电力出版社，2013.
[9] 杨建华. 循环流化床锅炉设备及运行［M］. 4版. 北京：中国电力出版社，2019.
[10] 柴景起. 循环流化床锅炉设备及运行［M］. 北京：中国电力出版社，2019.
[11] 杜雅琴，屈卫东. 火电厂烟气脱硫脱硝设备及运行［M］. 2版. 北京：中国电力出版社，2019.
[12] 郝艳红. 火电厂环境保护［M］. 北京：中国电力出版社，2008.
[13] 长沙理工大学，华能秦煤瑞金发电有限责任公司. 1000MW超超临界火电机组系列培训除灰分册［M］. 北京：中国电力出版社，2023.
[14] 韩沐昕. 锅炉及其辅助设备［M］. 北京：中国建筑工业出版社，2018.
[15] 中国特种设备检测研究院. 锅炉安全技术规程：TSG 11-2020［S］. 北京：新华出版社，2020.
[16] 电力行业电站锅炉标准化技术委员会. 300MW～600MW级机组煤粉锅炉运行导则：DL/T 611-2016［S］. 北京：中国电力出版社，2016.
[17] 电力行业电厂化学标准化技术委员. 火力发电厂停（备）用热力设备防锈蚀导则：DL/T 956-2021［S］. 北京：中国电力出版社，2021.
[18] 电力行业电厂化学标准化技术委员. 火力发电厂锅炉化学清洗导则：DL/T 794-2012［S］. 北京：中国电力出版社，2012.
[19] 电力行业电站锅炉标准化技术委员会. 燃煤启动锅炉运行与维护导则：DL/T 2600-2023［S］. 北京：中国电力出版社，2023.
[20] 电力行业电站锅炉标准化技术委员会. 煤粉锅炉燃烧调整试验技术导则：DL/T 2660-2023［S］. 北京：中国电力出版社，2023.
[21] 中国机械工业联合会. 锅炉安装工程施工及验收标准：GB 50273-2022［S］. 北京：中国计划出版社，2022.
[22] 全国锅炉压力容器标准化技术委员会. 工业锅炉水质：GB/T 1576-2018［S］. 北京：中国标准出版社，2018.
[23] 中国电力企业联合会. 火力发电机组及蒸汽动力设备水汽质量：GB/T 12145-2016［S］. 北京：中国标准出版社，2016.